水路运输核心课程系列教材

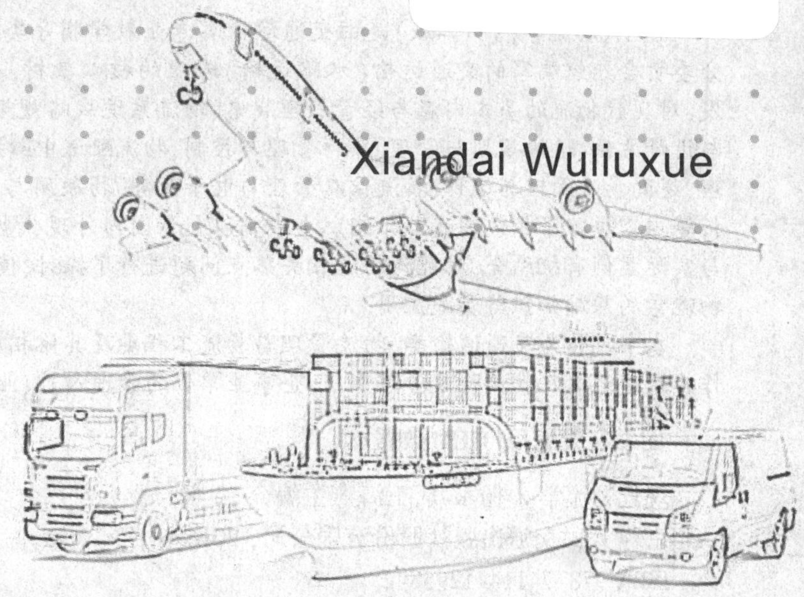

Xiandai Wuliuxue

现代物流学

（第二版）

交通运输类专业教学指导委员会
水路运输与工程教学指导分委员会 组织编审

杨家其　王海燕◎主编

刘翠莲◎主审

人民交通出版社股份有限公司
China Communications Press Co.,Ltd.

内 容 提 要

《现代物流学》(第二版)是由交通运输类专业教学指导委员会水路运输与工程教学指导分委员会组织编写的交通运输(水路运输)专业的核心教材,从现代物流系统的基本结构出发,对现代物流的基本内涵与经营管理战略、物流系统战略规划的层次与内容、物流系统分析与设计方法、运输规划与管理、库存管理与控制、物流配送中心规划与管理、仓储与物料搬运管理、逆向物流管理与运作、物流信息管理与电子商务、物联网与智能物流以及物流经济效用分析等内容进行了系统阐述与介绍。书中辅以大量国内外现代物流运作案例分析,将理论知识与实际案例有机结合,对现代物流相关热点问题进行了探讨,使读者更加容易理解和掌握现代物流学的基础知识与实践应用。

本书可作为交通运输类、物流管理与物流工程类及其他相关专业本科生物流学教材,也可作为交通运输及物流行政管理部门、企事业单位的管理人员、业务人员培训及自学参考书。

图书在版编目(CIP)数据

现代物流学/杨家其,王海燕主编.—2版.
—北京:人民交通出版社股份有限公司,2016.6
ISBN 978-7-114-12958-2

Ⅰ.①现… Ⅱ.①杨… ②王… Ⅲ.①物流 Ⅳ.
①F252

中国版本图书馆CIP数据核字(2016)第081198号

水路运输核心课程系列教材
书　　名:现代物流学(第二版)
著 作 者:杨家其　王海燕
责任编辑:张　淼
出版发行:人民交通出版社股份有限公司
地　　址:(100011)北京市朝阳区安定门外外馆斜街3号
网　　址:http://www.chinasybook.com
销售电话:(010)64981400,59757915
总 经 销:人民交通出版社发行部
经　　销:北京交实文化发展有限公司
印　　刷:北京鑫正大印刷有限公司
开　　本:787×1092　1/16
印　　张:22.75
字　　数:544千
版　　次:2003年4月　第1版
2016年6月　第2版
印　　次:2016年6月　第2版　第1次印刷　总第4次印刷
书　　号:ISBN 978-7-114-12958-2
印　　数:0001–3000册
定　　价:60.00元

交通运输(水路运输)核心课程教材
编写委员会名单

序

交通运输(水路运输)专业有着悠久的历史,在60年的办学历程中,形成了优良的办学传统和专业特色,并为国家和社会培养了一大批水运管理行业的精英。交通运输与工程学科教学指导委员会水路运输与工程教学指导分委员会由教育部和交通运输部共同聘请的专家组成,接受教育部的委托,开展高等学校交通运输(水路运输)类专业本科教学的研究、咨询、指导、评估、服务等工作,旨在推进高等学校水路运输专业教学改革和学科建设,推动水路运输类专业实现内涵式发展,提高专业人才培养质量。

21世纪以来,我国社会经济发展进入新的历史阶段,作为国民经济命脉的水路运输行业在内外环境的双重作用下也发生了翻天覆地的变化。运输装备、基础设施不断向大型化、专业化、智能化和绿色化方向发展,运输组织方式实现综合化、系统化、现代化,运输功能进一步拓展延伸,运输企业的经营观念和政府行政管理体制也发生了巨大变化。

在这样的变革之下,根据行业发展的新特征、新趋势更新教材内容,吸收新的发展成果,建设完善的具有水路运输学科特色的教材体系,进一步提升教材质量成为水路运输专业学科建设的当务之急。

教材建设工作是高等学校的一项基本建设工作,是提高教学质量、实现人才培养目标的重要保证。为此,水路运输与工程教学指导分委员会根据《交通运输(水路运输)专业规范》中确定的水路运输专业核心课程设置,集中各高等院校的优势资源,组织行业内知名教授,对《水运法规与政策》、《运输经济学》、《港口装卸工艺学》、《国际航运管理》、《现代物流学》、《国际航运经济学》和《集装箱运输与多式联运》七门核心课程开展教材编写工作,并形成交通运输(水路运输)核心课程教材丛书。

教育的意义在于引导和促进学生的发展和自我完善,在于引领行业发展的技术研发与革新,在于为社会的发展和需要输入源源不断的新鲜血液。教材建设是提高教育人才培养质量的关键环节,也是推进教育教学改革创新的重要抓手。希望通过此次交通运输(水路运输)核心课程教材丛书的编写工作,能够进一步加快教材内容改革,创新教材的表现形式,提升教材的内在质量,更好地满足交通运输(水路运输)专业教学的需要。

交通运输与工程学科教学指导委员会

水路运输与工程教学指导分委员会

主任委员　於世成

2014年3月

前　言

物流业是融合交通运输、仓储配送、信息通信以及金融、贸易等产业的复合型服务业，是支撑国民经济和社会发展的基础性、战略性产业。伴随经济全球化趋势深入发展，网络信息技术革命带动新技术、新业态不断涌现，物流业正在从传统物流向现代物流迅速转型并成为当前物流业发展的必然趋势。

经过半个多世纪的发展，现代物流从其最初的实物分配阶段，发展到后来的综合物流管理阶段，到如今的供应链管理阶段，物流业已从发展以交通运输、仓储管理为主要功能的阶段，转入以物流组织和管理创新、信息技术应用为特征的多功能集成化、系统化、网络化的现代物流阶段。以系统工程理论为指导，以信息技术为核心，强化资源整合和物流全过程优化是现代物流的最本质特征。

现代物流已被我国政府、企业所重视，显现出迅猛的发展势头。政府从产业发展高度将发展现代物流作为支持经济持续发展、改善投资环境、提高社会经济效益、降低社会成本、充分利用社会资源的重要策略，生产企业把物流作为企业的第三利润源泉和获取竞争优势的战略机会。传统物流(运输、仓储等)企业把发展现代物流作为重新打造企业、寻求新的利润增长点、实现再发展的战略目标。

基于这一背景，本书从现代物流系统战略规划的基本框架出发，在分析界定现代物流基本内涵的基础上，对物流系统战略规划的层次与内容、物流系统分析与设计方法、运输战略规划与运输物流的运作模式、库存战略规划、物流配送中心规划与管理、仓储与物料搬运管理、逆向物流管理与运作、物流信息管理与电子商务、物联网与智能物流以及物流经济效用分析等内容进行了系统阐述，书中辅以大量国内外现代物流运作案例分析，将理论知识与实际案例有机结合，对现代物流相关热点问题进行探讨，使读者更加容易理解和掌握现代物流学的实际应用知识，力图为我国现代物流发展提供理论支持与实践指导。

本书是在《现代物流与运输》(杨家其主编，北京：人民交通出版社，2003.5)基础上，结合现代物流发展态势和状况，进行的改版和更新，尤其增加了逆向物流管理与运作、物联网与智能物流等章节和内容。全书由武汉理工大学杨家其、王海燕统稿并担任主编。各章的编写人员分别是：第一章，杨家其；第二章，杨家其、罗萍、张矢宇、陆华；第三章，刘清、杨家其；第四章，杨家其、陆华；第五章，张矢宇、杨家其、陆华；第六章，罗萍、张矢宇、陆华；第七章，蒋惠园；第八章，蒋惠园；第九章，王海燕；第十章，刘清；第十一章，王海燕；第十二章，陈宁。此外，本专业博士研究生蒋慧、罗晓兰、张文芬参与了本书文字整理和案例收集分析工作。本书由大连海事大学刘翠莲担任主审。

本书在写作过程中，直接或间接参考、借鉴了国内外大量的有关物流方面的著作、论文及其他文献资料，虽已在参考文献中列出，但因数量较大，难免有所遗漏，在此一并致谢。

本书作为教育部交通运输类专业教学指导委员会水路运输与工程教学指导分委员会组织

编审的系列教材，在编写和出版过程中得到了本领域兄弟高校的大力支持和帮助，同时，人民交通出版社对本书的出版也给予了大力支持和悉心帮助，在此一并致以深深的谢意。

由于时间仓促，加之水平有限，书中可能会存在一些观点上的偏差，敬请广大读者不吝赐正。

编　者

2015 年 12 月 1 日

目　录

第一章　现代物流概论

引导案例　物流对现实生活与工作的重要性

物流几乎对人类活动的每个领域都会产生直接或间接的影响。可以说,在各行各业中,很少有像物流业这样对人们的生活具有如此重要影响的行业。而作为消费者,人们通常仅在遇到问题时才会注意到物流对人类生活与工作的重要性:

- 牛奶公司在每天早餐之前都按时送来的牛奶,这一天由于天气恶劣,道路不通,未能送到;
- 在电商开展促销活动期间,但是订货量集中爆发导致快递爆仓,货品未能及时送达;
- 在周末报纸的广告上看到了自己想买的商品,可是在自己住地附近的商场却买不到;
- 送往灾区的药品和食品,由于运输工具和仓储设施不够,未能在所需要的时间送到灾民手中;
- 由于卡车司机罢工,中断了保证适时生产(JIT)所需的零部件的运送,企业的生产被迫停止。

尽管这些问题并不经常发生,但从中却可以看出物流在我们生活中的作用。

问题

1. 现代物流在对人们生活和工作的影响?
2. 现代物流由哪些具体活动构成?

本章知识点

现代物流是经济全球化的产物,也是推动经济全球化的重要服务业。

本章介绍了现代物流的基本内涵、现代物流经营管理理念及其发展概况,对第三方物流、第四方物流的概念、特征、类型和运作模式进行阐述,并分析了现代物流的重要性。

本章应重点掌握的内容:现代物流的基本内涵;现代物流经营管理中的总成本理念、成本权衡理念、顾客服务理念和增值理念;第三方物流的概念、特征与类型;第四方物流的概念与运作模式。

第一节　现代物流的基本内涵

一、物流的概念

为了更好地理解和掌握物流活动,首先我们将对物流的概念做一个界定。

传统的物流(或配送)管理的概念早在20世纪初期就已出现,但是现代物流管理理念只是在20世纪50年代才形成,并逐渐发展成为一项独立的、为人们共同认知的综合管理功能。如同许多新的商业理念一样,物流理念最早也是源于美国。

在现代物流发展过程中,物流被冠以许多不同的名称,其中包括:

- 商业物流(Business Logistics)
- 流通渠道管理(Channel Management)
- 配送(Distribution)
- 工业物流(Industrial Logistics)
- 物流管理(Logistical Management)
- 物流(Logistics)
- 物料管理(Material Management)
- 实物配送(Physical Distribution)
- 快速反应系统(Quick-response Systems)
- 供应链管理(Supply Chain Management)

什么是物流?迄今为止,关于物流的定义可以说是众口不一。甚至可以说,有多少本关于物流的书,就有多少种关于物流的定义。当然,从某种程度上讲,这也正反映出在过去的近一个世纪里,物流的特征在不断地发生变化。如较早期有英国管理协会(BIM)物流管理中心(Center for Physical Distribution Management)给物流下的定义,认为"物流(实物配送)指的是企业内部广泛的活动范围,它涉及货物和原材料从生产地到顾客的内向和外向的有效移动。物流管理的目标就是为了实现这种物流活动的最大有效性(Physical Distribution is the broad ranges of activities, within a company, concerned with the efficient movement of goods and materials both inwards to the point of manufacture and outwards from the end of the production line to the customer. Physical Distribution Management's aim is to achieve the highest possible measure of efficiency in the physical distribution activities)"。

此外,还有哈佛商学院(Harvard Business School)给物流下的定义:"物流是指为了全面实现某一特定的战略、目标或任务,把运输、供给、仓储、维护、采购和自动化综合成为一个单一的功能,以确保上述每个环节的最优化(Logistics is the integration of transportation, supply, warehousing, maintenance, procurement, contracting and automation into a single function that ensures no sub-optimization in any of those areas to allow the overall accomplishment of a particular strategy, objective or mission)。"

日本综合研究所编著的《物流手册》对物流的定义是:"物资资料从供给者向需求者的物理性移动,是创造时间性、场所性价值的经济活动。从物流的范畴来看,包括包装、装卸、保管、库存管理、流通加工、运输、配送等各种活动。"

欧洲物流协会(European Logistics Association,简称ELA)对物流下的定义:"物流是在一个系统内对人员及商品的运输、安排及与此相关的支持活动的计划、执行与控制,以达到特定的目的。"

在各种物流的定义中,最被广泛引用的是美国物流管理协会(Council of Logistics Management,简称CLM)——一个目前有着15000会员的世界知名的专业物流组织,后于2005年初更

名为美国供应链管理专业协会(简称 CSCMP),对物流所做的定义:"物流(管理)是供应链管理的一部分,是为满足顾客需要对商品、服务及相关信息从产地到消费地高效、低成本的正向和逆向的流动和储存而进行的规划、实施和控制过程(Logistics management is that part of supply chain management that plans, implements, and controls the efficient, effective forward and reverses flow and storage of goods, services and related information between the point of origin and the point of consumption in order to meet customers' requirements)。"

我国在《中华人民共和国国家标准物流术语》(GB/T 18354—2001)中对物流的定义是:"物品从供应地向接收地的实体流动过程。根据实际需要,将运输、储存、装卸搬运、包装、流通加工、配送、信息处理等基本功能实施有机的结合。"

在这些定义中,物流管理的对象涉及制造业和服务业,包括货物流、服务流和信息流。其中制造业涵盖所有类型的生产实物产品,如汽车、计算机、化妆品、飞机和食品等的企业和公司。服务业则包括诸如政府组织、医院、银行、大学、零售商和批发商等组织实体。

尽管各种有关物流的定义表述不一,但人们对其基本实质的认识应该说是一致的,即物流(Logistics)是指通过不同的经济活动(如计划、控制与实施),对资源从原产地到最终消费者的有关选址、移动和存储业务活动进行的一个优化过程。由此可以看出,要全面地反映物流的思想,对物流的含义应从以下几个方面进行理解。

1. 物流是一个优化过程(Optimization Process)

对一个组织(企业)而言,物流本身并不是一项新的活动,而只不过是一种新的思维,即一种在统一的现代物流理念下组织现有企业活动的全新思维方式。它是一个对企业的每一项活动进行系统优化的过程,其目的是使企业的整体利益最大化。这里的所谓优化是指在确保为顾客提供所需产品或服务的总成本最低的原则下组织企业所有的相关活动。它追求的是提供产品或服务的全过程的最优,而不是某部分的最优。这意味着企业要尽量消除或减少不能产生增值的非生产性活动或提供增值较少的活动。

2. 物流活动的对象是资源(Resources)

物流活动的对象不仅仅是物资,它涵盖为顾客提供恰当的产品或服务所需的所有资源。这里的资源不仅包括物资资源,也包括资本、人力以及信息、技术资源。

3. 物流的基本活动是选址、移动与存储(Location, Movement and Storage)

物流包括两个层面的活动:计划与组织。前者主要解决在什么地方获得资源、产品以及这些资源、产品要送到什么地方去等问题,即资源的选址(Location)问题。常见的此类问题有:

在什么地方获得所需的原材料?

在什么地方获得能源供应、劳动力供应以及零部件供应?

在什么地方建立仓储中心和配送中心?

在什么地方选择生产合作伙伴?

……

后者主要解决如何将资源、产品从原产地送到最终目的地的问题,即资源的移动和存储(Movement and Storage)问题。常遇到的此类问题有:

如何将资源从 A 地运送到 B 地?空运、陆运还是海运?

什么时间开始运输?将需多长时间?

选择哪一条运输路线?由哪个运输商承运?

每次托运的货物数量是多少?

是否需要储存,储存的数量和方式?

……

就现状而言,目前企业更多关注的是物流的第二个层面的问题,即资源的移动与存储,而对第一个层面的问题,即选址这一基本的物流问题并未给予足够的重视。

二、物流活动的构成

企业物流系统通常是由生产前对原材料等的采购管理、生产过程中的物料管理以及生产后的实物配送管理等过程组成。同时,该系统还包含了另外两个无形的流:增值流和信息流。

由此可见,企业的物流活动主要是由物资流通活动和信息流通活动两大部分构成的。其中物资流通活动是物流活动的基本活动,它包括运输基础设施的活动、运输活动、保管活动、装卸活动、包装活动、流通加工活动等。而信息流通活动则是使物资流通活动实现系统化和效率化不可或缺的活动,它主要由通信基础设施的活动和传递活动等构成。美国物流教授唐纳德·鲍尔索克斯(Donald J. Bowersox)提出的物流模型较好描述了上述物流系统的活动构成及其关系(图1-1)。

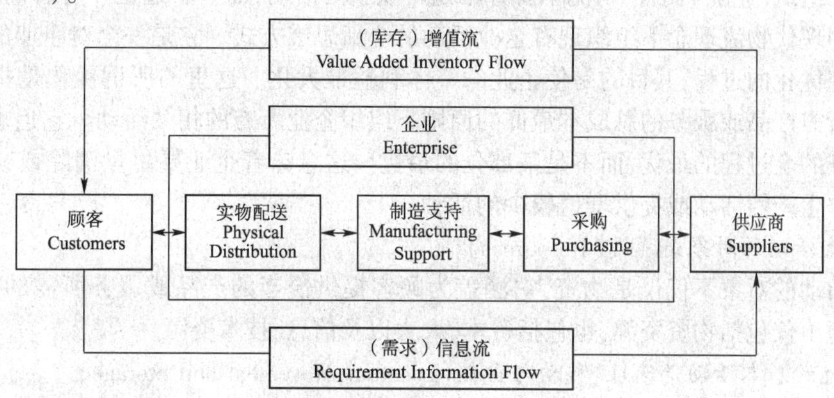

图1-1 物流系统活动构成关系模型

来源:何明珂著. 物流系统论. 中国审计出版社,2001。

通常,这些物流活动具体包含以下主要内容:

- 客户服务(Customer Service)
- 需求预测(Demand Forecasting)
- 库存管理(Inventory Management)
- 物流信息与通讯(Logistics Information and Communications)
- 物料搬运(Material Handling)
- 订单处理(Order Processing)
- 包装(Packaging)
- 零配件与服务(Parts and Service Support)

- 厂房与仓库选址(Plant and Warehouse Site Selection)
- 采购(Procurement)
- 回收物流(Reverse Logistics)
- 运输(Traffic and Transportation)
- 仓储(Warehousing and Storage)

通过上述基本活动,物流最终要解决的问题是按时、按质、按量,并且以系统最低的成本费用把所需的资源、产品或服务送到客户所需的任何地点,即我们常见的物流“5R”要素:

- Right Time(适当的时间)
- Right Place(适当的地点)
- Right Products(适当的产品)
- Right Quality/Condition(适当的质量)
- Right Cost/Price(适当的成本)

图1-2描述了主要物流管理活动的构成。

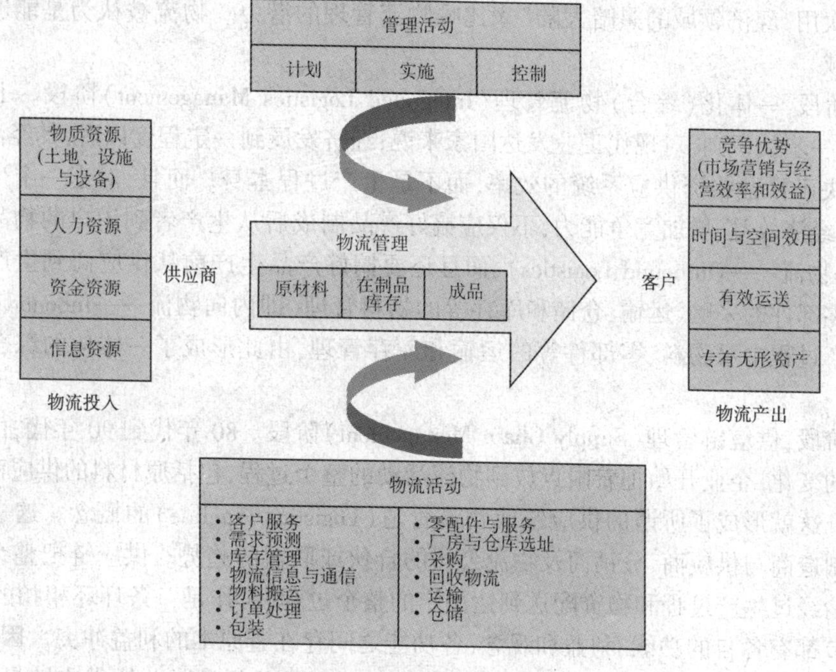

图1-2　物流管理活动的构成

来源:Strategic logistics management, James R. Stock, Douglas M. Lambert(4th ed.), 2001.

从图1-2中可以看出,在物流管理活动中,物流系统的投入包括物质资源、人力资源、资金资源和信息资源。物流管理者通过计划、实施和控制等管理活动对这些投入包括原材料、在制品库存和成品等进行系统管理。通过有效的物流管理,物流系统将实现在竞争优势、时间与空间效用、有效运送以及专有(无形)资产等方面的产出。

三、现代物流的形成与发展

二战以后,西方工业化发达国家进入经济高速发展阶段,其生产企业为追求利润,千方百计降低生产成本,提高产品产量和质量。随着生产技术和管理水平的不断提高,这种竞争日益激烈。与此同时,人们也逐渐认识到,企业在降低生产成本方面的竞争似乎已走到了尽头,产品质量的好坏,也仅仅是一个企业能否进入市场、参与竞争的一个基本条件。这时,竞争的焦点开始从生产领域转向非生产领域,转向过去那些分散、孤立的,被视为辅助环节而不被重视的,诸如物料管理和货物配送等物流活动领域。人们开始研究如何在这些领域里降低成本,提高服务质量。在此基础上,物流管理学应运而生,并且日臻完善,成为现代企业在市场竞争中制胜的法宝。

从20世纪50年代中期至今,国际上物流管理有了很大发展,其发展过程大致可分为三个阶段,不同的发展阶段,对应着不同的物流要求。

第一阶段,物资配送(Physical Distribution,PD)阶段。在物流的形成过程中,首先产生的是"PD"的概念。"PD"是指从生产厂家到用户的"物资配送"(又译"实物分销")。五六十年代,当西方管理科学的重心开始从生产领域转向非生产领域时,"PD"的概念开始形成,并受到重视,被美国企业界称为提高经济效益的"神童"。1962年,美国著名管理学家德鲁克(Peter Druck)首次用"经济领域的黑暗大陆"来比喻物流管理的潜力。物流被认为是能够减少成本的最后领域。

第二阶段,一体化(综合)物流管理(Integrated Logistics Management)阶段。七八十年代后,人们进一步认识到,对现代工业发达国家来说,经济发展到一定程度以后,其经济水平的提高主要取决于社会物资供应系统的效率,而不是生产过程本身。而且,对于一个生产企业来说,要提高经济效益、增加竞争能力,不仅应搞好产品制成后从生产者到用户的物品配送的管理(即外向物流——Outbound Logistics),而且还要搞好产品生产前从供应商到生产制造商的原材料和零部件的采购、运输、仓储和库存等的物料管理(即内向物流——Inbound Logistics),以及在生产过程中对物料、零部件等的运输和库存管理,由此形成了一体化的综合物流管理系统。

第三阶段,供应链管理(Supply Chain Management)阶段。80年代到90年代,由于一系列外部因素的变化,企业开始把着眼点放到物流活动的整个过程,包括原材料的供应商和制成品的分销商。这就形成了所谓的供应链或物流管道(Logistics Pipeline)的概念。这一概念的形成又基于制造商与供应商、分销商及物流公司的合伙或联盟的趋势。供应链把整个物流系统从采购开始经过生产过程和物资配送到达用户的整个过程,看作是一条环环相扣的"链"。供应链各环节都有各自的功能、利益和观念,各功能之间存在着原本的利益冲突。因此,要实现供应链的概念不是一件容易的事,因为它涉及不同的利益单位。对总体供应链最优的方案,对个别供应链成员的短期利益来说,可能不是最优的。尽管如此,从节省成本的观点来看,供应链管理方法具有很大潜力。供应链管理利用现代管理和现代技术,从总体上管理整个链,而不是分别管理各个链节或者仅仅管理各个链节间的接口;同时,利用现代管理和现代技术,使各个链节可以共享总体信息资源,从而大大扩大各个链节的视野。因此,在现代物流系统中,这些环节是相互联系、相互作用、相互制约的,它们各自特定功能的有机组合、协调、运行所产生出的新的功能就是综合物流的功能,从而实现系统最优化、整体成本最小而效益最大的目标。

案例1-1　解读FedEx(美国联邦快递)在中国的经营之道

随着中国加入WTO后,国际物流企业加快了在中国的发展,而像FedEx(美国联邦快递)、UPS(美国联合包裹)这样的物流业巨头,则在之前就已悄悄地完成了在中国的战略部署。有数字表明,国内速递市场,国际速递巨头DHL占30%,UPS占10%,FedEx占10%,且从1995年起,FedEx、UPS、DHL在国内的营业额增长率都保持在20%以上。这些跨国物流企业在中国的经营,在一定程度上对中国的物流企业的发展起到极大的推动作用。

1. 创导一体化物流服务

一体化物流服务则是根据客户需求,整合了客户的上游企业与下游企业及客户自身的生产经营流程,是一种附加值最高的物流服务。FedEx作为全球最大的快递企业之一,在提供门到门、一体化供应链物流服务方面有着先进的管理理念及运作模式。

2. 开创多式联运

FedEx凭借多式联运的现代化物流模式,能够进一步促进政府完善其宏观调控职能,打破条块分割、地方保护等不利现代物流发展的局面,实现物流资源的共享,为中国物流企业创造一个公平、合理的发展环境。

3. 物流标准和规范化的示范

FedEx按照其已有的物流标准,在中国布局了规范化的物流软、硬件设施,尽可能减少物流无效作业环节,从而大大提升了物流速度、降低了物流成本,进一步提升了物流的效益、快速反应能力和竞争力。

4. 网点建设专家

表面上看来,FedEx在中国只有深圳、上海、北京的第五航权,而实际上,FedEx通过其中国的合作伙伴——大田集团,已经完成了以北京、上海、深圳为中心的中国物流网络的布局。这样,FedEx实际上已经开通了中国京津沪穗、深圳及周边城市客户投寄15个亚洲城市和美国、加拿大各个城市的"亚洲一日达"和"北美一日达"快递服务。

5. 资源整合的高手

中国现在的物流企业大都是从传统的国有交通运输与仓储企业演变而来,由于历史的原因,这些企业大多存在管理不足、技术落后、设备设施较差等问题。随着FedEx等国际巨头进入中国,对这些企业进行重组与再造就在所难免,中国的物流企业为了提升其竞争能力,必须从内、外进行整体改造、整合物流资源。

6. 物流信息化提升服务质量

FedEx拥有快捷、便利的信息系统及自动化的物流设备,几乎应用了世界上最先进的各类物流信息技术和运作模式,通过对信息高效地运用能力,提升服务的质量。

7. 物流运作的高度专业化

物流服务有很强的专业技巧和技能,这一方面要求有配套的运载工具、存储等相关设备、措施,另一方面更需要有了解货物属性,通晓货物相关要求的专业人士。而FedEx能用飞机为大熊猫、赛马、跑车、钢琴等各种物品提供跨地区的运送服务,货物既有普通物品

的运送特性,又要有高度安全、环保的要求,运送要求非常高,没有专业的技术和措施是无法确保服务质量。FedEx 已经在全球物流运营过程中积累了丰富的知识与经验,各项安全、环保标准及其他技术指标都能符合国际要求。

(资料来源:全国物流信息网,http://www.56888.net/news/2012127/899371773.html)

思考题:

1. FedEx 在中国的发展的优势有哪些?
2. 结合案例,试分析我国物流企业面临哪些机遇与挑战?

第二节 现代物流经营管理理念及其发展

一、现代物流管理理念

1. 总成本理念

物流是对各项物流活动进行整合的优化过程。尽管这种整合是在局部(不同层面和部门)进行的,但由于物流要求的不是局部作业层次的最优,而是总体的最优,因此,总成本理念在现代物流管理中显得极为重要。可以说,总成本分析(Total Cost Analysis)是现代物流管理的关键。

企业的一个主要目标是降低物流活动的总成本,而不是孤立地关注每一个物流活动。企业的各项物流成本是相互关联的,试图降低某项物流活动的成本可能会导致另一项物流成本的上升,但如果最终能保证总成本下降,仍然值得去做。因此,有效的物流管理和真正的成本节约只能通过将物流看作一个整体系统,并在一定的顾客服务目标的基础上使总成本最低才能实现。

对一般企业而言,物流活动的总成本通常包括运输成本、仓储成本、订单处理与信息成本、批次处理成本以及库存成本等。图 1-3 描述了这六项主要物流成本及其与物流活动的关系。

2. 成本权衡理念

由于企业各项物流成本是密切相关的,因此,在物流一体化整合过程中,要实现物流系统总成本最低的目标,应依据成本权衡(Cost Trade-off)理念,通过分析不同的成本组合,得到一个使总成本最小的优化组合方案。

成本权衡分析是企业物流整合过程中一种十分有用的分析工具。例如,当企业将生产转移到一个更便宜的地方去时,产品的单位生产成本将会降低,但运输成本却可能会因此而增加。在这种情况下,就要对由于产地变化所节约的成本与由此而额外增加的成本进行比较。当然,最终的结果要么是使总成本增加,要么是使总成本降低。

从本质上讲,由于大多数物流成本要素,如世界不同地区的劳动力成本、原材料成本等,都是在不断发生变化的,同时生产效率的提高和新技术的使用,都会对各项成本要素以及总成本组合方案产生影响,因此成本权衡分析是十分必要的一种物流管理工具,因为无论任何时候成本项目发生变化,都可以通过成本权衡分析找到一个新的使总成本最低的组合方案。

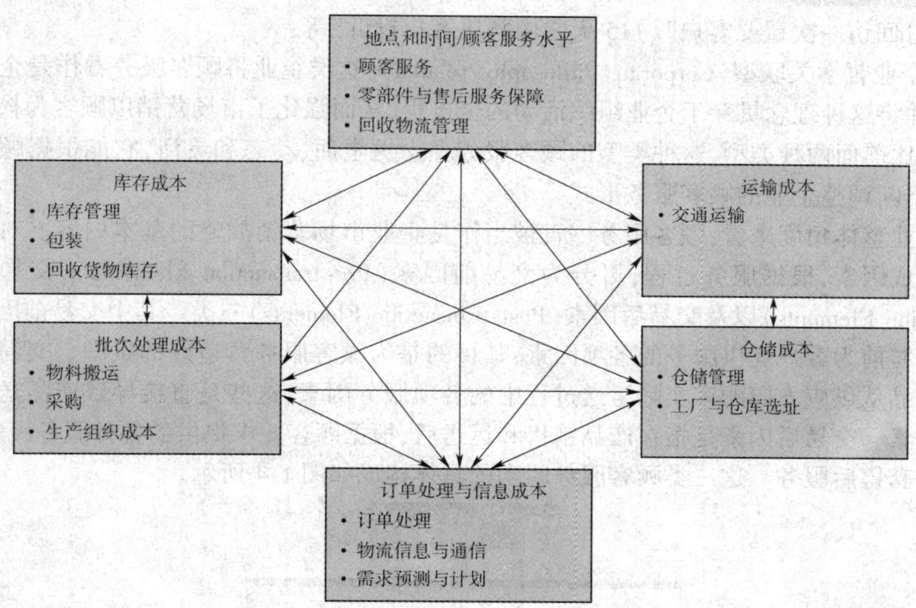

图 1-3 物流活动与物流成本的关系

来源：Strategic logistics management, James R. Stock, Douglas M. Lambert (4th ed.), 2001.

3. *顾客服务理念*

理想的物流系统应能保证在顾客确切需要的时间，将产品或服务送到他们手中。事实上，由于各种不确定因素，如事故、故障等，使得物流系统的"零延误"在企业看来常常是要付出高昂的成本代价的，因为要满足这一要求，企业可能将不得不增加额外的与仓储和库存相关的成本。这也就是说，物流成本与顾客水平之间是相互背反的。因此，采取什么样的产品交付速度和产品服务水平也是物流管理中一个十分重要的问题。在现代物流管理中解决这一问题所依据的是顾客服务理念。

顾客服务是指企业为促进其产品或服务的销售而进行的满足顾客需求的一系列活动。订单处理、产品送达、技术培训、零配件供应、退货及投诉处理、产品咨询等都是典型的顾客服务。对于多数企业而言，其物流顾客服务可以更简单地表述为："使（顾客）得到所订购产品的速度和可靠程度"。

在顾客看来，任何企业的产品都应该是价格、质量和服务的组合，而他们购买的正是这种组合。顾客服务（Customer Service）的含义很广，可以包括从产品的可得性（Availability）到售后服务等众多因素。以现代物流的观点看，顾客服务是一切物流活动或供应链流程的产物。

尽管每个企业对顾客服务重要性的认识都是一致的，但不同企业给顾客服务所界定的含义却各不相同。归纳起来，可分为以下三种类型：

（1）活动关联型（Activity-related）：这类企业将顾客服务看作是由各种活动构成的，包括单据流程、订单处理、投诉处理程序、客户跟踪等；

（2）绩效关联型（Performance-related）：这类企业将顾客服务看作是绩效水平，表明顾客服务是由一系列服务标准构成，并可通过一些相关指标进行衡量，如："24 小时答复任何问题"、

“每6个月回访一次重要客户”、“15天之内解决客户投诉”等;

(3)企业哲学关联型(Corporate Philosophy-related):这类企业将顾客服务看作是企业的管理哲学,并将这种理念贯穿于企业组织活动的全过程,从而强化了市场营销以顾客为核心的重要性。相比前面两种类型,这种类型的顾客服务理念更全面、动态和灵活,它能根据顾客需求的变化,不断调整企业的顾客服务形式。

从企业整体角度来看,顾客服务一直被当作是企业市场营销战略的基本内容。对于顾客服务的构成因素,根据服务过程,可分为交易前因素(Pre-transaction Elements)、交易中因素(Transaction Elements)以及交易后因素(Post-transaction Elements)三类。其中交易前因素是指在产品销售前为客户提供服务的各项因素,其目的是为顾客服务营造好的氛围。交易中因素是指在产品从供应方向顾客实际运送过程中的各项服务因素,这些是直接导致产品送达客户手中的因素。交易后因素是指在产品销售和运送后,根据顾客要求提供的各种服务因素,它代表着一整套售后服务。这三类顾客服务因素的具体构成如图1-4所示。

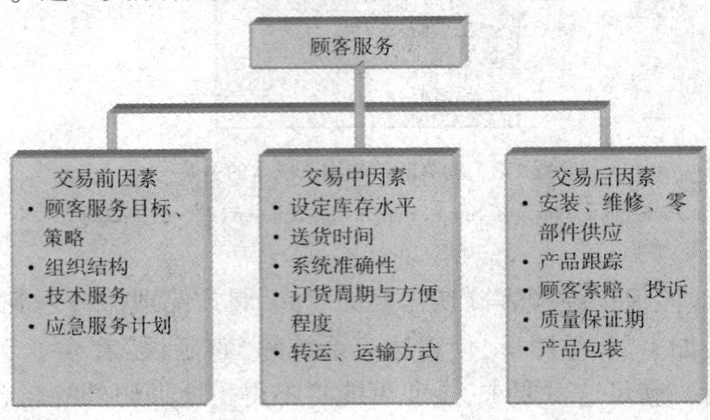

图1-4 顾客服务的构成因素

来源:(美)罗纳德.H. 巴罗著,王晓东、胡瑞娟等译,企业物流管理——供应链的规划、组织与控制。

4. 增值理念

顾客服务的目的是使顾客满意。那么,何谓“顾客满意”?是“服务质量”吗?显然,不完全是这样。我们都曾有过作顾客的经历,因此,应该知道顾客满意实际上是建立在“物有所值(Value for Money)”基础上的。这种顾客满意评价标准可以用“产品或服务的质量与成本之间的比率,即性价比”来表示。也就是说,顾客只对最好的性价比感到满意。

在物流管理中,我们用增值来表示顾客满意。所谓增值是指物流经济活动新创造的价值,它等于投入与产出之间的差值。对于任何一个商业组织而言,获得利润是其重要的经济目标,因此用增值作为顾客满意的评价标准是可以理解的。

对于企业来说,最合适的顾客服务是为客户提供最大的增值。而锁定客户,明确客户的服务水平则是企业的首要任务。

二、现代物流经营理念的发展

物流经营理念的认识,实际上就是对物流在企业经营中起什么作用,达到什么目的的认识。根据视角的不同和认识的发展,对现代物流经营管理理念的认识经历了以下四个发展阶段:

1. 成本理念阶段

这一阶段将物流活动作为降低成本的主要领域,认为物流是“降低成本的宝库”。这是物流兴起时期盛行的观点。它是随着企业在生产领域降低成本的空间越来越小,并开始注意到流通过程成本节约的巨大潜力而产生的一种新的管理理念。

2. 利润理念阶段

这是在成本理念基础上的发展。这一阶段的观点认为,物流可以为企业提供大量直接和间接的利润,是形成企业经营利润的主要活动。当生产企业在其“第一利润源”——原(燃)料资源和“第二利润源”——人力资源创造利润的潜力越来越小的时候,物流被认为是生产企业的“第三利润源”。

3. 服务理念阶段

物流发展到这一阶段认为,物流活动最大的作用并不在于为企业节约了消耗,降低了成本或增加了利润,而是在于提高企业对用户的服务水平,提高企业的竞争力。因此借用军事后勤保障中常用的“Logistics”(原意为“后勤”)这一词描述物流,意在特别强调其服务保障的职能。通过物流的服务保障,企业以其整体能力来降低成本、增加利润。

4. 战略理念阶段

这是物流发展的现时阶段。这一阶段把物流放在很高的位置,认为物流是企业发展的战略,而不是一项具体操作性任务。物流会影响企业总体的生存与发展,因此企业不能仅追求物流的一时一事的效益,而应着眼于总体,着眼于长远。

应强调指出的是,物流管理的这四种理念尽管是由不同国家,在不同发展阶段提出的,但是这些理念本身并不是相互排斥的,而是在认识上的不断深化。当前把物流的理念普遍统一到战略的观点上来,应该说是对物流的作用、目的的认识更深刻的结果。

案例 1-2 海尔,现代物流创造的奇迹

海尔在连续 16 年保持 80% 的增长速度之后,近两年来又悄然进行着一场重大的变革。这就是在对企业进行全方位流程再造的基础之上,建立了具有国际水平的自动化、智能化的现代物流体系,使企业的效益发生了奇迹般的变化,资金周转达到一年 15 次,实现了零库存、零成本和与顾客的零距离,突破了构筑现代企业核心竞争力的瓶颈。

1. 海尔现代物流从根本上重塑了企业的业务流程,真正实现了市场化程度最高的订单经济

海尔现代物流的起点是订单。企业把订单作为企业运行的驱动力,作为业务流程的源头,完全按订单组织采购、生产等全部经营活动。从接到订单时起,就开始了采购、配送和分拨物流的同步流程,现代物流过程也就同时开始。由于物流技术和计算机的支持,海尔物流通过 3 个 JIT,即 JIT 采购、JIT 配送、JIT 分拨物流来实现同步流程。这样的运行速度为海尔赢得了源源不断的订单。目前,海尔集团平均每天接到订单 200 多个,每个月平均接到 6000 多个订单,定制产品 7000 多个规格品种,需要采购的物料品种达 15 万种。由于所有的采购基于订单,采购周期减到 3 天;所有的生产基于订单,生产过程降到一周之内;所有的配送基于订单,产品一下线,中心城市在 8 小时内、辐射区域在 24 小时内、全

国在4天之内即能送达。总起来,海尔完成客户订单的全过程仅为10天时间,资金回笼一年15次(1999年我国工业企业流动资本周转速度年均只为1.2次),呆滞物资降低73.8%,张瑞敏认为,订单是企业建立现代物流的基础。如果没有订单,现代物流就无物可流,现代企业就不可能运作。没有订单的采购,意味着采购回来就是库存;没有订单的生产,就等于制造库存;没有订单的销售,就不外乎是处理库存。抓住了订单,就抓住了满足即期消费需求、开发潜在消费需求、创造崭新消费需求这个牛鼻子。但如果没有现代物流保障流通的速度,有了订单也会失去。

2. 海尔现代物流从根本上改变了物在企业的流通方式,基本实现了资本效率最大化的零库存

海尔改变了传统仓库的"蓄水池"功能,使之成为一条流动的"河"。海尔认为,提高物流效率的最大目的就是实现零库存,现在海尔的仓库已经不是传统意义上的仓库,它只是企业的一个配送中心,成了为下道工序配送而暂时存放物资的地方。

建立现代物流系统之前,海尔占用50多万平方米仓库,费用开支很大。目前,海尔建立了2座我国规模最大、自动化水平最高的现代化、智能化立体仓库,仓库使用面积仅有2.54万平方米。其中一座坐落在海尔开发区工业园中的仓库,面积1.92万平方米,设置了1.8万个货位,满足了企业全部原材料和制成品配送的需求,其仓储能相当于一个30万平方米的仓库。这个立体仓库与海尔的商流、信息流、资金流、工作流联网,进行同步数据传输,采用世界上最先进的激光导引无人运输车系统、机器人技术、巷道堆垛机、通信传感技术等,整个仓库空无一人。自动堆垛机把原材料和制成品举上7层楼高的货位,自动穿梭车则把货位上的货物搬下来,放在激光导引无人驾驶运输车上,运输车井然有序地按照指令再把货送到机器人面前,机器人叉起托盘,把货物装上外运的载重运输车上,运输车开向出库大门,仓库中物的流动过程结束。整个仓库实现了对物料的统一编码,使用了条形码技术、自动扫描技术和标准化的包装,没有一道环节会使流动的过程梗塞。

海尔的流程再造使原来表现为固态的、静止的、僵硬的业务过程变成了动态的、活跃的和柔性的业务流程。未进行流程再造前的1999年,海尔实现收入268亿元,库存资金15亿元,资金占用率为5.6%。2000年实现收入406亿元,比上年超了138亿元;库存资金降为7亿元,资金占用率为1.72%。海尔的目标是把库存资金降为3个亿元,资金占用率将降到0.5%左右,届时海尔将基本实现零库存。在海尔所谓库存物品,实际上成了在物流中流动着的、被不断配送到下一个环节的"物"。

3. 海尔现代物流从根本上打破了企业自循环的封闭体系,建立了市场快速响应体系

面对日趋激烈的市场竞争,现代企业要占领市场份额,就必须以最快的速度满足终端消费者多样化的个性需求。因此,海尔建立了一整套应对市场的快速响应系统。一是建立网上订单平台。全部采购订单均由网上发出,供货商在网上查询库存,根据订单和库存情况及时补货。二是建立网上支付系统。网上支付已达到总支付额的20%,支付准确率和及时率达100%,并节约近1000万元的差旅费。三是建立网上招标竞价平台。供应商与海尔一道共同面对终端消费者,以最快的速度、最好的质量、最低的价格供应原材料,提

高了产品的竞争力。四是建立交流平台,供应商、采购商共享网上信息,保证了商流、物流、资金流的顺畅。集成化的平台,形成了企业内部的"高速公路",架起了海尔与全球用户资源网、全球供应链资源网和计算机网络的桥梁,将用户同步为企业内部,以替代库存,强化了整个系统执行订单的能力,海尔物流成功地运用电子商务体系,大大缩短了海尔与终端消费者的距离,为海尔赢得了响应市场的速度,扩大了海尔产品的市场份额。在国内市场份额中,海尔彩电占10.4%,冰箱占33.4%,洗衣机占30.5%,空调占30.6%,冷柜占41.8%。在国际市场,海尔产品占领了美国冷柜市场的12%、200升以下冰箱市场的30%、小型酒柜市场50%的市场份额,占领了欧洲空调市场的10%,中东洗衣机市场的10%。目前海尔的出口量已经占到总量的30%。

4. 海尔现代物流从根本上扭转了企业以单体参与市场竞争的局面,使通过全球供应链参与国际竞争成为可能

从1984年12月起到现在,海尔经历了三个发展战略阶段。第一阶段是品牌战略,第二阶段是多元化战略,第三阶段是国际化战略。在第三阶段,其战略创新的核心是从海尔的国际化到国际化的海尔,建立了全球供应链网络,支撑这个网络体系的是海尔的现代物流体系。

海尔在进行流程再造时,围绕建立强有力的全球供应链网络体系,采取了一系列重大举措。一是优化供应商网络。将供应商由原有的2336家优化到978家,减少了1358家。二是扩大国际供应商的比重。目前国际供应商的比例已达67.5%,较流程再造前提高了20%。世界500强企业中已有44家成为海尔的供应商。三是就近发展供应商。海尔与已经进入和准备进入青岛海尔开发区工业园的19家国际供应商建立了供应链关系。四是请大型国际供应商以其高技术和新技术参与海尔产品的前端设计。目前参与海尔产品设计开发的供应商比例已高达32.5%。供应商与海尔共同面对终端消费者,通过创造顾客价值使订单增值,形成了双赢的战略伙伴关系。

在抓上游供应商的同时,海尔还完善了面向消费者的配送体系,在全国建立了42个配送中心,每天按照订单向1550个专卖店、9000多个网点配送100多个品种、5万多台产品,形成了快速的产品分拨配送体系、备件配送体系和返回物流体系。与此同时,海尔与国家邮政、中远集团、和黄天百等企业合作,在国内调配车辆可达16000辆。

海尔认为,21世纪的竞争将不是单个企业之间的竞争,而是供应链与供应链之间的竞争。谁所在的供应链总成本低、对市场响应速度快,谁就能赢得市场。一只手抓住用户的需求,一只手抓住可以满足用户需求的全球供应链,这就是海尔物流创造的核心竞争力。

(来源:九九物流网,http://www.9956.cn/college/42086.html)

思考题:

1. 与传统企业相比,海尔在物流的理念上有哪些突破?
2. 海尔在物流整合上有哪些措施?
3. 海尔在构建核心竞争力的过程中,紧紧抓住了哪些关键环节?
4. 结合案例,分析企业物流对整个企业的经营具有哪些意义?

第三节　第三方物流经营战略

在国际上,第三方物流(Third Party Logistics,简称TPL或3PL),或称合约物流(Contract Logistics),正越来越普遍地成为一种物流服务方式。作为介于发货人(第一方)和收货人(第二方)之间的第三方物流公司可以理解为为客户提供部分或全部物流功能的外部服务提供者。第三方物流服务提供商的特征主要表现为:整合一个以上的物流功能;本身不拥有货物;运输设备、仓库等由第三方物流服务经营者控制;按需提供全部的劳动力与管理服务;按客户的要求提供特殊服务,如存货管理、生产准备、组装/集运等。目前提供这类服务的公司为数不少,并有继续增长的趋势。这一行业中的一些大公司主要集中在英、美等综合物流业较发达的国家,这些公司包括FedEx Logistics,UPS World-wide Logistics,Excel Logistics,GATX Logistics等。

一、外协与第三方物流

自20世纪80年代以来,外协(Outsourcing)已成为工业、商业领域中的一个重要趋势。企业越来越重视集中自己的主要资源与核心业务,而把其他资源与非核心业务外部化。由于物流具有支持与辅助功能,因此,发达国家的工商企业已不再将物流作为自己直接管理的活动,而是常常从外部物流服务专业公司中采购而获得。有些公司还保留着物流作业功能,但越来越多地开始由外部合同服务(第三方物流服务)来补充。

作为专业性的物流公司,3PL不仅具有较高的工作效率,同时,由于它可以为多个客户提供物流服务,具有一定的规模经济优势,因此,能以较低的成本为客户提供采购、仓储、库存、包装、运输、配送等综合物流服务功能,因此,作为减少成本的一种途径,许多企业(客户)都趋向于把物流活动委托(外协)给3PL管理。也就是说,只要它的物流活动由3PL来完成更为有效,那么,企业(客户)就会考虑采取外协方式,通过签订合约,把这些物流服务功能交由3PL来提供。

通过外协方式可以获得的利益主要体现在以下几个方面:

(1)可减少或控制经营成本。以较低的成本使用外部服务商是外协最直接的收益,同建立和维护内部服务能力的成本相比,它可以导致总成本的降低。

(2)充分利用现有资金。外协减少了在非核心业务上的投资的需要,使用于核心业务的资金增加。

(3)产生现金流入。外协能使资产由消费者向提供者的转移。当前企业使用中的设备、运输工具以及执照均具有一定的价值,可以作为交易的一部分卖给供应商,从而产生现金收入。

(4)降低风险。通过与服务提供者共享在技术变化条件下的投资风险以及增加企业的灵活性,企业可以通过外协来降低风险。

(5)确保获得内部没有的资源。一些公司的外协是因为在组织内部没有获得所需要的资源的渠道。如果一个组织要扩大经营领域,特别是进入那些新的领域,外协可以是一个可行而重要的获取所需资源的方式。

当然,对于企业(客户)来说,在决定是否将物流功能交由3PL提供时有诸多因素必须考虑,这些因素包括:

1. 规模经济性

如果客户自己不具备规模经济优势，也就是说如果客户的物流活动不能从自身的规模经济中获得收益，那么，3PL 将是较为合适的选择。

2. 专业化程度

有些物流活动如航运、货代、仓储等需要专业知识和技术，因此，当客户发现自己很难有效地管理和完成这些专业化程度较高的物流活动时，他们就会将这些活动签约给具有这些方面专长的第三方物流公司。反之，如果客户认为自己是专家，那么他们可能会将一些简单的物流功能交给 3PL，而把那些专业性较强的活动留给自己。

3. 复杂性

物流功能的复杂性主要取决于以下三个方面：服务的顾客、国家和地区的数量、涉及产品的数量、顾客所需服务的规则性（时间、数量）或不规则性。对于复杂性程度较高的物流活动，客户通常交给 3PL 来完成。

4. 竞争程度

一般来说，市场竞争程度越高，服务水平也就越高。因此，客户通常是将竞争性较强的物流活动采取外协方式来完成。不过，从另一个角度来说，当客户发现 3PL 在市场上的垄断性较强时，对物流活动的外协就会非常小心。

5. 核心业务

客户一般应非常清楚物流活动是否是自己的核心业务。如果是本企业的核心业务，他们就会由自己直接控制这些活动。如果这些活动不是本企业的核心业务，那么客户必须对这些物流活动与核心业务的相关关系进行研究。如果这些活动对核心业务有着较大影响，客户就会直接对这些业务进行控制，否则，外协方式将是一个较好的选择。

二、第三方物流服务的特征与类型

第三方物流是第三方物流提供者在特定的时间段内按照特定的价格向使用者提供的个性化的系列物流服务。它具有以下特征。

1. 第三方物流是建立在现代电子信息技术基础上

信息技术的发展是第三方物流出现的必要条件，信息技术实现了数据的快速、准确传递，提高了仓库管理、装卸运输、采购、订货、配送发运、订单处理的自动化水平，使订货、保管、运输、流通加工实现一体化；企业可以更方便地使用信息技术与物流企业进行交流和协作，企业间的协调和合作有可能在短时间内迅速完成；同时，电脑软件的飞速发展，使混杂在其他业务中的物流活动的成本能被精确计算出来，还能有效管理物流渠道中的商流，这就使企业可以能把原来在内部完成的作业交由物流公司运作。常用于支撑第三方物流的信息技术有：实现信息快速交换的 EDI 技术、实现资金快速支付的 EFT 技术、实现信息快速输入的条形码技术和实现网上交易的电子商务技术等。

2. 第三方物流提供的是合同导向的一系列服务

第三方物流有别于传统的外协，外协只限于一项或数项独立的物流功能，如运输公司提供运输服务、仓储公司提供仓储服务等，第三方物流则根据合同条款规定的要求，而不是临时需要，提供多功能，甚至全方位的物流服务。一般来说，第三方物流公司能提供仓库管理、运输管

理、订单处理、产品回收、搬运装卸、物流信息系统、产品安装装配、运送、报送、运输谈判等近30种物流服务。依照国际惯例,服务提供者在合同期内按提供的物流成本加上需求方毛利额的20%收费。

3. 第三方物流是个性化物流服务

第三方物流服务的对象一般都较少,只有一家或数家,服务时间却较长,这是因为需求方的业务流程各不同,而物流、信息流是随价值流流动的,因而第三方物流服务应按照客户的业务流程来定,这也表明物流服务从"产品推销"发展到了"市场营销"阶段。

4. 第三方物流与客户企业之间是联盟关系

依靠现代电子信息技术的支撑,第三方物流与企业之间充分共享信息,这就要求双方能相互信任,才能使达到的效果比单独从事物流活动所能取得的效果更好,而且,从物流服务提供者的收费原则来看,它们之间是共担风险、共享收益;再者,企业之间所发生的关联既非仅一两次的市场交易,但又在交易维持了一定时期之后,可以相互更换交易对象,在行为上,各自不完全采取导致自身利益最大化的行为,也不完全采取导致共同利益最大化的行为,只是在物流方面通过契约结成优势互长、风险共担、要素双向或多向流动的中间组织。

通常,第三方物流服务可以划分为拥有资产基础和不拥有资产基础两种类型。其中:拥有资产基础的第三方物流服务提供者,有自己的代理人,有自己的运输设施设备,包括仓库,在现实中他们实际控制物流作业的操作。不拥有资产基础的第三方物流服务提供者是一种物流管理公司,不拥有或租赁资产,他们提供人力资源和系统,专业管理顾客的各种物流功能。

三、第三方物流的服务范围

第三方物流在提供物流服务方面发挥着越来越重要的作用,并在不断改变买卖双方的商业关系和竞争地位。第三方物流与一般意义上的物流提供商(Logistics Service Provider,简称LSP)的最大差别在于第三方物流服务商提供的服务的范围、对物流活动管理的深度都较之传统的LSP更进一步。3PL通过计划、控制、执行活动为货主(顾客)提供最大的增值。他们的一个重要特点是通过信息技术的运用,实现管理高效化,从而降低成本,提供增值。同时,3PL与顾客间保持一种长期的合作关系,共担风险,共享收益。

根据美国《Inbound Logistics》的调查,目前美国第三方物流的服务范围主要涵盖(原材料)进货物流(Inbound Logistics)、物流系统整合(Integrated Logistics)、适时生产(JIT)服务以及库存管理(Inventory Management)等物流功能(表1-1)。

美国第三方物流(3PL)的服务范围 表1-1

物流服务功能	3PL占所提供服务的比例(%)
进货(回向)物流	96
物流系统整合	85
适时生产(JIT)服务	74
库存管理	73
物流流程重组	66
主物流服务/第四方物流	71

续上表

物流服务功能	3PL 占所提供服务的比例(%)
供应商管理	70
支付审计	52
共享服务(共同定位、协同配送等)	52
全球贸易服务	44

来源:Inbound Logistics(2012).

在第三方物流服务中,传统的物流服务项目如运输、仓储、货运代理等仍然占据主导地位。表 1-2 描述了美国第三方物流(3PL)提供的运输与仓储服务项目。

当然除上述物流服务外,3PL 也提供一些特殊服务、技术服务以及信息网络服务,包括回收物流、送货上门、进出海关、ISO 认证、EDI、企业网站、卫星通信、货物跟踪(Track/Trace)、合同管理以及电子商务等。

美国第三方物流(3PL)提供的运输与仓储服务　　表 1-2

服务项目	所占比例(%)
运输服务	
整车运输(Truckload)	95
零担运输(Less than Truckload)	93
专一合同运输(Dedicated Contract Carriage)	67
多式联运	84
航空运输	69
海上运输	63
铁路运输	74
小批量包裹运输	53
散装运输	50
最后一公里运输(Final Mile)	49
运输设备管理/驾驶员管理	40
车(船)队获得(Fleet Acquisition)	22
仓储服务	
对接服务(Crossdocking)	82
取货与包装加工	69
合约履行(Fulfillment)	69
配送中心管理	65
供应商管理库存(Vendor Managed Inventory)	64
选址服务	56

来源:Inbound Logistics(2012).

四、第三方物流服务经营方式

第三方物流服务经营方式主要包括:专一用户的合同配送(Dedicated Contract Distribution)、专一用户的合同运输(Dedicated Contract Transportation)、多个用户的合同配送(Shared Contract Distribution)、多个用户的合同运输(Shared Contract Transportation)、快件运输(Express)、批量递送(Groupage)、普通货运与仓储(General Haulage and Storage)、普通货运(General Haulage)等。其中:

专一用户的合同配送经营方式专为某一用户服务,通常既提供运输服务,又提供仓储服务。这种形式的物流服务不会因为其他用户的需要而受到影响,用户实际上是把第三方看作是自己的自货自运车队使用。这类合同一般是2~5年。第三方物流服务提供者在提供这种多功能、量体裁衣式的服务的同时,也为他们自己创造了一个应用现代物流理念和先进的IT信息技术的极好空间。

专一用户的合同运输经营方式与专一用户的合同配送基本相同。所不同的是,在这种经营方式下,第三方物流服务提供者只提供运输服务。

在多个用户的合同配送下,一个第三方物流经营者为多个用户服务。通常当几个用户在某个方面有共同的专门需求时,往往采用这种形式,如在包装、装卸、仓储方面需求一致,或者是在送达目的地方面是一致的。

而多个用户的合同运输经营方式,与多个用户的合同配送基本相同。所不同的是,在这种合同物流形式下,第三方物流经营者只提供运输服务。

案例1-3　宝洁与宝供的第三方物流合作

始创于1837年的宝洁公司,是世界最大的日用消费品公司之一,全球雇员超过11万名,在全球70多个国家设有工厂及分公司,所经营的300多个品牌的产品畅销140多个国家和地区,其中包括洗发用品、护发用品、护肤用品、化妆品、婴儿护理产品、妇女卫生用品、医药、食品、饮料、织物、家居护理及个人清洁用品。卓越的品牌、消费者的价值、领先的创新及注重成本和效益,成为宝洁公司在市场竞争中立足并取胜的基本点。

1992年,刚刚进入中国市场的宝洁公司认识到,产品能否及时、快速地运送到全国各地是其迅速抢占中国市场的重要环节,其开始寻找第三方物流服务和物流解决方案。作为日用产品生产商,宝洁公司的物流服务需求对响应时间、服务可靠性以及质量保护体系具有很高的要求。进入宝洁公司视野的物流企业主要有两类:占据物流行业主导地位的国有企业和民营储运企业。经过调查评估,宝洁公司认为当时的国有物流企业业务单一,或是只管仓库储存,或是只负责联系铁路运输,而且储存的仓库设备落后,质量保护体系不完善,运输中信息技术落后,员工缺乏服务意识,响应时间和服务可靠性得不到保证。于是,宝洁公司把目光投向了民营储运企业。

在筛选第三方物流企业时,宝洁公司发现宝供物流公司(以下简称宝供)承包铁路货运转运站,以质量第一、顾客至上、24小时服务的经营特色,提供门到门的服务。于是,宝洁公司将物流需求建议书提交给宝供,对宝供的物流能力和服务水平进行试探性考察。

围绕着宝洁公司的物流需求，宝供设计了业务流程和发展方向，制定了严格的流程管理制度，对宝洁公司的产品呵护备至，达到了宝洁公司的要求；同时宝供长期良好合作的愿望以及认真负责的合作态度，受到了宝洁公司的欢迎，使得宝供顺利通过了考察。宝洁公司最终选择了宝供作为自己的合作伙伴，双方签订了铁路运输的总代理合同，开始了正式的合作。

在实施第三方物流服务过程中，宝供针对宝洁公司的物流服务需求，建立遍布全国的物流运作网络，为宝洁公司提供全过程的增值服务，在运输过程中保证货物按照同样的操作方法、模式和标准来操作，将货物运送到目的地后，由受过专门统一培训的宝供储运的员工进行接货、卸货、运货，为宝洁公司提供门到门的"一条龙"服务，并按照严格的GMP质量管理标准和SOP运作管理程序，将宝洁公司的产品快速、准确、及时地送到全国各地的销售网点。双方的初步合作取得了相当好的成效，宝供帮助宝洁公司在一年内节省成本达600万美元，宝洁公司高质量、高标准的物流服务需求也极大地提高了宝供的服务水平。

随着宝洁公司在中国业务的增长，仓库存储需求大幅度增加，宝供良好的运作绩效得到了宝洁公司的认同，宝洁公司进一步外包其仓储业务给宝供。针对宝洁公司的物流需保规划设计和实施物流管理系统，优化业务流程，整合物流供应链，以"量身定做、一体化运作、个性化模式"满足宝洁公司的个性化需求，提高物流的可靠性，降低物流总成本。确保建立高水准的信息技术系统以帮助管理和提供全面有效的信息平台，实现仓储、运输等关键物流信息的实时网上跟踪，实现与宝洁公司电子数据的无缝衔接，使宝洁公司和宝供作业流程与信息有效整合，从而使物流更加高效化、合理化、系统化。宝供的严格和高质量的物流服务，极大地降低了宝洁公司的物流成本，缩短了订单周期和运输时间，提高了宝洁公司的客户服务水平；而宝洁公司促使宝供的物流服务水平不断提升，成为当今国内领先的第三方物流企业。宝洁和宝供的"双赢"合作，为当时中国工商企业采购第三方物流服务、选择物流服务提供商树立了标杆。选择合适的第三方物流服务提供商，能降低物流成本、缩短订单周期和运输时间、改善客户响应能力，也能为客户创造价值。

（来源：张庆英主编．物流案例分析与实践．北京：电子工业出版社，2013.5.）

思考题：

1. 宝洁公司为何要寻求与第三方物流公司合作？
2. 宝供物流公司为什么能够成为宝洁公司的物流合作伙伴？

第四节　供应链外协的新理念——第四方物流

在现代物流管理中，外协（Outsourcing）已经成为物流供应链中非核心业务的一种被广泛接受的经营方式。这种曾被《哈佛商业评论》（Harvard Business Review）誉为过去75年内最重要的经营理念之一的经营方式，由于可以使企业将自身优势与潜能集中在核心业务上，更大限度地发挥经营的灵活性，为顾客提供各种形式的服务，因此，越来越受到各行各业，尤其是制造

业的青睐。据统计,在“财富”杂志(Fortune)公布的世界500强制造企业中使用第三方物流的比例已从1991年的37%上升到2003年的83%。

然而,尽管外协或第三方物流(3PL)方式具有很明显的吸引人之处,但其预期效益常常难以完全实现。究其原因在于,首先,单一的3PL难以提供满足企业所有物流需求的全方位服务。从目前来看,3PL提供的物流服务大多集中在仓储、运输以及运载工具的管理上,而在信息技术的开发与管理、售前(后)服务与订单处理等领域则很少涉及。这种服务能力的不足使得客户企业(组织)仍须投入精力对供应链内协(3PL不能提供的服务)与外协的有效配合进行控制与管理。其次,由于3PL与客户之间缺乏共享的利益目标,使得外协通常只能为企业提供一次性的成本节约,难以做到企业所希望的持续不断地节约成本。

由此,一个新的概念——第四方物流(4PL)应运而生。“Fourth Party Logistics”是由安得森咨询公司首先提出并注册。作为供应链外协发展的新阶段,4PL克服了3PL存在的不足之处,同时可以对供应链中的各种需求做出更有效的反应,并通过充分利用内协(Insourcing)与外协各自的优势为客户提供利益最大化的服务。正因如此,4PL理念一经提出,就引起物流业广泛的关注。可以说,4PL这一新的理念为供应链中最基本的环节——运输业提供了发展的新思路。

一、什么是4PL?

所谓4PL,是指协调人(Integrator)通过对供应链中各分包商(Teaming Partner)的控制和管理,为客户提供点到点式服务的供应链运作方式。4PL经营者是基于整个供应链过程考虑,扮演着协调人的角色:一方面与客户协调,同客户共同管理资源、计划和控制生产,设计全程物流方案;另一方面与各分包商协调,组织完成实际物流活动。因此,4PL提供的是一种全面的物流解决方案,与客户建立的是长期、稳固的伙伴关系。

与传统的供应链外协相比较,4PL能“为客户提供最接近要求的最完美的服务”,4PL的发展方案联结了3PL、技术服务和业务管理等,为客户提供了“跨功能的作业一体化和广阔的运作自治空间”。正如John Gattorna在其最新出版的《供应链战略联盟》(Strategic Supply Chain Alignment)一书中所提到的,“在组织从内协向以第四方物流为基础的外协发展过程中,供应链管理发生了重大的变革。当3PL被业界普遍实行后,4PL正日益成为解决现代供应链管理所面临的挑战,为客户提供收益最大化服务的一个重大突破。”

作为供应链外协发展的新阶段,相比3PL而言,4PL具有自己的特点。它克服了3PL在服务能力以及利益共享等方面的不足,可以对供应链中的各种需求做出更有效的反应,并通过充分利用内协与外协各自的优势为客户提供利益最大化的服务。

二、4PL与3PL的差异

具体说,4PL与3PL经营人的不同之处主要体现在以下四个方面:

(1)从组织形式上看,4PL通常是由客户与其一个或多个合作伙伴以合资或长期合同的形式建立的一个独立实体;

(2)4PL在客户与众多物流服务提供者之间唯一起着一个界面(Interface)的作用,并通过合作或联营的方式对物流服务进行经营管理;

(3)客户企业供应链中的所有活动都由4PL进行管理;

(4)一些大的3PL经营人可以在现有组织结构的基础上发展成为4PL。

三、4PL的特征

4PL成功的核心在于它有两个明显的特性:①4PL提供的是一个全面的供应链方案;②4PL通过影响整个供应链过程来实现增值。

1. 全面的供应链解决方案

4PL的一个重要特征是它为客户提供的是一个全面的、综合性的供应链解决方案(图1-5)。4PL全面的供应链解决方案包括三个阶段的工作:重新设计、功能转换和实施。

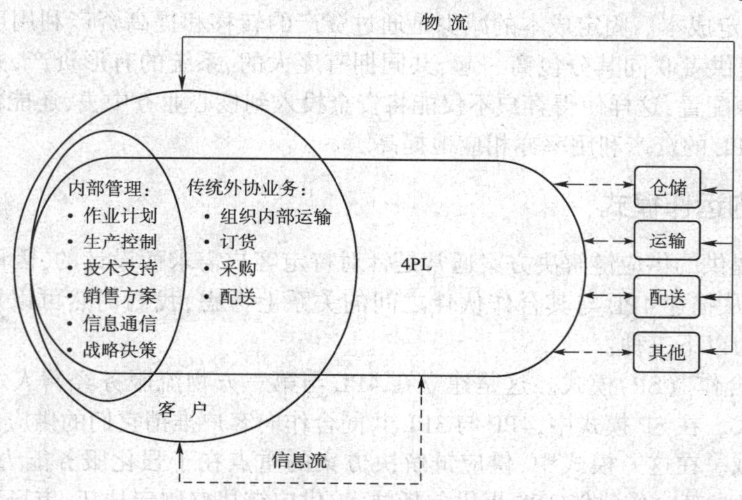

图1-5 4PL提供全面的供应链方案

来源:王岚,第四方物流——运输企业发展的新思路,中国交通研究与探索(2001)。

重新设计是4PL全面的供应链方案中最关键之处。因为只有通过所有供应链参与者的统一计划和同步实施,才最有可能提高供应链管理质量。重新设计供应链方案吸收了传统的供应链管理技能,将商业战略和供应链战略有效地融合,创造性地重新设计,使供应链管理完全实现一体化。

重新设计的方案要求原有的供应链中各功能进行相应地转换。4PL更深入地与客户结成合作伙伴,在传统的外协业务,如订货、采购等基础之上,还参与企业的生产、销售活动,如生产控制、销售和作业计划、技术支持等;4PL同时也将其承揽的业务"外协"给各分包商,从而控制物流进程。

4PL全面的供应链方案的最后一阶段即为实施。4PL的提供者负责操作供应链的众多环节,在与客户和分包商的有机协调下,完成最有效的物流活动。

2. 广阔的供应链增值空间

具有更为广阔的增值空间是4PL第二个重要特性。在综合的供应链系统中,4PL主要通过四个途径来实现增值——增加收入、降低营运成本、减少流动资金和减少固定资产投入。

(1)增加收入。收入的增加是通过提高服务质量、保证服务的可靠性来实现的。顾客对服务质量的评价不仅是从单个的物流环节如低成本运输或仓储零库存来考虑的,他们希望的

是整个流通领域的高效运作。4PL 本着供应链全过程的整体效益出发,能够 100% 地实现物流全程的高效率,改进服务质量,为顾客提供最满意的服务,也为自己增加收入。

(2)降低营运成本。据专家估计,作业效率的提高、进程的加快和营运费用的节省可以使营运成本降低 15%。完全的供应链外协(而不是部分的供应链外协)和规模经济能实现营运费用的节省,而在 4PL 协调人精心设计的物流方案实施之时,参与供应链活动的各分包商的作业同步和进程的加快亦可以达到降低营运成本的目的。

(3)减少流通资金。通过降低存货和减少订货资金的循环次数可以使流通资金的减少幅度达到 30%。积极地运用现代化的电子商务系统管理订货,运用高科技的通信设备跟踪货物,可以将存货控制在最少,同样也有效地减少了订货资金的循环次数。

(4)减少固定成本。固定成本的减少是通过资产的转移和提高资产利用度两种途径来实现的。4PL 的提供者联同其分包商一起,共同拥有庞大的、系统的有形资产,并在供应链中拥有专业化的资源配置,这样使得客户不仅能将资金投入到核心业务中去,还能使用其并不拥有的资产,同时,4PL 的资产利用率亦相应地提高了。

四、4PL 的运作模式

尽管 4PL 提供的供应链解决方案通常是针对特定客户需求而设计的,因而很难提出通用的运作模式,但从描述 4PL 与其合作伙伴之间的关系上考虑,我们仍然可以从概念上把 4PL 经营模式概括为以下三种:

(1)"紧密合作"(SP)模式。这是建立在 4PL 与第三方物流服务经营人之间工作关系上的一种运作模式。在 SP 模式中,4PL 与 3PL 共同合作向客户推销它们的供应链解决方案以及它们的服务领域。在这一模式中,供应链解决方案的重点在于强化服务能力的投入。同时,4PL 经营人可以为其合作伙伴 3PL 提供包括技术、供应链战略制定技巧、市场营销技能以及项目管理知识等方面的一系列的服务。

(2)"方案协调人"(SI)模式。这是 4PL 经营模式中最基本的一种模式。在 SI 模式中,4PL 向单一客户提供一个综合性的供应链解决方案,并对该方案的运作进行管理与控制。在 SI 模式中,4PL 充分利用自身的资源、技术与能力优势,并通过与其他服务提供者之间优势互补,给客户提供一个可以为其供应链的每一个环节都能带来增值的综合性的一体化解决方案。

(3)"行业创新"(II)模式。这是 4PL 经营模式中最终也是最复杂的一种模式。在这一模式中,4PL 开发运作的是一个跨行业的供应链解决方案。该方案强调有关各方的互动与协调一致。II 模式可以为客户实现收益最大化。不过,由于该解决方案形成的复杂性,因此对企业(组织)的能力来说将是一个很大的挑战。

案例 1-4 埃森哲,第四方物流的开创者

作为《财富》全球 500 强企业之一的管理咨询、信息技术和外包服务公司,埃森哲是全球领先的企业绩效提升专家。凭借丰富的行业经验、广泛的全球资源和在本土市场的成功实践,埃森哲帮助客户明确战略,优化流程,集成系统,引进创新,提高整体竞争优势,成为绩效卓越的组织。其中,基于供应链管理,埃森哲在产品开发、制造策略和运作、采购

及供应商选择、运输管理、分销、库存管理、价值链规划、供应链协同作业以及第四方物流方案等方面提供咨询服务。

在美国，Ryder Integrated Logistics 和信息技术巨头 IBM 和埃森哲公司结为战略联盟，使得 Ryder 拥有了技术和供应链管理方面的特长，而如果没有“第四方物流”的加盟，这些特长要花掉 Ryder 公司自身几十年的工夫才能够积聚起来。

在欧洲，埃森哲公司和菲亚特公司的子公司 New Holland 成立了一个合资企业 New Holland Logistics. P. A.，专门经营服务零配件物流。New Holland 为合资企业投入了 6 个国家的仓库，775 个雇员，资本投资和运作管理能力。埃森哲方面投入了管理人员、信息技术、运作管理和流程再造的专长。零配件管理运作业务涵盖了计划、采购、库存、分销、运输和客户支持。在观察期间，7 年总投资回报有 6700 万美元，大约 2/3 的节省来自运作成本降低，20% 来自库存管理，其他 15% 来自运费节省。同时，New Holland Logistics 实现了大于 90% 的订单完成准确率。

在英国，埃森哲公司和泰晤士水务有限公司的一个子公司——Connect 2020，也进行了第四方物流的合作。泰晤士水务是英国最大的供水公司，营业额超过 20 亿美元。Connect 2020 成立的目的旨在为供水行业提供物流和采购服务。Connect2020 把它所有的服务外包给 ACTV，一家由埃森哲管理和运作的公司。ACTV 年营业额在 1500 万美元，主要业务包括采购、订单管理、库存管理和分销管理。其运作成果包括：供应链总成本降低 10%，库存水平降低 40%，未完成订单减少 70%。

（来源：锦程物流网，http://info.jctrans.com/zhuanti/zta/2/200687285181.shtml）

思考题：

1. 埃森哲公司在供应链管理方面为顾客提供了哪些产品和服务？
2. 结合案例，分析第四方物流的优势和功能。

第五节　现代物流的重要性分析

一、物流在国家宏观经济中的作用

随着消费需求的与日俱增，国内和国际商品与服务市场不断扩大。在过去 10 年间，数以千计的新产品和服务源源涌入市场，并被出售、分销给不同的顾客。为了适应不断扩展的市场和衍生的新产品与服务的需要，企业规模与综合性也在不断增加，多功能的工厂已替代了单一功能的工厂。在这种趋势下，承担将产品从原产地分送到消费地职能的物流服务已成为各国国内生产总值（GDP）中十分重要的组成部分。

物流成本占 GDP 的比重已成为衡量一个国家物流业发展水平的重要指标。业界普遍认为，物流业越发达，效率越高，物流成本越低，物流总成本占 GDP 的比重就越低。从全球物流产业发展情况来看，在欧、美、日本等发达国家和地区，物流业开展得较早的较好，已经形成相对完善的交通运输和信息网络，物流成本占 GDP 的比重随着经济发展而降低。目前，发达国家物流成本占 GDP 的比重大致在 10% 左右,2013 年我国物流成本占 GDP 的比重为 16.9%。

1996 ~ 2012 年,中美两国物流成本分别占其 GDP 的比率见表 1-3 和图 1-6。从表 1-3 中可以看出,美国物流成本占其 GDP 的比率一直维持在 10% 左右,最高时是 1996 年和 1997 年的 10.2%,最低时是 2010 年的 7.9%,期间平均值为 9.3%;而中国物流成本占其 GDP 的比率几乎是美国的两倍,最高时是 1996 年和 1997 年的 21.1%,最低时是 2013 年的 16.9%,期间平均值为 18.78%,高于美国 9.2 个百分点。

1996 ~ 2013 年中、美两国物流成本占其 GDP 的比率情况 表 1-3

年份	物流成本占其 GDP 的比率(%)		年份	物流成本占其 GDP 的比率(%)	
	中国	美国		中国	美国
1996	21.1	10.2	2006	18.0	9.8
1997	21.1	10.2	2007	18.2	9.9
1998	20.2	10.1	2008	18.1	9.4
1999	19.9	9.9	2009	17.8	7.9
2000	19.4	10.1	2010	17.8	8.3
2001	18.8	9.4	2011	17.8	8.5
2002	18.9	8.6	2012	18.0	8.6
2003	18.9	8.5	2013	16.9	8.2
2004	18.8	8.7	平均值	18.78	9.2
2005	18.3	9.3			

数据来源:中国物流与采购联合会;国家统计局;CSCMP's 25rd Annual State of Logistics Report(2014)。

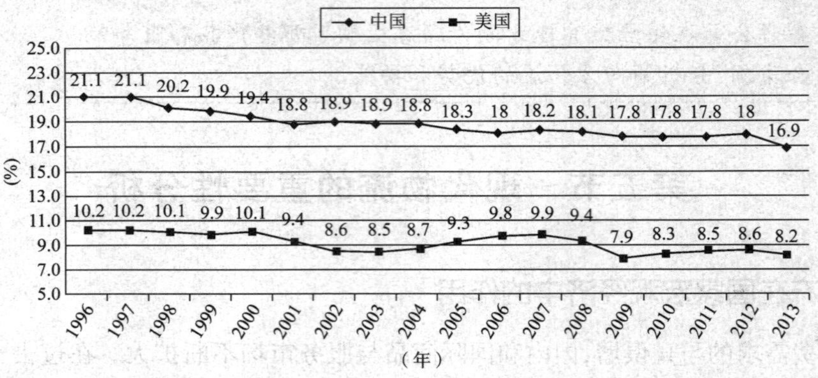

图 1-6 中、美物流成本占其 GDP 的比率对比图

下面以美国为例,对物流成本的构成进行分析。2013 年美国物流成本占其 GDP 的比值为 8.2%,其中各项物流成本要素构成如表 1-4 所示。从表 1-4 中可以看出,2013 年美国企业在物流上的总耗费达 1.39 万亿美元,其中在货物运输上的费用支出近 8520 亿美元左右;在仓储和库存上的支出达 4690 亿美元;在物流管理与信息通讯方面的费用支出达 630 亿美元。此外在运输和配送设施(不含公共基础设施)的投资据估计高达几千亿美元。考虑到物流在土地、劳动力和投资方面的占用与消费,以及它对人们生活水平的影响,可以看出,物流很明显是一个十分巨大的产业。

2013 年美国物流成本项目构成　　表 1-4

物流成本项目		金额（亿美元）
库存成本（所有行业总库存：2.459 万亿美元）	利息	20
	税金、过时（废弃）损失、折旧、保险	3300
	仓储	1370
	小计	4690
运输成本	汽车运输	6570
	其中：城间运输	4530
	本地运输	2040
	其他运输	1950
	其中：水路运输	370（国际：300，国内：70）
	铁路运输	740
	石油管道运输	130
	航空运输	330（国际：130，国内：200）
	货运代理	380
	小计	8520
货主相关成本		100
物流管理成本		530
总计		13850

来源：CSCMP's 25rd Annual State of Logistics Report（2014）.

注：由于四舍五入的原因，表中各项数据相加之和不一定等于总数。

作为 GDP 的重要组成部分，物流与一个国家的通货膨胀、利率、生产率、能源获得与成本以及国民经济其他组成部分都有着十分密切的关系。物流效率的提高，对降低商品和服务价格、改善国家收支平衡与货币保值、提高企业在国际市场的竞争能力、吸引投资以及增加就业等都将产生积极的影响。根据世界银行的估算，“十五”期间，如果我国物流支出占 GDP 的比例由目前的 16.7% 降低到 15%，每年将会为全社会直接节省约 2400 亿元物流支出。1981 年美国的物流支出占 GDP 的比例为 16.5%。如果 1999 年仍保持这一水平，而不是 9.9%，那么 1999 年美国将多支出 3000 亿美元的物流费用。很显然，这将直接导致消费品价格的上涨，企业获利的降低以及国家财税收入的减少，最终将使人们生活水平降低。

专栏 1-1　2020 年物流业增加值或占 GDP 的 7.5%

2014 年 10 月 4 日国务院印发《物流业发展中长期规划（2014—2020 年）》，提出到 2020 年，基本建立布局合理、技术先进、便捷高效、绿色环保、安全有序的现代物流服务体系。

物流的社会化、专业化水平进一步提升。物流业增加值年均增长 8% 左右，物流业增加值占国内生产总值的比重达到 7.5% 左右。第三方物流比重明显提高。新的物流装备、技术广泛应用。

物流企业竞争力显著增强。一体化运作、网络化经营能力进一步提高,信息化和供应链管理水平明显提升,形成一批具有国际竞争力的大型综合物流企业集团和物流服务品牌。

物流基础设施及运作方式衔接更加顺畅。物流园区网络体系布局更加合理,多式联运、甩挂运输、共同配送等现代物流运作方式保持较快发展,物流集聚发展的效益进一步显现。

物流整体运行效率显著提高。全社会物流总费用与国内生产总值的比率由2013年的18%下降到16%左右,物流业对国民经济的支撑和保障能力进一步增强。

来源:《物流业发展中长期规划(2014—2020年)》(国发〔2014〕42号)

二、物流在企业经营中的重要性

在20世纪80年代末、90年代初,“顾客服务”已开始成为众多企业经营管理的核心,目前这一趋势仍在继续。由于物流在企业这一经营理念的实施过程中起着十分关键的作用,因此,近年来已有越来越多的企业认识到有效的物流管理是改善企业获利能力和竞争绩效的一个关键因素。下面我们将从物流系统产出的四个方面分别阐述物流在企业经营中的作用。

1. 物流可以给企业带来竞争优势

以顾客为导向的市场营销哲学认为企业经营目标的实现取决于对目标市场(顾客)需求的确定,并能比竞争对手更为有效地满足顾客的需求。换句话说,企业的存在就是要满足顾客的需要。企业的这一经营理念由顾客满意、一体化营销活动以及企业获利三个关键因素组成,这三者之间的关系如图1-7所示。在这一经营理念的每个要素中,物流都以不同方式发挥着重要作用。

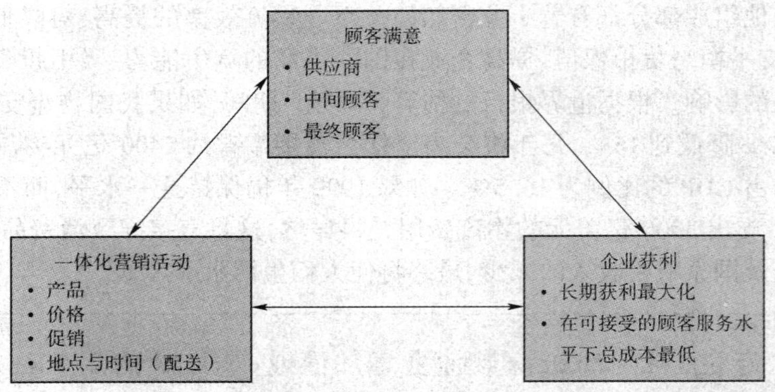

图1-7 市场营销与物流管理理念要素构成

来源:Strategic logistics management, James R. Stock, Douglas M. Lambert(4th ed.), 2001.

首先,成功的企业在进行市场营销活动时必须信守“在适当的地点(Place)和时间,以适当的价格(Price),通过适当的促销(Promotion)手段,为顾客提供适当的产品(Product)”的经营理念,即所谓的“4P”市场营销组合。在这一营销组合中物流起着十分重要的作用,尤其在保证将产品在适当的时间送到适当的地点方面。因为对于消费者来说,只有在自己需要的时间

和地点得到自己所需的产品,才会对该产品或服务满意。这就是产品或服务的时间与空间效用。而实现顾客满意的目标,需要企业内部和外部(供应商和最终客户)的一体化行动。

其次,我们必须认识到企业的中心目标是使企业的长期收益最大化(对于非营利性、公益性组织来说,则是预算的有效分配)。要达到这一目的,一个重要方面就是要对各个经营方案进行成本权衡分析(如图1-8所示),从而寻求使系统内所有活动的总成本最低的方案。对于企业来说,顾客服务是其获得竞争优势的关键。而作为物流系统的产出,顾客服务则表现为企业在物流方面的支出。因此,企业在根据顾客喜好和支付意愿调整自己的顾客服务水平的同时,也必须考虑成本的节约。这也就是图1-8的下半部分所描述的,必须根据各项物流成本对顾客服务的影响,对经营方案进行系统的成本权衡分析。

当然,企业竞争优势的获得,还必须与采用先进的技术和管理策略,如供应链管理(SCM),全面质量管理(TQM),适时生产(JIT)以及快速反应(QR)等紧密联系在一起。

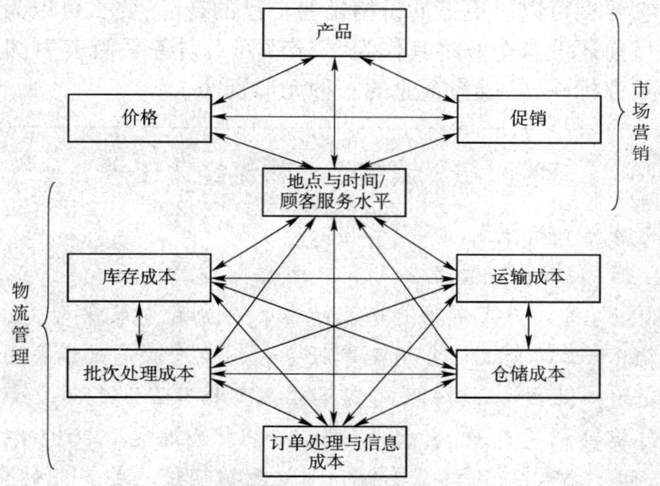

图1-8　物流与市场营销中的成本权衡分析

来源:Strategic logistics management,James R. Stock,Douglas M. Lambert(4th ed.),2001.

2. *物流可以为产品增加时间与空间效用*

通常,原材料或零部件在经过加工生产制成产品后会产生一定的价值或效用,这部分价值或效用我们称之为形状效用(Form Utility)。然而对于消费者来说,不仅需要产品的形状效用,更需要在适当的时间和适当的地点能够得到它。这种超出由生产制造带来的形状效用之外的附加价值,我们称之为时间与空间效用(Time and Place Utility)或所有权效用(Possession Utility)。很显然,这种使产品或服务能够在其所需要的地点和时间被消费者购买或消费而新增的价值,与物流是直接相关的。

一般来讲,如果一个产品不能在顾客需要的时候送到所需要的地方,其对于顾客的价值就很小,甚至没有价值。例如,食品加工厂必须在其生产开始之前或库存用完之前得到生产所需的食品原材料、包装材料以及其他物料。如果这些物料不能在适当的时间送到食品加工厂,工厂就得停产,从而使企业处于不利的竞争状态。由于在产品的时间与空间效用上的改善最终将体现在企业的收益上,因此企业管理者必须非常关注这种由物流带来的附加值。

需要说明的是,产品所有权效用的获得,不仅取决于物流,还取决于银行信贷的获得、货款支付方式以及价格折扣等市场营销活动。也就是说,物流活动与市场营销活动共同实现产品的所有权效用。

3. 物流能保证产品有效地送达顾客

普罗曼(E. G. Plowman)提出了物流系统的"5R"要素,即在适当的时间(Right Time)、适当的地点(Right Place)和适当的条件(Right Condition)下,以适当的成本(Right Cost),为消费者提供适当的产品(Right Product)。通过物流系统"5R"要素的一体化运作,物流能保证产品有效(效率和效益)地送达顾客。

4. 物流是难以被仿制的专有无形资产

一个高效、经济的物流系统与企业资产台账上的有形资产一样,是企业资产的重要组成部分,并且是难以被竞争对手仿制的专有资产。

如果企业能以较低的成本及时为其顾客提供产品,它就可以比竞争对手在市场份额上获得较大的优势,因为它要么可以以更低的价格销售自己的产品,要么可以为顾客提供更高的服务水平。因此,尽管目前还没有企业将其作为"资产"列入财务平衡表中,但从理论上讲,物流应该和专利、版权以及商标一样,成为企业的一种无形资产。

案例1-5 武钢企业物流经营理念

1. 武钢物流有限公司简介

2012年9月3日,武钢物流管理公司和交运公司通过整合重组,正式成立武汉钢铁物流有限公司。该公司将成为武钢物流产业的核心企业和发展平台,主要为武钢提供生产物流、商品材物流、职工通勤及公务用车等服务。物流产业是武钢集团九大钢铁相关产业集群中重点发展的产业之一。按照武钢集团的"十二五"规划,"十二五"期间将有1100亿元产值来自钢铁相关产业,占总产值的30%。武钢集团2012年的钢铁相关产业实现利润30亿元,同比增长32%。而在2011年,武钢钢铁相关产业的营收达600亿元,占集团总收入的28%;而利润则达20.8亿元。

"十二五"以来,武钢提出由"一业为主"向"一业特强,适度多元化"转变。即在做大做强钢铁主业的同时,大力发展相关产业,形成武钢新的经济增长点。经过近2年的优化组合,武钢已经逐步形成以钢铁主业为核心,以海外矿产资源开发、国际贸易、高新科技、循环经济、城市服务等九大相关产业集群为辅的"1+9"产业格局。钢铁主业和相关产业相互支撑,协调发展。

2012年,武钢相关产业集群积极应对钢铁形势变化,想方设法降低原燃料采购成本,优质服务钢铁主业。加快"走出去"步伐,积极拓展外部市场。建工集团外部合同额超过总量的70%。江北公司中标南宁市天然气输配工程,高频直缝钢管首次应用于城市管网,并打入海外市场。耐火公司成功中标三明钢厂、柳钢新区钢包耐材供货权,加大印度、日本国际市场的销售力度。11家相关产业子公司组建了董事会。通过规范董事会运作,适度授权,建立分层决策、有效监督、自主经营、权责明晰的运营机制,保证钢铁相关产业可持续发展,为"十二五"战略发展规划奠定良好基础。

目前,该公司已与铁路、水路、公路等60多家承运单位建立了稳定的合作伙伴关系,形成了辐射全国的物流运输网络;在运力方面,该公司拥有自卸车、脱硫剂罐车等各类运输车,运力超过2000万吨/年,同时拥有汽车、客车、船舶和铁路等技术专利11项;在仓储方面,除13座立足生产基础的成品库外,还有两个对外开展经营业务的仓库,以及30座坐落在武汉市区外的协议仓库。通过推广数字化技术,该公司利用武钢自主研发的"物流信息系统",为客户提供更有价值的物流信息服务。

该公司还将整合武汉青山地区的钢材、仓库、码头、运输等资源,建设一个集贸易、仓储、运输、配送、剪切加工、信息服务及相应配套服务为一体的综合性物流园,新建一座高级商业综合购物中心,还将在成都兴建一座"四川武钢兴汇丰现代综合物流园"。

2. 武钢物流的产业重组

2012年,面对钢铁市场举步维艰的压力,武汉钢铁物流有限公司坚决解放思想,开拓创新,不等不靠,克服2012年上缴利润大幅提升至8000万元和年初高坡地提前拆迁带来的经营库建设周期短、缺乏市场培育期和业务交接期等困难,采取了借库经营、合作经营等方式,仓储业务全年实现收入9036万元。

在眼睛向外"闯市场"过程中,为进一步降低高坡地拆迁给公司带来的影响,该公司采取既抱西瓜,又捡芝麻的举措,边学边干,努力开拓武钢以外的第三方物流、配送等业务。通过"富士康"配送、出口利比里亚重轨项目、山东达弛铁路外发项目、东风随州专用车以及开封奇瑞一票制物流项目等,2012年实现第三方物流、配送等业务收入达3035万元。

该公司公路运输及检修产业为更好地开拓市场,一方面稳定好武钢内部,组织好正常保产,同时完成了二炼钢、四炼钢烟罩和一硅钢环形炉构件等多批大件运输任务;另一方面紧盯武钢新项目公路运输市场,争取到了四硅钢原料卷及板条废边的运输业务,年创收达100余万元。

为拓展好武钢外部长途运输市场,该公司组织20多次长途运输,既积累了经验,又增收100多万元。为进一步扩大成品材外发市场,公司新购置了18台拖车整体承接一硅钢成品材库的外发运输任务,年增收150多万元。

公司加快"走出去"步伐,做大做长物流产业链,先后调研广州、上海、西安、合肥、芜湖、济南等地的港口码头、车站货场及仓库;并与宝供物流合作建立广州物流节点打开华南市场大门。在应对危机之时,公司贴近主业,守住底线,提前演练,加快相关物流业务的整合,充分发挥现有资源,多创效益,仅2012年11月份就超进度完成163万元。

按照"有计划退让、有条件发展"的客运经营策略,高平峰通过采取减点、调线、并站等措施,减少运行车辆的投入,每天减少30个运次,减少8台通道车、3台环线空调车投入运行,降低运行成本150万元,缓解了部分通勤车强制报废带来运力不足的矛盾,节约投资约800万元。

截至2012年底,武钢物流产业吨钢成本控制在19元/吨,物流环节合同执行率100%,成品收、发正确率100%,实现了武钢物流产业整合重组后又好又快发展。

3. 武钢物流计划建设钢贸物流中心

2013年,公司规划建设华中最大的现代化钢贸物流中心,并在武汉、成都等地建设物流园区,在满足武钢自身生产需求的同时,积极开拓第三方物流。根据规划,物流产业是武钢九大钢铁相关产业集群中重点发展的产业之一。

2012 年武钢物流产业外部利润同比 2011 年有较大幅度增长,上缴集团利润突破亿元,钢材发运量 1600 余万吨。武钢集团进行物流资源整合将主要围绕武钢销售物流,但并不局限于此,2013 年计划进入供应物流领域,积极开拓配送、"一站式"送达、第三方物流等市场。为此,该公司根据市场需求,加强定向投资,规划在武汉、成都等地建设物流园区,同时在广州、上海、南京、合肥、西安等地建立长线物流节点,着力打造华中地区现代化的钢贸物流中心。

目前武钢物流公司是全国第一家拥有综合利用社会物流资源、具有较健全物流网络体系、规范管理的钢铁物流企业,在冶金企业中处于领先地位。根据规划,到"十二五"期末,如规模能力提升到位,武钢物流上缴集团利润将达 5 亿元。

(来源:中国物流与采购网)

思考题:

1. 结合案例,试论述现代物流经营理念发生改变的具体表现。
2. 为什么武钢物流进行产业重组?
3. 武钢建钢贸物流中心会带来什么影响?
4. 结合案例,论述我国物流企业发展中存在哪些问题。

思考与练习

一、名词解释

1. 物流
2. 外协与第三方物流
3. 第四方物流

二、简答题

1. 如何理解现代物流的基本内涵。
2. 试述物流活动的构成及其相互关系。
3. 简述现代物流的发展沿革。
4. 分析现代物流管理理念的基本内容及其对物流发展的影响。
5. 第三方物流有哪些特征?
6. 第四方物流有哪些运作模式?

三、讨论题

1. 结合国外第三方物流发展状况,谈谈我国第三方物流发展的出路与对策。
2. 试分析第四方物流在我国的发展前景。
3. 分析物流在企业营销战略中的地位和作用。

第二章　物流战略与规划

引导案例　中远集团物流战略规划

中远集团为了贯彻落实"由拥有船向控制船转变,由全球航运承运人向全球物流经营人转变"的发展战略目标,更好地适应国际物流市场需求,进一步增强市场竞争力,中远集团对公司的物流发展采取了一系列的措施。

2002年1月8日中远集团在北京正式组建中国远洋物流公司。重组的中远物流公司下设大连、北京、青岛、上海、宁波、厦门、广州、武汉8个区域公司,并确定中远物流的目标是"做中国最好的物流服务商、最好的船务代理人",为国内外广大船东和货主提供更优质的服务。

尽管中远物流已与40多个国家的货运机构签订互为代理协议。为拓展物流业务范围,树立中远物流品牌,中远公司增强了物流项目设计和管理、重点拓展汽车、家电、项目和展品物流市场,积极开拓冷藏品、危险品等专项物流领域。目前中远已分别与上海别克、一汽捷达、神龙富康、上海桑塔纳、沈阳金杯众多汽车厂商及海尔、科龙、小天鹅、海信、澳柯玛以及长虹等家电企业建立了紧密的合作关系。中远与科龙和小天鹅合资成立安泰达物流有限公司,这是我国首家由生产厂家与物流服务商组建的家电物流企业。在国家重大建设项目方面,中远在两年中先后中标,承担了秦山核电三期工程,江苏田弯核电站和长江三峡工程的物流运输项目,为国家重点工程建设做出了重要贡献。据了解中远近期还将:开辟2条中远铁路专线;依托高速公路网,逐渐建立完整、全方位的国内干线配送和城际快运通道;发展国际航运代理市场,促进以北京、上海、广州为三大集散中心的中远物流空运网络建设。

(来源:鲤鱼网,http://www.iliyu.com/news/951197_1.html)

问题

1. 中远集团的物流战略目标是什么?
2. 中远集团为推进其战略目标采取了哪些战略举措?

本章知识点

物流战略规划是企业基于物流资源分析与需求调查提出物流的目标、任务、方向以及未来服务的工作,并制定出实现各阶段目标和总目标的各项政策与措施。

本章介绍了物流战略与规划的基本内涵、物流规划层次和物流战略规划主要解决的问题,阐述了供应链管理的内涵、供应链战略规划中的反应能力与盈利水平权衡、供应链战略决策的功能要素构建,对如何进行顾客服务水平规划和物流需求分析进行了说明。

本章应重点掌握的内容:物流战略与规划的基本内涵;供应链战略规划中的反应能力与盈利水平权衡;供应链战略规划中的库存决策、运输决策、设施决策、信息决策等功能要素;物流服务质量的评价以及最优物流服务水平的确定;物流需求的影响因素及其主要预测方法。

第一节　物流战略规划概述

一、物流战略

物流战略的选择与确定是一个创造性的过程,它可以给企业带来竞争的优势。物流战略通常应实现以下三个目标:降低成本(Cost Reduction)、减少资本(Capital Reduction)和改善服务(Service Improvement)。

1. 降低成本

这是指物流战略实施的目标使将与运输和存储相关的可变成本降到最低。为此,通常要对各备选方案进行评价。例如,在不同的存储方案中进行选择或者在不同的运输方式中进行选择,以形成最佳战略。战略规划的首要目标是利润最大化,因此在服务水平不变的前提下,应找出成本最低的方案。

2. 减少投资

该战略目标是使物流系统的投资最小化。这一战略的根本出发点是投资收益最大化。例如,为避免进行仓储而直接将产品送达客户,放弃自有仓库,选择公用仓库;选择适时(JIT)供给的办法,而不采用储备库存的办法;或者选择第三方供应商提供物流服务。与需要高额投资的战略相比,这些战略可能会导致可变成本增加,尽管如此,投资回报率可能会得以提高。

3. 改善服务

该战略认为企业收入取决于所提供的顾客服务水平。尽管提高服务水平将大幅度提高成本,但收入增加的幅度可能会超过成本上涨的幅度。当然,要使该战略产生好的效果,应该制定出与竞争对手截然不同的服务战略。

物流战略对物流系统中的每一个环节都要进行规划,而且要与整体物流规划过程中的其他环节相互协调与平衡(图2-1)。当然,制定有效的物流服务战略并不需要特别的程序和技术,需要的仅仅是敏锐的头脑。然而,一旦物流服务战略形成,接下来的任务就是实施,包括从各备选方案中做出选择。

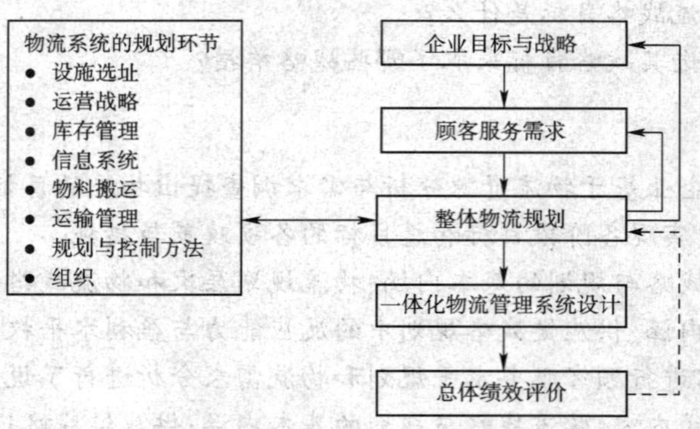

图2-1　物流规划流程

来源:(美)罗纳德.H. 巴罗著,王晓东、胡瑞娟等译,企业物流管理—供应链的规划、组织与控制。

二、物流规划及层次

物流规划试图回答做什么、何时做和如何做的问题，涉及三个层面：战略层面、策略层面和作业层面，它们之间的主要区别在于计划的时间跨度。战略规划（Strategic Planning）是长期的，时间的跨度通常超过一年。策略规划（Tactical Planning）是中期的，一般短于一年。作业计划（Operational Planning）是短期决策，是每个小时或者每天都要频繁进行的决策。决策的重点在于如何利用战略性规划的物流渠道快速、有效地运送产品。表 2-1 举例说明了不同规划期的若干典型问题。

物流战略、策略和作业决策举例　　表 2-1

决策类型	决策层次		
	战略层次	策略层次	作业层次
选址	设施的数量、规模和位置	库存定位	确定补货数量和时间表
运输	选择运输方式	服务的内容	线路选择、发货、派车
订单处理	选择和设计订单录入系统	确定处理客户订单的顺序	发出订单
客户服务	设定服务目标	设定标准、规范	执行
仓储	布局、地点选择	存储空间选择	订单履行
采购	制定采购政策	洽谈合同、选择供应商	发出订单

来源：（美）罗纳德．H. 巴罗著，王晓东、胡瑞娟等译，企业物流管理—供应链的规划、组织与控制。

各个规划层次有不同的视角。由于时间跨度长，战略规划所使用的数据常常是不完整、不准确的。数据也可能经过平均，一般只要在合理范围内接近最优，就认为规划达到要求了。而在另一个极端，作业计划则要使用非常准确的数据，计划制定的方法应该是既能处理大量数据，又能得出合理的计划。例如，我们的战略规划可能是整个企业的所有库存不超过一定的金额或者达到一定的库存周转率。而库存的作业计划却要求对每类产品分别管理。

由于物流战略规划可以用一般化的方法加以探讨，而作业计划和策略规划常常需要对具体问题做深入了解，还要根据具体问题采用特定方法。所以，在此将主要探讨物流规划的主要问题——设计整体物流系统。

三、物流战略规划领域

物流战略规划主要解决四个方面的问题：顾客服务目标、设施选址战略、库存决策战略和运输战略，如图 2-2 所示。除了设定所需的顾客服务目标外（顾客服务目标取决于其他三方面的战略设计），物流规划可以用物流三角形表示。这些领域是相互联系的，每一领域都会对系统设计有重要影响，因此，应该作为一个整体进行规划。尽管如此，分别进行规划的例子

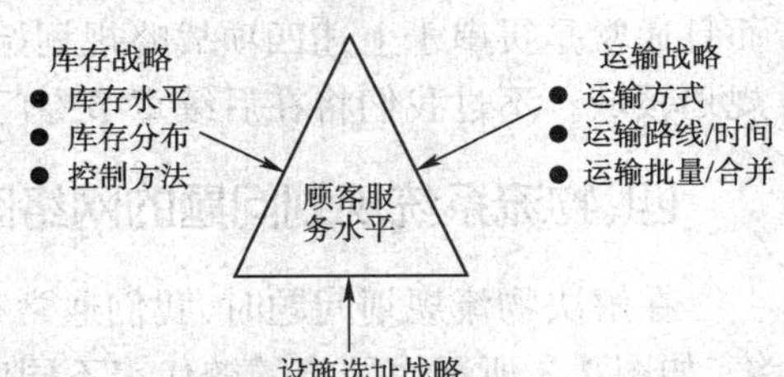

图 2-2　物流系统战略规划与决策三角形

来源：（美）罗纳德．H. 巴罗著，王晓东、胡瑞娟等译，企业物流管理—供应链的规划、组织与控制。

也并不少见。

1. 顾客服务目标

企业提供的顾客服务水平比任何其他因素对系统设计的影响都要大。服务水平较低,可以在较少的存储点集中存货,利用较廉价的运输方式。服务水平高则恰恰相反。但当服务水平接近上限时,物流成本的上升比服务水平上升得更快。因此,物流战略规划的首要任务是确定适当的顾客服务水平。

2. 设施选址战略

存储点及供货点的地理分布构成物流规划的基本框架。其内容主要包括,确定设施的数量、地理位置、规模,并分配各设施所服务的市场范围,这样就确定了产品到市场之间的线路。好的设施选址应考虑所有的产品移动过程及相关成本,包括从工厂、供货商或港口经中途存储点后到达客户所在地的产品移动过程及相关成本。通过不同的渠道来满足客户需求,如直接由工厂供货、供货商或港口供货,或经选定的存储点供货等,则会影响总的分拨成本。需求成本最低的需求分配方案或利润最高的需求分配方案是选址战略的核心所在。

3. 库存战略

库存战略指管理库存的方式。将库存分配(推动)到储存点与通过补货自发拉动库存,代表着两种战略。其他方面的决策内容还包括,产品系列中的不同品种分别选在工厂、地区性仓库或基层仓库存放,以及运用各种方法来管理永久性存货的库存水平。由于企业采用的具体库存策略将影响设施选址决策,所以必须在物流战略规划中给予考虑。

4. 运输战略

运输战略包括运输方式、运输批量和运输时间以及路线的选择。这些决策受仓库与客户以及仓库与工厂之间的距离的影响,反过来又会影响仓库选址决策。库存水平也会影响运输批量和运输决策。

顾客服务目标、设施选址战略、库存战略和运输战略是物流战略规划的主要内容,因为这些决策都会影响企业的盈利能力、现金流和投资回报率。其中每个决策都是互相联系的,规划时必须对彼此之间存在的悖反关系进行充分的权衡考虑。

需要强调指出的是,在物流系统战略规划过程中,信息系统规划也是其重要的组成部分,而且通常是贯串于上述四项战略规划始终的,也正因为如此,我们在此未将信息规划列为一个规划领域。不过我们将在后续章节专门论述物流信息系统设计的有关问题。

四、物流系统规划问题的网络图解

在解决物流规划问题时,我们通常是将其视为抽象的节点(Nodes)与链(Links)连成的网络,如图2-3所示。网络的链代表不同库存储存点之间的货物的移动。这些储存点、零售店、仓库、工厂或者供应商——就是节点。

任意一对节点之间可能有多条链相连,代表不同的运输形式、不同的路线、不同的产品。节点也代表那些库存流动过程中的临时经停点,如货物运达零售或最终消费之前短暂停留的仓库。

库存流动中的这些储运活动只是整体物流系统的一部分。此外,还有信息流动网络,其中包含了关于销售收入、产品成本、库存水平、仓库利用率、预测、运输费率及其他方面的信息。信息网络中的链由从一地到另一地传输信息的邮件或电子方法构成。信息网络中的节点则是

不同的数据采集点和处理点，如进行订单处理、准备提单的职员或更新库存记录的计算机。产品流动网络与信息网络结合在一起就形成了物流系统，这样就可以避免分别设计可能导致的整个系统设计的次优。因此，各个网络并不是相互独立的。例如，信息网络的设计将会影响系统的订货周期，进而影响产品网络各节点保有的库存水平。库存的可得率会影响客户服务水平，进而影响订货周期和信息网络的设计。同样，其他各因素之间的相互依赖也要从整体的角度看待物流系统，而不能将其分开来考虑。

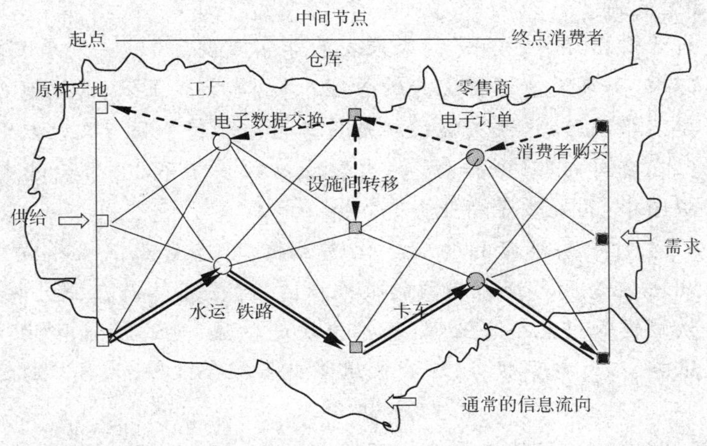

图 2-3　物流系统网络图解

来源：(美)罗纳德. H. 巴罗著，王晓东、胡瑞娟等译，企业物流管理—供应链的规划、组织与控制。

案例 2-1　顺丰：发展变革创造未来

顺丰速运于 1993 年 3 月 26 日在广东顺德成立，是一家主要经营国际、国内快递业务的港资快递企业。初期的业务为顺德与香港之间的即日速递业务，随着客户需求的增加，顺丰的服务网络延伸至中山、番禺、江门和佛山等地。顺丰速运是目前中国速递行业中速度最快的快递公司之一。作为顺丰速递的创始人王卫，创业多年从未接受过媒体的专访，但这并不影响他和顺丰正在编织的巨大罗网，准备将“快递 + 电商 + 便利店 + 供应链”全部网罗其中。

1993 年，当 22 岁的王卫在广东顺德创立顺丰速运，背着装满合同、信函、样品和报关资料的大包往返于顺德到香港的陆路通道时，他自己可能都没想到，这家公司如今已经突破了两百亿的年销售额，成为可以与中国邮政 EMS 抗衡的民营快递巨头。但这并不能令危机感很强的王卫满意，三个月没有创新和变革，就会让他有危机四伏的感觉，这么多年，无论是顺丰还是王卫，始终都不敢停下脚步。在公司的内部发言中，王卫曾多次强调，具有冒险精神、敢于创新、敢于承担，这才是顺丰文化和顺丰精神所推崇的。因此，从成立开始到现在已经 21 年，顺丰年年都有变化，唯一不变的就是改变。比如，他敢于打破加盟制的模式，力推直营，再比如，他从 2009 年就开始筹建自有货运航空公司，并在 2009 年成为首家用自己的飞机运包裹的快递公司。

而在王卫看来,2013 年不管是对于他个人还是整个顺丰来说,更是经历了非常大的变化。“在这短短一年的时间内,我们做了好几件过去二十年顺丰从来没有尝试过的大事,其中最重要的就是推动战略转型。”2013 年 8 月 19 日,顺丰与元禾控股、招商局集团、中信资本签署协议,后三者总体投资不超过顺丰 25% 的股份,令顺丰二十年来第一次引进了外部股东,也让顺丰购置土地扩张中转场和航空枢纽,以及自动化系统和自动化设备有了更丰厚的资金支持。

王卫认为,自己淡出经营对公司的未来发展非常重要。“顺丰发展到今天,员工规模已经超过了 20 万人,如果没有这批优秀的管理人员,单靠我王卫,是没有办法驾驭整个公司的局面的,而要想推动转型,最关键的就是员工思维和整个公司文化层面的改变。”

这两年,王卫在公司内部谈“转型”的次数比以往多了不少,而与过去安安心心做快递相比,顺丰的版图中,的确多了新业务。

2012 年 6 月,主打中高端食品的顺丰优选上线,标志着王卫大举向电商领域进军。2013 年,公司又开始在全国各地布局网购服务社区店“嘿客”,而在公司内部,更是低调推出了电子商务、供应链等好几个事业部,并推出快递物流、电商物流、汽配物流、食品医药服务、金融保险服务、国际电商服务、顺丰优选等更多综合服务,为客户打造一站式的综合物流解决方案。

在王卫看来,顺丰做合同物流虽然没有什么经验,但却是现在必须做的,因为现在一些大的集团客户的需求已经发生了变化,他们希望把自己所有的物流服务都外包给一家物流公司,打通整个供应链,“国际四大快递巨头今天的组织架构和商业模式,就可以作为顺丰未来中长期发展的参考,国内目前那种分散招商,大宗物流给一个供应商,快递给一个供应商,仓储、电商配送等又给一个供应商的操作模式,在不久的将来就可能会有所调整,因此,现在就必须投入资源去做好。”

“我们设想的目标是,5 年以后客户提起顺丰时,要用新的服务概念让其感受到顺丰不完全是做快递的,改口叫我们‘顺丰服务’而不是‘顺丰速运’。”王卫说,接下来顺丰要打造出一个“物流百货公司”的概念,客户有任何物流需求都可以过来找顺丰,这里能提供各种解决方案。“客户带着需求进来,顺丰要让客户满载而归,这是我们远期必须要达到的目标。”

(来源:网易科技频道,http://tech.163.com/14/1117/04/AB7OPI2U000915BF.html)

思考题:

1. 顺丰经营模式的特点有哪些?为顺丰带来了哪些竞争优势?
2. 顺丰战略转型的内涵和特点是什么?

案例 2-2 阿里巴巴的物流战略

阿里物流,即阿里巴巴物流服务平台,是阿里巴巴旗下的在线物流服务。用户可使用阿里物流进行运价查询与对比、网点查询、物流跟踪以及直接下单给物流公司。阿里物流也提供了运单的全生命周期管理,能够帮助用户及时了解货物的运输情况。最后,用户可以对物流公司的服务进行评价或投诉,以推动物流商提高服务意识,进而提高整个物流行业的服务水平。阿里物流于2010年4月开始搭建,目前,阿里物流平台上已积聚了德邦物流、天地华宇、新邦物流、佳吉快运、大田陆运等20多家专业物流公司,整合了全国50万条线路,拥有上万个物流网点。截至2011年9月,该平台运费在线交易金额突破两亿元。截至2011年10月24日17点13分,阿里巴巴物流服务平台最新数据显示:累计发货人数:约54674人,累计发货单量:约1394118单。社会化物流是阿里一直追求的发展方向,而"天网"物流宝+"地网"CSN+阿里服务站,组成了阿里大纵深的立体式物流战略。

1. 阿里巴巴的社会化物流平台

阿里要做社会化物流平台。天猫总裁张勇对外表示,天猫要打造开放的B2C平台,构建一个由品牌商、供货商、零售商及包括物流商在内的各类第三方服务提供商进行分工协作、共同为消费者提供优质商品和服务的B2C生态体系,对于B2C产业链上包括物流在内各个环节,天猫不会大包大揽地做所有事情。对于快递物流,天猫更将充分发挥平台影响力和资源整合及调动能力,促进社会化快递物流资源分工协作更加优化,推动构建全链条式电商物流体系。

电商企业和快递企业是一种休戚与共的关系,天猫在上游提供了订单转化成包裹,物流公司用它的服务能力把这个包裹送到消费者手里,实现了这个服务。在谈及对自建物流的看法时,张勇表示,天猫与淘宝是一个社会化的交易平台,需要社会化的物流平台,尽管目前京东商城等公司在自建物流,但长远来看,社会化物流是大方向。

2012年天猫和淘宝日均诞生的包裹数量已有1000万件规模,2012"双十一"当天更是超过7800万件,目前国内没有哪一家或者哪几家物流公司能够消化掉阿里如此大体量的物流需求,这也是阿里坚持做社会化物流的直接因素。另外天猫和淘宝本身就是社会化的交易平台,必须有社会化的物流平台才能与之相称,这样才能支撑天猫与淘宝平台和产业的发展。

对阿里来讲,只是在一些战略要地进行一些仓储用地的投资,其实这只是产业链当中的一环,而这些投资最终也会提供给其他的仓储企业,包括物流公司进行使用,并不是要去建一个物流公司或者物流团队去做物流业务。阿里期望建立一个社会化的物流平台,利用产生的订单和信息与合作伙伴去深入合作,通过向快递企业开放信息流来缓解物流压力。阿里所做的就是把中国现有的物流体系利用起来,而不是自己建一套物流体系。中国未来会需要1000万名快递人员,任何一家公司都不可能管理100万名以上的员工去做快递。互联网公司是做不到这一点的,如果一家公司什么都干,这家公司肯定干不长。电子商务公司是一个社会化的大配合。

阿里物流战略主要分成两条线进行:第一条线是"天网",主要是梳理、规划、搭建阿里物流网络,通过互联网形式对仓储物流服务进行数据化管理,也因此诞生了物流宝;第二条线是"地网",也就是前不久刚刚成立的CSN(中国智能物流骨干网),阿里希望通过投资的形式建立干线仓储,进而围绕天猫和淘宝扶持下游的快递企业发展。

2. 天网物流宝:担负阿里物流大数据重任

物流宝是阿里天网战略中的重要一环,2011 年 1 月 19 日,阿里巴巴集团推出“物流宝”平台,大力推进物流信息管理系统。在 2012 年 5 月 28 日阿里宣布与九大快递公司战略合作时,大家的第一反应是阿里在为 2012 年的“双十一”做准备,实际上这次联合九大快递公司也是阿里天网战略的进一步推进,目的是进一步提升物流宝的战略作用,而在当月早前的 15 日,天猫电器城推出“次日达、迟到免单”的配送服务更是对物流宝实际效果的检测。天猫电器城 2012 年 5 月 15 日推出的活动得益于阿里集团技术平台——物流宝系统,天猫“迟到免单”服务通过和商家、第三方物流、仓储合作伙伴以及交易平台数据打通,可实现同城及城际快速配送。

天猫将向物流合作伙伴开放相关信息接口以分享数据,并开发电子商务快递业务预警雷达、天猫物流指数等产品,将网络零售信息,结合快递公司营运网络状态情况等信息与物流企业、平台 B2C 商家和消费者分享。数据服务才是阿里“天网”物流战略最核心的部分,通过天网,阿里可以掌握(包括线上线下的)完整的信息流数据,对天猫和淘宝的运营可得到进一步强化,而天猫物流也可实现从内环境进一步外扩至整个物流配送行业。

“散乱差”的中国物流行业还存在“过度流动”的情况,这种矛盾使得原本有限的物流资源因低效率的资源配置被进一步浪费。物流行业有一条“能不流则不流”的行业原则,意思是指让物流资源在最大范围内得到最有效的配置,而不是一盘散沙般无序重复地动来动去。

天猫物流希望通过“货不动数据动”的方式来解决物流上的“能不流则不流”的行业原则问题,而所谓货不动数据动,就是通过物流宝这个连接商家、仓储、快递、软件的超大数据枢纽,实现物流资源的合理配置。物流宝担负了阿里物流大数据的重任。

天猫已经推出了仓配一体服务计划,即天猫物流先尝试从天猫电器城、天猫超市以及品牌特卖三条业务线入手,这主要是考虑到大小家电、快消品和服装三种类目对仓储配送完全不同的运营需求,通过物流宝加以磨合、提炼,逐渐让天猫物流能够有效运转起来。

3. 地网 CSN:阿里地网基建全面展开

2013 年 1 月 23 日,阿里巴巴集团联合银泰、复星、富春、四通一达、顺丰,以及相关资本市场的领军机构、银行和金融机构等计划联手建立 CSN(中国智能物流骨干网)项目,该网络能够支撑日均 300 亿元(年均约 10 万亿元)网络零售额,让全国任何一个地区做到 24 小时内送货必达,目前该项目已经进入具体实施阶段。这是在阿里“天网”物流战略两年之后,正式展开的配套式的阿里“地网”物流战略。

如果说阿里天网战略在过去两年不断进行数据化进程,那阿里地网战略过去两年做的是根据天网提供的数据梳理地网战略路线,并选择地网主干线路。其实早在 2011 年 1 月,阿里推出“物流宝”平台的同时,就计划投入将投资 200 亿~300 亿人民币着手兴建全国性仓储网络平台,逐步在全国建立起一个立体式的仓储网络体系,中期以后,阿里巴巴集团希望能与电子商务生态圈中的其他合作伙伴共同集资超过 1000 亿人民币,来发展物流系统,而目前来看,中期所指的正是阿里的 CSN 项目,那么阿里组建的 CSN 项目则标志着阿里物流中期战略开始进入全面实施阶段。

2011 年年初，阿里宣布了大物流计划，当时的核心内容就是公司动用一部分资金在战略重要性极高的地区获得和建设一些仓储资源。中国的范围非常大，但电子商务的发展具有区域和人群聚集的特征，一些关键区域、关键位置的土地资源是稀缺的。随着电子商务的发展，可以看到各大电子商务公司对于储备用地资源都有非常迫切的愿望。阿里巴巴购买土地建立仓储是希望分享给合作伙伴用，并欢迎合作的快递公司在阿里的仓储中开设中转场。

但想要解决成千上万用户千差万别的物流需求，天猫物流要做得更多。因为对于一个拥有多渠道的线上商家来说，面对渠道一端，把货送到线下门店还是送到线上卖场，或者送到线上分销商，各渠道对物流服务要求都不一样，还需要验货、清点以及其他特殊服务。而天猫物流的终极目标就是要把物流业从传统的 B2B 转变到线上的 B2B2C 形式。

要想改变铁板一块的传统 B2B 标准化物流，满足天猫 B2B2C 非标准化物流需求，这件事必须由阿里来牵头推动。之所以阿里会投资物流地产，一来是为了改变传统物流业的 B2B 标准化形式，使其更适合天猫的 B2B2C 的非标准化物流需求；二来是因为在物流业中仓储建设投资大，回报慢，又需要规模性的平台化运作，因此仓储物流不仅是制约天猫和淘宝发展的一大瓶颈，也是制约物流业的一大瓶颈。阿里在反复评估之后，认为以投资的方式可以尽快帮助物流企业占据一些战略性极高的仓储资源，进而满足天猫淘宝的发展。阿里巴巴只管建仓与数据化，具体运营则交由专业的第三方仓储服务商与物流公司。

4. 天猫物流事业部天地合一、海陆空三位一体

近来，阿里再次分拆成 25 个事业部，本案例中天猫物流与阿里物流所指的意思相同，并不是天猫物流只涵盖天猫的物流业务，是包含整个阿里集团的。阿里分拆时 CSN 地网项目还没正式上线，当时的物流事业部只含天网。现在阿里物流“地网”CSN 项目已经上线，虽然阿里联合各方组建的 CSN 项目现在拟由银泰集团董事长沈国军出任 CEO，由于 CSN 项目是联合投资，马云不好直接用张勇掌管该项目，所以通过沈国军出面缓解舆论压力，但如果不出大意外“地网”项目的实际掌舵人终归还是会由张勇出面，因为阿里的天网与地网是需要相互编织在一起的，不可能独立分开运作各自为战，最后的盘整方面还是会由天猫物流事业部来负责，这样才能做到“天地合一”。

天网解决了物流数据化问题，地网解决了物流干线仓储的瓶颈问题，而对于阿里来讲只做到天地合一还远不够，阿里整个物流战略必须包括配送终端的建设，也就是阿里 2012 年推出的校园小邮局和社区服务站。

2012 年 9 月，当时的阿里巴巴旗下淘宝、天猫事业群宣布，将开展提供校园快递系统解决方案的“阿里巴巴服务站”试点，进军物流“最后一公里”的校园市场，服务站以校园小邮局形式切入，服务站面积 50 ~ 200 平方米不等，采取智能化运作，以提供快件收发、自提等服务方便高校学生取件和寄件。

阿里巴巴服务站一般安排在学生宿舍楼附近或去学校食堂的必经之路上，快递到货后，系统将会即时以手机短信的形式通知收件人领件，领取人到小邮局报上短信密码即可取件，且取件免费；同时领取人也可以在领取处通过电脑查询自己的快件。此外，阿里巴

巴服务站小邮局还能提供揽件服务。

在合作模式上,天猫作为一个系统解决方案提供者,并不直接做小邮局,而是提供符合学校应用场景的小邮局操作系统,包括为学校老师及学生提供小邮局操作培训以及运营指导。天猫牵头与快递公司总部签署合同,由快递公司总部协调快递公司高校所在区域分公司与学校签订合作协议。除了淘宝、天猫的快件之外,当当、京东等其他网络公司的快递包裹,同样可使用该系统结算进入学校。

2012年10月24日,阿里巴巴旗下天猫事业群天猫物流事业部宣布,"天猫社区服务站"即日起在北京、上海、杭州、嘉兴、武汉等一二线城市580多个便利店、社区网点亮相,并在天猫服务站频道公示。到11月11日前夕,广东地区也将增加便利店提货点。届时六省市网点将达1300个。

从10月25日起,淘宝、天猫的网购快件可以填写自己就近的"代收货"天猫社区服务站网点地址。包裹到站5天内,服务站予以免费保管,消费者可在期间凭借证件及密码上门自提。目前服务站仅接收体积小、非生鲜、金额不超过3000元的货品。

现在看,其实阿里物流战略非常清楚,以"海"、"陆"、"空"三位一体的立体的大纵深方式涵盖整个物流产业链的各个角度,"海"指海量的终端代收点,"陆"指CSN仓储基建计划,"空"指物流宝的物流数据化。以后阿里基本上可以掌控整个物流业的全部数据,既可通过数据指挥全国各地的仓储物流公司,而国内各大仓储、物流、快递公司在通过物流宝数据做决策的同时使用物流主干道也是由阿里组织投资建设的,而配送到终端时又有阿里规划的小邮局与服务站。说白了,在阿里完成物流战略后,各大快递公司只是负责统一管理旗下员工为阿里搬箱子,因为快递公司用的数据、主干物流网络、配送终端都是阿里建设的,谁还敢说阿里的物流战略不清晰呢?

5. CSN(中国智能物流骨干网)项目的前景

目前CSN项目的建设者,以及未来有机会参与到项目中的建设者,需多接受一个附加条件:在未来5~8年中不计回报持续投入,这种条件下阿里CSN项目为什么会受到仓储物流企业、快递企业、资本投资方和金融机构的青睐?实在点讲肯定是有利可图,但利在哪里?

对于仓储物流企业来讲,阿里投资建设的仓储完成之后会交由它们负责,因为阿里不会组建物流公司自己做搬箱子的工作,而是更乐于将这类工作交给专门的公司去负责经营,所以阿里对仓储物流企业可以一拍即合。

对于快递业,阿里有三点足可以使其死心塌地地跟着阿里走。第一,由于目前快递企业仓储能力不足,导致"散乱差"、"过度流动"、"暴力分拣"等现象普遍存在,除了顺丰外,消费者对于快递企业的印象普遍不佳,如果快递公司想长远发展,必须要做好服务,提升形象,而阿里投资仓储给快递公司使用,这是快递企业的一次天赐良机,没有拒绝的理由,另外今年三月《快递市场管理办法》将开始实行,这更促使快递业向阿里靠拢;第二,快递公司需要完整的物流数据,目前可以详细掌握整个网购行业物流数据的只有阿里一家,各快递公司由于在不同区域有强有弱,全国范围内的数据是不完整的,互联网时代数据是快递公司的刚性需求,快递公司必须跟是阿里的步伐;第三,2012年全国共有57亿件

快递，其中37亿是天猫和淘宝做的，占快递总量的65%，同时2012年天猫和淘宝在整个网购市场的占比也在85%以上，而九大快递公司业务量占到了电商物流领域的90%以上，这就是它们为什么愿意跟天猫物流合作，尝试新服务产品首推的最主要原因。

对于资本投资方与金融机构来讲，投资赚钱是最主要的，阿里CSN项目也并非公益项目，而且利润非常可观。国家邮政局数据显示，2012年全国规模以上快递服务企业业务收入完成1055.3亿元，这其中65%的快递是通过天猫和淘宝产生的。到2020年，阿里计划完成10万亿元的网络购物交易规模，预期2020年整个网购市场全年产生的订单至有400亿件。到2020年国内快递首重价格预计至少会涨3～4元，续重同样会上涨，如果每单快递从快递公司手中抽取0.5～1元的物流建设费，届时阿里物流收入就可达到200～400亿元的规模。阿里物流完全可在接下来的3～5年内收回投资，而之后坐享物流收益，并且如果阿里物流肯分拆上市，那对于现在的投资方与金融机构就更具吸引力了。

（来源：搜狐网科技频道，http://it.sohu.com/20130130/n365063567.shtml）

思考题：

1. 阿里巴巴的社会化物流平台的特点是什么？
2. 阿里巴巴的物流战略中第一条线的内涵和特点是什么？
3. 阿里巴巴的物流战略中第二条线的内涵和特点是什么？
4. CSN（中国智能物流骨干网）项目的实施对阿里巴巴起到的作用有哪些？
5. 结合案例，思考物流发展战略如何与企业经营、企业管理建立协调机制。

第二节　供应链管理战略与规划

一、供应链管理

随着经济与流通的发展，不同的企业（制造业、零售业）都在进行各自的物流革新，建立相应的物流系统，其宗旨是在追求物流系统高效化的过程中，实现物流服务的差别化。但是，从商品流通所经过的整个渠道来看，由于流通渠道中各经济主体都拥有不同的物流系统，必然会在经济主体的联节点处产生冲突与对立。

作为企业物流发展的新方向，供应链管理提倡弥合流通渠道中企业间的矛盾与冲突，探索一种全新的联盟型或合作式的物流管理体系。通过这种合作型的物流体系来实现原来不可能达到的物流效率，创造的成果由各参与企业共同分享。显然，这种新型的物流体系使原来流通渠道上的企业物流经营从对立走向共生。在这种新的体制下，各个企业不再从事个别的经营管理行为，而是在连锁中加强合作，通过信息的共有化、需求预测的共有化等，来明确物流机能的分担，提高商品运动全过程的效率。

供应链管理的具体表现形式是在美国所倡导的以工程再造为中心议题的ECR（Efficient Consumer Response）系统和QR（Quick Response）系统。从总体上看，无论是ECR还是QR，其共同的特征表现为超越企业之间的界限，通过合作追求物流效率化。作为实施ECR和QR体

制的代表性案例是美国宝洁(P&G)公司与沃尔玛(Wal-Mart)公司的合作经营。下面就以此为例,说明供应链的环节构成。

假设有一位顾客走进沃尔玛商店购买洗涤剂,供应链始发于该顾客及他(她)对洗涤剂的需求,供应链的下一步是该顾客所光顾的沃尔玛零售店。沃尔玛货架上的商品来自于它的库存,库存的商品可能由沃尔玛自营的成品仓库或分销商(第三方配送中心,DC)提供,而分销商的商品则由制造商(如宝洁)提供。宝洁生产厂从各种供应商处获得原材料,而这些供应商的商品则由上游的供应商提供。如:包装材料可以来自于泰乃克(Tenneco)公司,泰乃克又从其他供应商获得生产包装物的原材料,从而形成一条供应链(图2-4)。

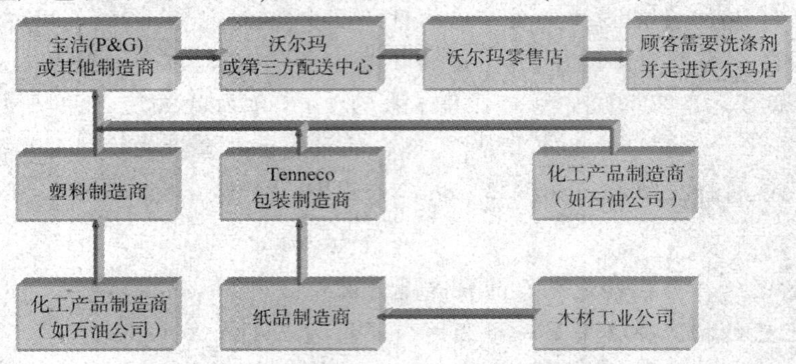

图2-4 沃尔玛典型商品(洗涤剂)供应链环节组成

来源:Supply Chain Management-Strategy, Planning and Operation. Sunil Chopra, Peter Meindl.

由图2-4可以看出,供应链是一个由不同环节构成的动态系统,它包括满足顾客需求所直接或间接涉及的所有环节以及不同环节之间持续不断的信息流、产品流和资金流。同时,供应链的每一个环节都执行不同的程序,并与其他环节相互作用和影响。在上例中,沃尔玛向顾客提供商品,同时标出商品价格和使用信息,顾客向沃尔玛支付货款。沃尔玛将销售信息及补充订单传送给配送中心,配送中心又将补充订单随同送货车返还给沃尔玛商店。沃尔玛在补充订单完成后把货款转给配送中心,配送中心也向沃尔玛提供商品价格信息和送货日程。

上述例子表明,顾客是供应链中一个不可或缺的重要组成部分。任何一个供应链存在的主要目的,都是为了满足顾客需求,并在这一过程中获利。对于任何一条供应链而言,其目标都是使整体价值最大化。一条供应链所创造的价值,等于最终产品(服务)对于顾客的价值减去供应链为满足顾客的需求所付出的成本之和。这一差额被称为“供应链盈利”。作为全部的利润之和,它将被供应链的各个环节分享。供应链盈利越高,这条供应链就越成功。而一条供应链成功与否,应根据“供应链盈利”而不是每一个环节的盈利来衡量。在供应链盈利中,唯一的收入来源就是顾客,只有顾客才能带来正的现金流。在沃尔玛的例子中,顾客购买洗涤剂的行为才能给供应链带来正的现金流,其他的现金流只是在供应链中发生的资金转移(假设每个环节都有不同的所有者)。在沃尔玛公司向供应商付款时,它事实上只留下顾客所付款项的一部分,而另一部分则转移给了供应商。这部分资金转移将计入供应链成本。由于所有信息流、产品流和资金流都将增加整条供应链的成本。因此,如何合理地管理信息流、产品流和资金流,是供应链取得成功的关键。也就是说,所谓供应链管理,就是对供应链各环节内部和各环节之间的信息流、产品流和资金流进行有效管理,以实现整体利润最大化。

二、供应链战略规划中的反应能力与盈利水平权衡

在供应链管理中,如何确定供应链的结构和每一个环节必经的流程,并制定出一套运作策略以控制供应链运作,是供应链战略规划要解决的问题。

在物流供应链战略规划中,顾客服务目标是基础。而在确定物流系统的顾客服务目标时,有一个很重要的关系必须处理好,这就是企业物流链对顾客需要的反应能力与企业盈利水平之间的悖反关系。它对于制定企业物流供应链战略,取得竞争优势具有重要影响。

满足顾客的需求是企业构建物流供应链的基本目标。企业物流供应链对顾客需求的反应能力通常由以下几个方面构成:

(1)对需求量大幅度变动的反应;

(2)满足较短供货期的要求;

(3)提高多品种的产品;

(4)生产具有高度创新性的产品;

(5)满足特别高的服务水平的要求。

显然,物流供应链拥有的上述能力越多,其反应能力就越强。

然而,反应能力是有代价的。例如,要提高对大幅度变动的需求量的反应能力,就必须提高生产能力,而这必然导致产品成本随之增加,进而影响盈利水平。可以说,每一种提高反应能力的战略,都会付出额外的成本,从而降低盈利水平。两者之间的关系如图 2-5 所示。

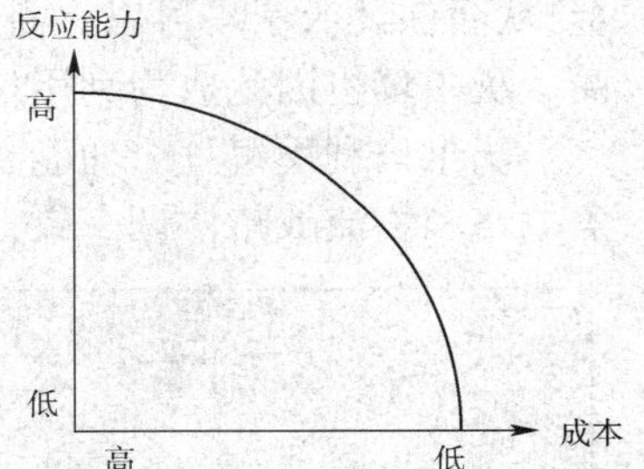

图 2-5　供应链反应能力与盈利水平之间的悖反关系

来 源:Supply Chain Management-Strategy, Planning and Operation. Sunil Chopra, Peter Meindl.

企业物流供应链的反应能力取决于物流系统的库存、设施、运输以及信息 4 个重要功能要素。因此,在进行物流供应链战略规划时,对于每一个独立的功能要素,都必须在盈利水平和反应能力之间进行权衡。于是,这 4 个要素的共同作用决定了整条物流链的反应能力和盈利水平。图 2-6 清晰地描述了物流供应链战略决策过程中反应能力和盈利水平之间的权衡,以及 4 个重要功能要素对这种权衡的影响。

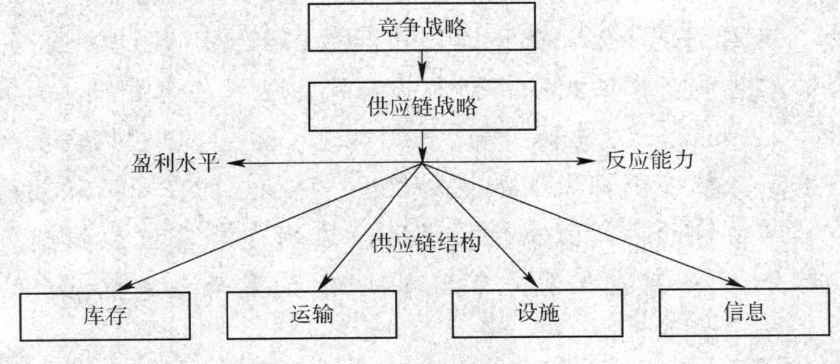

图 2-6　供应链战略决策框架

来源:Supply Chain Management-Strategy, Planning and Operation. Sunil Chopra, Peter Meindl.

下面我们以沃尔玛公司为例来分析这个决策框架。就绝大多数大众消费品而言,沃尔玛公司的竞争战略使其成为可信赖的、低成本的零售商。这个竞争战略表明,理想的物流供应链

应该是既强调盈利水平又强调相当强的反应能力。沃尔玛公司利用4个功能要素来实现供应链的运作目标。在库存方面,沃尔玛公司保持较低的库存水平,以维持一条盈利型物流供应链。例如,沃尔玛公司的配送中心开创了“对接仓储”(Crossdock)配送体系。在这个体系中,货物并非储存于仓库中,而是直接从厂商运到各个商场。这些货物仅在配送中心做短暂停留。在那里,不同的卡车彼此交换货物,然后再运到各个商场。这种做法显然减少了库存,因为货物仅存在于商场,而非同时储存于商场和仓库中。这也就是说对于库存要素,沃尔玛关注盈利水平胜过反应能力。

对于运输,沃尔玛公司让自己的运输队伍高速运转以保持高水平的反应能力。这样做增加了成本和投资,但对于沃尔玛来说,高水平的市场反应能力所带来的收益超过了所支付的成本。

对于设施,沃尔玛的连锁店网络中建有中央配送中心,以减少设施数目,提高利润水平。沃尔玛的商场设施仅在需求水平提高到有必要设置它们的地方建设,从而提升了盈利水平。

在信息方面,为了充分利用物流链中的信息,沃尔玛投入了比其竞争对手更多的大量资金,从而保证沃尔玛可以将需求信息沿供应链一路向上反馈,一直传到只生产所需产品的供应商。沃尔玛也因此成为利用信息这一功能要素提高反应能力的佼佼者。

沃尔玛利用每一个功能要素,来实现反应能力与盈利水平之间的良好平衡,从而使它的竞争战略和物流战略协调一致,进而取得巨大的竞争优势。

案例2-3　Zara:供应链的速度与响应能力比成本更重要

阿尔泰霍(Arteixo)是西班牙西北部的一个小镇,邻近太平洋,周围都是渔村。在镇中心,有一幢玻璃建筑坐落在一大片绿色草坪中,这里是Zara的总部。Zara在推出“快时尚”理念后,开发出一个经常成为研究对象但很少被复制的高度集中化的设计、生产和销售体系。这幢建筑的正式名称是“立方”,它是Zara这个时装帝国的司令部,而这个帝国是建立在一个非常规的理念之上:速度与响应能力比成本更重要。Zara以小批量、快速在门店发布新品而闻名。门店管理人员每周两次准时下单定购,新款服装也是每周两次按时发到门店。为了实现这一点,Zara对生产过程的控制超过大多数零售商:其服装大约有一半在西班牙或邻近国家生产。对Zara来说,供应链就是它的竞争优势所在。

Zara在全球的扩张可能最终考验其以伊比亚半岛为基地的生态系统。西班牙一直是其最大的市场。但2013年,Zara在中国的门店数(142间)超过法国,使中国成为其第二大市场。所有的零售商在中国扩张都会面临挑战。这家西班牙服装厂商在中国可能面临独特的窘境,因为Zara是一家全球公司,并无本地化运营。“它们成功的秘诀就是集中化,”加州大学洛杉矶分校安德森管理学院副教授、在Zara担任商业顾问的费利佩·卡罗说,“他们能够以非常协调的方式做出决策。”Zara在阿尔泰霍就能控制库存的能力是其商业模式的关键部分。“一旦它们决定实现本地化,设置两个中枢,西班牙和中国,那将会是完全不同的Zara。”卡罗说。

“立方”的外面就是该公司占地超过46万平方米的主配送中心。该公司每年为其分布在86个国家的1770间门店生产大约4.5亿件商品。据Zara透露,大约1.5亿件服装在这个中心接受检验并被分类。无论一件衬衫是在葡萄牙、摩洛哥、中国,还是孟加拉国

生产,都会先运到西班牙,然后才发往门店。配送中心以外是11个Zara下属的工厂。这些工厂所生产的每一件衬衫、针织衫和裙装都直接通过自动的地下轨道被送到配送中心。这个轨道有将近200公里长。周边的加利西亚地区则遍布Zara的分包商。

世界大富豪阿曼西奥·奥尔特加在2011年之前一直担任他围绕Zara打造的公司Inditex的董事长。奥尔特加的办公桌仍在"立方"最大的房间前面,跟设计师、买手、策划人员和营销人员在一起。有关哪些产品畅销、哪些产品销路不旺的信息从世界各地的门店经理那里源源不断地发过来。设计师依据这些信息迅速对服装进行调整,买家可以就某款外套下更多的订单(但也不能太多——独具一格的东西才好卖),策划人员则可以决定将哪些商品从门店中剔除。

Zara在西班牙以及葡萄牙、摩洛哥和土耳其的工厂生产最新潮的服装。据该公司透露,这些工厂生产的服装占Zara库存的一半左右。其基本款的T恤衫、针织衫等产品是根据传统时间表(大约提前六个月)从人力成本通常更低的亚洲工厂定购,然后运到西班牙。

Zara的管理人员一直投资于高科技设备和额外产能,让旗下工厂能应对产量的突然增加或变化——很少有亚洲生产商能做到这一点。哈佛商学院对Zara进行的个案研究显示,在一季开始的时候,普通零售商已经至少为80%的即将销售的服装下了订单。但Zara只有50%的设计提前那么久。变化并不会打乱这个体系,它就是体系的一部分。

新品被连夜打包装上卡车,直接送往门店或发往机场。这些卡车和飞机依照已经确立的时间表运行,在48小时之内将服装运到大多数门店。Zara能够承担额外的人力和运输成本,原因是它无须像竞争对手一样大幅打折促销。它也不做广告。哈佛的案例研究显示,Zara服装的平均售价为全价的8.5折,而行业平均水平为6~7折。未售出的商品占其库存的比例不到10%,行业平均水平为17%至20%。哈佛研究论文的作者之一的卡斯拉·费尔多斯说:"Zara深知,如果它们无须推出那么大的折扣,就可以在其他方面花钱。他们能看到供应链的这种确定性和节奏带来的好处。"

(来源:i天下网商,http://i.wshang.com/Post/Default/Index/pid/33647.html1227782964)

思考题:

1. Zara是如何提高其供应链的反应能力?
2. 如何理解"Zara能够看到供应链的这种确定性和节奏带来的好处"?

下面我们将分别对这4个功能要素与供应链战略规划决策的关系及其在供应链中的作用进行讨论。

第三节 供应链战略决策中的功能要素构建

一、供应链战略规划中的库存决策

1. 库存在供应链中的作用

库存之所以在供应链中存在是因为供求不匹配。钢铁生产厂家会刻意制造这种供求不匹配现象,大量生产产品,为将来的销售做准备,对钢铁行业来说是经济的。零售商店也刻意追求供求不匹配,它们根据对未来需求的预期储备货物。库存在供应链中发挥的重要作用是增加需求量。由于有现成的产品,这种需求能够在顾客需要时得到满足。库存的另一个显著作用是,利用生产和销售中存在的规模效益降低成本。

库存遍布于供应链,从原材料到生产流程中的半成品、再到制成品,它们分别由供应商、制造商、批发商和零售商所拥有。库存是供应链的主要成本来源,对企业的反应能力有巨大影响。例如,一个高库存水平的服装供应链有高水平的市场反应能力:顾客走进一家商店,手里拿着物色到的衬衣走出商店。相反的,一个库存少的服装供应链就会非常缺乏市场反应能力。想要衬衣的顾客需要事先订购,并等上几个星期甚至几个月衬衣才能生产出来,这取决于供应链中库存量的大小。

库存对供应链中的物流周转时间也有显著影响。物流周转时间是指从物资流入供应链到物资流出供应链的那段时间。此外,库存还会显著影响销售速度,即向最终消费者销售产品的速度。如果库存量用 I 表示,物流周转时间用 T 表示,销售速度用 R 表示,这三者的关系可用以下的 Little 法则表示:

$$I = RT$$

例如,假设一辆汽车的装配流程耗时 10 小时,销售速度为每小时 60 辆。由 Little 法则可知,库存量应为 $60 \times 10 = 600$ 辆。如果我们把库存量降低到 300 辆而保持销售速度不变,我们需将物流周转时间减少为 5 小时(300/60)。需要注意的是,在这个关系式中,库存量和销售速度必须使用相同的单位。

此外,库存对供应链支撑企业竞争战略的能力也具有重要影响。如果一家公司的竞争战略要求高水平的反应能力,公司可以在靠近消费者的地方设置大容量库存,来做到这一点。相反,公司也可通过集中仓储,来减少库存量,增加盈利。后一种战略可以支持成为一个低成本制造商的竞争战略。库存要素中隐含着一个权衡,即较多库存带来的反应能力增强与库存减少带来的盈利水平提高之间的权衡。

2. *库存战略决策的构成要素*

现在,我们来分析一下几个与库存有关的主要决策。供应链管理者必须做出这些决策,以便有效地创造更具反应能力和盈利水平的供应链。

(1)循环库存。循环库存是指用于满足在供应商两次送货之间所发生的需求的平均库存量。循环库存的规模取决于大批量生产或采购原材料的规模。厂商大批量生产或采购原材料,以便在生产、运输或采购过程中实现规模经济效益。然而,随着规模扩大,运输费用也相应增加。我们以一个网上图书零售商为例,来谈谈循环库存决策问题。这个零售商每月平均销售 10 卡车的书籍。该零售商要做的循环库存决策内容包括;图书库存补给需多少钱和多久需要补给库存一次。这个网络零售商可以每个月订购 10 卡车书或 3 天订购 1 卡车书。供应链管理者面临的基本权衡是,大量库存的成本(循环库存大)和频繁订货的成本(循环库存少)之间的权衡。

(2)安全库存。安全库存是指应对需求量超过预期数时的库存,它是为了应付不确定性需求的。如果这个世界是完全可预测的,仅仅循环库存就足够了。然而,由于需求是不确定的,可能会超过预期,厂商要备有安全库存,以满足不可预期的高需求。确定安全库存量是管

理者面临的一项关键性决策。例如,一个像美国“R”这样的玩具零售商必须为假日购买旺季计算其安全库存量。如果它的安全库存量太大,玩具卖不掉,不得不在假日过后打折甩卖。相反,如果美国“R”玩具公司的安全库存量太小,该公司将损失销售量及其带来的利润。因此,选择安全库存量是一种在库存积压所带来的成本和库存缺货所损失的销售量之间的权衡。

(3)季节库存。季节库存是用来应对可预料的需求变化的库存。厂商利用季节库存,在淡季建立库存,为无法生产全部需求产品的旺季做储备。管理者面临的几个关键性决策如下:是否建立季节库存?如果建立季节库存,需要多少库存?如果一个厂商能够以很低的成本快速改变其生产系统的产量,那么他可能不需要季节库存,因为他的生产系统可以调整到适合旺季需求的状态,并且这样做又不会增加太多的成本。然而,如果产量调整代价昂贵(如:必须雇佣或解雇工人),那么厂商的明智做法就是,保持平稳的产量水平并在淡季时建立库存。因此,供应链管理者在决定季节库存量时所面临的基本权衡是:保有额外的季节库存的成本与产量调整所带来的成本之间的权衡。

(4)库存决策中反应能力与盈利水平的全面权衡。管理者在库存决策中面临的基本权衡是反应能力与盈利水平之间的权衡。增加库存通常会使供应链对顾客更具应变能力。然而,这种做法会遇到成本问题,因为增加库存会减少利润。因此,供应链管理者可利用库存作为一个驱动要素,来实现竞争战略目标所要求的反应能力与盈利水平。

二、供应链战略规划中的运输决策

1. 运输在供应链中的作用

运输是指在供应链的不同阶段之间移动产品。与其他供应链功能要素一样,运输对反应能力和盈利水平均有很大影响。无论运输方式或运输量如何变化,快速运输都能提高供应链的反应能力,并降低供应链的盈利水平。厂商所采用的运输方式还影响到供应链中的库存水平和设施布局。例如,戴尔公司从亚洲空运零配件,因为这能降低公司的库存水平。显然,这种做法提高了反应能力,但却降低了运输效益,因为这比海运要昂贵得多。

同时,当厂商考虑目标顾客的需求时,运输在企业竞争战略中的作用就显得非常重要。如果厂商竞争战略的目标是那些要求高水平反应能力并愿意为此付费的顾客,那么它可以利用运输作为提高供应链反应能力的一个驱动要素。反之亦然。如果厂商的竞争战略目标是那些将价格作为主要决策依据的顾客,那么它可以利用运输手段降低产品成本而牺牲高水平的反应能力。由于厂商可以同时利用库存和运输来提高反应能力或盈利水平,厂商最理想的决策通常是在两者之间寻求恰当的平衡。

2. 运输决策的构成要素

下面,我们来分析一下运输决策的几个关键组成要素,这是企业在进行供应链规划、设计和运营时所必须做的。

(1)运输方式。运输方式是指将产品从供应链网络的一个位置移动到另一个位置所采取的方式。厂商有以下 6 种基本运输方式可供选择。

①航空运输:最昂贵、最快捷的运输方式。

②公路运输:较快速、较廉价、高度灵活的运输方式。

③铁路运输:适用于大宗货物的廉价运输方式。

④水陆运输:最慢的运输方式,通常是大宗海外货运唯一的经济选择。

⑤管道运输:主要用于输送石油和天然气。

⑥电子运输:一种最新的、电子化的、通过互联网完成的"运输"方式,可"输送"诸如音乐之类原先只以物态形式流通的商品。

每一种运输方式都在速度、货运规模(从单个包裹,到货物输送台、整车或整船)、货运成本和灵活性方面均有不同特点,这些决定了厂商对某种特定运输方式的选择。

(2)路径和网络选择。管理者必须做出的另一个主要决策是产品运输的路径和网络。路径是指产品运输的路线;网络是指产品运输的地点与路径的总和。例如,厂商需要决定是直接将产品送到顾客手中,还是利用一系列的配送者。厂商在供应链设计阶段便做出运输路径决策,同时,他们还要做出相关的日常或短期决策。

(3)内部化还是依靠外部资源。传统上,大部分运输职能是在公司内部完成的。今天,许多运输(甚至整个物流体系)职能却是依靠外部提供的。当厂商对运输体系进行决策时,他们不得不在部分运输内部化或依靠外部资源之间做出选择,这是运输决策的又一个难题。

(4)运输决策中的反应能力与盈利水平的全面权衡。关于运输的最根本的权衡,就是某一给定产品的运输费用(盈利水平)与运输速度(反应能力)之间的权衡。

三、供应链战略规划中的设施决策

这里,我们来讨论设施要素在供应链中的作用及供应链管理者必须做出的与设施相关的重要决策。

1. 设施在供应链中的作用

如果我们将库存视为通过供应链的商品,将运输看作是商品运送的方式,那么,设施就是供应链所在的地方。它们是库存商品运输的目的地或来源地。在设施体系中,库存商品或者转换成另一种形式(制造),或者在运往另一个阶段(仓储)之前存放起来。

设施及其相应的能力,是供应链运营的一个关键驱动要素,它影响供应链的反应能力和盈利水平。例如,当产品只在同一个地方生产或储存时,公司可以取得规模经济效益,这种集中布局提高了盈利水平。然而,在成本减少的同时,反应能力也随之降低,因为公司的客户可能住在远离生产设施的地方。反之,将设施布置在接近客户的地方,增加所需设施的数量,结果会降低盈利水平。如果客户需要并愿意为众多设施带来的高水平的反应能力付费,那么,这项设施决策有助于实现公司的竞争战略目标。

2. 设施决策的构成要素

与设施相关的决策是供应链规划设计中的关键部分。厂商必须分析的设施决策构成要素如下。

(1)布局区位。设施布局决策是公司供应链战略规划的重要组成部分。一个基本的权衡是:集中布局以获取规模效益,还是分散布局、靠近消费者以提高反应能力。公司还必须考虑与设施所在地的各种特征相关的一大堆问题。这些问题包括:宏观经济因素、战略性因素、劳动力质量、劳动力成本、设施成本、基础设施状况、是否接近消费者和供应链网络的其他部分、税收影响,等等。

(2)设施能力(灵活性和盈利性)。公司必须确定设施发挥功能或预定功能的能力。设施的大量超额能力,会增加设施的灵活性,并对大幅度的需求变化反应敏捷。但是,超额的能力需要花费成本,从而降低公司收益。拥有较少超额能力的设施每生产单位产品的利润较之拥有许多无用能力的设施更高。然而,利用率高的设施对需求波动的反应能力较低。因此,公司必须仔细权衡以确定各种设施的能力水平。

(3)生产制造方式。公司必须做出关于设施所使用的生产制造方式决策。它们必须确定设施布局是以产品为中心,还是以职能为中心。以产品为中心的工厂,为了生产某一类产品而具备不同的职能(如制造和装配);以职能为中心的工厂,为了生产不同类型的产品而具备极少职能(如仅具制造或装配职能);以产品为中心的厂商,对特定类型产品的专门技术很熟悉,但缺乏从职能化生产方式中才能得到的职能性专门技术。厂商必须明确哪类技术能最大限度地帮助它们满足顾客需求。厂商在提高应变水平和关注专业能力之间权衡。应变能力使得厂商能够生产许多类型产品却常常效益较低,而专业技能仅在有限的产品生产中起作用,效益却较好。和前面的例子一样,这同样是盈利水平与反应能力之间的权衡。

(4)仓储方式。与生产环节一样,厂商也可选择仓储设施设计的各种不同方式,主要包括以下方式。

①存货单元式(SKU storage)仓储,这是一种将所有同类产品储存在一起的传统式仓库。它是储存产品较为有效的形式。

②劳动密集式仓储,这种仓储方式将用于某种特定用途或满足特定类型顾客需求的各种不同类型的产品储存在一起。它通常需要较大的仓储空间,但可创造更高效的分选和包装环境。

③对接仓储(Crossdocking)(由沃尔玛公司开创)在这种仓储方式中,货物实际上并未存储于某个设施中。相反,从供应商那儿过来的货车分别运载不同类型的产品,并将这些产品送到配送中心。在那儿,货品被重新分装成较小的包装并迅速装载到开往各个连锁店的货车上。这些货车上装着从供应商处运来的各种各样的产品。

(5)库存决策中的反应能力与盈利水平的全面权衡。管理者做出设施决策时面临的权衡是:由设施数目、区位和类型所决定的成本(盈利水平)与这些设施为消费者所提供的良好市场反应能力之间的权衡。

四、供应链战略规划中的信息决策

在这里,我们将讨论信息在供应链中的作用及供应链管理者所必须做出的和信息有关的重要决策。

1. 信息在供应链中的作用

信息作为一个主要的供应链功能要素可能会被忽略,因为它并非实物形态。然而信息的许多方式深刻地影响着供应链的每个部分,包括以下两个方面。

(1)信息联系着供应链的不同阶段,使各个阶段相互协调,并对整条供应链利润最大化起重要作用。

(2)信息对供应链中各个阶段的日常运营来说也很重要。例如,利用需求信息制订生产计划,使工厂能够以高效率的方式生产出满足需求的产品。仓储管理体系利用信息明确标出库存量大小,这是厂商决定是否需要发出新的订单以补充库存的依据。

由于厂商可以利用信息来同时提高盈利水平和反应能力,信息作为一个驱动要素的作用日渐增大。信息在促进公司发展方面的作用可以从信息技术的重要性的迅速提升中得到证实。但是,和其他驱动要素一样,即使有了信息,公司同样需要在盈利水平与反应能力之间进行权衡。

另一个关键性决策是,什么信息对降低供应链成本、提高反应能力最有价值。这项决策将随供应链的结构和所瞄准的细分市场不同而变化。公司可能会发现,投资于信息要素能使它们提高市场反应能力。

2. 信息决策的构成要素

现在我们来讨论供应链内信息决策的主要构成要素,这是厂商为提高供应链的盈利水平和反应能力所必须分析的内容。

(1)推动型与拉动型。在设计供应链流程时,管理者必须确定它们是属于推动流程还是属于拉动流程,因为不同类型的流程要求不同类型的信息。推动流程通常要求信息以详尽的原材料需求计划(MRP)体系的形式出现,以便形成主要生产计划并将信息反馈给供应商,为供应商制定零部件类型、数量和交货日期计划提供依据。拉动流程要求有关实际需求的信息以极快速度传递整条供应链,从而使生产及零部件和产成品的销售能够切实反映现实需求。

(2)供应链协调与信息共享。当供应链中的所有不同阶段的运营目标是为了使整条供应链而不是某一个阶段的利润最大化时,就出现了供应链协调。缺乏协调会导致供应链利润的重大损失。管理者们必须决定,如何在供应链中创造这种协调,什么信息需要共享以便实现协调目标。供应链不同阶段之间的协调要求各阶段与其他阶段适当地共享信息。例如,在一个拉动流程中,假设一个供应商要为某个制造商以适时提供的方式生产相应的零部件,这个制造商就必须和供应商共享需求和生产信息。这时,信息共享就是供应链成功运营的关键。

(3)预测与总体规划。预测是一门艺术和科学,它是用于制定关于未来需求和环境的工作方案。获取预测信息常常需要使用复杂的技术和方法,以便估计未来的需求或市场条件。管理者必须确定,他们如何进行预测,可以在多大程度上利用预测来做出决策。公司经常在战术和战略两个层面上利用预测信息:在战术水平上它可用于制定规划;在战略水平上它却用来决定是否增建新厂,甚至决定是否进入一个新市场。

一旦公司做出一项预测,它需要按照这个预测制定规划。总体规划将预测转换为行动计划以满足预测需求。管理者面临的一个关键性决策是,如何在供应链的管理者阶段及从头至尾的整条供应链中都贯彻总体规划。总体规划成为在供应链内部分享的一个极为重要的信息。通过影响供应商和顾客,公司的总体规划对需求产生显著影响。

(4)可利用的信息技术方法。在供应链内分享和分析信息有许多技术方法。管理者必须确定使用何种技术方法,以及如何将这些技术方法与他们的厂商及合作伙伴有机结合起来。随着这些技术方法的功能增强,以上这些决策结果变得越来越重要了。一些技术方法如下。

①电子数据交换(EDI)。厂商可以使用这种方法向供应商提供即时的无纸化订单。EDI不但高效,而且缩短了将产品送达顾客所需的时间。因为这种交易比纸上合同交易发生得更快、更精确。

②互联网。与电子资料交换相比,互联网在信息共享方面有着非常重要的优点。所有人都可进入互联网,互联网可以传递更多信息,因而比电子资料交换更具可观察性。较好的可观

察性使供应链各阶段能够做出更好的决策。由于标准化的基础设施系统(全球网络)已经建成,供应链的各阶段通过互联网进行交流更为便捷。由于有了互联网,电子商务已成为供应链中的一种主要动力。

③企业资源规划系统(ERP)。它提供从厂商及其供应链的各个部分可以获得的交易追踪调查和全球范围的可观察性信息。正确决策离不开这些信息。这些即时信息有助于提高供应链的运营决策的质量。企业资源规划系统可以追踪信息,而互联网则提供了观察这些信息的方法。SAP、人软、甲骨文、艾德华和百纳是几个主要的企业资源规划系统软件供应商。由于这个系统功能强大,这些厂商的经营业务有了很大发展。

④供应链管理(SCM)软件。它为企业资源规划系统增加了一个更高级的软件。除了可观察信息外,该软件可以为决策分析提供支持。企业资源规划系统告诉厂商进展如何,而供应链管理软件系统帮助厂商做出决策。

(5)信息决策中的反应能力与盈利水平的总体权衡。对于整条供应链来说,关于信息功能要素最基本的权衡是反应能力与盈利水平之间的权衡。许多信息系统可同时提高反应能力和盈利水平。但是,管理者随之也需要在信息成本(降低利润)与能提高供应链反应能力的信息之间权衡。

案例 2-4　“宜家”的供应链运作

在全球拥有 180 家的“宜家”连锁商店,分布在 42 个国家。2002 年,它获取了 110 亿欧元的收入和超过 11 亿欧元的净利润,成为全球最大的家居商品零售商。它的成功之路,除了严格的组织系统外,还有一套周密的管理体系。

从产品设计开始,“宜家”就坚持自己设计,并拥有产品专利。具体做法是能够在 100 多家名设计师所设计的新产品中,进行挑选,选择同样价格的产品中设计成本最低的。产品设计研发机构将和分布在全球的 33 个国家设立的 40 家宜家贸易代表处,共同确立哪些供应商可以在成本最低而又保证质量的情况下,生产这些产品。在激烈的竞争中得分高的供应商将可以得到大订单。同时,“宜家”为其所有的供应商设定了不同的标准和等级,并时常进行考核。在物流环节上,为了保证最低的成本,严格控制物流的每一个环节,如一直推行的“平板包装”,节省了大量的产品粗装成本,达到了降低运输成本和提高效率的目的;又如将枕头里的空气抽掉,以节省大量商品体积等。为了节省运输时间,“宜家”在全球近 20 家配送中心与一些中央仓库大多集中在海陆空的交通要道。“宜家”通过科学的计算,决定哪些产品在本地制造销售,哪些出口到海外的商店。

因此,“宜家”的整个供应链的运作,是从每家商店提供的实时销售记录开始,反馈到产品设计研发机构,再到贸易机构、生产商、物流公司、仓储中心,又转回到商店。

(来源:中华网考试,http://kaoshi. china. com/wuliushi/learning/1140062 – 1. htm)

思考题:

“宜家”在供应链战略决策中,对应的供应链各个环节采取了哪些措施?

第四节 顾客服务水平规划

物流顾客服务是企业所提供的总体服务中的一部分,它使交易中的产品或服务实现增值,这种增值意味着通过交易,各方都得到了价值的增加。因而,从过程管理的观点看,顾客服务是通过节省成本费用为供应链提供重要的附加价值的过程。

从物流角度来看,顾客服务是一切物流活动或供应链流程的产物。企业提供的顾客服务水平比任何其他因素对物流系统规划设计的影响都要大,因而,在制定物流战略规划之初就应该明确物流客户服务的标准、水平。也就是说,首先应对顾客服务目标进行规划,因为不同的顾客服务目标,将得出不同的物流战略决策。

一、物流顾客服务水平与物流成本的权衡分析

物流顾客服务水平是设定的物流活动水平的结果。这就意味着每一个顾客服务水平都有相应的成本水平。而在特定的物流活动组合中,通常对应每一个服务水平都有许多不同的物流系统成本方案。因此,了解不同物流活动水平下,顾客服务水平与相应的物流成本之间的关系,对于优化顾客服务水平具有重要意义。

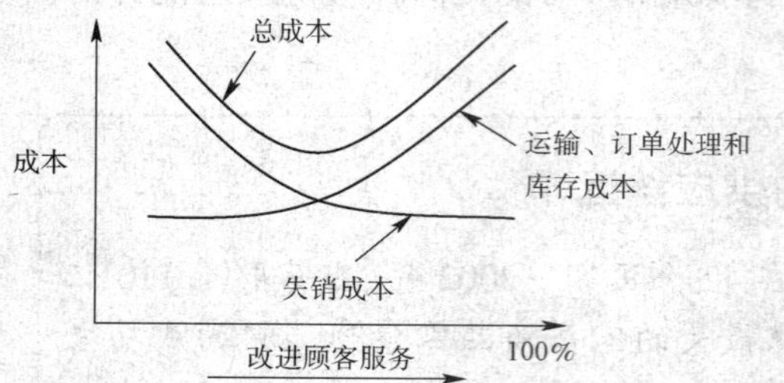

图 2-7 顾客服务水平与成本的效益悖反

来源:(美)罗纳德. H. 巴罗著,王晓东、胡瑞娟等译,企业物流管理——供应链的规划、组织与控制。

1. *顾客服务水平与物流总成本的效益悖反*

图 2-7 中描述了确定顾客服务时存在的与成本之间的权衡问题。随着顾客得到更高水平的服务,由于缺货、送货慢、运输不可靠、订单履行错误造成失去客户的可能性就越小。换言之,随着顾客服务水平的提高,失销成本(失去客户的损失成本)会下降。与失销成本相对应的是维持服务水平的成本。客户服务的改善往往意味着运输、订单处理和库存费用更高。

2. *库存—运输综合成本与顾客服务水平之间的效益悖反*

图 2-8 所示的是确定物流系统内仓库的数量时要考虑的基本经济因素。如果客户小批量购买,存储点大批量补货,从存储点向外运出的运费就高于运进的内向运输费率。这样,运输成本会随着存储点的增加而减少。但是,随着存储点数量的增加,整个系统的库存水平上升,库存成本会上升。此外,顾客服务水平也受该策略的影响。此时,该问题就变成在库存—运输的综合成本与客户服务水平带来的收益之间寻求平衡点的问题。

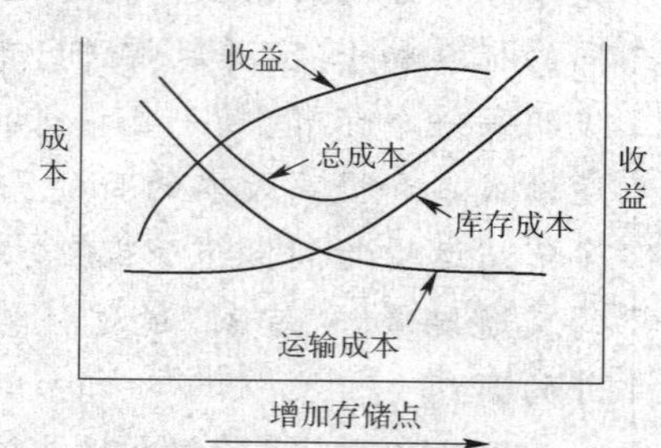

图 2-8 库存运输综合成本与顾客服务水平的效益悖反

来源:(美)罗纳德. H. 巴罗著,王晓东、胡瑞娟等译,企业物流管理——供应链的规划、组织与控制。

3. *安全库存水平与顾客服务水平之间的效益悖反*

图 2-9 说明的是确定安全库存水平与顾客服务水平之间的效益悖反的问题。因为安全库存提高了平均库存水平,并通过客户发出订单时的存货可得率来影响顾客服务水平。

这样，失销成本就会下降。平均库存水平的提高会使库存持有成本上涨，而运输成本不受影响。同样，我们要在这些相互冲突的各项成本之间找到平衡。

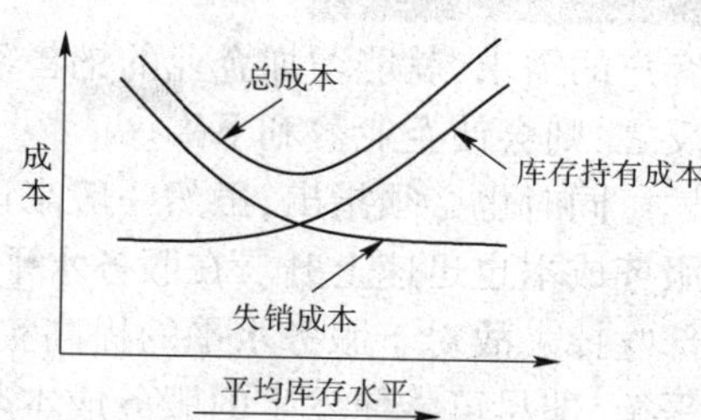

图 2-9　安全库存水平与顾客服务水平的效益悖反

来源：(美)罗纳德．H. 巴罗著，王晓东、胡瑞娟等译，企业物流管理——供应链的规划、组织与控制。

二、物流服务质量的评价

物流服务质量可以从内部顾客和外部顾客两个角度进行评估。当物流服务过程发生在企业内部，并向企业中的其他员工或部门提供服务时，此类接受服务的顾客称为内部顾客，而处于企业组织外部的顾客则统称为外部顾客。显然，对于内部顾客而言，服务质量的评估可以比较客观。对于外部顾客而言，情况就比较复杂了。目前，尚未发现一种有效的方法来解决这个问题，但美国营销学家贝里·派拉索拉曼和泽塞莫尔提出的服务质量模型对解决这一问题不无启发。他们通过对信用卡、零售银行、证券经纪和产品维修与保护等各个服务行业进行考察和比较研究，发现顾客在评价服务质量时主要是从下述五个方面进行考虑的：

1. 可感知性

可感知性是指服务产品的"有形部分"，如各种设施、设备以及服务人员的服饰等。由于服务是一种行为过程而不是某种有形的实体，所以顾客只能借助这些可视的有形证据来把握服务的实质。

2. 可靠性

可靠性是指企业准确无误地完成所承诺的服务。可靠性实际上是要求企业避免在服务过程中出现差错，因为服务差错给企业带来的，不仅是直接意义上的经济损失，而且可能意味着失去很多潜在的顾客。

3. 反应性

反应性是企业准确为顾客提供快捷、有效服务的意愿程度。对于顾客的各种要求企业是否予以及时的满足表明了企业的服务导向。

4. 保证性

保证性是指企业服务人员的知识、技能和礼节能使顾客产生信任感。服务人员的友好态度和胜任能力二者是不可或缺的，服务人员态度粗鲁自然会让顾客感到不快，而他们对专业知识和技能的缺乏，也会令顾客失望。

5. 移情性

移情性不仅仅是指服务人员的态度问题，而且是指企业要真诚地为顾客着想，了解他们的实际需要，关心顾客，为顾客提供个性化服务，使服务过程富有人情味。

根据这五个标准，贝里等人建立了 SEKVQUAL 模型来评价企业的服务质量，具体的评价方法主要是通过问卷调查、顾客打分求取平均值。

三、最优物流服务水平的确定

物流服务和市场运营的成功是密不可分的。若物流工作能提供适当的服务水准并能满足客户的需求,就能增加企业的销售额和市场份额,并最终提高企业的盈利能力促进企业发展。反之,则会使企业盈利下降。

同时也必须指出,虽然一般来说有效地提高服务水平能增加销售额,但服务水平的提高,服务成本也迅速上升。在服务水平超过一定程度后,销售利润的增加将被服务成本的增加全部吃掉。故对于服务水平的提高实际上是有限的。必须在服务水平和服务成本之间实现某种平衡,即尽可能使发生的服务成本与获得的受益之差最大。

随着物流活动水平的提高,企业可以达到更高的客户服务水平,成本则会加速增长。在大多数经济活动中,只要活动水平超出其效益最大化的点,人们就能观察到这种一般现象。销售—服务关系中的边际递减和成本—服务曲线的递增将导致利润曲线如图 2-10 所示的形状。

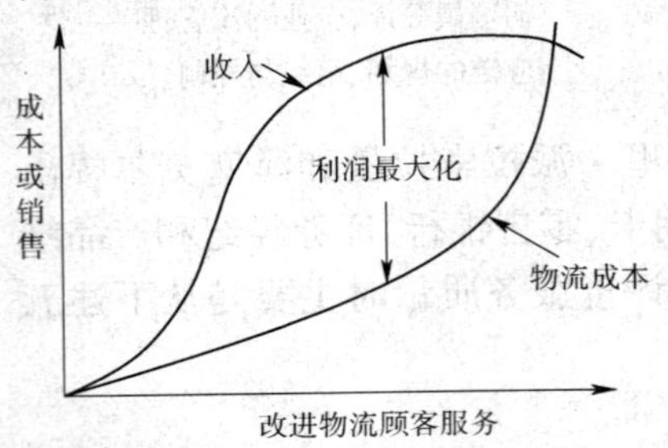

图 2-10　不同物流客户服务水平下,成本—收入悖反关系示意图

来源:(美)罗纳德. H. 巴罗著,王晓东、胡瑞娟等译,企业物流管理——供应链的规划、组织与控制。

不同服务水平下收入与成本之差就决定了利润曲线。因为利润曲线上有一个利润最大化点,所以规划物流系统就是要寻找这一理想的服务水平。该点一般在服务水平最低和最高的两个极端点之间。

一旦已知各服务水平下的收入和物流成本,我们就可以确定使企业利润最大化的服务水平。下面将介绍用数学方法来找这个最大利润点的原理和应用例子。

假设企业目标是利润最大化,即与物流有关的收入与物流成本之差最大化。在数学上,最大利润在收入变化量与成本变化量相等(即边际收入等于边际成本)的点上实现。举例说明,假设已知销售—服务(收入)曲线为 $R=0.5\sqrt{SL}$(根据销售—服务曲线性状假设,具体规划中可根据历史数据,做出散点图,求出曲线的近似函数)。其中 SL 是服务水平,假设表示订货周期时间为五天的订货单所占的百分比。相应的成本曲线假设已知为 $C=0.00055SL^2$。最大化利润(收入减成本)的表达式就是:

$$P=0.5\sqrt{SL}-0.00055SL^2 \qquad (2\text{-}1)$$

式中:P——表示利润。

用微积分,可求出方程(2-1)的利润最大化点。这样,利润最大化条件下,服务水平的表达式为:

$$SL^*=\left[\frac{0.5}{4(0.00055)}\right]^{\frac{2}{3}}$$

因此,$SL^*=37.2$。也就是约 37% 的订单应该有五天的订货周期,如图 2-11 所示。

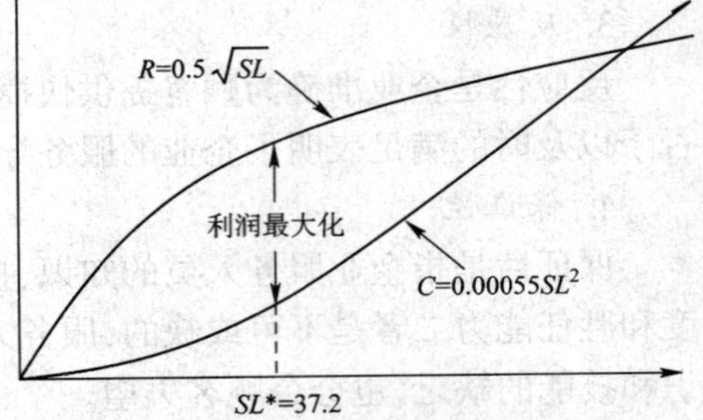

图 2-11　假想收入、成本曲线的利润最大化点

来源:(美)罗纳德. H. 巴罗著,王晓东、胡瑞娟等译,企业物流管理——供应链的规划、组织与控制。

【例 2-1】　应用上述原理解决设定食品生产商的库存服务水平问题,我们只选择了一种产品,但该方案同样适用于仓库中所有其他产品。

某一食品公司在其仓库中存有柠檬汁系列产品。公司曾经在仓库中存放相当多的这种产

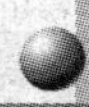

品,可以保证该产品在4年内都不会缺货。此时,该产品的服务水平超过99%。虽然这是公司销量很高的产品,但问题在于是否有必要将库存水平订的那么高?

根据公司内部的经验,服务水平每变化1%,毛收入就变化0.1%。仓库每周向零售店补货,所以客户服务水平可以定义为补货提前期内仓库有存货的概率。销售毛利是每箱0.55美元,每年经仓库销售的量是59904箱。每箱标准成本是5.38美元,年库存成本估计为25%。补货提前期是1周,平均每周销量为1152箱,标准差为350箱。

当收入变化量等于成本变化量,即 $\Delta R=\Delta C$ 时,可以得到最优服务水平。由于在所有服务水平下,销售反应系数是一个常量,所以收入变化量为

$$\Delta R = 销售毛利 \times 销售反应系数 \times 年销售量 = (0.55 \times 0.001 \times 59904)美元$$
$$= 32.95美元$$

表示服务水平每变化1%,年收入变化32.95美元。

各个服务水平下需要保持的不同安全库存量引起成本变化。安全库存是为防止需求和补货提前期的变化而持有的额外库存。已知安全库存的变化是

$$\Delta C = 年库存持有成本 \times 标准产品成本 \times \Delta Z \times 订单周期内的需求标准差$$

其中,Z 是现货供应概率的正态分布曲线系数(成为正态偏差 normal deviate)。对每个 ΔZ 年成本的变化为

$$\Delta C = 0.25 \times 5.38 \times 350 \times \Delta Z = 470.25\Delta Z$$

对应不同 ΔZ 值的安全库存成本的变化如表2-2所示。

安全库存成本变化表　　表2-2

服务水平的变化 SL(%)	Z 的变化 ΔZ^*	安全库存成本的变化(美元/年)
87~86	1.125-1.08=0.045	21.18
88~87	1.17-1.125=0.045	21.18
89~88	1.23-1.17=0.05	23.54
90~89	1.28-1.23=0.05	23.54
91~90	1.34-1.28=0.06	28.25
92~91	1.41-1.34=0.07	32.95
93~92	1.48-1.41=0.07	32.95
94~93	1.55-1.48=0.07	32.95
95~94	1.65-1.55=0.10	47.08
96~95	1.75-1.65=0.10	47.08
97~96	1.88-1.75=0.13	61.20
98~97	2.05-1.88=0.17	80.03
99~98	2.33-2.05=0.28	131.81

注:* 这些 Z 值可以从正态分布表中查得。

将 ΔR 和 ΔC 的值描在图2-12中可以得出最优服务水平(SL^*)93%,即 ΔR 和 ΔC 曲线的交点。

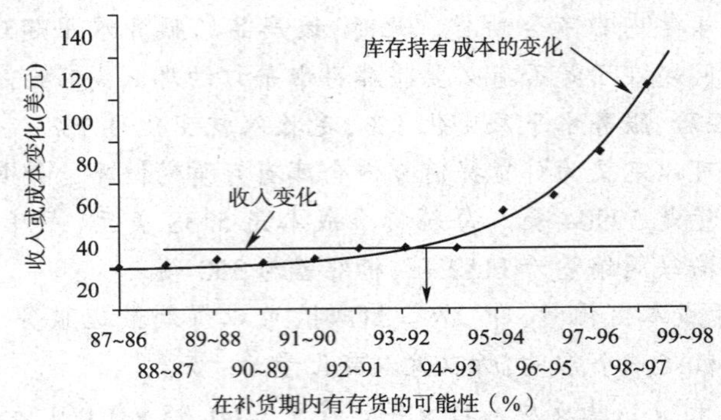

图 2-12 确定食品加工厂某产品的服务水平

来源:(美)罗纳德.H. 巴罗著,王晓东、胡瑞娟等译,企业物流管理——供应链的规划、组织与控制。

此公司以多个仓库内存储的数千种产品为大样本进行了类似的分析,预计可以节约库存成本数百万美元。因为现有的库存服务水平超过了最优水平,所以高库存水平带来的成本无法由增加的利润弥补。

以上通过一个算例介绍了如何确定最佳的客户服务标准。由此可见,物流客户服务的标准并不是越高越好,而是应该根据实际情况,从物流服务的利润最大化为出发点进行物流系统的规划。

四、有效顾客服务的保持

最有效的顾客服务是向客户提供一贯的、符合需求的服务。因此必须很好地管理物流顾客服务水平,这就要求及时对物流网络系统进行必要地调整。

(1)调整地区性仓库的布局使销售潜力最大化。

(2)在选定的存货点增加存货的可得性,以提高一次交付订货的能力和适应新的服务水准要求。这样,在扩大销售的同时可消除区域性的交叉发货而降低运输成本。

(3)尽可能减少产品的存放点,以减少存货成本。

(4)不同规模的订货选用不同的发货点,尽可能由工厂直接发货,以减少网点上的存货量。

(5)科学的监测和评价销售额和成本对新的物流服务战略的每一个要素的反应。服务战略的每次调整都应增加企业盈利能力并为将来的决策提供进一步的信息。

对顾客服务工作进行适当的监测和评价,并及时进行适当调整是企业保持服务领先的重要手段,也是企业参与市场竞争的重要手段之一。顾客服务是企业的一项长期投资,其收益是巨大的。

第五节 物流需求分析

物流需求是指一定时期内社会经济活动对生产、流通、消费领域的原材料、成品和半成品、商品以及废旧物品、废旧材料等的配置作用而产生的对物在空间、时间和费用方面的要求,涉及运输、库存、包装、装卸搬运、流通加工以及与之相关的信息需求等物流活动的诸

方面。

现代物流产业是传统物流活动发展的基础之上,通过对现代科学技术的广泛应用、对物流实践的不断总结、社会物流资源的全方位整合,以及伴随着其发展过程中物流管理与物流科学技术的日臻完善,并与国民经济发展的客观需要相吻合的条件下产生的。作为一个对国民经济相关产业发展联动性极强的产业,它不仅成为各产业部门中经济增长方式转变的主要手段和途径,而且业已成为物流实践活动中新的经济增长点,同时也是国民经济发展中实现由粗放型向集约型转变的重要标志。物流业是融合运输业、仓储业、货代业和信息业等的复合型服务产业,是国民经济的重要组成部分,涉及领域广,吸纳就业人数多,促进生产、拉动消费作用大,在促进产业结构调整、转变经济发展方式和增强国民经济竞争力等方面发挥着重要作用。

作为生产服务业,物流行业有着很强的经济敏感性,与国民经济运行密切相关。如表2-3所示,2011年我国GDP达到471564亿元,同比上年增长18.5%;2011年社会物流总额达到1584000亿元,同比上年增长26.3%。2011年我国物流运行形势总体良好,物流需求显著增加,运行效率有所提高,物流业增加值快速增长。

2006—2014年中国社会物流需求情况表(单位:亿元) 表2-3

年份	国内生产总值GDP	社会物流总额	社会物流需求系数
2006	210871	596000	2.83
2007	257306	752283	2.92
2008	300670	899000	2.99
2009	335353	966500	2.88
2010	397983	1254000	3.15
2011	471564	1584000	3.36
2012	534123	1773000	3.32
2013	588019	1978000	3.36
2014	636463	2135000	3.35

数据来源:国家统计局;中国物流与采购联合会。

从物流的发展规律来看,现代物流服务的需求包括量和质两个方面,即从物流规模和物流服务质量中综合反映出物流的总体需求。物流规模是物流活动中运输、储存、包装、装卸搬运和流通加工等物流作业量的总和。当前在没有系统的社会物流量统计的情况下,由于货物运输是物流过程中实现位移的中心环节,用货物运输量的变化趋势来衡量社会物流规模的变化趋势是最接近实际的。物流服务质量是物流服务效果的集中反映,可以用物流时间、物流费用、物流效率来衡量,其变化突出表现在减少物流时间、降低物流成本、提高物流效率等方面。为了清晰地反映社会经济活动对物流活动的需求,在物流需求分析中还应考虑物流需求的地域范围、渠道特性、时间的准确性、物流供应链的稳定性以及顾客服务的可得性、作业绩效和可靠性等方面。

物流需求分析的目的在于提供决策物流能力的依据,以保证物流服务的供给与需求之间的相对平衡,使物流活动保持较高的效率与效益。在一定时期内,当物流能力供给不能满足这种需求时,将对需求产生抑制作用;当物流能力供给超过这种需求时,不可避免地造成供给的浪费。因此,物流需求是物流能力供给的基础,物流需求分析的社会经济意义亦在于此。借助于定性和定量的分析手段,了解社会经济活动对于物流能力供给的需求强度,进行有效的需求管理,将有利于合理规划、建设物流基础设施,改进物流供给系统。

一、物流需求的影响因素

物流需求分析是将物流需求与产生需求的社会经济活动进行相关分析的过程。由于物流活动日益渗透到生产、流通、消费整个社会经济活动过程之中,与社会经济的发展存在着密切的联系,是社会经济活动的重要组成部分,因而物流需求与社会经济发展有着密切的相关性,社会经济发展是影响物流需求的主要因素。主要表现在:

(1)经济发展本身直接产生物流需求;

(2)宏观经济政策和管理体制的变化对物流需求将产生刺激或抑制作用;

(3)市场环境变化将影响物流需求,包括国际、国内贸易方式的改变和生产企业、流通企业的经营理念的变化及经营方式的改变等;

(4)消费水平和消费理念的变化也将影响物流需求;

(5)技术进步诸如通信和网络技术的发展、电子商务的广泛应用,对物流需求的量、质和服务范围均将产生重大影响;

(6)物流服务水平对物流需求也存在刺激或抑制作用。

从现代物流的特点分析,物流需求具有涉及面广、内涵丰富和无法进行单一计量的特点,因此,许多物流企业(包括希望介入物流服务领域的企业)较难把握市场需求和进行市场定位,如果缺乏正确的物流需求分析,对物流企业的发展无疑将产生不利的影响。在进行物流需求分析时应着重做好以下工作:

(1)物流企业应自觉加强市场调查研究工作,重视市场需求预测;

(2)重视发挥物流咨询研究机构的作用,注重科学预测技术并结合专家分析;

(3)提高信息管理和利用能力,加强物流信息管理,完善物流信息系统建设,重视物流需求信息的综合分析、评估;

(4)重视对国内外成功物流企业的经验的学习和借鉴,减少物流需求分析中的盲目和武断行为;

(5)加强对国际国内经济形势的分析,掌握和了解全社会物流需求特点,明确物流企业服务对象的需求在质和量方面的特点,提高物流需求分析的准确度,找准物流企业的市场切入点。

二、需求预测的步骤

在进行需求预测工作时一般遵循的基本步骤如图2-13所示。

1. 确定预测目标

这一阶段工作的主要内容应围绕以下几个方面来进行:

(1)预测目的是什么？将被如何使用？

(2)是否用于物流规划或企业计划进入的市场？

(3)预测是否需要体现对资金的控制？

(4)预测是否能满足指导生产及物流工作的要求？

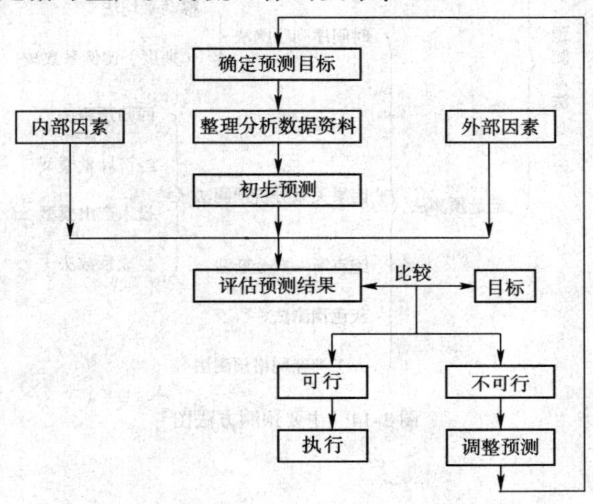

图 2-13　需求预测的整体流程

2. 资料的收集整理和分析

进行预测时，预测人员应全面收集过去和现在的相关资料为预测服务。在收集资料中，一定要注意广泛性、适用性。资料收集不全面、不系统，会严重影响需求预测的质量。另外，对于收集的资料，一定要进行鉴别和整理加工，鉴别资料的真实性和可用程度，去掉那些不真实、与预测关系不密切、不能说明问题的资料。在对资料进行充分收集的基础上，就可以开展下一个工作——资料分析了。这是建立预测模型、实现需求预测的前提条件。

3. 初步预测需求量

在预测人员对相关的需求资料做出分析之后，就进入实际预测阶段。在这一阶段工作的关键是选择合理预测方法，并建立相应的预测模型。

4. 评估预测结果

初步预测结果出来后，应判断其与预定的目标相比是否可行。如果预测结果不可行，就应该考虑是降低目标值，还是依据内部和外部影响因素调整预测方法或模型。

5. 执行

如果预测结果可行，就可以用于物流规划或制定需求计划而指导生产。

三、需求预测的主要方法

需求预测的方法有很多种(图 2-14)，可以通过精确的统计手段进行，也可以凭直觉或经验进行，至于何者为佳并无一定标准可循。但有一点需特别留意的，就是不要拘泥于某一种需求预测方法，而应视实际情况加以预测。

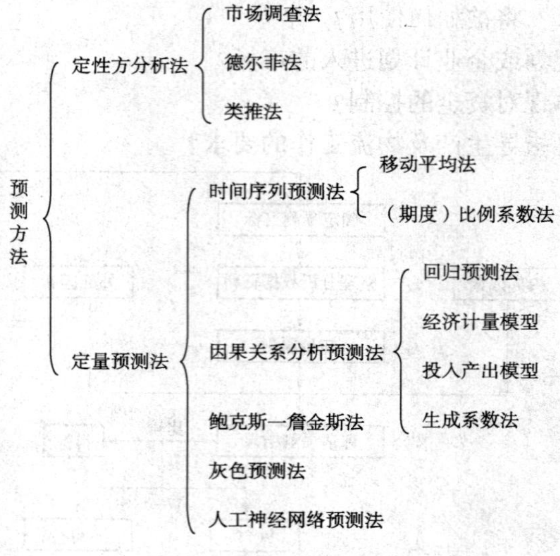

图2-14　主要预测方法图

思考与练习

一、名词解释

1. 物流战略规划
2. 供应链

二、简答题

1. 试析物流战略规划的基本框架。
2. 简述供应链的特征。
3. 如何权衡供应链战略规划中反应能力与盈利水平?
4. 试述供应链战略决策中功能要素构建的基本内容。
5. 如何确定最优顾客服务水平?

三、讨论题

1. 分析物流战略规划对企业发展的影响。
2. 试析供应链合作关系的价值。

第三章　物流系统分析与网络设计

引导案例　国美电器的物流系统

国美，一个在家电价格大战中脱颖而出的响亮的名字，仅仅用了13年的时间，就从街边一家小店发展成为今天在北京、天津、上海、成都、重庆、河北六地拥有超过40家大型家用电器专营连锁超市的大公司，从一个毫无名气、只经营电视机的小门脸，发展到如今专门经营进口与国产名优品牌的家用电器、计算机、通信产品及发烧音响器材，影响辐射全国的著名电器连锁企业。日益强大的国美也加快了奋进的脚步，提出了建立全国性最大家电连锁超市体系的发展目标。

从供应链的角度来看，国美的物流系统可分为三部分：采购、配送、销售，其中的核心环节是销售。正是在薄利多销、优质低价、引导消费、服务争先等经营理念的指引下，依托连锁经营搭建起来的庞大的销售网络，国美在全国家电产品销售中力拔头筹，把对手远远抛在身后。凭借较大份额的市场占有率，国美与生产厂家建立起良好的合作关系，创建了承诺经销这一新型供销模式，以大规模集团采购掌握了主动权，大大增强采购能力，能以较低的价格拿到满意的商品，反过来支撑了销售。而适应连锁超市需要的仓储与配送系统建设合理，管理严格，成为国美这一销售巨人永葆活力的血脉，使国美总能在市场上叱咤风云。正是因为国美供应链系统中，销售、采购、配送三大环节以合理的结构与定位相互促进，成就了国美电器今日的辉煌。

（来源：全国物流信息网，http://www.56888.net/news/201347/5983108368.html）

问题

1. 国美的物流系统模式的特点是什么？
2. 支持国美高速扩张的物流系统是如何运作的？

本章知识点

物流系统设计是使社会物流趋于合理的过程。

本章介绍了物流系统的构成与特征，物流系统设计要求与目标、程序与方法。

本章应重点掌握的内容：物流系统的七个子系统与五大特征；物流系统设计的五大要求与六大目标；物流系统设计的程序与方法。

第一节　物流系统的构成与特征

物流系统是物流运行与管理的依托和基础。对典型物流系统进行剖析，是了解物流系统的构成、演变与发展的重要手段，是认识各类物流系统特征的主要方法，也是物流系统开发理

论研究与系统设计的准备。

一、物流系统的构成

物流系统的边界范围十分广泛,它起于原材料生产、止于销售及顾客服务,是一个社会大系统。物流系统内部构成要素,除了一般意义上的人、财、物、能源、信息等基本要素外,还有反映物流各项功能的诸多特定组成部分(即子系统),按物流功能特征可以分为运输子系统、装卸搬运子系统、配送子系统、包装子系统、仓储子系统、流通加工子系统、物流信息子系统等。这些子系统相互关联、相互协作就能显示出最佳的物流功能体系。

1. 运输子系统

运输是物流业务的中心活动,是物流功能中最重要的一种功能,是物流系统的重要组成部分。同时,它又可以看作是一个相对独立的子系统。凡物质资料在流动的过程中都离不开运输或搬运。运输子系统的目标是安全、迅速、准确、方便、及时、低成本地运输物资。但是,运输的安全性、迅速性、准确性、方便性、及时性与经济性有一定相互制约关系。为做好运输子系统的设计首先要考虑物流过程中的运输网络。

所谓运输网络是指由运输线路和节点组成的体系。运输线路是由线路及辅助设施等固定设施和载运工具等移动设备连接节点的通道;而节点则是由仓库、货运站(场)、配送中心等组成的物流据点。

在构思运输系统时,应根据该系统实际担负的业务内容与范围、货运量的大小以及与其他各个子系统的协调关系进行规划。一般必须考虑以下几方面的因素:①运输方式的选择;②运输线路的确定;③运输工具的配备;④运输质量的提高;⑤运输作业的协同;⑥运输费用的节约;⑦运输计划的制定;⑧服务水平的提高;⑨服务项目的完善。

2. 配送子系统

配送是物品位移的一种形式,它与运输既有区别又有联系,通常认为,运输一般是指远距离、大批量、品种较单一,从生产厂家到批发商、商业企业或大型商店和用户的货物运输;而配送则是近距离、小批量、品种比较复杂,按用户需要搭配品种与数量的服务体系。配送子系统的目标是:安全并准确送达、优质服务和较低的配送费用。

配送子系统的构思,应根据其配送区域、服务对象、配送业务考虑下面问题:①配送中心的选址;②配送中心作业区的合理布置;③配送车辆的配置;④装卸机械的选用;⑤配送作业的流程;⑥优秀的配送服务;⑦降低配送费用。

3. 装卸搬运子系统

从物流过程分析,装卸搬运子系统是物流过程中的重要组成部分,在运输、仓储、配送过程中几乎都离不开装卸搬运。而装卸搬运系统的设计,又应根据其服务的对象、作业场所、使用设备及物流业务的多少,综合考虑其系统工艺、硬件与软件等设计的问题。装卸搬运子系统追求的目标是安全、省力、省时、低费用等。当装卸搬运子系统功能很强时,有可能改变货物运输组织的具体方式。装卸搬运子系统构思时应当重点考虑的因素有:①装卸搬运机械化程度的确定;②装卸搬运机械的选择;③装卸搬运辅助器具的配备;④装卸搬运作业的基本程序;⑤配合其他子系统协同作业的方式、方法;⑥装卸作业的安全性;⑦节约物流过程的费用等。

4. 包装子系统

包装分工业包装、商品包装以及在运输配送当中为保护商品所进行的拆包、再包装和包装加固等业务活动。包装子系统的设计目标是:保护物品、实现包装标准化、方便(运输、配送、仓储)作业、减少物流消耗和节约包装费用。

包装子系统的构思,要根据物流的类型,选择、设计不同的包装机械、包装技术和包装方法,并需要考虑这些因素:①包装机械的选择;②包装材料、技术的研究与选择;③包装方法的完善与改进;④包装标准化、系列化;⑤节约包装材料、降低包装费用;⑥提高包装质量;⑦方便装卸搬运;⑧方便用户使用等。

5. 仓储子系统

仓库是物流的中心环节之一,是物流网络中的节点,也是许多货运站、货运中转站中不可缺少的重要组成部分,在货物运输(配送)网络中也是一种典型的节点类型。仓库是物流活动不可缺少的基地。仓储子系统的设计目标是,确保物流安全和生产销售需要、减少物流费用,对仓储子系统的设计应当考虑的主要因素有:①仓库的选址及建设结构;②仓库与运输车辆、装卸搬运机械的最佳配合;③最大限度地利用仓库容积;④仓储物流的安全性,如防火、防水、防盗等;⑤仓储作业的机械化、电子化、自动化水平;⑥仓储作业的工艺程序;⑦库存控制体系,如何防止缺货与积压;⑧降低仓储费用;⑨方便进行相关的其他延伸服务等。

6. 流通加工子系统

所谓流通加工主要是指在物流过程中为了方便销售、组织合理运输、提高物流效率而对物料、产品进行的加工作业。例如将大包装加工为精包装、成组物品的组合包装等作业,以及在生产过程的一些外延加工,如对钢材、木材进行的剪断、锯截等作业,货物在运输前的加工处理等。流通加工的主要目标是:方便销售、方便运输和节约运输能力,提高物流效率、提高物流服务质量。

流通加工系统可依据加工物品、销售对象和运输作业的要求,考虑以下几方面的问题:①加工场所的选择与加工过程的安全性;②加工机械的配置;③加工的技术、方法;④加工作业规程;⑤加工质量保障体系;⑥加工物料、产品的销售渠道与销售市场情况;⑦降低加工费用。

7. 物流信息子系统

物流信息贯穿于物流系统内外及各个子系统业务活动的全部过程之中,是沟通各个子系统的脉络和神经,是物流各项业务活动系统化的最重要的支持。物流信息子系统的目标是将运输、配送、装卸搬运、包装、仓储、流通加工等各项物流功能联为一个整体、协同作业,以提高物流系统的运行效率、经济效益和服务质量。

物流信息子系统应该建立在现代电子信息技术的基础上,其中,以电子数据交换(EDI)技术为基础,建立并广泛应用计算机在线经营管理系统的核心内容,该系统应有若干分支功能系统,并能与社会经济环境中的信息系统联网或协同作业。

二、物流系统的特征

物流系统是经济系统中一个重要的人工系统。物流系统同样具有一般人工系统的基本特征,诸如,集成性、目的性、相关性、层次性和环境适应性等。

1. 集成性

物流系统是由人和形成劳动手段的设备、工具所组成,它表现为物流劳动者运用运输设备、装卸搬运机械、仓库、港口、车站等设施,作用于物资的一系列生产活动。在这一系列的物流活动中,一系列物流功能构成的子系统经过集成达到物流系统的整体最优化。因此,物流系统设计实质上是一个物流功能集成的过程。

2. 目的性

物流系统作为社会经济系统的一个重要组成部分,其目的是使物流过程合理化,并将企业生产出来的产品按时、按质、按量、配套齐全、完好无损地迅速运达到消费者手中,实现其空间和时间效益。它是保证社会再生产顺利进行的各种物流机能的总和,各项物流活动都有较强的目的性。

3. 相关性

物流系统中各部分的功能是相互关联的、需要通过各相关部门的协作取得协同效果。作为人工系统,需要专业化提高单项作业效率,也需要协作提高系统综合效果。所以,在规划物流系统时,既要考虑物流系统运行客观方面的因素,又要考虑物流系统运行主观方面的因素。

4. 层次性

物流系统可以形成多层系统结构,加深物流系统层次性的认识,可以提高物流系统的设计水平、运行效率、运行质量、运行动力、调控能力和水平,可以把物流系统的形成看成物流系统化、物流合理化的演变、成长和发展过程,可以从货主企业物流系统、企业集团物流系统、行业物流系统、区域物流系统,乃至全国到国际物流系统的角度,研究物流系统生存、演变和发展。

5. 环境适应性

凡处于研究对象的物流系统之外的各层外部因素及关系,均可看成与物流系统有相互作用、相互依存关系的外界环境。所形成的物流系统只有适应外界环境的条件,才能生存、运作和发展。因而,一方面,社会经济的发展需要是物流系统形成与发展的一项重要制约因素,另一方面,国家政府的方针政策、经济管理职能对物流系统的形成、运作与发展,也起着至关重要的作用。

以上五项基本特征,是认识和发展物流系统所必须考虑的系统思想及分析方法应用的出发点。

三、物流系统的模式

从不同的角度出发,可把物流系统划分为不同的模式,主要包括以下两种模式:

1. 投入—转换—产出模式

从物理意义上可以将物流过程的每一环节都看作是一个投入—转换—产出系统,这种模式是物流系统的基本模式。每一环节都要从外界环境吸收一定的能量、资源(人、财、物),并以输入形式投入,经过转换处理。直接或间接地提供一定的产品或服务,再以输出的形式向外界提供服务,满足社会的某种需求。如在生产领域里,物流过程实际上是一个不断投入原材料、机器设备、劳动力,经过加工处理,产出满足社会需要产品的系统。在流通领域里,物流过程可以看成是一个投入产品、运输工具、设施、人员,将产品经流通提供给消费者的过程体系。因此,物流系统是一个从环境中不断输入要素,经过转换处理,不断输出产品或服务的循环过

程，这就是物流系统的投入—转换—产出模式，如图3-1所示。

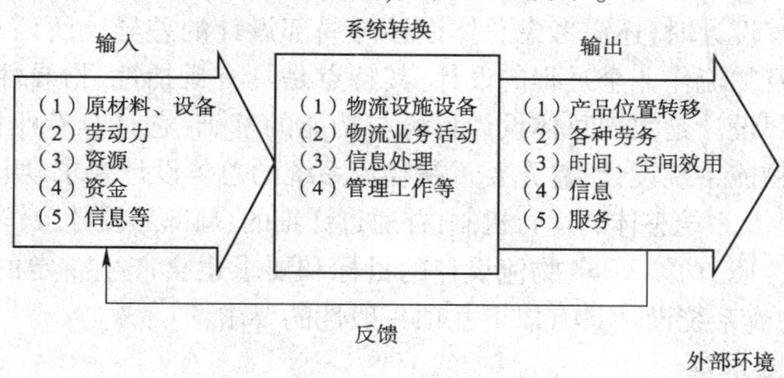

图3-1　物流系统投入—转换—产出模式

2. 网络模式

网络模式认为物流活动都是在一定的物流设施基础上进行的，物流系统的运行需要各种运输线路、港站码头、仓储设施等。物流转移过程是物资实体通过这些物流设施从供应者经过若干节点及连线到达需求者的过程。物流的网络系统就是这些转移路线的集合。对于一个企业物流系统来说也是一样，企业的储存点、加工点、车间、仓库等储存停放设施构成节点，这些节点之间的运输通道则是网络连线，它们构成企业物流网络系统。因此，也可以说物流网络就是物流系统的具体存在形式和基础。

一个物流系统的状况可以用以下物流网络的参数进行描述。

（1）物流网络节点的数目、节点之间的连线关系及连线的长度；

（2）物流网络节点的储存能力、连线的通过能力（如运输线路的货物运输能力）；

（3）物流网络上所进行的物流活动的参数：物质实体的品种、数量、所处的状态等。如某一时刻各节点的库存量和储存时间以及某一时期内物质实体的流入流出量（物流量）、储存周转期和运输周转量等。

网络中作为节点的供应者和需求者之间的供求关系，是物流系统周转的动力。物流活动就是在这个网络上进行的周而复始的物质实体的动态周转过程。

第二节　物流系统设计要求与目标

物流系统化是将一定范围的物流视为一个大系统，运用系统学原理进行整体规划设计、组织实施和协调控制，从而使物流系统以优质的服务水平、最低的物流总成本，实现社会物流合理化。由于物流概念从本质上体现了物流从最初供应者到最终用户间运送的物流链管理，其涉及面广、影响因素多，系统设计工作具有很大难度。

一、系统设计的特点与要求

物流系统设计工作包括组织设计和技术设计两大部分，其中，组织设计是系统设计中的软件设计部分，是指规划物流系统的总体目标、组织结构、经营机制等过程；技术设计是物流系统的硬件设计部分，如物流基础设施（仓库、货运站等）、承运设备（载运工具、配送车辆、装卸设备等）、承载器具（托盘系列、集装箱系列等）的设计，以及专用工具及设备的设计。物流系统组织设计的每一项目标、功能和作业环节,都必须通过系统技术设计来准确地保障其圆满完成。

在进行物流系统设计时,还需考虑总体设计与局部设计的差异。所谓总体设计是指物流系统总体框架设计及物流作业全过程的设计,其特点是具有概括性、指导性、全局性并注重可行性。物流系统局部设计是实现总体设计目标与功能的基础,它具有专业性、局部性、具体性和可操作性。进行物流系统设计,首先要重视物流系统的总体设计要求,明确物流系统的总目标、总体结构、总功能及系统整体的运行机制,并通过详细的、局部的设计工作达到预期的目的。

因对象、范围、性质、功能不同,物流设计的目标和要求也会产生一定的差异,但从物流系统本质特征分析,物流系统设计具有以下几项一般性的要求:

1. 服务达到优质水准

物流系统的运行要充分体现用户至上的经营观念。物流服务不仅体现在人员素质上,例如,专业知识、工作态度、工作作风、业务水平等方面,更重要的是要有相应的物流组织、物流技术作强有力的后盾支持。

2. 战略实现协同效益

物流系统设计过程也是经营主体的战略实现过程。因而,既要体现专业化物流作业的优势,又要反映物流业务协同作业的效率和效益,在物流系统设计中尤其要注重物流经营战略的运行机制设计。

3. 对外形成网络体系

物流系统设计必须注重发展对外协作关系,形成物流网络体系。只有形成物流网络体系并提高网络化经营效率,才能真正实现物流系统的效率和效益。

4. 整体实现链式管理

物流系统应形成自供应者到最终用户间移动的控制功能,实现动态的供应链管理。因而,控制机构与控制能力的设计水平直接关系到物流系统的决策智能化及运作效率和效能。

5. 物流标准化

物流连续运行的实质在于物流的标准化及实现水平。只有作好物流标准化工作,才能使物流在高效率、低成本的运行中实现不同运输方式、不同物流功能、不同经营主体间的顺利衔接。

二、系统设计的准备工作

进行物流系统设计之前,应做好可行性研究和其他准备工作。物流系统设计的准备工作主要包括以下几方面内容:

(1)分析物流的种类、性质、质量、体积及流向分布,分析不同季节、月份(周、日、时)的物流业务量及波动规律,并掌握有关数据资料;

(2)分析物流的流向构成、业务规模、功能要求、服务价格等因素,并掌握相关的数据资料;

(3)分析物流系统的服务项目、服务方式、服务水平,以及实现物流系统目标的程度,掌握物流的连贯性、准时性及与成本费用相关等方面的资料;

(4)审查物流系统中的物流工艺、作业方式、运作效率,物流各环节、各工艺间的衔接方式与方法,并掌握有关方面的数据资料;

(5)核查物流系统中已有的资源要素与尚缺的资源要素,掌握可能的资源要素数量及来源等有关的数据资料;

(6)收集整理与物流系统技术设计有关的各类数据资料。

三、物流系统设计的目标

物流是指从产品采购到销售并送达顾客手中这样一个范围很广的系统。因此,物流系统设计的目标就是要把其中的各个环节联系起来看成一个整体进行设计和管理,以最佳的结构和最好的配合,充分发挥其系统功能和效率,实现整体物流合理化。物流系统设计所要达到的具体目标主要有以下几个方面:

1. 运作合理化

由于物流系统中存在多种制约关系,如:物流服务和物流成本间的制约关系。要提高物流系统的服务水平,物流成本往往也要增加,如要提高供货率即降低缺货率必须要增加库存和保管费;构成物流服务子系统功能之间的约束关系。如搬运能力很强,但运输力量不足,会产生设备和人力的浪费,反之如搬运环节薄弱,不能及时卸货,也会带来巨大的损失;构成物流成本的各环节费用之间的此消彼长关系。如要减少库存,减少仓储费用而采取小批量订货策略,使运输次数增加从而增加了运输费用;各子系统的功能和所耗费用的关系,系统功能的增加,使购置软、硬件的费用同时增加。这些相互制约的关系就是二律悖反原理的反映。所以在设计物流系统时就要考虑到物流系统运作的合理性,使得物流过程中各系统、各要素之间的优化组合、协调运行,取得最佳经济效益。即在一定的条件下,系统设计的运行速度最快,劳动耗费最省,流量最多,流质最好,服务最优,效力和效果最佳。

2. 控制集中化

所谓物流控制集中化不是简单地指集中控制,而是经营主体对其所受理的物流业务实现全过程物流链管理,无论经营主体直接负责或委托他人(代理者)完成物流部分业务或全过程业务,作为经营主体都必须了解、掌握并能控制物流即时状态和未来运作情况。解决物流控制集中化问题是实现物流合理化的核心问题。

物流控制集中化既能体现集中控制的优点,又吸收了分散控制的优点。因为,在统一物流系统中接洽用户业务的绝不仅是同一个经营主体。这样各经营主体就可以在控制集中化的基础上,运用技术、组织、经济等经济性手段达到物流系统的目标,并在宏观上形成一个动态的物流网络化经营调控体系,即在分散的经营主体各自的控制集中化之前提下,实现了物流网络体系的协调运行。

3. 物流托盘化

物流托盘化是物流集装化的一种重要形式,它是实现货物装卸、储存等作业的机械化、连贯化的基本和必要前提。我国的物流托盘化仍然是一个十分薄弱的环节。在物流系统设计中主要解决的是托盘标准化、系列化以及托盘经营的流通问题,其中托盘标准化是首要问题。我国的物流托盘标准化起步晚,宜直接以国际标准作为规范的依据比较适当。

物流系统设计时应根据物流服务项目、服务水准和物流效率的需要,在平托盘尺寸标准化的基础上发展箱式托盘、笼式托盘系列,从而能够使仪器、食糖、食盐、粮食、件杂货等,均能依托托盘系列将散罐装货物、外形不规则货物的各项作业连贯起来运行。与此对应,还需研制相关的装卸设备、装置和包装材料等方面的内容。

托盘经营方式合理与否是提高托盘流通性的关键因素。托盘标准化、系列化是提高托盘流动性的基础,而托盘流通性好是发展托盘化物流的基本前提。只有切实做好托盘租赁、交换、交流等的设计,才能实现托盘装卸、托盘搬运、托盘储存、托盘运输、托盘配送、托盘销售等托盘化物流活动顺畅运行。

4. 技术现代化

加速物流技术现代化进程不仅体现在运输工具、装卸搬运设备、承载器具、分拣传输装置等方面,更重要的是提高现代电子信息技术在物流系统中对物流实现从供应者到最终使用(消费)者之间物流链管理的技术含量,重点应体现在物流中心和运输工具的控制系统之中。

物流中心在社会物流系统中应当有效地履行货物集散中心、物流信息中心和物流控制中心的职能。物流控制中心是基于货物集散中心、物流信息中心基础之上的高层次决策调度智能层,能够使社会物流过程的各个环节衔接起来,形成链式动态管理的社会物流网络体系。全球移动通信系统、全球定位系统(GPS)、电子数据交换系统(EDI)以及正在发展中的多媒体传输技术、智能运输系统和已广泛应用于物流领域中的固定通信技术、计算机技术等有效地结合起来,可以大大改善社会物流控制能力,达到预期的物流质量控制、物流过程控制和物流总成本控制的多元目标要求。

5. 机制协同化

根据我国物流体制与物流发展现状分析,加速物流技术现代化的进程不必完全建立在资金投入的基础上,租用技术设备、运用公用设施、校企研联合开发,以及采用联合经营、股份合作、兼并合并等方式进行相关资源的社会配置也是有效的途径。

物流系统在其组织机制上实现专业化运作和协同化经营,这是社会物流服务质量及过程控制的基本特征所决定的。因此,在建立物流系统的机制时,应充分利用企业战略管理理论与实践的成果。在物流各项功能的实现过程中要注重企业的总体发展战略;在物流经营主体间要重视协同化经营效果,作好物流代理业务,从而能以物流网络体系为基础进一步降低物流总费用,完善物流系统的功能体系。

在维护物流系统整体利益的前提下,应当鼓励物流企业(集团)以战略管理的方式,建立物流系统内部各个企业、各个经营单位之间协同化经营的工作标准,用战略经营制度等标准规范各成员单位的经营行为,可以大大提高物流系统的整体效益。

6. 资源市场化

物流系统是一种二次系统。在工业、农业、商业、建筑业等系统的形成过程中,已构成一定的物流能力要素,而在社会物流系统设计中,需要从新的角度对有关物流要素进行再次系统化。在两次系统化过程中必然既存在共同的联系,也存在一些矛盾。市场经济体制提供了运用市场机制进行社会物流资源优化配置的外界环境、内在动力和实现方式。因此,物流系统设计应运用市场机制将我国运输部门、通信部门、物资部门、商业部门和其他产业部门及相关经营者中分别积累的物流基础设施、电子通信设施、移动设备、控制设施等硬软件要素与潜力优势充分发掘并加以协调重组,就会形成社会物流系统资源配置的巨大协同效益。

四、物流系统设计要素

物流系统是多种不同功能要素的集合。各个要素相互联系、相互作用,形成众多的功能模块和各级子系统,使整个系统呈现多层次结构,体现出固有的系统特征。对物流系统进行要素

分析,可以了解物流系统各部分的内在联系,把握物流系统行为的内在规律性。所以,不论从系统的外部或者内部,设计新系统或是改造现有系统,了解系统要素都是非常重要的。

在进行物流系统设计过程中,需要使用以下几方面的基本数据:

(1)所研究商品的品种、品目及特殊的配送需求等;

(2)商品数量的多少以及年度销售目标的规模和价格;

(3)商品的流向以及各配送中心的销售量等;

(4)服务水平、产品的配送速度和商品质量等;

(5)时间及不同的季度、月、周、日、时各种产品的销售量的波动和特点等;

(6)物流成本。

以上六点称为物流系统设计有关基本数据的六个要素。这些数据是物流系统设计中必须具备的。

案例3-1　Nike的企业物流体系

Nike,20世纪70年代初期创建,在短短的10年内便一跃成为美国最大的鞋业公司,建立起拥有自己品牌的运动商品王国。Nike公司的总部设于美国俄勒冈,下设美国本部,欧洲事务部,亚太地区事务部,美洲事务部。Nike公司非常注重其物流系统的建设,跟踪国际先进的物流技术的发展,及时对其系统进行升级,可以说其物流系统是一个国际领先的、高效的货物配送系统。

1. Nike各地物流体系

(1)美洲。Nike在美国有三个配送中心,其中在孟菲斯有两个。1980年开始启用最新的仓库管理技术,包括仓库管理系统的升级和一套新的物料传送处理设备,以增加吞吐能力和库存控制能力。同时,还尽力从自动化中获取效益而不会产生废弃物。中心还采用了实时的仓库管理系统,并使用手持式和车载式无线数据交换器,使得无纸化分拣作业成为可能。设备的升级赢得了分配效率、吞吐能力、弹性力3项桂冠。并且,这套系统能非常容易地处理任何尺寸和形状的货物。随着效率的提高,全部生产力从每工作小时40~45装运单位提高到了每工作小时73装运单位,订单精确率也提高到了99.8%。

随着在加拿大的销售量日益增加,Nike公司与德勤咨询公司在分析数据的基础上制订了一整套方案,确定在短期内先增加一个租位单元,用现有的设备来应对销售量的增加。从长期来看,Nike公司制订了更新全部设备的计划,计划采用更有效的物料处理系统和仓库管理系统。

(2)欧洲。Nike原有20多个仓库,分别位于20多个国家。这些仓库之间是相互独立的,这使得Nike的客户服务无法做到非常细致。另外,各国家的仓库只为本国的消费进行准备,也使得其供货灵活大打折扣。经过成本分析,Nike决定关闭其所有的仓库,只在比利时的Meerhout建造一个配送中心,负责在整个欧洲和中东的配送供给。该中心于1994年开始运营,配送中心有着一流的物流设施、物流软件及RF数据通讯,从而使其能将其产品迅速地运往欧洲各地。

(3)亚洲。Nike巩固在日本的配送基础,设计了世界上最先进高密度的配送中心,这种设施可以满足未来七年销售量增长的需要。由于日本地价高,他们计划建造高密度的配送中心,这样更适合采取先进的配送中心系统。同时也巩固了韩国的配送中心,以支持其在国内的市场。Nike在中国运输方式主要是公路运输,在中国境内生产的产品委托第三方物流公司以公路货运的方式运往设在中国主要城市的Nike公司办事处的仓库。各个代理公司自备车辆,到Nike公司当地的办事处仓库提货,运往自己的仓库,再运往代理公司的各个店铺。

2. 在UPS支持下开展电子商务

在2000年初,Nike开始在其电子商务网站www. nike. com上进行直接到消费者的产品销售,并且扩展了提供产品详细信息和店铺位置的功能,这部分销售的物流业务,由UPS环球物流给予实现。UPS环球物流除及时送货外,还附加进行存货管理、回程管理和一个客户呼叫中心的管理。消费者在呼叫Nike客户服务中心的时候,实际上是在同UPS电话中心的职员通话,这些职员将这些订单以电子数据方式转移到UPS的配送中心,配送中心存储了大量的Nike鞋及其他体育用品,每隔一个小时完成一批订货,并将这些Nike用品装上卡车运到航空枢纽。这样,Nike公司不仅节省下了人员开支,而且加速了资金周转。

3. 成本下降得益于良好的物流体系建设

通过良好的物流体系建设,Nike实现了成本大幅下降。根据Nike的财政报告,2006年公司总收入有所下降,但净收入却得到明显增长,毛利润占总收入的比例由2005年度的36.5%上升到2006年度的37.4%。

Nike在改善产品购买模式上进行了大量工作,同时处理了大批存货,减少存货量并优化了存货水平及其构成,这是取得上述年度效益的促进因素之一。

成本控制中的另一项是缩减日本配送中心。Nike公司正在日本建立一个配送中心。由于亚太地区经济不景气及其对Nike在日本销售业务的影响,存货和产品流量大大低于最初的计划。因此,Nike公司重新设计了配送中心,以适应新的预计存货的产品流量。在2006年度所节约的6010万美元的费用中,包装费用减少2800万美元,仓库配送策略的转变削减费用2020万美元。

在2006年度费用支出中,一项重要的开支是对美国一家配送中心的某些设备进行清理的费用及软件的开发成本,这是为了使产品渠道顺畅、实现特殊商业形式的战略部署,它构成了此年度费用的第二大部分。

美国公司的部分费用用于扩展仓库和零售店,以及用于系统基础设施的持续投资。其中约1.44亿美元的额外费用用于仓库和零售网点扩张。

由于成本控制和库存管理所带来的效益,Nike打算在今后几年里每年继续削减约3600万美元费用,这些费用包括裁减员工、降低包装费用、减少租赁费及清理没有用处的设备。

(来源:申纲领主编. 物流案例与实训. 北京:北京大学出版社. 2014. 6.)

思考题:

1. Nike的物流体系建设的特点有哪些?
2. Nike的物流体系建设成功的原因是什么?

第三节　物流系统设计程序与方法

一、物流系统设计程序

系统设计是利用科学的理论和方法，从系统整体最优出发，对系统进行定性和定量的分析，并确定系统的目标、功能、环境、费用和效益等一系列问题，抓住系统中需要决策的若干关键问题，根据其性质和要求，在充分调查研究和掌握可靠信息资料的基础上，确定系统目标，提出为实现目标的若干可行方案，通过模型进行仿真试验、优化分析和综合评价，最后整理出完整、正确、可行的综合资料，从而为决策提供充分依据。

任何问题的研究与分析都有其一定逻辑推理步骤，物流系统设计的步骤也符合逻辑推理的一般步骤(图3-2)。

1. 明确目标、系统分析

当一个研究分析的物流系统确定以后，首先要将问题做系统化与合乎逻辑的叙述，其目的在于确定目标，说明问题的重点与范围，以便进行分析研究。物流系统分析的运用范围很大，它研究的主要问题是如何使物流系统的整体效益达到最优化。

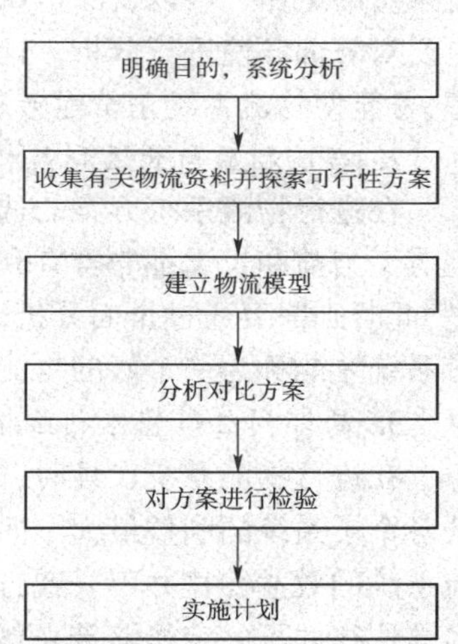

图3-2　物流系统设计的一般程序

2. 收集有关物流资料并探索可行性方案

设计目标明确之后，就要拟定大纲和确定系统设计方法，然后依据已经搜集的有关资料找出其中的相互关系，寻求解决问题的各种可行方案。

3. 建立物流模型

在系统设计过程中，应建立物流系统的各种模型，利用模型预测每一种方案可能产生的结果，并根据其结果定量说明各方案的优劣与价值。模型的功能在于组织我们的需求，及时获得解决实际问题所需要的指示或者线索。模型只是显示过程的近似描述，如果它说明了所研究的物流系统的主要特征就可以算作是一个满意的模型。

4. 分析对比各种物流可行性方案，进行综合评价

利用模型和其他资料所获得的结果，将各个方案进行定量和定性的综合分析，显示出每一项方案的利弊得失和成本效益。同时考虑到各种有关的无形因素，如政治、经济、军事和理论等，将所有因素加以合并考虑研究，获得综合结论。

5. 对方案进行检验与核实

由决策者根据更全面的实际要求，以试验、抽样及试运行等方法鉴定所得结论，提出应该采取的最佳方案。

6. 实施设计方案

根据分析的结果，按照选定的方案对物流系统进行具体实施。如果实施过程比较顺利或者遇到的困难不大，则只要对方案略作修改和完善即可确定下来。如果问题较多，则需要重复

以上几个步骤不断修改完善。

二、物流系统的设计原则

一个物流系统是由许多要素所组成,各要素之间通常是相互影响、相互作用。它既受外部环境的影响,也受内部因素的制约。物流系统受外界环境的影响尤其大,因此,在进行物流系统分析时应该遵循以下原则:

1. 系统内部因素与外部环境条件相结合的原则

物流系统不是一个孤立的系统,它是一个与社会环境紧密相连的、开放性的系统,其中尤以物流系统与社会环境的关系最为密切。它受到外部社会的、经济的、政策的以及科学技术等一系列要素的影响,并主要受产品供应状况、需求情况、社会经济状况和网络发展状况的制约。而物流系统内部,装卸、运输、仓储、信息处理、管理制度与管理组织等各个方面也都影响着物流系统的运作。所以,在进行物流系统设计时,不仅要注意物流系统内部各环节的协调发展,更要对外部环境进行分析。这样,将系统内、外部的各种关联因素结合起来,综合分析,统一考虑,才能使物流系统正常运转。

2. 当前利益与长远利益相结合的原则

在进行物流系统方案的选择时,既要考虑当前利益,又要考虑长远利益。如果所采用的方案对于当前和长远都非常有利,这样当然最为理想。但是如果方案对当前不利,而对于长远有利,此时则需要通过全面分析论证后再做结论。一般来说,只有兼顾当前利益和长远利益的物流系统才能称为一个好的物流系统。

3. 局部利益与整体利益相结合的原则

在进行物流系统设计时,最理想的状态是既可以保证物流系统的整体利益最大,也可以保证各个子系统的利益最大。但是我们常常会发现,物流系统各个子系统的局部效益与整个物流系统的效益往往并不一致,这主要是因为各个物流环节是相互影响和相互制约的。个体的最佳往往并不一定能够带来整体的最优化。系统分析的准则是整体利益最大,在这一前提下,尽管某一子系统未获得最大利益,只要方案的整体效益最优,这种方案仍然是可取的。

4. 定量分析与定性分析相结合的原则

物流系统设计不仅要进行定量分析,也需要进行定性分析。物流系统分析总是遵循着“定性—定量—定性”这样一个循环往复的过程。不了解物流系统各个方面的性质,就不可能建立起探讨物流系统定量关系的数学模型,同样通过数学模型得出的结果也需要重新用于物流系统设计的过程中。另外,在物流活动中有一些问题可以数量化,如运输能力、仓储水平和物流成本等,另一些却做不到数量化,如物流政策和制度等。所以,只有将定性和定量两者结合起来综合分析,才能达到物流系统整体优化的目的。

三、物流系统设计方法

为了实现系统开发、计划、设计和应用,需要定量或者定性地分析和掌握系统的功能和特性。在物流研究中,定量的系统分析和系统综合已经受到人们更多的重视,模型是开展这项工作的有效工具,也是开展这项工作的前提和基础。

物流系统建模的方法主要有:

1. 优化方法

优化方法是运用线性规划、整数规划和非线性规划等数学规划技术来描述物流系统的数量关系，以便求得最优决策。由于物流系统庞大而复杂，建立整个系统的优化模型一般比较困难，而且用计算机求解大型优化问题的时间和费用开销过大，因此，优化模型常用于物流系统的局部优化，并结合其他方法求得物流系统的次优解。

2. 模拟方法

模拟方法是利用数学公式、逻辑表达式、图表和坐标等抽象概念来表示实际物流系统的内部状态和输入输出关系，以便通过计算机对模型进行试验，通过试验取得改善物流系统或设计新的物流系统所需要的信息。虽然模拟方法在模拟构造、程序调试、数据整理等方面的工作量很大，但由于物流系统结构复杂，不确定情形多。所以，模拟方法仍以其描述和求解问题的能力优势成为物流建模的主要方法。

3. 启发式方法

启发式方法是针对优化方法的不足，运用一些经验法则来降低优化模型的数学精确程度，并通过模仿人的跟踪校正过程求取物流系统的满意解。启发式方法能同时满足详细描述问题和求解的需要，比优化方法更为实用。其缺点是难以知道什么时候好的启发式解已经被求得。因此，只有当优化方法和模拟方法不必要或不实用时，才使用启发式方法。

一个物流决策课题通常会有多种建模方法，同时一种建模方法也可用于多个物流决策课题。

对于采用各种方法所建立的模型还有以下要求：

第一，保持足够的精度。模型应该反映物流系统中本质的因素，去掉那些非本质的因素，但又不能影响模型反映现实的真实程度。

第二，简单实用。模型既要精确，又要力求简单。如果模型过于复杂，不仅难以推广，而且求解费用高。

第三，尽量借鉴标准形式。在模拟某些实际对象时，如有可能，应该尽量借鉴一些标准形式的模型，这样可以利用现有的数学方法或者其他方法解决问题。

四、物流系统设计应注意的问题

物流系统的设计必须集思广益，提出尽可能多的可供选择的方案。在设计过程中，应该注意以下问题：

1. 尽量准确地收集物流系统的原始数据

这是规划设计物流系统的依据，也是物流系统今后能否满足实际需要的关键。需要收集的数据主要有以下几类：

(1)货物特性。包括货物的储存方法、尺寸、形状、重量、是否耐压、耐冲击、对环境温度和湿度的要求、储存期长短对于货物质量的影响、货物本身对于环境的影响、在搬运过程中是否需要密封、在搬运过程中是否需要消除可能产生的静电、各种货物之间有何影响以及是否可以储存在一起。

(2)货物流量。首先从整体角度掌握进入和流出物流系统的总货物流量，包括最大值、最小值、平均值以及概率分布。其次调查流程中各环节的输入输出量以及频率，并分析预测以后的发展规划,估计可能达到的最大的物流流量。

(3)环境条件。主要指物流系统的输入输出接口条件,包括接口的设备、场地等条件;例如物流系统输入端和输出端的运输工具是汽车、火车、轮船还是其他运输设备。

(4)经济数据。如劳务费用、维护费用、设备费用、建筑费用、土地费用、运输费用、贷款利息、投资限额以及最小收益等。

(5)货物搬运设备的数据。包括现有的可供选择的各种搬运设备的能力、技术性能、使用寿命和售价等数据。

2. 明确方案中的可控因素和不可控因素

物流系统的任何方案都要满足一定的条件,以达到规定的目标。方案中必然有设计人员无法左右的各种前提条件,即不可控因素。例如,对于仓库的物流而言,出入库频率和出入库数量是必须满足的一个要求,基本上是规划设计人员不能更改的。但是,方案中也必然有一些可以由规划设计人员在一定范围内选取的变量。例如,仓库收发货站台的位置和数量、搬运设备的载重量和作用速度以及物流系统的运行政策(先入先出或者先入后出、就近入库或者就近出库等)都是可控因素,明确了所有可控因素和不可控因素,就能明确如何去影响系统的性能,达到所追求的目标。

物流系统的设计就是通过调整可控因素,观察系统性能的变化趋势,从而选择可控因素的最佳匹配,达到系统的最佳效果。

物流系统的功能除了受可控因素的影响外,还与不可控因素有密切的关系。通常,不可控因素不是非常确定的,例如,企业商品销售量的多少以及货物到货日期和数量等都是一些假设。当然这些假设必须具备一定的依据,或者是历史资料,或者是商务合同。在这些假设基础上,规划设计的物流系统通常可以满足实际需要。但是,如果对这些假设没有十分把握,则可以通过不可控因素来考察物流系统的敏感性。如果发现物流系统对不可控因素非常敏感,即物流系统功能表现出较大波动,那就需要十分慎重地确定这些不可控因素,或者在系统设计中留有充分的余地,以免建成以后的物流系统不能满足实际需要。

案例 3-2　蒙牛物流供应链系统优化设计

蒙牛早早地发力于从原料奶、生产、仓库到分销商的供应链系统,从而能够高效地为市场提供产品。1999 年成立的内蒙古蒙牛乳业(集团)股份有限公司,创办伊始,采用“先建市场,后建工厂”策略迅速开创局面,并以举国瞩目的“蒙牛速度”走完“品牌最后一公里”。

1. 扩张式奶源管理

依据“得奶源者得天下”竞争法则,在上游资源奶源的争夺上,蒙牛作为先行者之一,已经奠定令众多竞争者垂涎的优势。目前,蒙牛奶源供应模式有三种,“公司 + 农户”传统模式、“公司 + 规模牧场”探索模式、“公司 + OEM 供应商”创新模式。

“公司 + 农户”传统模式。技术缺乏是制约奶业产业化发展的关键性因素,其表现之一以小规模生产、分散农户饲养为主,生产方式不能适应奶业产业化的要求。蒙牛的“公司 + 农户”模式采用“分散饲养 + 集中挤奶 + 统一加工”流程,“农户”的“分散饲养”,使每头牛都得到精心照料;“奶站”的“集中挤奶”,把过去的“收奶”变成了“收牛”,“公司”通过控制奶站而间接控制了整个奶源。值得一提的是,蒙牛的500多个奶站都是由民间资本投资完成的,蒙牛通过与奶农签订奶源订单合同,结成“利益共享、风险共担”经济共同体。

“公司+规模牧场”探索模式。此模式能够从严格意义上实现对奶源的全程监控,确保牛奶的完美品质。蒙牛现有澳亚示范牧场,近两年,又在马鞍山、尚志、张家口等全国十几个主要生产基地投资兴建了万头规模的现代奶牛养殖牧场。蒙牛澳亚示范牧场由洋人来经营,为蒙牛养牛供奶。以往,中国与国外合作都是从“牛”字上做文章,导致买进来不少低产牛;蒙牛澳亚示范牧场则从“奶”字上做文章,交易的是奶,不是牛,从而改善了合作效益。同时,蒙牛在安徽马鞍山、黑龙江省尚志等各地建设的现代牧场,将成为蒙牛供应周边地区的主要奶源基地,从而避免对距内蒙古远的地方进行“长途奔袭”。

“公司+OEM供应商”创新模式。面对乳业资源分布不均且市场竞争激烈的形势,神速发展的蒙牛诀窍之一就是大肆购并地方企业,让当地企业贴牌生产。设在各地的OEM供应商只负责生产不负责销售,质量监督由蒙牛统管。这种扩张式的“生产车间”衍生模式,使得蒙牛短短8年内就建起几十个分厂,从1999年营销额4000万元人民币,跃至2006年底的年销售额21亿元人民币。OEM方式使蒙牛这个巧妇实现了“无米之炊”,现在,布局全国的蒙牛仍然离不开OEM方式。

2. 全程式库存管理

目前,蒙牛的主要产品有巴氏消毒奶、酸奶、液态奶、冰淇淋、灭菌奶和各种奶粉。上述产品中,巴氏奶和酸奶的货架期最短,必须保持快速的库存周转;相比之下,冰淇淋和奶粉保质期长,对库存周转的速度有所放宽。因此,在供应链运作中,需要严格监控不同种类产品的生命周期,防止过期产品流入市场。

在供应链始端,借助于立体仓库,精确控制产品生命周期。蒙牛早在2002年就开始悄悄使用立体库管理库存,10多座立体仓库已经纳入了蒙牛的仓储体系。并且,在太原、广州等地仍继续筹建立体仓库。最先进的一座要数位于集团总部的存储量达到3000多吨的自动化立体仓库。在立体仓库中,产品信息自动采集系统与生产系统联系起来,将产品信息直接传入仓储系统,由仓储系统控制分析完成相应的指令。基于立体仓库,能够从宏观上,比如总库存量,以及微观上,比如每一袋牛奶的生产日期,进行控制,从而保证了每一袋牛奶都不会成为过期出厂的漏网之鱼。而且,根据库存信息,还可以随时改变工厂的生产计划和终端的销售计划,实现销售终端和生产环节的配合。

在供应链末端管理库存。蒙牛销售终端包括大型超市、便利店,以及各种送奶公司,这些终端就像一个个山头,产品库存时间要受到严格的控制,既不能出现在某个销售终端断货,得不到补充影响销售额,也因为大批发货造成积压,从而使得库存过多,产品过期造成损失。货物积压对终端商而言,虽然一定程度上可以激发下线经销商的推销力度,但是,压力过大可能导致下线经销商低价抛货,不仅影响继续销售,还会在消费者心中留下不良印象。2007年6月北京奶业协会宣布《乳品企业自律北京宣言》,取消超高温灭菌乳等产品的捆绑、搭赠销售行为,更是佐证了终端乳制品存在过期的普遍现象。

3. 多样化配送网络管理

出身于内蒙古的蒙牛,原奶资源十分丰富,但远离消费市场,为实现"从奶头到嘴头,全部管道输送",蒙牛必须因地制宜,解决产品的远距离运输和市场投放等问题。

传统的分销模式。在短短几年高速发展的过程中,蒙牛的销售体系变得日益复杂。大卖场、商场超市、便利店等传统渠道组成了蒙牛的渠道主体,具体而言,有三种表现形式。第一种"公司直营+经销商配送"扁平平台式,该模式主要是华北区域各直辖市及省会城市,经销商演变为配送商,只负责配送,蒙牛通过增设二批,细分区域网络,提升终端服务功能。第二种"公司直营+社会力量配送"扁平网络式,该模式主要是在呼和浩特市,通过构建自有配送中心,并招募大量社会人员负责配送,形成密集性网络式。第三种"传统经销代理"金字塔垂直式,这种模式主要用于距离较远的偏远地方,如长江流域以南,客户经销区域较大,由于厂方人力、物力所限,无法进一步掌控市场。

电子商务式的直销模式。随着蒙牛的高速成长,除了传统的批发、零售之外,送奶到户的直销模式应运而生。这种模式主要实施在对牛奶的新鲜度和追求方便更加关注的一线城市,如北京、上海、广东等地。因此,电话订购和网上订购、送货上门成为一种极具竞争力的配送模式。蒙牛根据上海牛奶消费者购买习惯的变化,借助电子商务网以及家庭饮用水配送网建立了独特销售网络,使蒙牛在牛奶竞争处于高度垄断的上海市场中站住脚,并且市场份额不断扩大。

专卖店式的终端销售模式。在固守本土、精耕细作同时,蒙牛采用连锁加盟控制终端网络,进一步完善网络应对竞争对手挑战。连锁加盟专卖店的开设将集中在经济发达的大城市,通过建立垂直管理的连锁专卖系统,可以大大增强企业对市场和渠道的掌控能力,将深度分销体系直接做到消费者层面;同时可以补充渠道的市场空白,增加市场覆盖率。

4. 有所侧重式投资物流基础设施

作为一家采取"先市场、后生产"策略的企业,蒙牛把较大比例的资金投入到了市场扩展方面,因此,在物流基础设施方面的投入,非核心资源是尽可能采取外包策略,对核心资源则是自行投资。

有所为,掌握渠道信息,自行构建"跨企业协同管理平台"。奶制品保质期短将严峻考验蒙牛对供应链的掌控能力。蒙牛"跨企业协同管理平台"能够将销售终端的各种情况实时体现出来。除了订单和库存管理之外,这一分销管理平台还能够提供移动供应链解决方案,蒙牛业务员与导购员每天的一线市场信息都能实时汇总到平台上,最终是为了实现终端网点业务的动态管理。将蒙牛各种关联企业联合起来的"跨企业协同管理平台",帮蒙牛分解了渠道复杂化之后的管理压力,将之前集中在一个环节的数据采集和分析工作扩充到供应链所有环节;也帮助供应商通过自助平台随时查看蒙牛下给自己的订单并对订单做出及时响应。未来,这套系统还将与银行系统进行对接,实现蒙牛与供应商和分销商网上结算划款与内部管理系统一体化。

有所不为,减少低附加值业务,外包车辆运输资源。蒙牛有3000多个奶站,1000多辆运输车,10万平方米的员工宿舍,合计总价值达5亿多元人民币,全部是由社会投资完

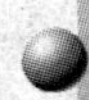

成。蒙牛通过只“打的”而不“买车”的方式，有效地整合了社会资源，把传统“体内循环”变作“体外循环”，把传统“企业办社会”变作“社会办企业”。

蒙牛物流供应链系统在以下环节还存在问题：

1. 乳制品供应链管理

蒙牛乳制品供应链系统的基本模型结构见图3-3。

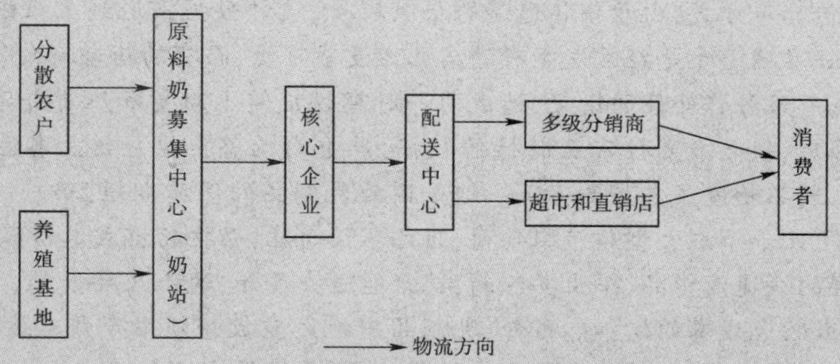

图3-3　蒙牛乳品供应链基本结构

长期以来，生产企业为了巩固品牌地位、抢占市场份额，竞争的焦点主要集中在奶源、价格、质量方面。但其中大企业从单体出发，强调的是对资源的占有甚至垄断，做法是依靠投资牧场或者与农户签约来控制源头。然而在企业与农户的合约中，农户属于弱势一方，原料奶的收购价格与数量绝对掌握在生产企业手中，生产企业将市场风险转嫁给上游农牧民，其中不乏在同一条供应链节点企业间的利润转移，这也是典型的中国式供应链存在的问题。这与国外（主要是美国）倡导的供应链概念有所差距，美国的供应链管理理论强调的是从源头到末端所涉及的所有企业的整体，供应链管理的核心是强调供应链中所有节点企业的合作与共享以及供应链各环节有效衔接。在源头，奶源本身也存在着不容忽视的问题。因大量的散户饲养导致饲养管理方式落后，饲养环境不合要求，饲料配比不符合科学饲养规定，疾病防疫、治疗体系不完善等问题的出现，这些都容易影响到原料奶质量。

从原料奶被挤出到运往加工工厂车间的每一个环节都不可避免地受到微生物的污染。微生物污染会降低原料奶的品质，从而影响到生产企业的产品质量。原料奶被挤出到运往加工工厂的这些环节几乎全都发生在奶站，所以奶站作为原料奶物流的中转环节，对质量有着很大的影响。奶牛受微生物的污染主要有三个途径：①来源于牛乳房内；②来源于牛乳房表面；③来源于挤奶和储藏设备。这些途径都与奶站有着密切的关系。

2. 乳制品供应链分销商管理库存

乳制品分销链中由分销商管理库存，每个分销商根据市场需求预测向上一级供应商订货，由于存在提前期，需要经过一段时间产品才能送到分销商手中；而为了有效满足顾客的需求，各个分销商不得不增加预测加大库存来应付，同时制造商为了缩短提前期也不得不增加库存来满足客户要求，这就产生了整条供应链上的需求放大效应。无论是分销商还是制造商，对于一个突然到来的订单只有通过增加库存和人员来满足客户需求。在需求旺季，核心企业、各级分销商采用压货的办法加大库存应付顾客的需求；在需求淡季，对于库存即将到期商品,核心企业采取降价促销、分销商采取甩货、蹿货的方法销售,不仅使乳制品供应链条成本增加,而且破坏了整个链条的正常运转。

3. 配送管理

一是乳制品物流信息传递手段落后。乳制品供应链的物流管理信息传递手段落后,产品流通时间拉长,难以快速满足消费者的需求。目前蒙牛分销链配送中需求信息的传递采用电话、传真等方式,由于销售通道的层级较多,统计数据报送到上级配送中心速度慢,且数据不够准确。于是经常发生有的店已经没货可卖,而有的店却有余货不得不在产品到期前回流厂家另作处理的情况,造成同一时期供应链上断货和压货并存的现象。信息传递手段落后、缺乏准确性和及时性的数据,严重影响整条供应链上各主体的正确决策。其次是乳制品物流成本居高不下。这是因为乳制品的保质期短,而每一个终端的要货都是小批量,比如个别大型超市零售商,自己不设仓库,而把物流成本转移给了供应商,对于牛奶这样的快速消费品,早上要5箱,就只能送去5箱,晚上又要5箱,只好再送去5箱,这必然造成物流成本的增加。另外,乳制品中绝大多数必须用冷藏车运输,冷藏车的成本肯定比一般卡车高,如果终端没有冷链条件,还要提供冷链系统。越是保鲜程度高的产品,物流成本越高。

为此,蒙牛需要从以下几个方面对其物流供应链系统进行完善和优化。

1. 加强乳制品供应链管理

一是要本着系统性、全局性、长远利益的原则加强供应链各环节有效衔接、加强合作。二是加强安全保障和追溯体系的健全和完善。奶源是供应链的起点,也是后续生产和销售环节的保障,同时,对牧民而言,生产企业也是其生存的依靠。两者之间是相互依存关系,按供应链管理的原理来讲,这两个环节之间的关系应该是平等互利的联盟关系,至少不能因为短期或者个体利益损害到另一方的利益。如果生产企业完全不承担风险,并将市场风险完全转移给上游源头,则危害巨大,长此以往供应链的稳定性就会降低,相应的质量不能保证、成本增高、效率也会降低,也就更谈不上有效衔接和长期发展。因此,处于供应链核心地位的生产企业应该与上游的牧民形成更紧密和稳固的关系,加强供应链间不同环节的协作性,这在整个供应链控制中显得十分重要。从安全角度讲,需要解决的问题是对源头质量的控制,政府应当加大对奶户的培训力度,通过请专家深入农户讲解、组织养殖户学习参观、分发科学养殖手册等方式对奶户进行科学养殖培训,从产前棚圈的建设、奶牛的购入、犊牛的生产到饲养技术、疫病预防、疾病的防治、新技术的推广进行系统培训,转变农户对原料奶的食品安全意识,提高原料奶质量。同时,针对奶站环节易对原料奶质量安全造成影响的问题,企业应加大奖惩力度,使奶站主动把控制原料奶质量作为自己工作的主要目标,奶站自身应加强经营者及管理、工作人员的原料奶食品安全意识,只有认识到其重要性,他们才会积极主动地控制原料奶质量,保障其安全。

2. 提高物流信息管理效率,消除需求放大效应

乳制品供应链的各参与主体可积极获得需求信息并实现需求信息的适度共享,提高物流的有效性和需求预测的准确性,降低库存水平和无效回流物流水平,采取有效的补货战略。乳制品供应链中的经销商、大卖场、超市、直销店以及有条件的分销商等需求方,在

销售产品中可运用条码技术进行单品的数据采集，需求方将采集到的数据汇总后通过EDI或INTERNET等传给相应的供应商和生产商，供应商和生产商将实时需求信息分析后做出预测，根据需求信息安排补货计划、生产计划、辅助生产和调度业务，消除需求放大效应，降低各级供应商的库存水平，提高对消费者需求的反映度。

3. 提高物流信息技术应用水平

利用现代信息技术和管理软件，开发利用获取的有价值信息，利用信息提高物流的效率。乳制品供应链的供应方利用供应链管理的相关软件对下游参与单元提供的实时数据分析，合理确定配送时间和配送数量，并对所提供的数据进行深度开发，以分析需求的变化规律，适时的对需求方的变化做出反应，满足顾客的需求。由于现代信息技术和管理软件的投资较大、使用及分析信息技术含量高，作为乳制品供应链中最大受益者的核心企业可加强这方面的投资，对收集到需求信息集中处理，或由第三方物流公司统一管理，为供应链上其他参与主体的预测、库存、营销等管理提供支持。采取供应商自营配送与第三方物流相结合的配送方式。随着乳制品销售市场的扩大和第三方物流的发展，乳制品供应链的配送中心附近、需求量大的配送可采取核心企业直接配送的方式，对供应链上的其他配送可采取与第三方物流公司合作共同配送的方式，运用这样的方式可以降低生产企业的物流成本。另外，还应注重供应链绿色配送，减少损耗。由于乳制品的生物性，对配送的环境都有一定的要求，乳制品供应链各参与主体可根据所经营产品的特性配套发展整条供应链物流中不中断的冷链化绿色配送，保证乳制品的质量，减少配送中的损耗，适应消费者对高质量乳制品的需求。

（来源：道客巴巴，http://www.doc88.com/p-3187596455944.html）

思考题：

1. 蒙牛现有物流系统中存在的问题有哪些？
2. 结合案例，分析蒙牛液态奶物流系统的规划问题。
3. 蒙牛乳制品供应链管理中存在的问题是什么？
4. 针对蒙牛物流系统中存在的问题，设计一个合理的蒙牛物流系统。

第四节　物流网络设计

物流网络是指物流过程中相互联系的组织和设施的集合。由于进行物流作业的组织和设施的数量、规模，以及地理关系等直接影响着向顾客提供服务的能力和成本，因此，一个结构合理的物流网络直接影响着物流系统的效率和效益。

物流网络设计是物流管理部门的一个最基本的责任。典型的物流组织和设施是制造工厂、仓库、码头以及零售商店等。确定每种设施需要多少数量、规模、地理位置，以及各自承担的工作等，是网络设计的十分重要的组成部分。网络设计所需的数据一般包括：制造商、供应商、客户、零售商、现有仓库、配送中心等组织和设施的具体位置；不同时期各区域客户对企业各类产品的需求量；各种产品的数量及可能的运输方式；各种运输及服务方式的服务费率、运输量及配往频率;仓库的运营成本;单证及处理成本以及顾客服务需要和企业能达到的服务水平等。

在动态的、竞争性的环境中,产品的分类、顾客的供应量,以及制造需求等都在不停地变化,因此需要不断地修正物流网络以适应市场变化。这种调整要与库存管理、各种可能的风险、信息的及时反馈、市场的变化、运输与配送战略及条件的改变等紧密结合起来,进行综合处理。

一、物流网络构成

如果按照物流运动的程度即相对位移大小观察,它是由许多运动过程和许多相对停顿过程组成的。一般情况下,两种不同形式的运动过程或相同形式的两次运动过程中都有暂时的停顿,而一次暂时停顿也往往连接两次不同的运动。物流过程便是由这种多次的运动——停顿——运动——停顿所组成。与这种运动形式相呼应,物流网络结构也是由执行运动使命的线路和执行停顿使命的节点两个基本元素组成。线路与节点相互关系、相对配置以及其结构、组成、联系方式不同,形成了不同的物流网络。物流网络的水平高低、功能强弱取决于网络中两个基本元素的配置。

全部物流活动是在线路和节点进行的。其中,在线路上进行的活动主要是运输及配送等,而物流功能要素中的包装、装卸搬运、保管、流通加工等,一般都是在节点完成。从这个意义来讲,物流节点是物流网络中非常重要的部分。实际上,物流线路上的活动也是靠节点组织和联系的,如果没有节点或脱节,物流线路上的运动必然陷入瘫痪。

物流网络节点一般分为以下几种类型:

(1)转运型节点。以接连不同运输方式为主要职能的节点。铁路运输线上的货站、编组站、车站,水运线上的港口、码头,空运中的空港,不同运输方式之间的转运站、终点站等,都属于此类节点。一般而言,由于这种节点处于运输线上,又以转运为主,所以货物在这种节点上停滞的时间较短。

(2)储存型节点。以存放货物为主要职能的节点。货物在这种节点上停滞时间较长。在物流系统中,储备仓库、营业仓库、中转仓库、货栈等都是属于此种类型的节点。

尽管不少发达国家的仓库职能在近代发生了大幅度的变化,大部分仓库转化成不以储备为主要职能的流通仓库甚至流通中心,但是,在现代世界上任何一个有一定经济规模的国家,为保证国民经济的正常运行,保证企业经营的正常开展,保证市场的流转、以仓库为储备的形式仍是不可缺乏的,总还是有一大批仓库仍会以储备为主要职能。

(3)流通型节点。以组织物资在系统中运动为主要职能的节点,在社会系统中则是以组织物资流通为主要职能的节点。现代物流中常提到的流通仓库、流通中心、配送中心就属于这类节点。

(4)综合性节点。在物流系统中,集中于一个节点全面实现两种以上主要功能,并在节点中并非独立完成各自功能。而是将若干功能有机结合于一体,有完善设施、有效衔接和协调工艺的集约型节点。这种节点是适应物流大量化和复杂化,适应物流更为精密准确,在一个节点中要求实现多种转化则使物流系统简化、高效的要求出现的。是现代物流系统中节点的主要发展方向。

现代物流网络中的节点对优化整个物流网络起着重要作用。节点不仅执行一般的物流职能，而且越来越多地执行指挥调度、信息等神经中枢的职能，是整个物流网络的灵魂所在。所以，在有的场合也称之为物流据点，对于特别执行中枢功能的又称物流中枢或物流枢纽。物流系统化的观念越是增强，就越是强调总体的协调、顺畅，而节点正是处在能联结系统的位置上，总体的水平往往通过节点体现。从某种意义上讲，物流网络的规划设计就是物流节点的规划设计。

二、物流网络节点设计

物流节点设计主要包括的节点位置、功能规划、规模设施、管理体制等的合理确定。

1. 物流节点的选址

这是首先应该考虑的问题。任何一个生产系统或服务系统都存在于一定的环境之中，外界环境对系统输入原材料、资金、人力、能源和其他社会化因素等；系统又向外输出其产品、劳务、服务和废弃物等。因此，生产或服务系统必然不断地受到外界环境的影响而调整自身的活动，同时系统的输出结果也不断改变其周围环境。这就说明，生产或服务系统所在的地区条件对系统的运营与发展是非常重要的。特别是物流节点这样服务性的系统，它的存在几乎完全决定于外界环境。

物流节点的主要活动是物资的集散和进出，在进行选址规划时，环境条件非常重要。相邻的道路交通、站点设置、港口和机场的位置等因素，如何与节点内的道路、物流路线相衔接，形成内外一体、圆滑通畅的物流通道，这一点至关重要。

2. 物流节点的功能设定

物流节点应该具备的功能要和建设物流节点的决策思想相符合，是由市场来决定的，也可以说取决于外围环境的条件。

3. 物流节点的规模设计

对于节点的功能进行分析，根据市场总容量、发展趋势以及该领域竞争对手的状况，确定目标份额，而决定该部分的局部规模。规模设定中应该注意两方面的问题：第一是要充分了解社会经济发展的大趋势，地区、全国乃至世界经济发展的预测，国际贸易特别是和深圳地区有关的国际贸易发展状况。第二是要充分了解竞争对手的状况，它们目前的生产能力、占有市场份额、经营特点、发展规划等。因为市场总容量是相对固定的，不能正确地分析竞争形势就不能正确地估计出自身能占有的市场份额。

以上预测如果发生大的偏差，将导致设计规模过大或过小。由于估计偏低，将发生失去市场机遇或是不能产生规模效益的问题；由于估计偏高而造成多余投资，从而使企业效率低下，运营困难。在对各功能项进行逐个分析的基础上，再突出重点。统一协调，对物流节点的总体规模进行决策。

4. 软硬件设备系统的规划与设计

这是一个专业性很强、涉及面很广的问题。一般来说，软硬件设备系统的水平常常被看成是物流节点先进性的标志，因而为了追求先进性就要配备高度机械化、自动化的设备，在投资方面带来很大的负担。因此，能以较简单的设备、较少的投资，实现预定的功能就是先进的，也就是强调合理配备。从功能方面来看，设备的机械化、自动化程度不是衡量先进性的最主要

因素。

根据我国目前的实际状况,对于物流节点的建设,比较一致的共识是贯彻软件先行、硬件适度的原则。计算机管理信息系统、管理与控制软件的开发,应跟上国际先进水平;而机械设备等硬件设施则要根据我国资金不足、人工费用便宜、空间利用要求不严格等特点,在满足作业要求的前提下,更多选用一般机械化、半机械化的装备。例如仓库机械化,可以使用叉车或者与货架相配合的高位叉车;在作业面积受到限制,一般仓库不能满足使用要求的情况下,也可以考虑建设高架自动仓库。

5. 组织管理体制设计

在组织管理体制的规划方面必须考虑到信息时代的特点,充分利用信息技术,把企业组织传统的金字塔结构改变为扁平结构,从而提高企业的整体效率,适应未来市场多变的要求。

案例 3-3 德邦全网布局,选点不能想当然

数年之前,德邦对网络布局的巨大投入和门店的高速扩张,一度引发业界争议。而今终端网点的能力开始释放,毫无疑问,门店网络已经成为德邦强大竞争力的最直接体现。作为近年来在网点布局及门店竞争方面做得最为出色的代表,截至 2014 年 9 月,德邦已开设直营网点 5100 多家。在德邦看来,只要多开网点、多开终端门店,网络齐全了,对客户的货物派送速度就会提升很多,这样才能保证时效性和客户满意度。这一点,也是无数网络型企业认同和期望学习的。

1. 网点布局与 GDP 挂钩

物流行业和宏观经济关联度非常强。物流行业发达与否,就像是地方经济发展的晴雨表:一个地方的经济越发达,这个地方的物流行业越活跃。据说,德邦有一张很特别的地图,地图里密密麻麻标出了各个地区工业产值的数据,而这些不断变化着的数据,正是德邦进行网点建设决策的依据。德邦的门店网点布局是与国民生产总值密切挂钩的,其业务规模与中国 GDP 规模的相似度达到 90%。

2. 标准化选点

在门店选址方面,德邦物流做得非常标准化,并形成了自己独特的一套评分机制。网点的发展是和地区的 GDP 正相关,此外也会全面考量地区经济、人流量、交通量、附近有多少餐厅、超市、银行、产业结构等。所有这些和潜在货量有关系的指标都能打分,打到 80 分这个地方就可以开店,到 90 分,网点的员工就可以有 1000 块钱的奖励。通过德邦物流的评分机制,可以看到中国经济的情况,因为德邦的网点建设是跟货量挂钩,货量是跟国民生产总值挂钩,哪个地方的国民生产总值高,这个地方的货量就比较多。

德邦物流在长三角地区的网点密度也是非常大。虽然这些地区的网点很多,但是并不影响单点的利润率,业务发展也非常迅速,这就得益于德邦物流的网点评分机制。通过单点利润率的变化也可以监控该区域网点密度是否达到饱和。

3. 把门店开到客户楼下

德邦原本只是一家创业于广州的物流企业,2001 年开始走出珠三角,在北京、上海等地开设门店,2005 年时提出了“把门店开到客户楼下”的理念。为了把门店开到客户家楼

下，德邦有一套非常严密、规范、合理的选点标准。这个选点标准可以细致到新选点地址周围的车流和人流量的多少、附近三百米内有多少家餐厅、有没有银行或者ATM机等等。新的店面一改以往客户眼中“脏乱差”的印象。具体的门店选址标准包括：

(1)找点资源投入最小化：投入的少，说明找点人员规划市场准确，反之模糊。

(2)找点时间最短化：找点时间短，说明找点人员定位市场准确，反之不准确。

(3)新点盈利最大化：新点盈利高，说明找点人员市场调研充分，反之不充分。

选好门店之后，更要管好门店。门店扩张是一种复制式连锁经营模式，就像肯德基和麦当劳，目标是使客户在每个门店接受到的服务都是一样的，至少没有太大差距。

除了选址，德邦对于门店经营同样极为重视，一直以来都保持了较好的门店形象和标准化的门店服务。德邦的门店，除了使用统一的标志、统一的装修、统一的工服，更主要的是努力为客户提供统一的服务品质。

思考题：

1. 德邦物流网络选点考虑的主要因素有哪些？
2. 结合案例，分析德邦物流的网络布局会存在哪些问题，应该如何改善和解决。

思考与练习

一、名词解释

1. 物流系统
2. 物流网络
3. 物流节点

二、简答题

1. 物流系统是由哪几部分构成的？各子系统间是何种关系？
2. 简述物流系统的特征。
3. 试述物流系统设计的基本程序。
4. 物流系统设计的要素有哪些？
5. 物流系统设计的基本原则有哪些？

三、讨论题

1. 结合实际谈谈运输企业物流系统设计应采用何种运作模式。
2. 物流系统构思时，应考虑哪些基本问题？

第四章　物流与运输

引导案例　“铁老大变身快递哥”是改革务实之举

在中国铁路总公司宣布对铁路货运进行改革一年后，铁路系统自下而上的货改创新已呈现燎原之势。随着多家铁路局陆续推出区域快运班列，中断多年的铁路零散货物运输全面恢复。据媒体报道，全国18个铁路局已全部开行区域内的货物快运列车，共将开行117条线路，在全国设1200个站点收取货源。

与和老百姓出行息息相关的铁路客运相比，铁路货运仿佛一直“藏在深闺人未识”。在运力紧张时期，铁路货运定位于“大宗化”。而这些年，随着高铁建设突飞猛进，铁路运输能力大大提升，已具备实现铁路货运“大众化”的条件。因此，重启零散货运，不仅是企业发展的实际需要，也是深化改革的应有之义。

作为“巨无霸”型的运输企业，铁路系统面临巨大的经营压力。一方面，为完善路网结构而实施的铁路建设需要投入大量财力；另一方面，铁路日常运营和维护也需要较大的成本支撑，加上铁路客运长期低价却必须承担物价上涨的压力，导致铁路一直负债经营。如果铁路改革不以企业化经营为目标，经营必然难以为继，发展也会成为无源之水。此次铁路投入重兵布局零散货运市场，全面参与现代物流业竞争，体现了铁路企业化的大势。

充分竞争能促进多赢，物流行业也不例外。铁路介入零散货运市场，开行区域快运列车，搭建低成本物流通道，让公路货运多了一个竞争对手，百姓多了一种市场选择，必然会降低社会物流成本，惠及广大人民群众。同时，竞争也有利于促进合作，搭建一个基于铁路的多形式联运物流平台，吸引社会物流企业参与运输，铁路货改目标才算真正“落地”。

（来源：新华网，http://news. xinhuanet. com/comments/2014 -09/23/c_1112587632. htm）

问题

1. 铁路货运相对于公路货运的优势有哪些？

2. 试分析“铁老大”由传统运输服务提供者向现代物流服务提供者转变的必要性和可行性。

本章知识点

运输业通过一定时间内商品的空间位移，来实现商品的价值和使用价值。而物流是对资源从原产地到最终消费者的有关选址、移动和存储业务进行的优化过程。应该说在“位移”这一特征上，运输与物流没有什么本质的差别，只不过现代物流意义上的“位移”，其范围更为广泛，内涵更为深刻。

本章介绍了运输的功能，运输运营管理的经济学原理，以及运输参与者之间的相互关系，分析了现代物流与运输的关系，阐述了物流供应链中各种运输方式及其运营特点，运输服务提供者的物流特征，讨论了运输业对现代物流的适应与调整。

本章应重点掌握的内容：运输的功能、运输参与者及其相互关系；现代物流与运输之间的关系；主要运输服务提供者的物流特征分析；运输业对现代物流适应与调整的策略。

第一节　运输的功能及其实现

一、运输的功能

运输是物流系统中最直观的功能要素之一，也是物流的最基本功能。它是克服空间距离障碍，使商品产生价值增量的过程，是物流的核心。在相当程度上，运输费用是构成物流费用的主要部分，运输工具的合理选用和运行线路的选择，都直接关系到商品送达的及时性和物流费用的高低。

运输的功能表现在两个方面：产品位移和产品储存。

1. 产品位移

无论产品处于何种形式：原材料、零部件、装配件、在制品或制成品，也不管是在制造过程中要被转移到下一工序或阶段，还是实际上已经接近最终顾客，运输都是必不可少的。运输的主要功能就是使产品在价值链中不断地往返移动。当然，由于运输利用的是时间资源、财务资源和环境资源，因此，只有在它确实提高了产品的价值时，该产品的移动才有意义。

运输之所以涉及利用时间资源，是因为产品在运输过程中要消耗时间，从而占用转移产品的在途资金。对于 JIT、QR 等供应链管理战略的实施，这是所要考虑的一个重要因素。

运输涉及的财务资源主要是自有车队所必需的内部开支，以及商业运输、公共运输所需的外部开支。这些费用产生于驾驶员的劳动报酬、运输工具的运行费用，以及一般杂费和行政管理费用分摊。此外，还要考虑因产品灭失、损坏而必须弥补、赔偿的费用。

运输直接或间接地使用环境资源。在直接方面，运输是能源的最主要消费者之一。尽管因采取燃料效率更高的运输工具以及节能措施使燃料消耗水平不断下降，但随着经济全球化，商品运输距离的延长，使得运输的能源消耗量难以减少。在间接使用环境资源方面，主要是指由于运输造成拥挤、空气污染和噪声污染而产生的环境费用。

因此，运输的主要目标应该是以最低的时间、财务和环境资源成本，将产品从原产地转移到指定地点。同时保证产品灭失损坏的费用也是最低。此外，产品转移所采用的方式必须满足顾客托运、交付和装运信息可得性等方面的要求。

2. 产品储存

对产品进行临时储存是一项比较特别的运输功能。也即将运输工具作为相当昂贵的储存设施。即便如此，如果运输中的产品需要储存，但在短时间内又将重新装运的话，该产品在仓库卸下来和再装上去的费用也许会超过储存在运输工具中每天支付的费用。

在仓库空间有限的情况下，利用运输工具储存商品也许不失为一种可取的选择。实现这一功能可以采取的一种方法是，将产品装运到运输工具上以后，采用迂回线路或间接线路运往目的地。对于迂回线路来讲，运输时间将大于直达线路的时间。当起始地或目的地仓库的储存能力受到限制时,这样做是合理的。这种运输工具被用作一种临时储存设施,但它是移动的,而不是处于闲置状态。

还有一种实现产品临时储存功能的方法是改道。这种情况只有运输的货物在原来交付目的地被改变时才会发生。例如,假设某产品最初计划从上海装运到洛杉矶,但是在交付过程中发现旧金山对该产品的需求量更大,或有可利用的仓储设施,于是该产品就有可能改道旧金山作为目的地。随着卫星通信技术的发展,处理这类事务更加有效。

概括地说,尽管用运输工具储存产品可能是很昂贵的,但当需要考虑装卸成本、储存能力限制等因素时,从总成本或完成任务的角度看,这一选择往往却是正确的。

二、运输营运管理的经济学原理

指导运输营运管理的经济学原理主要有两个:一个是规模经济(Economy of Scale),另一个是距离经济(Economy of Distance)。规模经济的特点是随着装运规模的增长,每单位重量的运输成本下降。例如,整车装运(TL)的每磅成本低于零担装运(LTL)。此外像铁路或水路之类的运输能力较大的运输工具,其单位重量的费用要低于汽车或飞机之类运输能力较小的运输工具。运输规模经济之所以存在,是因为与运输一票货物有关的固定费用可以按整票货物的重量分摊。因此,一票货物越重,就越能"摊薄"成本,由此使得每单位重量的成本更低。与货物运输有关的固定费用包括设备费用、单证处理费用、行政管理费用等。这些费用不随装运的数量而变化。也就是说,管理 1 磅货物装运的费用与管理 1000 磅货物装运的费用一样多。

距离经济的特点是指每单位距离的运输成本随距离的增加而减少。例如,800 英里的一次装运成本要低于 400 英里的两次装运(具有同样重量)。运输的距离经济也指递减原理,因为费率或费用随距离的增加而逐渐减少。距离经济的合理性类似于规模经济。尤其是,运输工具装卸所发生的相对固定的费用必须分摊每单位距离的变动费用。距离越长,可以使固定费用分摊给更多的英里,导致每英里支付的总费用更低。

在对各种运输战略方案或营运业务进行评价时,这些原理是应重点考虑的因素,其目的是在满足顾客服务期望的同时,使装运的规模与距离最大化。

三、运输参与者及其相互关系

在一般的商品交易中,买方和卖方,即便不是唯一的,也是主要的参与者。买卖双方单独洽谈交易条款和条件,然后完成销售。在商品交易中,尽管某些商品交易有必要由政府进行干预,但大多数交易并不需要。

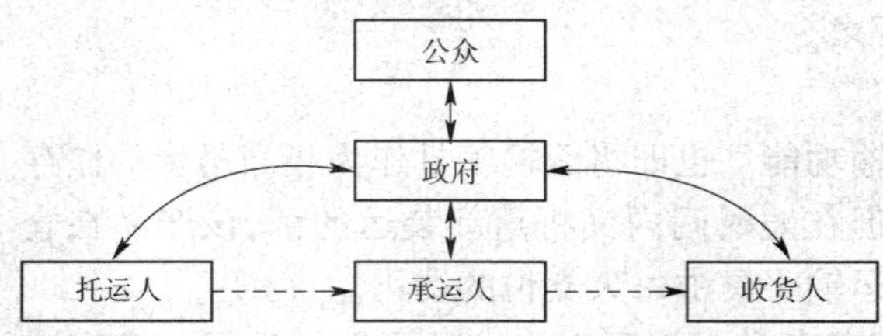

图 4-1　托运人、收货人以及公众等之间的关系

来源:唐纳德 J. 鲍尔索克斯,戴维 J. 克劳斯著. 物流管理——供应链过程的一体化。

然而,与一般的商品交易不同,运输交易往往要受到以下五个方面的影响。它们是:托运人、收货人、承运人、政府和公众。图 4-1 说明了上述各方的关系。为了解运输环境的这种复杂性,有必要对各方的作用和观点进行考察、分析。

1. 托运人和收货人

托运人与收货人的共同目的,是要在规

定的时间内以最低的成本将货物从起始地运到目的地。在这一过程中的运输服务应包括具体的提取货物和交付货物的时间、预计运输时间、零灭失损坏、准确及时地交换装运信息和签发单证。

2. 承运人

承运人作为中间人，他的目的与托运人和收货人多少有点差异。他期望以最低的成本完成所需的运输任务，同时获得最大的运输收入。这种观念表明，承运人想要按托运人（或收货人）愿意支付的最高费率收取运费，而使运输货物所需的劳动、燃料和运输工具成本最低。要实现这一目标，承运人期望在提取和交付时间上具有灵活性，以便能够使个别零星装运整合成经济运输批量。

3. 政府

由于运输对国家经济的重要影响，因此，政府期望一种稳定而有效率的运输环境，以保证经济的持续增长。稳定而有效率的商品经济需要承运人提供有竞争力的服务，同时有利可图。因此，与其他商品企业相比，许多国家的政府更多地干预了承运人的活动。这种干预往往采取规章、激励或拥有等形式。其中包括：政府通过限制承运人所能服务的市场或规定他们所能收取的价格来规范承运人的行为；或者政府通过支持研究开发或提供诸如公路或航空交通控制系统之类的通行权来促进运输的发展。在英国或德国这样的国家里，某些承运人为政府所拥有，政府对市场、服务和费率保持绝对的控制。这种控制权使政府对地区、行业或企业的经济发展具有举足轻重的影响。

4. 公众

公众是最后的参与者。他们关注的是运输的可达性、费用和效果，以及环境上和安全上的标准。尽管最大限度地降低成本对于消费者（公众）来说是重要的，但与环境和安全标准有关的交易代价也必须加以考虑。过去20多年间，在降低污染和提高安全方面虽已有了重大进展，但空气污染和石油泄漏所产生的影响仍然是运输面临的一个重大问题。既然要把降低环境风险或运输工具事故的成本转嫁到消费者身上，公众理所当然会共同参与对运输安全的评判。

显然，由于各方之间的相互作用和影响，使得运输关系很复杂。这种复杂性会导致托运人、收货人与承运人之间的频繁冲突，以及政府与公众之间的频繁冲突。这些冲突也导致运输服务倍受规章制度的限制。

第二节 现代物流与运输的关系

一、现代物流对传统运输的突破

现代物流是一个通过不同的经济管理活动（如计划、实施与控制），对资源从原产地到最终消费者的有关选址、移动和存储业务进行的优化过程。其实质是货物的有效流动，而这恰恰是运输的基本功能。因此，可以说现代物流实际上是对运输概念的一种延伸，是对传统运输方式的一个革命性的突破。

这种突破首先表现在物流是多种运输方式的集成，它把传统运输方式下相互独立的海、

陆、空的各个运输手段按照科学、合理的流程组织起来,从而使客户获得最佳的运输路线、最短的运输时间、最高的运输效率、最安全的运输保障和最低的运输成本,形成一种有效利用资源、保护环境的“绿色”服务体系。

其次,它打破了运输环节独立于生产环节之外的分业界限,通过供应链的概念建立起对企业供产销全过程的计划和控制,从整体上完成最优化的生产体系设计和运营,在利用现代信息技术的基础上,实现了货物流、资金流和信息流的有机统一,降低了社会生产总成本,使供应商、厂商、销售商、物流服务商及最终消费者达到皆赢的战略目的。

第三,它突破了运输服务的中心是运力的观点,强调了运输服务的宗旨是客户第一,客户的需求决定运输服务的内容和方式,在生产趋向小批量、多样化和消费者需求趋向多元化、个性化的情况下,物流服务提供商需要发展专业化、个性化的服务项目。

第四,在各种运输要素中,物流更着眼于运输流程的管理和高科技信息情报,使传统运输的“黑箱”作业变为公开和透明的,有利于适应生产的节奏和产品销售的计划。

第五,现代物流与电子商务日益紧密地结合在一起。随着因特网的普及,电子商务的应用呈现迅猛增长之势。电子商务的推广,加快了世界经济的一体化,使国际物流在整个商务活动中占有举足轻重的地位。电子商务带来对物流的巨大需求,推动了物流的进一步发展,而物流也在促进电子商务的发展。

二、运输与物流供应链的成功运营

运输就是为了使物品从生产者手中转移到消费者手中而发生的物品的空间位移。因为产品很少能在同一地点进行生产和消费,所以运输在每一条供应链中都发挥着极为重要的作用。运输费用是供应链成本的重要组成部分。2013 年美国的货物运输费用达 8520 亿美元,约占其国内生产总值的 5.0%。随着电子商务和送货上门服务的发展,运输成本在零售业中的地位越来越突出了。从网上书店到网上百货店,在线企业不再采用整车装运为零售店送货的办法,而是将商品装在小包裹中送货上门。也正因为如此,运费在电子商务的送货成本中占很大比例。举个例子说:往博德斯(Boorders)零售店送一卡车的书,每本书的运费是几美分,而博德斯在线公司将书送货上门的运费几乎是 1 美元/本。

任何供应链的成功与运输方式的合理选择都有极大关联。沃尔玛公司就采用了一种非常高效的快速反应运输系统来降低总成本。为了使其产品在合理价位上能保持较高的供给水平,沃尔玛公司只保有很低的库存量,每当商品售出,它就立即补充库存。为了降低频繁补充库存的运输成本,沃尔玛公司采用了以下方法:在一个供应商处,给每辆卡车集中装载配送给不同零售店的产品。在配送中心,沃尔玛公司采用了“对接(crossdock)仓储”配送体系,在产品配送过程中,调剂不同卡车上的货品,使驶抵一家零售店的卡车上装载有来自不同供应商的产品。沃尔玛公司还利用这一运输系统,使不同的商店能够在商品出现缺货或过剩时,互相调剂余缺。快速反应的运输系统和对接配送体系。便公司降低了库存成本,增加了利润。因此,合理运输方式的选择,是该公司既提高了供给与需求的匹配性、又保持低成本的关键。

日本的 7 - 11(7 - Eleven)公司为自己订立了以下目标:无论何时何地,只要客户有需求,就要将商品送达。为了实现这一目标,该公司采用了一种反应敏捷的运输系统,它每天都要为商店补充几次新货品,以使产品的供给能满足消费者的需求。根据温度要求,我们将不同供应

商的产品一起装在卡车上,这有助于以合理的成本实现非常频繁的送货需求。7－11 公司运用快速反应的运输系统和汇总商品运输的方式,既降低了运输成本,又确保了产品供给与顾客需求的最佳匹配。

供应链使用快速反应的运输系统,把较少的固定设施集中布局和运营。例如亚马逊公司使用包裹快递及邮政系统,由中心仓库向顾客递送货物。戴尔公司在美国各州都有生产基地,它采用如 Airborne 公司那样的包裹承运人提供的快速反应运输方式,在合理价位上提供高度个性化的产品。

因为网上交易常常吸引远方的顾客,而目标商品又必须通过运输由销售商转移到消费者手中。所以,是否拥有高效的运输系统是任何在线商务公司成功的关键。随着电子商务的发展,像网路先锋(Wenvan)、豆荚(Peapod)这样的网上零售店,都借助于有效的运输系统,以送货上门的方式向客户提供方便。随着电子商务以及送货上门服务发展,运输必定会在这些供应链中发挥越来越大的作用。

运输在全球供应链的不同阶段中充当重要的联系纽带。下面的例子将会很好地解释这一点:戴尔的供应商遍布全球,并从得克萨斯、爱尔兰、巴西、中国和马来西亚向世界各地的消费者提供产品。正是运输将供应商的配件送到装配厂,并将成品送到消费者手中。类似地,全球化的运输使沃尔玛公司可以把在美国生产的产品销往世界各地。

下面,我们将讨论供应链中不同成员运输决策的影响因素。

三、影响运输决策的因素

在供应链的任何运输中,都存在着两个非常重要的角色,即托运人和承运人。托运人要求货物在供应链的两点之间发生位移,而承运人则按照托运人的要求进行货物的移动或运输。例如,在戴尔公司通过 UPS 公司把电脑从工厂运到客户手中的过程中,戴尔充当的是托运人的角色,而 UPS 公司则是承运人。

在做出有关运输的决策时,由于托运人和承运人的角度不同,他们考虑的影响运输的因素也不一样。作为承运人,它进行运输设备(如铁路、机车、卡车、飞机等)投资决策和运营决策,并努力从这些资产中谋取最大回报。相反,托运人考虑的是如何使用合适的运输方式,以降低总成本(包括运输、库存、信息和设施所耗费的成本),并以合适的速度对消费者需求做出反应。

1. 影响承运人决策的因素

承运人的目标是做出投资决策,并运用合理的经营策略,以使其投资取得最大回报。像从事飞机、铁路、卡车等运输业务的承运公司,在进行固定资产投资、制定价格以及运营策略的时候,必须考虑到以下几项成本。

(1)与运输工具相关的成本。这是指承运人购买或者租赁运输工具所发生的成本。这项成本不论运输工具使用与否都会产生,承运人在短期运营决策中把它当作固定成本,但当制定长期战略或中期计划时,这些成本是可变的,购买或者租赁运输工具的数量,是承运人要做出的一个选择。与运输工具相关的成本是与购买和租赁运输工具的数量成比例的。

(2)固定运营成本。这项成本包括任何与运输枢纽建设成本、机场建设(AIRPORT-GATES)成本及与运输是否发生无关的劳动力成本。明显的例子是,货运终点站和机场的建设,这些成本与进入终点站的卡车数量或使用机场的飞机数量无关。如果司机的工资与其出

车安排无关,则其工资也应当计入该项成本。对于运营决策来说,这项成本是固定的,对涉及设施选址、设施规模的规划和战略决策而言,这项成本是可变的。此外,固定运营成本通常与运营设施的规模成正比。

(3)与运距有关的成本。一旦运输工具投入运行。此项成本就发生了,它包括劳动力报酬和燃料费用。顾名思义,与运距相关的成本与运输路途长短、运输持续时间是相关的。但它与运输产品的数量无关。在进行战略或规划决策时,此项成本被视为变动的,在做出影响运距和运输持续时间的经营决策时,此成本也是可变的。

(4)与运量有关的成本。此项成本包括货物装卸费用以及与运量有关的燃料费用。在运输决策的过程中,这些费用通常是变动的,除非装卸货物的劳动力成本是固定的。

(5)运营成本。这项成本包括设计、安排运输网络的费用以及任何有关的信息技术投资。当货运公司投资于一种有助于管理者进行运输线路决策的线路规划软件时,对软件的投资以及软件维护、操作的费用就属于经营成本。航运公司则要将飞机和机组人员工作日程安排成本和线路规划费用计入经营成本。

承运人的大部分成本与卡车、火车或轮船装载的运量无关,而取决于运输线路设计与运输工具安排。承运人应当在战略和规划决策时,将上述所有成本视为可变的;而在运营决策时,把大多数成本看作固定不变。

承运人的决策还受到以下两个因素的影响:一是其所追求的对目标市场的迅速反应能力;二是市场能承受的价格。例如,联邦快递(FedEx)对公司采用轴辐式(hub-and-spoke)航空运输网,以提供快速、可靠的包裹递送服务。相反,美国联合包裹递送中心刚采用航空和公路运输相结合的方式,提供相对廉价但速度也较慢的服务。这两大运输网络的差别在服务价格表上得到了体现。联邦快递公司主要依据包裹的大小来收费,而美国联合包裹递送中心则依据包裹大小和目的地两个因素来确定价格。从供应链的角度来看,当价格与目的地无关而且运输的速度非常重要的时候,一个轴辐式(hub-and-spoke)航空运输网络是比较适合的;而当价格随目的地而变化,且较慢的运输速度可以被接受时,公路运输网就比较适合了。

2. 托运人决策的影响因素

托运人决策包括3项内容:运输网设计、运输工具选择以及对不同客户采取不同的运输方式。托运人的目标是,在以承诺的速度满足客户需求的同时,使总成本最小化。托运人进行决策时,必须考虑到以下成本。

(1)运输成本。这包括为将货物运送到消费者手中而向不同承运人支付的总费用。这项成本主要取决于不同的承运人的报价,以及托运人选择的运输方式,即选择廉价但较慢的运输方式,还是选择高价但较快的运输方式。当承运人独立于托运人时,运输成本就是可变的。

(2)库存成本。这是指在托运人的供应链网络中保管库存货物所耗费的成本。库存成本在短期运输决策中是不变的,而在设计运输网络或制定运营策略时,这项成本则是变化的。

(3)设施成本。这是指托运人的供应链网络中的各种设施的成本。设施成本只有供应链管理者在做出战略规划决策时才是可变的,而在进行其他运输决策时均被视为固定的。

(4)作业成本。这是进行货物装卸及其他与运输相关的作业所带来的成本。在所有的运输决策中,此项成本都被视为可变的。

(5)服务水平成本。这是在没有完成货物运送义务时所承担的费用。在某些情况下这项费用可能在合同中详细列明，而在其他情况中，则表现为客户的满意程度。在进行战略、规划和运营决策时都应当考虑此项成本。

在进行运输决策时，托运人应权衡以上各项成本。托运人的决策还会受以下两个因素的影响：即它所需要满足的客户对反应灵敏度的要求和它从不同商品和服务中得到的利润。例如，网路先锋是一家网上零售店。它向客户承诺，以客户选定的时点为基础，在30分钟以内送货上门。美国联国包裹递送中心不是依据客户选定的时间，而只是在工作时间送货。两家公司设计的运输网络和与需求相关的运输工具的数量，反映了两者在战略上的差异。

案例4-1　STVA：用火车运汽车的旗舰

汽车运输公司STVA成立于1959年，从那时起，STVA抓住转瞬即逝的机遇，种种挑战，发展至今，成为欧洲乃至世界上最著名的汽车物流集团之一。每年，STVA集团直接或间接运输的汽车达到了400万辆，相当于整个欧洲市场的三分之一。

尽管可能也是激烈的竞争对手，然而在新车的运输方面，公路运输与铁路运输一直保持着和平共处的合作关系。今天，在欧洲的土地上，整齐排列在火车车厢或者大型半拖挂车中的汽车，被运往各个下游经销商那里，送到消费者的手中，已经不是什么罕见的景观了。而在车厢上印着的不同公司标志中，STVA无疑是其中最抢眼的一个。

早在20个世纪早期，把汽车一层一层摞起来运输的想法就已经出现了。20世纪20年代，在南非人们开始把本来只能装一层货物的车厢顶部掀开装进两层东西。在战后的美国，双层半拖挂车运输汽车成为相当常见的运输方式。尽管如此，由于需要运输的车辆尺寸与货车不符，这种方法在欧洲并没有得到广泛应用，直到1949年国营铁路公司着手双层货车车厢的设计，才改变了这种情况。

20世纪50年代开始，汽车运输开始成熟。汽车运输公司STVA成立于1959年10月20日，两年之后就拥有了40节双轴双层货车厢，每年运输1.2万辆车辆。60年代，STVA的车厢猛增到2220节，年运输量为96.5万辆汽车。

1965年，一群投资者决定把资金投入到汽车运载车厢的生产上，这项决定导致了STVA合资公司的诞生。与此同时，法国的铁路系统也得到了快速发展。

从那时起，几乎整个的汽车运输都开始使用双层运输货车服务。汽车物流在以后几十年的发展中崛起、不断完善。今天，为客户量身订制的服务已成为市场发展的需求，对物流服务商的要求也越来越高，物流服务商之间的竞争也愈演愈烈。而STVA集团现在已经在乃至欧洲汽车运输服务市场的头把交椅上坐得稳稳当当，每年直接或间接运输的汽车达到了400万辆，相当于整个欧洲市场的三分之一。

STVA集团之所以能迅速壮大，与在技术革新方面毫不吝惜人力、物力、财力的投入是分不开的。尤其是在研发领域的四项主要革新，保证了STVA集团铁路运输的竞争力。

1987年，连接英国和欧洲大陆的海底隧道即将开通，从欧洲铁路直接向英国运输成为可能。但是与欧洲其他国家相比，英国的铁路规格要略小一些，不适应欧洲大陆的火车。STVA预见到了这个问题，抢先开发出了适合英国铁道规格的货运车厢，为进军英国市场赢得了时间。

1993年底,STVA设计了一种新式的双层货车保护措施。有大约2400节货车安装了这种被称之为“Wincar”的设施。这种设备在提供全面防护的情况下,也保证了装货和卸货的方便快捷。到1998年经过可行验证之后,STVA所有的双层货车都安装了这种设施。

Wincar最主要的好处是以较低的花费,为货物提供了绝佳的保护,避免了可能从侧面对所运车辆造成了。从前人们通常认为,最好的保证安全的方法就是将汽车装载在封闭的车厢内运输。Wincar的优点在于降低了STVA在双层货车上的投入,使开放式的车厢也可以用来运输原来需要封闭式车厢才能运输的车辆。Wincar的使用使STVA集团为安全措施投入的成本一直保持一个最佳的水平。

1996年,一种能将待运车辆牢牢固定住的横杆系统被用来保护在运输和装货卸货过程中的安全。这种系统主要包括一根电镀的铁棒,它能将汽车的车牢牢固定,生物工程学在其中的应用使作十分简单方便。同年,一种新型的货运车厢开发成。这种车厢专门用来运输像雷诺汽车那样等宽的汽车,这个设计又为STVA抢占市场、降低成本创造了条件。

近年来,STVA致力于开发一种为客户量身订制的终端服务。这种适应很强的服务包括一系列内容:准备工作、订制、标准和附加价值服务,如安装空气调节装置,安装液化石油气的装置等。

Ekinox是STVA集团的一个商标,主要为汽车经销商和租赁商服务。Logicar也是STVA的一个商标,它为汽车经销商和租赁公司提供完整的准备工作和运前服务。

Logicar的服务清单很长,有终端,包括安全的仓储、管理、无纸贸易和商品追踪,有重新设计与修复,还有车载音响、汽车警报器、汽车附件等其他选项,以及运前准备等。

STVA在信息管理方面也投入了大量的精力。Kheira是STVA的IT部门自己开发的软件,如今成了公司与客户之间一个沟通的窗口,使他们的服务更加透明化。Kheira主要用于提供因特网上的跟踪服务,并且使汽车租赁商和经销商能够方便地了解整个物流服务过程。

(来源:九九物流网,http://www.9956.cn/college/64496.html)

思考题:

1. STVA在技术革新方面投入巨资,对原有的安全防护做了怎样的改进?
2. 简述STVA得以迅速壮大的原因?

第三节　运输服务提供者及其物流特征

本节,我们将讨论物流供应链中不同的运输方式以及他们在成本和运营上的特点。同时将对不同类型的运输服务提供者的物流特征进行归纳分析。

一、物流链中的各种运输方式及其运营特点

物流供应链通常综合运用以下几种运输方式进行货物运送:

- 航空运输
- 包裹运输
- 公路运输
- 铁路运输
- 水路运输
- 管道运输
- 多式联运

我们将分别对这几种运输方式的成本、价格结构及各自的运营特点进行分析。

1. 航空运输

这是最快捷的运输方式,但固定成本和可变成本合在一起使之成为最昂贵的运输方式,短途运输尤其如此。不过,随着端点(机场)费用和其他固定费用开支分摊在更大的运量上,单位成本会有所降低。如果在长距离内营运,还会带来单位成本进一步地下降。

航空运输在基础设施和装备方面要花费极高的固定成本。而劳动力和燃料耗费主要取决于航程,与一次飞行运载的乘客数量或货物重量无关。航空公司的主要目标是,使飞机每天的航行时间和每次航行的利润最大化。考虑到巨额的固定成本和相对较小的可变成本,收益管理(航空公司划分不同的座位等级并制定不同价格)成为客运航空公司成功的重要因素。目前,航空公司只是在客运中采用收益管理,并没有在货运中运用。因为座位等级的不同,在从芝加哥飞往纽约的同一架班机上,两个乘客可能支付完全不同的价格。

航空运输提供了快速但费用较高的运输方式。小件、高价值的物品或是需进行长距离运输的物品,最适合选用航空运输。通常情况下,航空承运人承运 500 磅以下的货物,包括高价值、低重量的高技术产品。比如,戴尔公司的很多零部件就是通过空运从亚洲购进的。随着高新技术的发展,空运货物价值在不断增加,而货物的重量却在下降。

2. 包裹运输

诸如联邦快递(FedEx)、联合包裹(UPS)之类的运输公司和邮政系统等都属于包裹承运人。它们承运小到信件、大到 150 磅的货物。包裹承运人利用航空、卡车、铁路等运输方式运送对时间敏感的小件货物。包裹的承运价格很昂贵。因此在大件运输上无法和零担运输(LTL)相竞争。它们提供给托运人的主要是快速、可靠的递送,所以托运人使用包裹运输来运送小件的、对时间敏感的物品。包装承运人还提供其他增值服务,加速托运人的库存流通、追踪订供货状况。通过追踪订货状况,托运人可以将货物状况提前通知给客户。包裹承运人也可以将货物从发货处直接运到目的地。随着人们对快递的需求增加以及对库存减少的关注,包裹承运已经得到了很大的发展。

对于像亚马逊、戴尔之类的电子商务公司和像格雷杰、麦克马斯特(McMaster Carr)这样的向客户运送小件货物的公司来说,包裹承运无疑是他们的首选。随着电子商务的发展,包裹承运在过去几年中得到了极大发展。像联邦快递公司这类以航空运送为主要运输方式的包裹承运人,与航空承运人很相似。所不同的是,包裹承运较小的、对时间更敏感的物品;包裹运输中的增值性服务较航空运输更为重要。联邦快递公司在货源地使用卡车装货,然后再运往最终目的地;而航空运输则不提供这项综合性服务。企业通过航空运输来运输大件货物,通过包裹承运运送小件的、时间敏感性强的货物。例如,戴尔公司利用航空运输从亚洲运送零部件,利

用包裹运输向客户运送PC机。

考虑到包裹较小而且要经过几个转运点,为提高利用率,减少成本,在包裹运输中进行联合运输是一个值得关注的问题。包裹承运人在当地使用货车装载货物,然后将货物运送到大的分类中心,然后再送到离转运点最近的次分类中心,最后承运人将货物从转运点的次分类中心使用小型货车,采用"送奶线路"(下一章将作介绍)为客户送货。在这一过程中,涉及的关键性问题包括,中转站的选址和吞吐量,以及便于跟踪货流的信息获取能力。在把产品送达客户的最终运送环节中,承运人还需考虑送货卡车的行驶线路和日程安排,这一点非常重要。

3. 汽车运输

在物流供应链中汽车运输是最主要的货运方式。汽车运输业务分成两大块:整车运输(满载,TL)和零担(非满载,LTL)运输。满载运输按照整车收费而不考虑货运量,费率随运距不同而变化。非满载运输则按照货物的运量和运距两个因素来收费。非满载的费率反映了规模经济的特点。汽车运费比铁路运费要高,但它拥有自身的优点:提供门到门运输、节约运输时间,而且在送货和提货之间无需转运。

整车满载运输方式的运输成本相对较低,只需拥有少量汽车就可以从事满载经营,使得社会上有为数众多的满载承运商。由于运输不能持续不断地进行,存在着闲置时间和空驶距离,这增加了整车运输的成本。因此,承运人力图规划好运输,以便在满足客户需求的同时,缩短汽车的闲置时间和空驶时间。

从运距的角度来说,整车运输展示了它的规模经济。考虑到拖车容量的不同,整车运价对所用的拖车来说也体现了规模经济。这种运输方式比较适合于货物在工厂、仓库之间或供应商、生产商之间的运送。比如,宝洁使用满载方式将货物送到客户的仓库。

非满载的零担运输适于小批量货物的运送,一般小于汽车最大运量的一半。相对来说,用满载大批量运输货物更便宜;就所运输的货物数量和运输距离来说,非满载运输也具有某种意义上的规模经济。由于零担运输要进行其他货物的装卸,所以其运转时间比整车满载运输的时间就会长一些。零担运输适用于那些体积较大(不能进行包裹邮政递送),但又不超过汽车最大运量一半的货物。

降低零担成本的关键在于承运商运输的联合程度。汽车将一个地区内的许多小批量货物运到联运中心,在返回时它就可以带上以该地为目的地的货品。这样一来,即使运送时间被稍稍延长了,但汽车的利用率却得到极大提高。由于零担运输中联运非常重要,因此,尽管建立联运中心要花费固定成本,但大公司对零担运输的优势仍然青睐有加。基于零担运输业在一定区域范围内密集的小型轻便车和运输点提供的便利,零担运输行业中的地区性大企业已经发展起来了。

零担运输业关注的关键性问题包括:联运中心的选址、汽车运量分配,日程安排以及运货点至送货点的线路选择,目的是在不影响运输时效性和可靠性的基础上降低成本。

4. 铁路运输

铁路运输在铁轨、火车机车、车厢、铁路调车等方面花费高额固定成本。此外还包括两项巨大的、与行程有关成本:劳动力和燃料。它们与车厢的数量无关(燃料耗费当然会随车厢数量变化发生些许变化),而只随运距和运输时间发生变化。一旦火车发动,任何时间上的闲置都将造成昂贵的成本支出,因为即使火车原地不动,仍有劳动力、燃料成本发生。闲置时间主

要会发生在以下两种情况中：列车交换驶往不同目的地的车厢；铁道交通堵塞。因为劳动力成本和燃料耗费占据铁路运营成本的60%以上，所以从经营的角度考虑，如何充分利用车头、合理安排车组人员，成了至关重要的问题。

高额固定成本、低廉运营成本决定了铁路适用于大批量的货物运输。运输价格当然取决于运量和运距。铁路运输的价格结构与其极强的装载能力使之成为远距离、高速度、大吨位货物的最理想运输方式。但由于铁路运输要耗费较长时间，所以通过此种运输方式运送的货物，一般是大规模、低价值的、非时间敏感性产品。因而铁路运输的运费也比较低。例如，原煤运输是铁路运输的一个主要组成部分。至于体积小、时间敏感性强、运距短、送货期短的商品，一般是不使用铁路运送的。

铁路运输的主要目标是，使机车、车组人员得到很好的利用。所以，铁路运营问题通常包括以下几个：运输工具与车组人员的安排、路轨延误和到站延误以及按时运营。每次转运都会占用大量的时间，这对铁路运营带来负面影响。事实上，真正用于运输的时间只占全部时间的一小部分。铁路运输中比较的典型情况是只有拥有足够的火车车厢，能组成一列火车时，火车才会出发。因此，时间延误被夸大了。车厢必须等到列车“组建”好才能运行，这对托运人来说更增加了运输时间的不确定性。铁路公司可以通过安排一部分列车运行而不是“组建”所有列车的方式，来提高准点运行的能力。在这一计划中，为了安排列车的运行，必须着手实施一项包括收益管理（正如在航空中实行的那样）在内的价格战略。

5. 水路运输

由于水路运输的自然特性，它只存在与世界上的某些特定区域。水运非常适合于低成本的大宗货物的运送。但水运也是最慢的一种运输方式，最大的延误都发生在港口码头。这使得水运很难用于短距离运输，尽管在日本和欧洲的部分地区，它被有效地应用于每天进行的几英里距离的短途运输。

在全球贸易中，水路运输是居于主导地位的运输方式，各种产品都可以通过这种方式来完成运送。汽车、谷物、服装及其他商品都是通过海运运出、运入国境的。在全球运输中，从运输数量和距离考虑，水运无疑是最低廉的运输方式。当然在国际海上运输中，到港延迟问题、海关入境及集装箱管理等是人们较为关注的主要问题。

6. 管道运输

管道运输主要用于运送原油、提炼的石油制品及天然气。这种运输方式必不可少的一项重要成本支出是，搭建管道及相关设备的费用及与管道直径关系不大的相关基础设施的建设费用。管道的利用率非常高，大概占到整个管道容积的80%～90%。考虑到管道运输成本支出的特性，这种运输方式适用于相对稳定的、大流量物质。将原油运送至港口或炼油厂，管道运输也许是最有效的方式了。但应当注意的是，管道运输并不适合于汽油的运送，而用汽车运送汽油效果会更好一些。管道运输的价格构成通常包括两个部分，一是与托运人的最大运量相关的固定部分；二是与实际运量相关的部分。这种价格结构促使托运人使用管道运输，来运送需求量可预测的那部分产品，而采用其他方式来运送需求量变动的产品。

7. 多式联运

多式联运就是采用两种或两种以上的运输方式将同一批货物运抵目的地的运输形式。多式联运可以有多种方式，通常情况下是铁路和公路联运。随着国际贸易的发展及集装箱在运输中的使用,多式联运业取得了极大发展,这是因为集装箱很容易在不同运输方式中进行转移,从而为多式联运提供了便利的条件。集装箱运输通常使用汽车/水运/铁路三者相结合的联运方式,在国际运输中尤其如此。对于国际贸易来说,多式联运常常是唯一选择。因为工厂和市场很可能并不靠近港口。现在,越来越多的货物采用集装箱运输,从而使得汽车/水运/铁路相结合的多式联运方式得到了发展。在内陆,采用铁路/汽车结合的联运系统的优点在于:这种方式比汽车的运送成本要低,而比铁路运输更省时间。多式联运通过整合多种运输方式,提供单一运输方式无法比拟的服务/价格比,同时也给托运人带来极大的方便:一个多式联运方式通常是由多个承运人组成的,而托运人只需与其中一个打交道即可;相比之下,如果采用单一运输方式,托运人就不得不跟多个承运人打交道。

多式联运应注意的主要问题是为使货物在两种运输方式之间顺利转移,不同承运商之间必须进行信息交流,原因在于货物在不同承运商之间的转移会导致大量的延迟,从而极大地影响运输性能。

专栏 4-1　多式联运:实现运输资源的高效整合和运输组织的无缝衔接

为集约高效的现代化运输组织模式,多式联运产生于 1960 年前后,在 20 世纪 80 年代随着集装箱技术的成熟开始快速发展。欧美国家经过 20 世纪 80 年代的大力发展,已经在设施装备和运输组织规则等方面形成了比较完善的体系。

发达国家十分重视综合运输体系的建设,尤其是将多式联运作为推进综合运输体系建设的重要内容,集装箱多式联运、铁路驮背运输、水陆滚装运输都得到普遍发展。在德国,政府规划货运中心选址的首要原则就是实现两种以上运输方式的无缝衔接,具有联运功能。德国已形成基于标准化的运载工具体系,出台了一系列行之有效的扶持政策,如:政府给予物流园区中的联运设施财政补贴,对从事多式联运的卡车给予优惠政策,包括放宽总重限值、免缴公路使用税、车辆不受周末禁行限制、对多式联运经营亏损给予适度补贴等。此外,政府还对一些涉及多式联运的技术研发、设备改进、公共基础设施平台建设等项目直接进行投资。这些政策对促进多式联运发展、完善综合运输体系发挥了重要作用。

与欧美国家相比,我国的多式联运主要集中在集装箱多式联运、整车滚装运输,铁路商品车(主要是轻型车)运输、半挂车水路滚装运输在局部地区有所发展但范围较小,而半挂车铁路驮背运输、卡车整车铁路滚装运输、公铁两用挂车运输等形式,多式联运的发展形式单一,相关标准缺失,多式联运运输规则不统一。

而在目前我国物流业的转型期,多式联运迎来新机遇。作为提升物流效率、降低物流成本的有效途径,多式联运被提到物流业发展的战略高度。《物流业发展中长期规划》中有 18 处提到大力发展多式联运,而且把多式联运列为 12 大重点工程之首,并鼓励发展海铁联运、铁水联运、公铁联运、陆空联运等多种运输形式,探索构建以半挂车为标准荷载单元的铁路驮背运输和水路滚装运输等。

2015 年 7 月,交通运输部、国家发展改革委联合发布了《关于开展多式联运示范工程的通知》,提出要发挥铁路经济高效的干线运输和公路机动灵活的支线运输优势,在政策

引导和市场机制作用下，将推动公路长途货运转向铁路和水路运输，在全国范围内开展货物多式联运项目示范活动，将积极推进多式联运发展。

来源：中国物流与采购网

二、主要运输服务提供者的物流特征分析

供应链中的运输服务是由各种运输服务提供者共同联合提供的。这些运输服务提供者主要包括：单一运输经营人、专门化运输经营人（包裹运输）、综合性运输经营人（多式联运）、运输中介（货运代理）以及场站经营人（港口码头、机场、车站、库场等）。下面分别对这几类运输服务提供者的物流特征进行分析比较。

1. 单一运输经营人的物流特征

单一运输经营人通常是指利用某一种运输方式提供货物运送服务的运输经营人，这类经营人一般拥有或控制车辆、船舶、飞机等运输工具。此类运输服务提供者的物流特征主要从以下三方面进行分析：

（1）实现物流功能。单一运输经营人的最大特征就是实现了货物在空间上的位移，货物运送是单一运输经营人的最主要物流功能，除此之外，单一运输经营人还提供小批量或零担货物的集拼、转运、联运等，但从目前单一运输经营人经营的现状来看，这些附加服务完成的并不理想，多种运输方式的联运尚未普遍开展起来，因此，单一运输经营人完成的物流功能单一是难以适应现代物流发展需要的。

（2）物流增值项目。由于单一运输经营人实现物流功能的单一，导致了其利润来源的单一，多数运输企业的物流增值项目几乎仅有运费收入一项。在供过于求的市场竞争中，运费收入属高成本低附加值的服务项目，因此，单一运输经营人的生存完全依赖于运价的高低。

（3）物流竞争力。尽管现有的单一运输经营人受其完成物流功能的影响，经营一直处于低迷状态，但同时也可以看到企业在其硬件方面仍具有较大的物流竞争力。首先，由于单一运输经营人对于货物从发货人到收货人之间的运输途中全程负责，所以通过联运的形式可实现门到门的服务；其二，跨区域的运输企业一般在路线范围内设有业务联系或接收货的网点，这些网点可进一步发展成为物流据点；其三，单一运输经营人掌握有运输工具，专业的车船维护及管理能力，可吸引制造商、供应商、分销商等生产、贸易型企业与之联合，共享物流资源。

综上所述，单一运输经营人的最大物流特征在于实现了货物空间上的位移，但位移不能成为企业唯一的产品，企业经营如果仅局限在货物的运送上，则势必限制了其利润增长空间，降低了物流竞争力。因此，单一运输经营人经营的重点应放在扩充物流服务功能，创造更广的增值空间上，从而实现货物门到门服务的物流发展目标。

2. 专门化运输经营人物流特征

专门化运输经营人是指提供小批量装运服务和包裹递送服务的运输经营人，包括小件包裹速递、普通递送、特快专递（EMS）、小批量零担运输以及集成化调运系统管理等方面的专门化服务。其特点是手续简便、可提供门到门服务，但费用较高、有时货物易破损。随着此类承运人规模的扩大及其多式联运能力的增强，他们在运输细分市场中的影响正日益增长。

（1）实现物流功能。专门化运输经营人涉及的主要是体积小、重量轻、贵重、要求紧急的

运输,如药品、展品样品、仪器。包括航空货运服务、信件和包裹的通宵航空送达服务(24小时送达)、全球单证服务以及车辆租赁服务等,并通过与汽车承运人、铁路承运人,甚至水路承运人的结合,频繁涉足多式联运。

(2)物流增值项目。专门化运输经营人的物流增值主要来源于递送服务费收。此外电子货物跟踪、条码包裹识别、报关服务、包裹处理系统、空运货物电话取货、货物交付确认、运费支付管理等方面也都是其物流增值来源。

(3)物流竞争力。除提供包裹递送服务外,专门化运输经营人大都在将业务扩大到传统上由航空承运人和零担承运人所提供的服务领域,这些服务为他们拓展了广阔的市场,同时也便利了单一运输经营人的活动。同时,随着电子商务的迅速发展,专门化运输经营人正在利用先进的信息技术,建立电子信息网络,以保证与供应链中的所有成员建立电子联系,并向顾客和供应商提供瞬间电子接入服务,以便查阅有关包裹运输和传递过程的信息。

由此可以看出,专门化运输经营人在物流服务功能上具有网点布局密集、送达便捷,尤其在电子商务物流发展上具有独特的优势,在现代物流发展中具有很强的竞争力。

3. 综合性运输经营人物流特征

综合性运输经营人,顾名思义就是具有多种运输功能,集多式联运、仓储、运输代理等为一体的综合性运输企业。无论从企业的规模、经营范围,还是所涉及的领域上看,综合运输企业都是发展现代物流中一只强有力的生力军。

综合性运输经营人具有以下的物流特征:

(1)实现物流功能。综合性运输经营人的物流服务功能是由其涉及到的经营领域决定的,一般包括运输、仓储、运输代理等基础物流服务,也有贸易、信息等其他领域的物流服务,但以运输等为基础的物流服务仍是企业的核心业务。由于其综合性的特点,企业能溶入不同性质、不同行业、不同领域的各种物流功能,已基本具有提供一体化的第三方物流服务的能力。

(2)物流增值项目。综合性运输经营人的各项物流功能之间既是协调一致的,又是相互独立的。相对独立性使得各功能下的物流增值项目清晰明了,主要包括了运输、仓储、配送、代理服务等费用。因此综合性运输经营人的物流增值空间较单一的运输企业要广得多,其利润来源也丰富多样。

(3)物流竞争力。综合性运输经营人具有强大的物流竞争力。主要表现在:其一,规模经济可降低综合性运输经营人的物流成本,具有竞争力的价格和雄厚的资本后盾是企业吸引客户的一大优势;其二,综合性运输经营人具有广范围的物流服务能力和专业经验,既能提供批量货物的一体化服务方案,又能提供特殊货物的个性化服务方案;其三,综合性运输经营人良好的客户关系也是其物流竞争力的又一大筹码,一般综合性运输经营人的客户也是相对实力雄厚的企业,良好的客户关系是稳定货源,形成供应链战略合作的基础。

综上所述,综合性运输经营人是相对最具有物流竞争力的一类运输企业,多功能的物流服务、各项专业物流设施为企业的物流改革打下了坚实的基础。不足的是,企业的各项物流功能还未能有机地整合,供应链的整体效应还未能充分发挥出来。所以,综合性运输经营人的物流发展目标应是整合现有物流资源,提高总体协同能力,实施高质量、全方位、一体化的物流方案。

4. 运输中介物流特征

运输中介包括货运代理、托运人协会和经纪人等。这类运输服务提供者属于非作业性质的中间商。他们通常不拥有或经营运输设备、设施，但向委托人提供经纪服务，如为委托人办理货物托运及相关业务，并收取服务报酬。由于是以代理人的身份开展业务，所以运输中介在物流链中具有不同于其他类型运输企业的特性。

具体来说，运输中介具有以下几个方面的物流特征：

(1)实现物流功能。运输中介涉及的物流服务功能之多是其他从事物流经营者所无法相媲美的，从商品出运的起点至到达消费者，中间包括租船、订舱、货物监装监卸、集装箱拼拆箱、报关、报检、报验、保险、结汇、交付杂费、国际多式联运等环节都是运输中介的服务范围。为客户提供多功能的物流服务成为运输中介的业务特色。

(2)物流增值项目。从现有的运输中介的经营状况看，虽然服务范围广，但真正实现增值服务的项目却很少，以单一的运输代理费形式实现。而在实际操作中，运输中介盈利来源则主要在于差价和佣金，差价是市场不规范、不透明的产物，企业仅靠着微薄的佣金是难以维持生存的。因此，利润水平低成为运输中介中普遍存在的问题。

(3)物流竞争力。首先，代理本身就是为满足客户需求的一种服务性行业，因此运输中介客户意识良好，以客户为中心的服务理念深入人心；第二，运输中介具有宽广的专业知识，丰富的实践经验和四通八达的业务网点，这些都是企业发展物流的坚实基础；第三，运输中介一般没有运输工具、仓库等硬件设施，凭借同其他物流提供方合作实现客户多方位的要求，所以在某种程度上，不具备硬件设施反而增强了运输中介提供个性化服务的灵活性。

总之，运输中介因其广泛的业务范围、遍布各地的经营网络和良好的客户关系而在发展物流方面具有了得天独厚的基础，为客户提供柔性化的物流服务是其最大的优势。然而，在物流化经营中，其代理的身份却成为阻碍企业扩大增值空间，赢得长期客户的绊脚石。因此，运输中介的物流经营必须走出代理的局限，以第三方物流经营人的身份为客户设计并实施个性化的物流服务方案，这也是运输中介的物流发展目标。

5. 场站经营人物流特征分析

与单一运输经营人不同的是，场站经营人是专业从事货物装卸、暂存、中转的一类运输企业，是运输过程中起中转、缓冲和调节作用不可或缺的环节。相比较而言，场站经营人有其特有的物流特征。

(1)实现物流功能。场站经营人的物流功能系统相对较齐全，包括存储、装卸搬运、包装及简单加工、配送、信息处理等功能。存储和装卸搬运是场站经营人完成的最基本物流功能，也是其传统的核心业务；配送、包装及简单加工等则是场站经营人为满足客户进一步需要而提供的物流延伸服务；同时，场站经营人还具有一定的信息处理功能，汇集并处理进出港站货物的各项信息。

(2)物流增值项目。由于场站经营人完成物流功能的多样化，其物流增值项目也相应较为丰富，包括货物存储费、装卸搬运费、部分货物的包装、分拣、简单加工和配送服务费、提供货物相关信息服务费等。但在实际运作中，场站经营人的主要收入来源仍在于存储、装卸搬运等利润率较低的传统项目上，并且在激烈的市场竞争环境下，多数企业的物流服务费用均以包干费的形式实现，各种物流增值项目还未明晰地体现出来。

(3)物流竞争力。场站经营人的物流竞争力首先体现在其地理位置和硬件设施的优势上，一般港口、站场处于经济较为繁荣的地区，具有专业的储存、装卸搬运等物流设施、技术和良好的集疏运条件;第二,场站经营人多功能的物流服务使港口、站场成为各类货物的集散地,吸引了各方物流的进出,为发展成为流通型的配送中心、物流中心奠定了基础;第三,场站经营人不仅能吸引物流的进出,也能吸引参与物流活动的各服务商的进出,因此在某种程度上,具有形成后方货物交易实体市场的可能性,从而由满足需求向创造需求扩展。

总的来说,场站经营人的物流特征在于其吸引式的运作方式——在相对固定的场所提供货物中转、暂存等物流服务。场站经营人拥有的固定场所和专业技术设施为其发展成为物流中心奠定了基础,但企业不能仅局限于区域的范围之内。所以,场站经营人的物流发展目标是以港口、站点的多功能服务为核心,并积极向外拓展业务,最终实现吸引——辐射双向式的物流经营形式。

第四节　运输业对现代物流的适应与调整

一、运输业对现代物流适应与调整的必要性

现代物流这一概念,随着它对商品生产、流通和消费的影响日益明显,已越来越引起人们的关注。现代运输业在经过了各自独立的发展阶段和综合运输发展阶段以后,已进入了现代物流发展阶段。近年来,发达国家在物流管理理论和实践方面的发展,以及它给运输业带来的巨大变革和进步,正受到我国运输界的广泛关注和重视。人们把物流业看作是我国交通运输业在下世纪发展的新领域和新的经济增长点,被誉为交通运输企业在经营方式发展上的高级阶段。

进入20世纪90年代以来,国际运输市场最根本的变化是来自于客户(货主)。从客户群的构成、客户行为的转变到客户需求的多样化等方面看,客户的力量从来没有像今天这样强大到完全可以主宰市场的地步。然而,迄今为止,绝大多数运输企业的收益仍主要来自于为客户创造运输知识和运输技术方面的附加价值。众所周知,伴随着运输量的迅速增长,单位运输收益却在迅速下降,这说明运输业已不再拥有超额利润,已变成了一个普通的微利行业。运输业要想重新获得主动地位,唯一的出路就是超越,创造超越客户需求的附加价值。由于客户的需求客观上已从单纯的运输服务发展到全程服务,包括以最终消费者为本的“供应链”管理的物流服务,这就要求运输企业所提供的服务要远远超过客户提供运费的价格,并按照客户能够接受的价格,提供特定服务,以客户满意来换取收益。由此可见,对于运输企业来说,未来市场占有率的大小,除取决于企业内部经营管理水平的进一步提高外,关键在于对物流的组织与控制。可以说,谁控制了物流并建立了综合运输体系和市场信息网络,为以跨国公司为主的客户提供满意的综合物流服务,谁就可以在国际运输市场竞争中占据主动。

正因如此,从80年代中期开始,国际运输业开始进入综合物流的时代。以海运业为例,船公司已不仅仅局限于经营传统的海上运输业务,而且还渗透到了陆上运输、港口装卸、存储、代理、装拆箱等不同运输方式和运输环节中,为客户提供附加值更高的综合物流服务。世界上出现了一股“船公司登陆”的趋势,即船公司在物流所经过的各个环节设立“物流中心”(Logistics Center)。物流已成为国际运输业发展的必然趋势,被称之为运输领域继“集装箱运输”之后的又一次革命。因此,加强现代物流理论与实践研究,对我国交通运输业调整经营战略,适用市场需求具有十分重要的意义。

二、运输业对现代物流适应与调整的策略

面对综合物流这一新的课题，我国交通运输业的发展面临着新的机遇和挑战。所谓机遇是指综合物流给运输业带来了新的发展空间，它所展现出的广阔前景为我国运输业向高层次跃进提供了新的机遇。运输业如能顺应市场需要，不断推出适应综合物流需要的新举措，就有可能抓住机遇，赢得市场，从而使我国的交通运输业走出困境，走向更宽的发展空间和更高的发展层次。所谓挑战是指如果我国运输业不抓住机遇，努力融入综合物流领域，消极应战、不思进取，就会失去发展的机遇，更加难以在激烈的市场中赢得一席之地。为此，我国的交通运输业必须审时度势，抓住机遇，迎接挑战，在积极配合货主的综合物流战略的基础上，及时调整经营策略，为货主提供高质量的综合物流服务。

对我国水运业而言，应积极调整班轮运输业和港口企业的综合物流化发展战略。其中，班轮运输的经营战略调整应在充分体现现代综合物流思想的基础上，结合自己的特点和优势，将物流发展的重点放在集装箱多式联运和门到门运输方面。通过加强运输链上各连接点的衔接和配合，不断提高运输效率，降低全程运输费用。同时，利用现代通讯和信息技术，建立统一的信息服务中心和全球网络，为货主提供快捷、高效和优质的增值服务。对于港口企业来说，其物流战略的调整应以简化贸易和物流过程为目的，确保港口在现代综合物流节点上提供最少的间断和最大的增值。为此，我国的港口企业应根据港口的位置和内外环境、条件，确定自身的市场位置，不断加强海运干线两端延伸部分的配套服务，为货主创造更多的增值物流服务。同时，应充分发挥港口的地缘优势，努力为货主提供除运输、装卸以外的其他物流功能，如仓储、包装、配送和信息服务等。

我国公路运输业物流经营战略的调整，应主要体现在企业的经营规模和经营形式上。在企业经营规模上要因势利导，抓住机会，组建若干现代化的大型公路运输企业。近一二十年来，西方发达国家公路运输业发展的一个最显著特点是少数大型、超大型企业的迅速崛起，形成发达国家公路运输市场的主导力量。随着我国经济的发展，生产规模的大型化和专业化趋势越来越明显，因此从发展的需求看，势单力薄的小企业是无法满足现代运输的需要的。因此，我们需要调整公路运输企业结构，通过竞争、兼并和强强联合，组建有实力、有发展前途的大型公路运输企业，使其成为我国面向综合物流发展、具有较强适应性和挑战能力的运输中坚力量。在经营形式上，公路运输企业应根据市场需要，增强物流技术和物流管理，迅速进入综合物流领域，从单纯的“车轮”公司向提供多种服务的“物流”服务公司转变，为货主提供全方位的优质物流服务。尤其是随着我国流通领域物资供应和配送系统的变化，各种“配送中心”、“物流中心”层出不穷，同时，我国制造业零配件和原材料运输、存储和配送的物流服务需求也在不断增加。公路运输企业应抓住机遇，加强同商业、制造业的紧密联系，充分发挥自己的运输优势，同时尽快扩充在仓储、配送方面的能力，为商业、制造业提供多功能、高质量的“物流”服务。

案例 4-2　以运输为基础的大众物流发展战略

大众物流系大众交通集团三大产业板块之一，目前拥有近 3 亿元总资产，各种类型的车辆 1200 余辆，其中特种车辆（危险品车辆、冷藏冷冻车辆）约 50 辆，有海关监管资质的车辆约100辆;所有车辆中的80%安装了GPRS或GPS跟踪系统。拥有仓库面积近20000平方米,其中冷藏(冷冻)库约4000平方米。大众物流可以提供包含运输(特种运输)、仓储(冷藏冷冻)、配送、装卸搬运、流通加工、包装整理、货运代理、信息处理、贸易进销等一站式服务。

2001年,公司针对物流板块资产规模、市场份额相对较小的现状,确定了“四加快一优化”的经营方针,即:加快制订完善物流业务的发展规划,加快物流市场的培育,加快物流基础设施的建设和信息系统建设,加快人才招募及培养力度;根据产业结构调整需要,将最优的人力资源配置给物流产业,将最优的资源向物流产业倾斜,使之成为公司的“第二经济增长点”。三年内,公司投入了约6亿元资金于物流领域,重点建设“三网一基地”。

大众物流总公司企业定位:以运输为基础,以网络、信息为依据,提供高层次、全方位、快速反应综合型的第三方物流。

1. 核心业务——运输

转型后的第三方物流企业应该以运输为基础。

(1)运输成本是目前的物流成本中最大成本项,即便对发达欧洲国家而言,运输成本通常也要占到物流总成本的1/3以上。运输合理化在物流管理中极其重要,而对于运输管理和控制恰恰是大众公司的强项。

(2)运输是物流发展不可缺少的环节,随着世界经济发展,企业间竞争内容不断变化,70年代以价格竞争为主,80年代以质量竞争为主,90年代以服务竞争为主,21世纪以快速反应竞争为主。既然,快速反应构成企业的竞争核心,运输能力对于企业的重要性可想而知,大众物流应该以“快运”作为企业的竞争能力。

(3)运输是公路货运企业的传统优势,也是其核心竞争力,不可轻易放弃。大众具备一定规模的车辆设备,以及较为成熟的车队管理经验;大众交通集团,在交通方面拥有良好的声誉和品牌效应;在信息方面拥有GPS调度系统、82222信息平台;在运输资质方面拥有市内货运通行权等。所有的这些,使得大众物流发展运输主业有先天优势。

(4)运输网络化是现代物流发展的重要趋势,大众物流应从地域上扩展运输服务,依托公司路站场构建全国公路干线物流网络,积极发展区外网络节点,并加强与其他公路货运企业以及其他运输方式企业的协作和联合。

2. 规模化、多元化经营

物流运作本身要求一定的经济规模,规模化、“多兵团作战”是大型公路运输企业的竞争优势,也是现代大型成功物流企业特征之一。

物流发展是大众交通集团新的经济增长点,结合大众交通集团的实际情况和发展战略(物流板块资产将约占集团总资产的50%),大众物流板块要发展成为大型、综合第三方物流企业,满足高层次、全方位的物流需求,单纯向专业化运输发展或物流企业发展的思路是不够的,应该把两者有机结合起来,构成运输为主,提供多种物流服务的大型第三方物流提供商。

3. 大众物流向综合性第三方物流转型的基本思路

大众物流发展以“总体规划、分步经营”的基本思路,朝大型、综合第三方物流企业发

展；大众物流以运输为基础，努力发挥规模经济、范围经济、“多兵团作战”优势；大众物流努力加强同客户建立战略合作伙伴关系，达成“双赢”或“多赢”局势，为社会提供高等级、全方位的物流服务。

(1)总体规划。大众物流将发展为：应以运输为基础，提供多种物流服务的第三方物流企业。大众物流多元化发展战略应该有统一的规划，对要拓展的市场做出明确规定。在选择多元化经营时，应该注意发挥大众优势，向一些市场前景较好、竞争层次较高的领域进军。如大众向危险品运输市场、冷藏保温运输市场、集装箱运输、高等级立体仓库、监管仓库等市场壁垒较高的领域拓展物流服务范围。大众物流在多元化经营的同时，应该注意发挥集团团体的作用，达到“总体大于局部之和”的系统功效，经过3～5年成为上市公司。

(2)分散经营。大众综合物流服务中有专业化物流(以产品为定向)、综合型物流(以客户为定向)之分，不同项目构成不同模块，而且模块之间运作的方式是有区别的。如危险品运输、集装箱运输、冷藏运输、零担运输是不同的，应该在统一规划框架下，分散经营。大型物流企业存在着投资大、风险高的特点，因此在实现综合物流企业的过程中，不可一哄而上，应该抓住契机，循序渐进、有条不紊，不断拓展物流服务领域。同时还应该注意强强联合的战略思想，进行多元化物流业务经营，同相关企业建立战略伙伴关系，合作开拓新的物流领域。

通过强强联合发展思路，进军投资大、竞争层次高的专业化物流领域，具有重要意义：保证投资回报率，维护股东权益；在总体规划基础上，拓展物流多元化，逐渐实现大众物流战略规划；降低经营风险、财务风险，达到“双赢”或“多赢”局面。对于大众专业型的物流项目而言，有稳定业务；对于生产企业而言，有稳定专业的物流保障系统；对社会而言，能提供高品质、高水平的物流服务。

(3)分步实施。在分散经营过程中，可以遵循“分步实施”策略。货运公司或第三方物流公司提供的服务主要有两种：以产品为定向的物流服务或以客户为定向的物流服务，前者的发展程度弱于后者。

大众物流转型过程中，将稳扎稳打，先易后难，提供以产品为定向的物流服务，“分步实施”，逐渐向以客户为定向的物流服务发展。例如在大众组织结构中，一部分为专业物流，发展程度较低，主要提供基本服务——运输，以后再逐渐向综合物流发展；另外一部分发展层次较高，在大众已有的货运企业基础上正在向综合型第三方物流发展。

(来源：陈祥锋．大众物流板块向3PL发展思路探讨．中国流通经济．2001. No. 1.)

思考题：

1. 大众物流总公司的物流规划为企业定位，为什么以运输作为基础？

2. 大众物流发展以“总体规划、分步经营”的基本思路，朝大型、综合第三方物流企业发展，你认为该思路是否符合现代物流的发展方向？

3. 大众综合物流服务认为，危险品运输、集装箱运输、冷藏运输、零担运输应该在统一规划框架下，分散经营。你有无不同见解，请说明。

4. 大众物流认为进行多元化物流业务经营的关键,是同相关企业建立战略伙伴关系,合作开拓新的物流领域。此举是否有利于大众物流向综合性第三方物流转型?

思考与练习

一、名词解释

1. 规模经济
2. 距离经济
3. 多式联运

二、简答题

1. 阐述物流与运输的关系。
2. 试析运输的功能及其实现。
3. 影响运输决策的因素主要有哪些?
4. 分析各类运输服务提供者的主要物流特征。

三、讨论题

结合实际,探讨运输业对现代物流的适应与调整思路及对策。

第五章　运输规划与管理

引导案例　沃尔玛通过物流运输的合理化节约成本

沃尔玛公司是世界上最大的商业零售企业，在物流运营过程中，尽可能地降低成本是其经营的哲学。在中国，沃尔玛百分之百地采用公路运输，所以如何降低卡车运输成本，是沃尔玛物流管理面临的一个重要问题，为此沃尔玛的集中配送中心把以下措施有机地组合在一起，做出最经济合理的安排使得物流运输以最低的成本高效率地运行。

(1)沃尔玛使用一种尽可能大的卡车，大约有16米加长的货柜。沃尔玛把卡车装得非常满，产品从车厢的底部一直装到最高，这样非常有助于节约成本。

(2)沃尔玛的车辆都是自有的，司机也是他的员工。沃尔玛的车队每周一次运输可以达7000～8000公里。沃尔玛知道，卡车运输有可能会出交通事故，因此卡车不出事故，就是节省公司的费用，就是最大限度地降低物流成本，由于狠抓了安全驾驶，运输车队已经创造了300万公里零事故的纪录。

(3)沃尔玛采用全球定位系统对车辆进行定位，在任何时候，调度中心都可以知道这些车辆在什么地方，还需要多长时间才能运到商店，这种估算可以精确到小时，当知道卡车在哪里，产品在哪里，就可以提高整个物流系统的效率，有助于降低成本。

(4)沃尔玛的连锁商场的物流部门，24小时进行工作，无论白天或晚上，都能为卡车及时卸货。另外，沃尔玛的运输车队还利用夜间进行运输，从而做到了当日下午进行集货，夜间进行异地运输，翌日上午即可送货上门，保证在15～18个小时内完成整个运输过程，这是沃尔玛在速度上取得优势的重要措施。

(5)沃尔玛的卡车把产品运到商场后，商场可以把它整个地卸下来，而不用对每个产品逐个检查，这样就可以节省很多时间和精力，加快了沃尔玛物流的循环过程，从而降低了成本。这里有一个非常重要的先决条件，就是沃尔玛的物流系统能够确保商场所得到的产品是与发货单完全一致的产品。

(6)沃尔玛的运输成本比供货厂商自己运输产品要低。所以厂商也使用沃尔玛的卡车来运输货物，从而做到了把产品从工厂直接运送到商场，大大节省了产品流通过程中的仓储成本和转运成本。

(来源：道客巴巴，http://www.doc88.com/p－692152738335.html)

1. 沃尔玛运输合理化的途径有哪些？
2. 如何从综合物流系统的角度降低运输成本？

本章知识点

运输是物流系统中的最核心功能要素,运输规划与组织管理是物流战略规划决策的重要内容。

本章介绍了运输及其特征和分类,运输管理的意义、原则和主要内容,概述了不同运输方式的技术经济特点及其选择原则和方法,重点阐述了运输规划模型的建立及求解,并讨论供应链中运输网络的设计和运输线路与时序规划中的问题以及设计方法。

本章应重点掌握的内容:运输的地位和作用、特征以及分类;运输管理的主要内容、运输规制的内涵;合理运输组织的内涵及有效措施;不同运输方式的技术经济特点及选择方法;运输规划模型的建立及求解。

第一节　运输管理概述

一、运输及其特征

运输是指对旅客或货物的载运与输送,有时也专指对货物的载运与输送。它是在不同地域范围之间(如两个城市、两个工厂之间),以改变物品的空间位置为目的,对物品进行空间位移的活动。与搬运不同,运输的活动范围一般较大,而搬运往往发生在同一区域之内。《中华人民共和国国家标准物流术语(GB/T 18354—2001)》对运输的解释是:用设备和工具,将物品从一地点向另一地点运送的物流活动。其中包括集货、分配、搬运、中转、装入、卸下、分散等一系列操作。

物流是物品实体的物理性运动,这种运动不仅改变了物品的时间状态,同时也改变了物品的空间状态。运输主要承担改变物品空间状态的任务,是改变物品空间状态的主要手段;运输与装卸搬运、配送等活动相结合,就可以圆满完成改变物品空间状态的全部任务。

运输是社会物质生产的必要条件之一,是国民经济的基础和先行。运输是生产过程的继续,这个"继续"虽然以生产过程为前提,但如果没有它,生产过程则不能最终完成。虽然运输这种生产活动和一般的生产活动有所不同,它不创造新的物质产品、不增加社会产品数量、不赋予产品以新的使用价值,而只改变其所在的空间位置。但这一变动能使生产继续下去,使社会再生产不断推进,并且是一个价值不断增值的过程,所以可将其看成一个物质生产部门。

运输可以创造"空间效用"。空间效用也称为场所效用,其含义是:同种物品由于空间场所的不同,其使用价值的实现程度则不同,效益的实现程度也不同。由于空间场所的改变可以最大限度地发挥物品的使用价值,最大限度地提高投入产出比,因而将其称为"空间效用"。通过运输,将物品运到空间效用最高的地方,能够充分发挥物品的潜力,实现资源的优化配置。从这个意义来讲,物流也相当于通过运输提高了物品的使用价值。

运输是"第三个利润源"的主要源泉。首先,运输是运动中的活动,它和静止的保管不同,要靠大量的动力消耗才能实现,且运输又承担大跨度空间转移的任务,所以活动的时间长、距离远、消耗大。正因为运输消耗的绝对数量大,所以其节约的潜力也就大。其次,从费用上看,

运输在物流总成本中占有很大的比例。有研究表明,运输费用占全部物流总费用的近50%,有些产品的运费甚至超过了生产成本。所以,节约的潜力非常大;最后,由于运输总里程远,运输总量大,通过体制改革和运输合理化可大大缩短运输的吨公里数,从而获得比较大的节约。

运输生产的特征主要表现在以下四个方面:

1. 运输生产是在流通过程中完成的

运输表现为产品的生产过程在流通领域中的继续。工农业的生产,当其产品投入流通领域之日起,对企业来讲,即已完成了生产过程,而运输则在流通领域继续从事生产,它表现为一切经济部门生产过程的延续。由于运输业不断为企业生产提供原料、材料、燃料和半成品,以保证企业不间断地从事生产,因此,它对于充分发挥生产资金的作用和加速流通资金的周转有着密切关系。

2. 运输不产生新的实物形态产品

运输不改变劳动对象的属性和形态,只是改变它的空间位置。它参与社会总产品的生产,但社会产品量不会因运输而增大。运输生产所创造的价值,附加于其劳动对象上。对具体的货物而言,运输产品附加在其成本上,在交换中列入流通所需资金。

3. 运输产品计量的特殊性

运输生产的劳动产品是以运输量和运输距离进行复合计量的。运输产量的大小直接决定着运输能力和运输费用的消耗。

4. 运输的劳动对象十分庞杂

从运输的货物来说,"加工"品种种类之多、性质之杂是其他生产部门所无法比拟的。由于大多数运输的劳动对象的所有权属于其他单位,运输生产组织者对于劳动对象无权进行支配与选择,即构成生产力三要素中,有一个要素不是运输部门所能掌握的,而且这不能掌握的劳动对象同时又是服务对象。运输生产力要素的这种特殊性增加了运输计划与管理的复杂性,加大了运输组织的难度。

二、运输分类

运输在物流系统中的特殊地位及其悠久的发展历史决定了运输系统本身构成的复杂性,长期以来,形成了很多不同的分类方法,其中最主要的有如下几种:

1. 按运输设备及运输工具分类

按照运输设备与运输工具的不同,运输可以分为:公路运输、铁路运输、水路运输、航空运输、管道运输等五种形式。五种运输方式的技术经济特性将随后论述,这里不再赘述。

2. 按运输的范畴分类

(1)干线运输。是指利用道路的主干线路,或者固定的远洋航线进行大批量、长距离运输的一种形式。干线运输因为其运输距离长,运力集中,使得大量的货物能够迅速地进行大跨度的位移。干线运输是运输活动存在的主要形式。在我国,铁路担负着国内干线运输的主要任务。各种物资的调运、货物的配送,一直都由铁路来完成。随着我国铁路网络建设的不断完善,长距离干线运输的效益越来越明显。

通常情况下,干线运输要比使用相同运输工具的其他运输形式快得多,成本也会更低,是长距离运输的主要形式。当然,仅有干线运输还不足以形成完整的运输网络,合理的运输离不开其他辅助的运输手段。

(2)支线运输。是相对于干线运输而言的,是以干线运输为基础,对干线运输起辅助作用的一种运输形式。支线运输作为运输干线与收发货地点之间的补充运输,主要承担运输链中从供应商到运输干线上的集结点以及从干线上的集结点到配送站之间的运输任务。比如,京哈线、京广线是我国南北交通的最主要干线,与其相连的沈大铁路、石太铁路等就可以认为是为其服务的支线铁路。事实上,在沈阳和大连、石家庄和太原之间都有高速公路相连,这些高速公路也都可以看作是为干线运输提供补充服务的支线。

当然,干线与支线是相对的。如果将以上几条支线运输线路,放到一个相对较小的范围,比如一个省或邻近的一两个省,它们又可以被看成是运输干线。一般来讲,支线运距相对于干线要短一些,运输量也要小一些。同时,支线的建设水平往往也低于干线,运输工具也相对差一些。所以,支线运输的速度一般较慢,相同运距所花费的时间可能会更长,这些都是运输合理布局的必然要求。

(3)二次运输。也是一种补充性的运输方式。它是指经过干线与支线运输到站的货物,还需要再从车站运至仓库、工厂或集贸市场等指定交货地点的运输。一般情况下,二次运输的运输路程短、运输数量小。但由于该种运输形式主要用于满足单个客户的需要,缺乏规模效应,所以其单位运输成本往往还会高于干线与支线运输的单位成本。

(4)厂内运输。只存在于大型或超大型工业企业中。在这些企业内部,为了克服不同生产环节之间的空间差异而进行的运输称为厂内运输。厂内运输通常会发生在车间与车间之间或者车间与仓库之间。而在一般中小型企业内部以及大型企业的仓库内部发生的该类活动,都不能称为“运输”,而只能称作“搬运”。

3. 按运输的作用分类

(1)集货运输。是为了将分散的货物进行汇集而进行的一种运输形式。承运人根据自己的业务覆盖范围,集中、汇总所承运的货物,然后再由干线与支线完成长距离、大批量的运输任务,以充分发挥运输的规模效应。因此,集货运输也是干线与支线运输的一种重要补充运输。

(2)疏货运输。其运输方向与集货运输相反。它是为了将集中运达的货物分送到不同的收货点而进行的一种运输形式。配送运输是疏货运输的典型形式,它是由配送经营者按用户的要求,从配送据点出发,将配好的货物分别送到各个需求点的运输形式。同干线与支线运输相比,配送运输的运距较短、运量较小、单位成本也会较高。

4. 按运输的协作程度分类

(1)一般运输。主要是指在运输的全部过程中,单一地采用同种运输工具,或是孤立地采用不同种运输工具,在运输过程中没有形成有机协作整体的运输形式。应该看到,在某些专业领域,或在短距离运输中,此种运输形式还是比较常见,也有存在价值的。但从长远来看,此类运输形式显然与社会化大生产的客观要求相背离,所以其在社会总运量中的比重还会不断降低。

(2)联合运输。简称联运,是指由两种或两种以上运输方式,或者同一运输方式的几个不同运输企业,遵照统一的规章或协议,联合完成某项运输任务的组织形式。其中由两种或两种以上运输方式完成的联运称为多式联运,主要有公铁联运、水铁联运、水公联运等;由同一运输方式完成的联运有铁路联运、江海联运等。

多式联运是国际运输中常用的组织形式。《联合国国际货物多式联运公约》(1980 年)对国际多式联运的定义是:"国际多式联运是指按照多式联运合同,以至少两种不同的运输方式,由多式联运经营人将货物从一国境内承运货物的地点,运送至另一国境内指定交付货物的地点。"

5. 按运输中途是否换载分类

(1)直达运输。是指物品由发运地到接收地,中途不需要换装和在储存场所停滞的一种运输方式。直达运输降低了货物因多次转运换装而灭失的风险,提高了运输速度。对于承运人来说,直达运输也能使其在较短的时间内完成运输任务,达到提高运输效率、加快运输工具周转之目的。

(2)中转运输。是指物品由生产地运达最终使用地,中途经过一次以上落地并换装的一种运输方式。货物在运输过程中,需要在途中的车站、港口、仓库等地进行转运换装。中转运输的转运换装既包括同种运输工具不同运输线路之间的转换装运,也包括不同运输工具之间的转运换装。

中转运输是干线与支线运输之间有效衔接的桥梁。通过中转运输,可以将运输化整为零或化零为整,达到方便用户、提高效率的目的。在运输过程中,中转作业可以充分发挥不同运输工具在不同路段上的运输优势,实现运输的节约和增效。当然,中转运输也有一定的缺陷,主要就是中转换装会占用大量的作业时间,花费大量的物流费用,导致物流时间的延长和成本的增加。

直达运输与中转运输,很难笼统地断定孰优孰劣,它们二者在不同的情况下具有各自不同的优势。因此,人们在选择运输方式时,一定要具体问题具体分析,采用总体经济效益为评价指标,合理地进行分析、评价和选择。

三、运输管理的意义与原则

1. 运输管理能保证劳动过程顺利进行,从而提高劳动生产效率

一个规模较大的物流或运输企业,有几百人乃至几千人在一起共同劳动,这是一种协作性的劳动。凡是共同劳动都有程度不同的分工,而有分工就有协作,分工越细,各个部门、环节之间的联系性就越强,协作关系也越密切。为了保证劳动过程顺利进行,就必须有管理。这就是由共同劳动过程的性质产生出来的管理职能。协作劳动需要管理,就像一个乐队就需要一个乐队指挥。

物流企业或运输企业的管理,就是对整个运输过程的各个环节——运输计划、发运、接运、中转等活动中的人力、运力、财力和运输设备,进行合理组织,统一使用,调节平衡,监督完成,以求用同样的劳动消耗(活劳动和物化劳动),运输较多的货物,提高劳动效率,取得最好的经济效益。

2. 运输费占物流总费用的比重大

在物流业务活动过程中,直接耗费的活劳动和物化劳动,它所支付的直接费用,主要有:运输费、保管费、包装费、装卸搬运费、运输损耗费等。而其中运输费所占的比重最大,是影响物流费用的一项主要因素。日本曾对一部分企业进行了调查,在从成品到消费者手中的物流费

用中保管费占16%,包装费占26%,装卸搬运费占8%,运输费占44%,其他占6%;2014年我国用于运输的费用也占物流费用的52.9%左右。可见运输费对物流总费用影响最大。因此,在物流各环节中,如何搞好运输工作,积极开展合理运输,不仅关系到物流时间问题,也影响到物流效益。物流企业只有千方百计节约运输费用,才能降低物流费用及整个商品流通费用,提高企业经济效益,增加利润。

运输管理的目标就是从物流系统的总目标出发,运用系统学的理论和系统工程的方法对运输子系统中的运输方式、运输路线、运输工具以及与其他子系统间的关系进行综合分析,并考虑环境因素的影响,如计划、运力、供需矛盾等,选择合理化的运输方案。合理化运输的内涵及方法将在后续部分展开,这里不再赘述。

就物流而言,组织运输工作,应贯彻执行"及时、准确、经济、安全"的原则,即:

1. 及时性原则

运输的及时性是由运输速度和可靠性决定的,能否准确及时到货是选择运输方式考虑的又一重要原则。运输速度的快慢和到货及时与否不仅决定着物资周转速度,而且对社会再生产的顺利进行影响至关重要,由于运输不及时造成用户所需物资的缺货,有时会给国民经济造成巨大损失。因此,应根据被运货物的急需程度选择合适的运输方式。

2. 准确性原则

货物运输的准确性,是指在运输过程中准时准点到货,无差错事故。做到不错发、不漏交、准确无误地完成任务。货物运输的准确性在很大程度上受制于发送和接收环节,但与运输方式也有一定的关系,汽车运输可做到"门到门"运输,中转环节少,不易发生差错事故;铁路运输受客观环境因素影响小,容易做到准时准点到货。

3. 经济性原则

货物运输的经济性是衡量运输效果的一项综合性指标,因为安全性、及时性、准确性三原则中考虑的因素在一定程度上均可转化成经济因素,但是这里的经济性原则强调的是从运输费用上考虑选择运输成本低的运输方式。运输费用是影响物流系统经济效益的一项主要因素,因此按经济性原则选择运输方式是遵循的主要原则。

4. 安全性原则

选择货物运输方式,保证运输安全是考虑的首要原则,包括人身安全、设备安全和被运货物的安全。为了保证运输安全,首先应了解被运货物的特性,如重量、体积、贵重程度、内部结构以及其他物理化学性质(易碎、易燃、危险性等),然后选择安全可靠的运输方式。

"及时、准确、经济、安全"亦称物流运输的"四原则",这四个方面是辩证的统一,必须进行综合考虑,忽视或片面强调任何一方面都是不行的。

四、运输管理的主要内容

1. 运输计划管理

加强运输计划管理,仍然是顺利完成运输任务的主要保障。

1)运输计划的种类

(1)按运输方式分有:①铁路运输计划;②公路运输计划;③水路运输计划;④航空运输计划;⑤联运运输计划;⑥集装箱运输计划。

(2)按编制时间分有:①年度运输计划;②月度运输计划;③旬度运输计划。

2)编制运输计划的原则

(1)要保证重点,统筹安排。编制运输计划,必须有全局观点,正确处理全局与局部、重点与一般的关系。按着轻重缓急安排运输计划的先后次序。一般应先中央,后地方;先外运,后国内;先省外,后省内;先老、少、边、穷地区,后一般地区。对保证国家重点项目建设,抢险救灾和节日供应市场急需的货物运输计划,应予优先运输

(2)要组织均衡运输。"均衡运输"与市场对运输密集性、季节性需求常常是相互矛盾的。作为运输设备,在均衡使用的条件下,效率最高,但作为运输企业,要满足市场需求的前提下,才有效益,所以"组织均衡运输"是指在组织货源,制定运输计划时,要寻找市场特点与规律,统筹兼顾,按照产销季节的要求,尽量组织均衡运输,以充分利用运输能力。

(3)做好运量预测。做好运量预测是准确编制运输计划的前提。要了解工业企业生产的品种、规格、数量、流向及其规律性;了解流通部门采购、调拨、销售商品的数量、时间和去向等。同时,还要掌握各类主要货物运输的历史资料,作为编制运输计划的依据。

(4)加强统计分析。统计作为对社会经济现象进行分析的一种科学方法,是认识社会经济活动的一个重要基础工作。运输统计为编制运输计划提供历史资料,也是对运输计划执行情况进行检查监督的重要手段。通过统计进行分析,才能找出运输计划中存在的问题和信息反馈,从而提高计划的准确性。运输统计的基本要求是及时性、准确性和全面性。

2. 发运管理

发运业务是物流企业按照交通运输部门规定,根据运输计划安排,把货物从产地或起运地运到销售地(或收货地)的第一道环节,是运输业务的开始。物流企业必须和交通运输部门紧密配合,协调行动,做好发运前的一切准备工作,如落实货源、组织配装、检查包装标记、安排短途搬运及办理托运手续等等。特别应该强调发运时间,备货和调车要衔接一致,保证按时调车、按时装车、按时发运。有些物流企业和运输部门,采用"网络分析法"严密计算发运业务各项工序的时间,按繁简不同,先后次序组织工作,从而可以确定最佳的发运时间。

3. 接运管理

接运业务,是指物流企业或运输部门,在接到到货通知后,认真做好接运准备工作,把到达的货物完整无损地接运进来的业务活动。它关系到运输时间、货物质量和能否及时入库和出售。接运要做好以下工作:

(1)接运单位必须与交通运输部门办好交接手续,根据有关货物运输凭证及数量和质量的要求,接收、清点货物,要手续清楚,责任分明。

(2)接卸货物,必须注意安全,保证质量,严禁野蛮装卸,损伤货物。

(3)提前准备仓位,货物接卸以后,应该入库保管的立即进入库房保管。

(4)能组织直拨的货物,物流企业在接到到货通知后,可事先与用户单位联系,在货物到达后,就从车站、码头或专用线,直接把货物拨出,不入库保管,可减少一道中间环节。

4. 中转管理

凡是从起运地到收货地之间不能一次直达,需经过二次运输转换(或两种以上运输工具)的,就要进行中转。中转运输起着承前继后的作用,即一方面它要把发来的货物接运进来,另一方面,又要把接运的货物发运出去。加强中转管理,首先,要衔接运输计划,发货单位必须按

有关规定,提前将需要中转的运输计划通知中转单位;其次,要事先做好接运和中转准备工作,货物到达后,及时接卸,及时转出;再次,检查进行加固包装,对中转的货物包装要认真检查,凡是发现已经破损的,应该进行加固或更换,不能破来破转,造成货物损失;最后,物流企业在货物到达后,要及时理货,分批进行,以利中转,避免前后混淆,批次不清,造成错乱,影响中转时间。

5. 运输安全管理

运输安全管理也是运输管理的一项重要工作。货物通过运输后,经过发运、接运、中转等多次装卸搬运和几道手续环节,容易发生这样那样的事故。物流企业和交通运输部门,必须加强运输安全管理,减少货损货差。第一,建立健全各项运输安全制度,特别是运输安全岗位责任制,并严格执行,努力防止运输事故的发生;第二,要及时处理运输事故,一旦发生运输事故,有关各方面立即进行协商,按照规章制度或合同规定,分清责任,及时进行处理;第三,要划清事故责任,发生运输事故的原因是多方面的,有的是属于包装环节、运输环节、装卸搬运或其他环节的,也有的是属于自然灾害的,等等,必须实事求是,划清责任,分别记载货运记录和普通记录,作为查询和索赔的依据。

五、运输合理化

由于运输是物流中最重要的功能要素之一,物流合理化在很大程度上依赖于运输合理化。

在物流过程中的合理运输(reasonable transportation),是指按照商品流通规律、交通运输条件、货物合理流向、市场供需情况,走最少的里程,经最少的环节,用最少的运力,花最少的费用,以最短的时间,把货物从生产地运到消费地。也就是用最少的劳动消耗,运输更多的货物,取得最佳的经济效益。因为,在运输生产活动中,需要一定的劳动消耗(活劳动和物化劳动)。衡量运输的合理与否,是从技术经济角度,看消耗在运输上的社会劳动量,来评价运输的经济效益。

1. 合理运输"五要素"

运输合理化的要素很多,起决定性作用的有五方面的因素:运输距离、运输时间、运输费用、运输方式和运输环节,物流业称为合理运输"五要素"。

(1)运输距离。运输既然是商品在空间的移动,或称"位移",那么,这个移动的距离,即运输里程的远近,是决定其合理与否诸因素中一个最基本的因素。因此,物流部门在组织货物运输时,首先,要考虑运输距离,应尽可能实行近产近销,就近运输,尽可能避免舍近求远,要尽量避免过远运输与迂回运输。

(2)运输时间。对物流业来说,为了更好地为顾客服务,及时满足顾客的需要,时间是一个决定性的因素。运输不及时,容易失去销售机会,造成货物脱销或积压。尤其在市场变化很大的情况下,时间问题更为突出。人们常说"时间就是金钱,速度就是效益",运输工作也不例外。所以,在物流过程中,必须特别强调运输时间,要想方设法加快货物运输,尽量压缩待运期,使大批货物不要长期徘徊、停留在运输过程中。

(3)运输费用。运输费用占物流费用的比重很大,它是衡量运输经济效益的一项重要指标,也是组织合理运输的主要目的之一。运输费用的高低,不仅关系到物流企业或运输部门的经济核算,而且也影响商品销售成本。如果组织不当,使有些商品的运输费用超过了商品价格

本身(如煤炭),这是不合理的。尤其实行提货制——由购货方负担运费的情况下,由于运费偏高,往往会使采购者不愿订货,失去商品销售机会。为此,在组织合理运输工作中,积极节约运输费用,是物流企业的一项重要任务。

(4)运输方式。在交通运输日益发展,各种运输工具并存的情况下,必须注意选择有利的运输方式(工具)和运输路线,合理使用运力。要根据不同货物的特点,综合考虑库存、包装等因素,选择铁路、水运或汽车运输,并确定最佳的运输路径。要积极改进车船的装载技术和装载方法,提高技术装载量,使用最少的运力,运输更多的货物,提高运输生产效率。

(5)运输环节。在物流过程诸环节中,"流"是根本,所以运输是一个很重要的环节,也是决定物流合理化的一个根本性因素。因为,围绕着运输业务活动,还要进行装卸、搬运、包装等工作,多一道环节,需多花很多劳动,所以,物流部门在组织运输时,要对所运物资去向、到站、类别及数量作明细分类,尽可能组织直达、直拨运输,使物资不进人中转仓库,越过一切不必要的中间环节,由产地直运销地或用户,减少二次运输。

上述这些因素既互相联系,又互有影响,有时甚至是矛盾的。如运输费用省了,而时间却慢了;而有时,运输距离虽然稍远,但由于路段通过能力的影响,运输时间反而短了。这就要求进行综合比较分析,制订最佳运输方案。在一般情况下,运输时间短、运输费用省,仍然是考虑合理运输的两个主要因素,它集中地体现了在物流过程中的运输经济效益。

2. 不合理运输表现形式

在现有条件下可以达到的运输水平而未达到,从而造成了运力浪费、运输时间增加、运费超支等不合理运输形式在我国还普遍存在,主要表现形式有:

(1)空车无货载行驶。"空车无货载行驶"可以说是不合理运输的最严重形式。在实际运输组织中,有时候必须调运空车,从管理上不能将其看成不合理运输。但是,因调运不当,货源计划不周,不采用运输社会化而形成的空驶,是不合理运输的表现。造成空驶的不合理运输主要有以下几种原因:①能利用社会化的运输体系而不利用,却依靠自备车送货提货,这往往出现单程重车,单程空驶的不合理运输。②由于工作失误或计划不周,造成货源不实,车辆空去空回,形成双程空驶。③由于车辆过分专用,无法搭运回程货,只能单程实车,单程回空周转。

(2)对流运输。"对流运输"亦称"相向运输"、"交错运输",指同一种货物,或彼此间可以互相代用而又不影响管理、技术及效益的货物,在同一线路上或平行线路上作相对方向的运送,而与对方运程的全部或一部分发生重叠交错的运输称对流运输。已经制定了合理流向图的产品,一般必须按合理流向的方向运输,如果与合理流向图指定的方向相反,也属对流运输。

在判断对流运输时需注意的是,有的对流运输是不很明显的隐蔽对流,例如不同时间的相向运输,从发生运输的那个时间看,并无出现对流,可能做出错误的判断,所以要注意隐蔽的对流运输。

(3)迂回运输。迂回运输是舍近取远的一种运输。可以选取短距离进行运输而不办,却选择路程较长路线进行运输的一种不合理形式。迂回运输有一定复杂性,不能简单处之,只有当计划不周、地理不熟、组织不当而发生的迂回,才属于不合理运输,如果最短距离有交通阻塞、道路情况不好或有对噪音、排气等特殊限制而不能使用时发生的迂回. 不能称不合理运输。

(4)重复运输。本来可以直接将货物运到目的地,但是在未达目的地之处,或目的地之外

的其他场所将货卸下,再重复装运送达目的地,这是重复运输的一种形式。另一种形式是,同品种货物在同一地点一面运进,同时又向外运出。重复运输的最大毛病是增加了非必要的中间环节,这就延缓了流通速度,增加了费用,增大了货损发生的概率。

(5)倒流运输。倒流运输是指货物从销地或中转地向产地或起运地回流的一种运输现象。其不合理程度要甚于对流运输,其原因在于,往返两程的运输都是不必要的,形成了双程的浪费。倒流运输也可以看成是隐蔽对流的一种特殊形式。

(6)过远运输。过远运输是指调运物资舍近求远,近处有资源不调而从远处调,这就造成可采取近程运输而未采取,拉长了货物运距的浪费现象。过远运输占用运力时间长,运输工具周转慢,占压资金时间长,远距离自然条件相差大。又易出现货损,增加了费用支出。

(7)运力选择不当。未选择各种运输工具优势而不正确地利用运输工具造成的不合理现象,常见有以下若干形式:①弃水走陆。在同时可以利用水运及陆运时,不利用成本较低的水运或水陆联运,而选择成本较高的铁路运输或汽车运输,使水运优势不能发挥。②铁路、大型船舶的过近运输。不是铁路及大型船舶的经济运行里程却利用这些运力进行运输的不合理做法。主要不合理之处在于火车及大型船舶起运及到达目的地的准备、装卸时间长,且机动灵活性不足,在过近距离中利用,发挥不了运速快的优势。相反,由于装卸时间长,反而会延长运输时间。另外,和小型运输设备比较,火车及大型船舶装卸难度大、费用也较高。③运输工具承载能力选择不当。不根据承运货物数量及重量选择,而盲目决定运输工具,造成过分超载、损坏车辆及货物不满载、浪费运力的现象。尤其是“大马拉小车”现象发生较多。由于装货量小,单位货物运输成本必然增加。

(8)托运方式选择不当。对于货主而言,在可以选择最好托运方式而未选择,造成运力浪费及费用支出加大的一种不合理运输。例如,应选择整车未选择,反而采取零担托运,应当直达而选择了中转运输,应当中转运输而选择了直达运输等都属于这一类型的不合理运输。

上述的各种不合理运输形式都是在特定条件下表现出来,在进行判断时必须注意其不合理的前提条件,否则就容易出现判断的失误。例如,如果同一种产品,商标不同,价格不同,所发生的对流,不能绝对看成不合理,因为其中存在着市场机制引导的竞争,优胜劣汰,如果强调因为表面的对流而不允许运输,就会起到保护落后、阻碍竞争甚至助长地区封锁的作用。类似的例子,在各种不合理运输形式中都可以举出一些。再者,以上对不合理运输的描述,就形式本身而言,主要是从微观观察得出的结论。在实践中,必须将其放在物流系统中做综合判断,在不做系统分析和综合判断时,很可能出现“效益背反”现象。单从一种情况来看,避免了不合理,做到了合理,但它的合理却使其他部分出现不合理。只有从系统角度,综合进行判断才能有效避免“效益背反”现象,从而优化全系统。

3. 组织合理运输的有效措施

组织合理运输的有效措施主要包括:

(1)提高运输工具实载率。实载率有两个含义:一是单车实际载重与运距之乘积和标定载重与行驶里程之乘积的比率,这在安排单车、单船运输时,是作为判断装载合理与否的重要指标;二是车船的统计指标,即一定时期内车船实际完成的货物周转量(以吨公里计)占车船载重吨位与行驶公里之乘积的百分比。在计算时车船行驶的公里数,不但包括载货行驶,也包括空驶。

提高实载率的意义在于:充分利用运输工具的额定能力,减少车船空驶和不满载行驶的时间,减少浪费,从而求得运输的合理化。

我国曾在铁路运输上提倡“满载超轴”,其中,“满载”的含义就是充分利用货车的容积和载重量,多载货,不空驶,从而达到合理化之目的。这个做法对推动当时运输事业发展起到了积极作用。当前,国内外开展的“配送”形式,优势之一就是将多家需要的货和一家需要的多种货实行配装,以达到容积和载重的充分合理运用,比起以往自家提货或一家送货车辆大部空驶的状况,是运输合理化的一个进展。在铁路运输中,采用整车运输、合装整车、整车分卸及整车零卸等具体措施,都是提高实载率的有效措施。

(2)采取减少动力投入,增加运输能力的有效措施求得合理化。这种合理化的要点是,少投入、多产出,走高效益之路。运输的投入主要是能耗和基础设施的建设,在设施建设已定型和完成的情况下,尽量减少能源投入,是少投入的核心。做到了这一点就能大大节约运费,降低单位货物的运输成本,达到合理化的目的。

国内外在这方面的有效措施有:①前文已提到的“满载超轴”其中“超轴”的含义就是在机车能力允许情况下,多加挂车皮。我国在客运紧张时,也采取加长列车、多挂车皮办法,在不增加机车情况下增加运输量。②水运拖排和拖带法。竹、木等物资的运输,利用竹、木本身浮力,不用运输工具载运,采取拖带法运输,可省去运输工具本身的动力消耗从而求得合理;将无动力驳船编成一定队形,一般是“纵列”,用拖轮拖带行驶,可以有比船舶载乘运输运量大的优点,求得合理化。③顶推法。是我国内河货运采取的一种有效方法。将内河驳船编成一定队形,由机动船顶推前进的航行方法。其优点是航行阻力小,顶推量大,速度较快,运输成本很低。④汽车挂车。汽车挂车的原理和船舶拖带、火车加挂基本相同,都是在充分利用动力能力的基础上,增加运输能力。

(3)发展社会化的运输体系。运输社会化的含义是发展运输的大生产的规模效益优势,实际专业分工,打破一家一户自成运输体系的状况。

社会化运输体系中,各种联运体系是其中水平较高的方式,联运方式充分利用面向社会的各种运输系统,通过协议进行一票到底的运输,有效打破了一家一户的小生产,受到了欢迎。

(4)开展中短距离铁路公路分流,“以公代铁”的运输。这一措施的要点,是在公路运输经济里程范围内,或者经过论证,超出通常平均经济里程范围,也尽量利用公路。这种运输合理化的表现主要有两点:一是对于比较紧张的铁路运输,用公路分流后,可以得到一定程度的缓解,从而加大这一区段的运输通过能力;二是充分利用公路从门到门和在中途运输中速度快且灵活机动的优势,实现铁路运输服务难以达到的水平。

(5)尽量发展直达运输。直达运输是追求运输合理化的重要形式,其对合理化的追求要点是通过减少中转过载换载,从而提高运输速度,省却装卸费用,降低中转货损。直达的优势,尤其是在一次运输批量和用户一次需求量达到了一整车时表现最为突出。此外,在生产资料、生活资料运输中,通过直达,建立稳定的产销关系和运输系统,也有利于提高运输的计划水平,考虑用最有效的技术来实现这种稳定运输,从而大大提高运输效率。

特别需要一提的是,如同其他合理化措施一样,直达运输的合理性也是在一定条件下才会有所表现,不能绝对认为直达一定优于中转。这要根据用户的要求,从物流总体出发做综合判断。如果从用户需要量看,批量大到一定程度,直达是合理的,批量较小时中转是合理的。

(6)优化货运配载。配载运输是充分利用运输工具载重量和容积,合理安排装载的货物及载运方法以求得合理化的一种运输方式。配载运输也是提高运输工具实载率的一种有效形式。

配载运输往往是轻重商品的混合配载,在以重质货物运输为主的情况下,同时搭载一些轻泡货物,如海运矿石、黄沙等重质货物,在舱面捎运木材、毛竹等,铁路运矿石、钢材等重物上面搭运轻泡农、副产品等,在基本不增加运力投入情况下,在基本不减少重质货物运输情况下,解决了轻泡货的搭运,因而效果显著。

(7)发展专门化运输技术和工具。发展专门化运输技术和组织方式是运输合理化的重要途径。例如,专用散装及罐车,解决了粉状、液状物运输损耗大,安全性差等问题;大型半挂车解决了大型设备整体运输问题;"滚装船"解决了车载货的运输问题;专用集装箱船比普通杂货船能更高效地完成货物运输;甩挂运输在配送车将满载的集装箱送到目的地时,车头与集装箱可以分离,车头再将满载的另一个集装箱运回,从而减少配送车返程的空载率,并最大限度地节约等候装卸的时间等,这些都是通过来用先进的科学技术实现合理化。

(8)通过流通加工,使运输合理化。有不少产品,由于产品本身形态及特性问题,很难实现运输的合理化,如果进行适当加工,就能够有效解决合理运输问题,例如将造纸材在产地预先加工成干纸浆,然后压缩体积运输,就能解决造纸材运输不满载的问题。轻泡产品预先捆紧包装成规定尺寸,装车就容易提高装载量;水产品及肉类预先冷冻,就可提高车辆装载率并降低运输损耗。

六、运输规制

运输规制是指为贯彻国家的运输政策和规范运输行业的企业行为而制定的法律、法规和行政命令的总称。运输活动的展开必须以遵循有关运输的法律、法规和行政命令为前提。

1. 我国的运输规制

目前,我国运输规制的内容,主要包括加入和退出规制、费率规制、服务水准规制、补贴等。

(1)加入和退出规制。加入退出规制的内容涵盖了运输企业从设立到退出行业的全过程。

我国对公路运输企业实行许可证制度,《公路运输管理暂行条例》第七条规定:"交通主管部门根据需要和其生产能力、经营范围、技术和经营条件情况,在三十天内提出审核意见,符合条件的发给经营许可证。"从事营运性公路运输的单位和个人停业应在办理停业手续后,方可以公告停业。

凡从事营业性水路运输,必须由交通主管部门审查批准,领取"水路运输许可证"和"船舶营业运输证"。中华人民共和国沿海、江河、湖泊以及其他通航水域的旅客、货物运输,必须由中国企业、单位或个人使用悬挂中华人民共和国国旗的船舶经营。未经中华人民共和国交通部的批准,外资企业、中外合资企业、中外合作经营企业不得经营中华人民共和国沿海、江河、湖泊以及其他通航水域的旅客、货物运输。

航空运输企业必须符合《中华人民共和国航空法》规定的条件,其设立、变更和终止以及企业内部和外部的关系,由国家有关法律调整。按照审批权限和审批程序的规定,凡经批准开办的航空运输企业,由中国民用航空局颁发经营许可证。《中华人民共和国民用航空法》第九十二条规定:设立公共航空运输企业应当具备以下条件:①有符合国家规定的适应保证飞行安

全要求的民用航空器;②有必需的依法取得执照的航空人员;③有少于国务院规定的最低限额的注册资金;④法律、行政法规定的其他条件。第九十三条规定:公共航空运输企业申请经营定期航班运输的航线,暂停、终止经营航线,应当报经国务院航运主管部门批准。

(2)费率规制。我国对运输业的费率实行规制,各种运输方式的费率均可有明确的运价表予以规定,运输企业被要求严格按照运价表收取运输费,并由铁道部、交通部、民航局等行政部门及其下属机构负责监督执行。除非特别批准,运输企业不得变更运价。

例如,《中华人民共和国铁路法》第二十五条规定:国家铁路的旅客运输票价率和货物、包裹行李的运价率由国务院铁路主管部门拟定,报国务院批准。国家铁路的旅客、货物运输杂费的收费项目和收费标准由国务院铁路主管部门规定,国家铁路的特定运营线的运价率,由国务院铁路主管部门商得国务院物价主管部门同意后规定;地方铁路的旅客票价、货物运价率和运输杂费的收费项目和收费标准,由省、自治区、直辖市人民政府物价主管部门规定。第二十六条规定:路途旅客票价、货物、包裹、行李的运价,旅客和货物运输杂费的收费项目和收费标准,必须公告,未公告的不得实施。

《中华人民共和国民用航空法》第九十七条规定:公共航空运输企业的营业收费项目,由国务院民用航空主管部门确定。国内航空的运价管理颁发由国务院民用航空主管部门会同国务院物价主管部门制定,报国务院批准后执行。国际航空运输运价的制定按照中华人民共和国政府与外国政府签订的协定、协议的规定执行;没有协定、协议的,参照国际航空运输市场价格制定运价,报国务院航空主管部门批准后执行。

(3)服务水准的规制。服务水准规制的内容涵盖运输业经营的技术和服务标准。《中华人民共和国铁路法》、《铁路货物运输规程》、《铁路旅客及行李包裹运输规程》、《铁路管理条例》、《汽车旅客运输规则》、《汽车货物运输规则》、《水路运输管理条例》、《水路旅客运输规则》、《水路货物运输规则》、《中华人民共和国民用航空法》、《国内旅客行李航空运输规则》、《国内航空货物运输规则》等法规对运输设备的提供、班次、时刻表、票据、运营线路等有比较明确的规定,例如在《中华人民共和国铁路法》第十三条中对铁路服务水平做出了规定,在《中华人民共和国民用航空法》第九十五条中航空服务水平做出了规定;而交通安全则有诸多交通安全规则加以规范。在我国目前的服务水准规制的规定中,有关安全、运输工具、运输业从业技术人员的考核以及运输合同条款方面的规定较多也较为详细;而对于服务的水平、次数等规定比较笼统。

(4)运输补贴。我国运输补贴分为中央财政补贴和地方财政补贴两级。中央财政补贴主要用于铁路和管道,补贴方式主要是差额式补贴,即由中央财政拨款弥补运输企业运营亏损。前几年,我国铁路就采取此种补贴方式。地方财政补贴主要用于补贴城市公共交通,对城市公共交通运输企业包括地铁、公共汽车等进行补贴,补贴方式主要是差额式补贴。

2. 我国的交通运输法规

我国的交通法分为法律、法规和规章三个层次,包括国务院已发布的有关的行政法规和各交通运输主管机关制定的行政规章。在交通运输立法方面,我国已颁布了《中华人民共和国海上交通安全法》(1983年)、《中华人民共和国铁路法》(1990年)、《中华人民共和国公路法》(1992年)、《中华人民共和国海商法》(1992年)、《中华人民共和国民用航空法》(1996年)、《中华人民共和国民用港口法》(2003年)、《中华人民共和国道路交通安全法》(2003年)、《中

华人民共和国道路交通安全法实施条例》(2004 年)。在交通运输法规、规章方面常用的主要有以下内容。

(1)公路运输:

- 超限运输车辆行驶公路管理规定
- 汽车货物运输规则
- 道路零担货物运输管理办法
- 道路大型物件运输管理办法
- 道路货物运输服务业管理办法
- 中华人民共和国道路运输条例
- 中华人民共和国机动车驾驶管理办法
- 道路交通事故处理程序规定
- 道路交通事故处理办法
- 车辆购置附加费统计管理暂行规定
- 高速公路交通管理办法
- 城市道路管理条例
- 中华人民共和国机动车驾驶员培训管理规定
- 中华人民共和国机动车登记办法
- 进口汽车检验管理办法
- 交通行政复议规定
- 交通行政处罚程序规定
- 机动车驾驶员交通违章记分办法
- 中华人民共和国收费公路管理条例
- 中华人民共和国公路管理条例

公路运输是我国较为传统的运输方式之一,发展也较快,其相关法律法规也相对比较健全。但我国目前颁布实施的公路法规中主要都是一些规定、办法或通知。一方面不同级别的不同部门针对不同对象制定不同的规定,法条细而杂,具体规定间有冲突或重复,适用起来容易混乱;另一方面法律效力相对较低,不利于整体统一调整,因此造成对公路使用者保护不利,使其动辄得咎,无以适从,而且容易导致部门割据、地区割据,致使国家法律尊严受损。为了发展现代物流,实现高效率的运输和配送,必须整合上述法规,从制度的规定和调整上彻底扫清发展障碍。

(2)铁路运输:

- 铁路货运事故处理规则
- 铁路货物运输杂费管理办法
- 铁路货物运输规程
- 铁路货物运输管理规则

由于铁路运输与空运一样具有使用空间的特定性,涉及的管理部门较少,不易导致部门管辖冲突,因此在法律法规的执行上也比较统一。但由于我国目前铁路运输还为国家所专控,在尚不能放开铁路经营权的前提下,应注意对铁路部门的规范,避免因垄断而导致的副效应。

(3)水路运输:

- 中华人民共和国船员条例
- 中华人民共和国防止拆船污染环境管理条例
- 中华人民共和国国际海运条例
- 中华人民共和国船舶登记条例
- 中华人民共和国防止船舶污染海域管理条例
- 中华人民共和国内河交通安全管理条例
- 中华人民共和国航道管理条例
- 中华人民共和国航标条例
- 中华人民共和国船舶和海上设施检验条例
- 国内水路运输管理条例
- 水路货物运输规则
- 水路危险货物运输规则
- 国际集装箱多式联运管理规则
- 港口道路交通管理办法
- 关于委托代征外国航空公司运输收入税款
- 港口建设费征收办法

我国水路运输法律法规主要存在两方面的问题:一是与公路运输一样存在管理部门多,容易冲突和重复,因此也涉及部门协调、化零为整、统一规范的问题;二是水运法规内外有别,尤其是沿海运输与远洋运输的问题,因此如何在不超越国情的情况下尽量与国际接轨,逐步统一相关法规已变得日益重要。

(4)航空运输:

- 航空货物运输合同实施细则
- 中国民用航空国内航线和航班经营管理规定
- 中国国际航空公司货物国内运输总条件
- 中国民用航空货物国际运输规则
- 中华人民共和国民用航空器权力登记条例
- 单方经营中国大陆与台湾间民用航空运输补偿费的规定
- 民航局关于航空运输服务方面罚款的暂行规定
- 运输(民用航空)企业会计制度
- 民用航空运输销售代理业管理规定
- 航空货物运输合同实施细则
- 国务院关于开办民用航空运输企业审批权限的暂行规定
- 关于加强空运进口货物管理的暂行办法

我国目前的民用航空法律法规还有一定局限性,这与我国目前航空运输的实际情况相一致。但由于空运使用空间的特殊性,不易出现公路、水路运输法规制定和执行中出现的类似问题。

第二节　运输方式选择

一、运输方式的技术经济特点

1. 铁路运输

铁路运输是指使用铁路列车运送旅客或货物的一种运输方式。一般来讲,铁路运输的运输距离较长、运输数量较大,在干线运输中起着主力军的作用。在我国的物流运输过程中,铁路是货物运输的主要承担者,特别是大宗的、单一的、长距离的货物,如煤炭、木材、粮食、棉花、钢材、水泥等,主要是由铁路运输。铁路更适合于大宗货物的中长途运输。

(1)适应性强。依靠现代的科学技术,铁路几乎可以在任何地方进行修建,而且基本可以实现全年和全天候运营,受地理或气候条件的限制较少。铁路运输具有较高的连续性和可靠性,适宜于从事各种不同类型货物的双向运输。

(2)运输能力大。铁路是一种宜于承担大宗货物运输的通用运输方式,它的运输能力通常取决于单列列车的载重能力和线路的通过能力。比如,一般复线铁路每昼夜通过货物列车的数量可达百余对,因而其每年单方向的货物运输能力就可超过 1 亿吨。

(3)安全程度高。随着科学技术的进步及其在铁路安全领域的不断运用,铁路运输的安全程度越来越高。近 20 年来,许多国家的铁路系统广泛采用了电子计算机和自动控制等高新技术,安装了列车自动停车、自动控制、自动操纵系统以及灾害防护和故障报警等装置,有效地防止了列车运行事故的发生。在各种运输方式中,按所完成的货物吨公里数计算的事故率,铁路运输是最低的。

(4)运输速度较快。常规铁路的列车运行速度一般为每小时 60 ~ 80 千米,少数常规铁路可高达每小时 140 ~ 160 千米。高速铁路运行时速可达 210 ~ 260 千米。1990 年 5 月 18 日,法国铁路 TGV 高速客车动车组曾创造了时速 515. 3 千米的世界纪录。应该指出的是,列车运行的速度越快,技术要求也越高,能耗也越大,经济上不一定合理。

(5)能耗水平低。铁路轮轨之间的摩擦阻力远小于汽车车轮与公路路面之间的摩擦力。铁路机车的单位功率所能牵引的重量约比汽车高出 10 倍,所以铁路单位运量的能耗也比汽车运输要少得多。

(6)环境污染小。工业发达国家的自然环境曾经受到了严重破坏,运输工具的废气排放就是其中的一个重要原因。对空气和地表污染最严重的是汽车、喷气式飞机和超音速飞机。相比之下,铁路运输对环境和生态的影响较小,特别是电气化铁路,影响程度会更低。

(7)运输成本较低。在铁路运输成本构成中,固定资产折旧费所占比重较大,所以,铁路运输的单位运输成本与运输距离和运量等因素密切相关。运距越长、运量越大,则单位运输成本就越低。一般情况下,铁路的单位运输成本比公路和航空运输都要低得多,有时甚至还要低于内河航运。

2. 公路运输

公路运输是指使用人力车、畜力车或各种机动车辆在公路上运送旅客或货物的运输组织方式。它一般承担距离较近或批量较小的运输任务,有时也在水路或铁路难以到达的地区从事必要的运输任务。公路运输的特点是灵活机动,可以做到"门到门"运输,是综合运网中的基础运输方式。公路更适合于小批量、快速、门到门的货物运输和旅客运输。

(1)机动、灵活,可实现"门到门"运输。汽车不仅是其他运输方式的接载工具,而且本身也可以进行直达运输。公路直达运输可以减少中转环节和装卸次数,在经济运距之内可以直达广大的城镇和农村,在无水路或铁路运输的地区更是如此。目前,我国98%的乡镇和87%的行政村都已通了公路,汽车"门到门"运输的机动性和灵活性可以得到充分的体现。公路运输对我国经济的发展有着重要的意义。

(2)货损货差小,安全性高,灵活性强。汽车运输能保证运输质量,使货物及时送达。随着公路网络的不断完善、公路等级的不断提高和汽车技术性能的不断改善,公路运输的安全水平在不断提高,货损货差也在不断降低。公路运输的灵活性和快捷性有利于保证货物运输的质量,节省货物运输的时间。

(3)原始投资少,资金周转快,技术改造容易。汽车车辆的购置费用较低,原始投资的回收期较短。美国有关资料表明:公路货运企业每收入1美元,仅需投资0.72美元,而铁路则需2.7美元。公路运输的资本每年可周转3次,而铁路运输则需3~4年才能周转1次。

(4)适合中短途运输,不适合长途运输。公路运输的优势在中短途运输中表现得最为突出。短途运输通常在50公里以内,中途运输则在50~200公里。长途运输费用过高,是其难以弥补的缺陷。

3. 水路运输

水路运输是指使用各种机动或非机动船舶在通航水域运送旅客或货物的一种运输方式。由于水路运输的运输能力大、单位成本低,所以发展很快。20世纪80年代以来,我国水路运输的周转量一直处于各种运输方式之首,水运是当之无愧的干线运输主力。水运更适合于长途、大宗货物,低值和对快速要求不强的货物,超大件特种货物,外贸货物的运输。

(1)运输能力大。海上航运利用天然航道,基本不受水深的限制,因此其运输能力较大。在远洋运输领域,超级油轮的最大载重能力已达55万吨,矿石船的最大载重能力已达35万吨,集装箱船的最大装载能力已超过1.8万TEU。

内河航运虽然受航道水深的限制,影响了其运输能力的进一步扩大,但同其他运输方式相比,内河航运的运输能力仍然是十分可观的。目前,美国最大的内河顶推船队运载能力已经达到5万~6万吨。我国大型顶推船队的运载能力也已达3万吨,相当于普通铁路列车的10倍。

(2)运输成本低。因为港口建设的项目多、费用大,所以水路运输的场站费用高。其总成本之所以能低于其他运输方式,主要是由于船舶的装载能力大、运输距离远,运行成本低。据测定,美国沿海运输的平均成本只及铁路的1/8,密西西比河干线的平均运输成本也只有铁路的2/5。

(3)劳动生产率高。因为水路运输的载运量较大,所以其劳动生产率较高。海上运输中,一艘20万吨的油船只需配备40名船员,人均货物运送量达5000吨。内河运输中,采用分节驳顶推船队,也具有很高的劳动生产率。

(4)运输速度低。由于船舶的体积较大,水流阻力大,所以水路运输的速度较低。低速航行需要克服的阻力较小,能够有效地节约燃料;如果提高航速,则航行阻力就会直线上升。例如,船舶行驶速度从每小时5公里上升到每小时30公里时,所受阻力将会增加35倍。因此,一般船舶的行驶速度都要比铁路和汽车慢得多。

4. 航空运输

航空运输投资少、速度快、时间效益好。但能耗大、成本高。在物流运输中,航空运输比较适宜于时间性要求强的鲜活易腐以及价值高的货物的中长途运输。

(1)速度快。与其他运输方式相比,高速度无疑是航空运输最明显的特征。航空运输的高速度特征在物流领域具有无可比拟的优越性。现代喷气式运输机的时速一般在900公里左右,是火车的5~10倍,轮船的20~25倍。

(2)机动性大。航空运输不受山川河流和地形地貌的影响,只要有机场及相应的安全保障设施即可开辟航线。如果用直升机从事货物运输,则机动性会更强。在自然灾害及其他紧急救援过程中,在其他运输方式不能到达的地方,均可采用飞机空投的方式完成运输任务,航空运输经常能满足特殊条件下的特殊物流要求。

(3)安全性较高。航空运输平稳、安全,货物在运输途中受到的震动、撞击均小于其他运输方式。尤其当飞机在1万米以上的高空飞行时,飞机将不受低空气流的影响,更能体现航空运输的安全性。

(4)国际性强。严格地说,任何运输方式都可能在不同的国家之间完成运输任务,都有国际性。但在国际的交往中,航空运输具有特殊的地位。所以,国际航空运输领域制定了统一的航空器适航标准和飞行标准,此外,在航空运输组织、航空管制和机场建设标准等方面也都有统一的规范和章程。国际民航组织在此过程中发挥了重要的作用。

(5)建设周期短,投资回收快。航空运输的基础建设主要就是机场及其辅助设施。一般来说,修建机场比修建铁路的建设周期短,且投资回收快。

(6)运输成本高。航空运输的主要缺点是飞机机舱容积和载重量都比较小,运载成本和运价比地面运输高。普通的货物使用航空运输方式,经济上不一定合算。

5. 管道运输

管道运输是使用管道输送液态或固态流体货物的一种运输方式。它适用于货类单一、批量稳定的货物运输,常承担石油、液化气或浆化煤炭等流体货物的运输。

(1)运输能力较大。由于利用管道能够进行不间断的货物输送,所以它一般不会产生空驶,能够完成数量较大的运输任务。

(2)建设工程比较单一。管道运输系统中,除首末站及中间站会占用一些土地外,其余的输送管道都埋于地下,所以占用土地较少,且建设周期短,投资回收快。同时,管道还可以通过河流、湖泊,甚至翻越高山,横跨沙漠,穿过海底。因此,其运输路径很少走弯路,可以有效缩短运输里程。

(3)机械化程度较高。管道输送流体货物的动力来源于管道沿线的增压站,增压站的设备比较简单,易于实现自动化集中遥控。先进的管道增压站已经能够做到完全无人值守。管道运输的节能优势和高度的自动化水平,使其运输成本大大降低。

(4)有利于环境保护。管道运输不产生噪声,货物漏失污染少,且不受气候影响,可以长期安全运行,有利于环境保护。

(5)适用范围有限。管道运输系统本身的结构特点,决定了其适用范围的有限性。一般

情况下,管道运输只适用于长期稳定且量大的货物运输任务。如果运输的数量太小或者货物的类型变化太多,管道运输的优越性就难以发挥出来。

6. 复合运输

复合运输包括驮背运输和联合运输。

由两种及其以上的交通方式相互衔接,共同完成的运输过程统称复合运输。其中,一种载货工具在某一段运程中,又承载在另一种交通工具上共同完成的运输过程叫驮背运输。如载货汽车开上轮船渡过江河后,载货汽车又独立继续运输;小汽车装运在火车上,通过干线运输又独自运输。另外,有两种及其以上的交通工具相互衔接、转运而共同完成的运输过程谓之联合运输。

复合运输是通过各种运输方式之间的协作,合理安排运输计划,综合利用各种运输工具,充分发挥运输效率的比较好的组织货物运输形式。如铁水联运、铁公联运、公水联运、铁公水联运、江河联运、江海联运,以及地区与地区之间的联运等。我国习惯上也称多式联运。联运工作加快了运输,方便了货主,所以,现在不仅在一国之内,而且国际联运也有了迅速发展。特别是随着集装箱的出现,它为国内、国际联运业务开拓了广阔的前景。

二、运输方式选择的基本原则

各种运输方式都有各自的特点,不同特性的物资对运输活动的要求也不完全相同,当同时存在多种运输方式可供选择的情况下,就有一个选优抉择的问题。选择运输方式是一个非程序化决策问题,因而要制定一个统一规定的标准是困难的,只能在组织货物运输时,按照一定的原则,因地制宜地进行。

评价运输活动的优劣,通常是用“及时性、准确性、经济性、安全性”四项标准来衡量,这实际是运输合理化所要实现的目标,也可作为选择运输方式的基本原则。因此,选择运输方式,实际是一个多目标决策问题。不过,这种多目标决策一般比较简单,无须进行复杂的定量计算,只需通过定性分析和少量的简单计算即可达到满意效果。一般认为运费和运输时间是最为重要的选择因素,具体进行选择时则应从运输需要的不同角度综合地加以权衡。进行决策时,通常是在保证运输安全的前提下再权衡运输速度和运输费用。一般说来,运输费用与运输速度是两项相互矛盾的指标,运费低的运输方式一般速度比较慢,速度快的运输方式则费用高。

必须注意的是运输服务与运输成本之间;运输成本与其他物流成本之间存在“效益背反”。若要保证运输的安全、可靠、迅速,成本就会增多;若要减低仓储费用而频繁地使用飞机,成本也会增多。因为运输成本与其他物流成本之间也存在“效益背反”关系,所以在选择运输方式时,应当以物流总成本作为依据,而不仅只考虑运输成本。

三、基于综合评价的运输方式选择

这里我们介绍一种基于综合评价的运输方式选择方法。

运输方式的选择应满足运输的基本要求,即经济性、迅速性、安全性和准确性。由于运输对象、运输距离和货主对运输时限要求不一样,对经济性、迅速性、安全性和准确性四方面的要求程度也不同,因此可采取综合评价的方法来确定其有利性。

设评价运输方式的综合评分公式为:

$$F = b_1F_1 + b_2F_2 + b_3F_3 + b_4F_4 \tag{5-1}$$

其中:①经济性(F_1):一般用运输总费用(运行费、装卸费、包装费、管理费等)的支出来衡量。总费用支出越少,经济性越好。其重要度,即权重系数为 b_1;②迅速性(F_2):指货物从发货地到收货地所需要的时间,即货物在途时间,其时间越少,迅速性越好。其权重系数为 b_2;③安全性(F_3):通常指货物的完整程度,以货物的破损率表示,破损率越小,安全性越好;其权重系数为 b_3;④准确性(F_4):通常指货物的差错程度,以货差率表示;其权重系数为 b_4。

设铁路以 T 表示,公路以 G 表示,水路以 S 表示,航空以 H 表示,管道以 U 表示,则:

$$F(T) = b_1F_1(T) + b_2F_2(T) + b_3F_3(T) + b_4F_4(T) \tag{5-2}$$

$$F(G) = b_1F_1(G) + b_2F_2(G) + b_3F_3(G) + b_4F_4(G) \tag{5-3}$$

$$F(S) = b_1F_1(S) + b_2F_2(S) + b_3F_3(S) + b_4F_4(S) \tag{5-4}$$

$$F(H) = b_1F_1(H) + b_2F_2(H) + b_3F_3(H) + b_4F_4(H) \tag{5-5}$$

$$F(U) = b_1F_1(U) + b_2F_2(U) + b_3F_3(U) + b_4F_4(U) \tag{5-6}$$

比较其值,数值越小,综合评分越高,为应选择的运输方式。由于 F_1、F_2、F_3、F_4 的数值难以确定,所以先分别计算出经济性、迅速性、安全性、准确性在各种运输方式中的平均值,再以某种运输方式的值与平均值比较,得到其相对值。

1. 经济性

$$C' = \frac{C(T) + C(G) + C(S) + C(H) + C(U)}{5} \tag{5-7}$$

式中:C'——五种运输方式费用支出的平均值;

$C(T)$——铁路运输费用的支出;

$C(G)$——公路运输费用的支出;

$C(S)$——水路运输费用的支出;

$C(H)$——航空运输费用的支出;

$C(U)$——航空运输费用的支出。

各种运输方式的经济性,可用相对值表示:

$$F_1(T) = \frac{C(T)}{C'};F_1(G) = \frac{C(G)}{C'};F_1(S) = \frac{C(S)}{C'};$$

$$F_1(H) = \frac{C(H)}{C'};F_1(U) = \frac{C(H)}{C'}$$

依此类推,求出五种运输方式的迅速性、安全性、便利性评价指标及相对值。

2. 迅速性

$$D' = \frac{D(T) + D(G) + D(S) + D(H) + D(U)}{5} \tag{5-8}$$

$$F_2(T) = \frac{D(T)}{D'};F_2(G) = \frac{D(G)}{D'};F_2(S) = \frac{D(S)}{D'};$$

$$F_2(H) = \frac{D(H)}{D'};F_2(U) = \frac{D(H)}{D'}$$

式中: D'——五种运输方式所需运输时间的平均值;

$D(T)$、$D(G)$、$D(S)$、$D(H)$、$D(U)$——分别为铁路、公路、水路、航空运输所需时间。

3. 安全性

$$E' = \frac{E(T) + E(G) + E(S) + E(H) + E(U)}{5} \tag{5-9}$$

$$F_3(T) = \frac{E(T)}{E'};F_3(G) = \frac{E(G)}{E'};F_3(S) = \frac{E(S)}{E'};$$

$$F_3(H) = \frac{E(H)}{E'};F_3(U) = \frac{E(H)}{E'}$$

式中：E'——五种运输方式破损率的平均值；

$E(T)$、$E(G)$、$E(S)$、$E(H)$、$E(U)$——分别为铁路、公路、水路、航空运输破损率。

4. 准确性

$$L' = \frac{L(T) + L(G) + L(S) + L(H) + L(U)}{5} \tag{5-10}$$

$$F_4(T) = \frac{L(T)}{L'};F_4(G) = \frac{L(G)}{L'};F_4(S) = \frac{L(S)}{L'};$$

$$F_4(H) = \frac{L(H)}{L'};F_4(U) = \frac{L(H)}{L'}$$

式中：L'——五种运输方式货差率的平均值；

$L(T)$、$L(G)$、$L(S)$、$L(H)$、$L(U)$——分别为铁路、公路、水路、航空运输货差率。

以上的计算结果，代入式(5-2)～(5-6)，得到$F(T)$、$F(G)$、$F(S)$、$F(H)$、$F(U)$的值，其数值最小者为优。

$$F(T) = b_1 \frac{C(T)}{C'} + b_2 \frac{D(T)}{D'} + b_3 \frac{E(T)}{E'} + b_4 \frac{L(T)}{L'} \tag{5-11}$$

$$F(G) = b_1 \frac{C(G)}{C'} + b_2 \frac{D(G)}{D'} + b_3 \frac{E(G)}{E'} + b_4 \frac{L(G)}{L'} \tag{5-12}$$

$$F(S) = b_1 \frac{C(S)}{C'} + b_2 \frac{D(S)}{D'} + b_3 \frac{E(S)}{E'} + b_4 \frac{L(S)}{L'} \tag{5-13}$$

$$F(H) = b_1 \frac{C(H)}{C'} + b_2 \frac{D(H)}{D'} + b_3 \frac{E(H)}{E'} + b_4 \frac{L(H)}{L'} \tag{5-14}$$

$$F(U) = b_1 \frac{C(U)}{C'} + b_2 \frac{D(U)}{D'} + b_3 \frac{E(U)}{E'} + b_4 \frac{L(U)}{L'} \tag{5-15}$$

当所运货物明显不适合某种运输方式时(如运煤不可能选用航空运输)，可舍去该项，以简化计算。

选择运输方式对于具体的企业、物流中心来说，是一个多因素问题，如仓储费用、资金转折、批量大小等等，上述方法可以作为重要的参考依据，但不是唯一依据。

案例5-1 强生集团运输物流组织

对于最优秀的卫生护理品巨头强生集团(Johnson & Johnson.，J&J)旗下的全球交通运输专业公司——强生营销和物流有限公司来说，2007年是非常繁忙的一年。2006年强

生的销售额达到533亿美元。2006年12月,由于收购了辉瑞制药(Pfizer)消费者健康护理的生意,其资产猛增了40亿美元。这笔生意将把辉瑞制药的李施德林防腐液和黑白分明滴眼露的产品增加到业已存在的强生消费者品牌诸如邦迪(Band-Aid)、泰诺(Tylenol)和甜蜜素(Splenda)的网络中。

1. 收购辉瑞制药带来的物流挑战

在2007年,强生营销和物流有限公司将整合这两条供应链,这将大大增加强生公司的消费者业务。在收购辉瑞业务之前,公司的消费者业务去年达到98亿美元。它将形成一个年销售额达到232亿美元的药品部门以及总计203亿美元的医药设备,例如诊断设施。

强生营销和物流有限公司能够将已经拥有的最好的实际经验应用到辉瑞业务中。据估计,在辉瑞业务被吸收以后,大约有50人将组成全球运输系统的组织。在两家公司都有强劲分部的波多黎各可以连接两家公司,来自于辉瑞拥有相关知识、经验和思想的专家加入到团队中来。两家公司的组织是不同的,有着不同的组织结构,但是他们都擅长他们所做的事情。现在仍是合并阶段的早期,强生的资深运输分析家Michael Chianese说:"辉瑞业务对于两家公司都将创造机会,不仅增加他们的运量,而且也能利用后方优势以及货物的三角路径运输。"

辉瑞消费者业务的确在美国国内产量上占了很大的比例,但是强生是面向国际经营的。辉瑞消费者在其他国家占有一半左右的销量,而强生44%的销售量来自于国外。

强生的采购是全球性采购,而并不是都从亚洲采购的。在收购辉瑞消费者业务之前,强生148个制造设施中的63个位于美国。16个在美国以外的美洲,37个在欧洲,32个在非洲、亚洲和太平洋地区。这些设施中一些是供应地区市场的,但是大部分是在全球运输产品的。比如你手上的邦迪护手霜就是在巴西制造的。

强生以它的分权管理而著称,同时它也把分权运用到物流中。当全球运输组织会对大部分位于美国国内的强生运输以及进出口负责的同时,也有其他强生的组织将对运输负责。但是,从强生的证券和交易委员会中,每个人都能理解对于像强生这样的公司物流成本是多么重要。据透露,2006年强生集团用于运输和货物处理的成本达到6.93亿美元。

2. 减少空运和海运承运人

公司即将完成空运货物的研究报告。强生一直在努力减少货运代理商的数目,努力降低运费。从十年前的十几家减少到现在的不到十家。公司主要使用无资产的货运代理。先进的技术将使强生能够使用更少的供应商。大部分的交易关系是在网上进行的,所以有许多理由来使用更少的供应商。当公司把评估运输供应商的绩效指标标准化后,使用更少数量的承运人变得相当容易。

公司也对使用远洋运输进行了研究,虽然这个研究相对于航空货运还处于早期阶段。强生将按照相同的机会进行分类。其中的一个原因在于这些数据并不存在于一个地方,他们有不同的来源。强生更多的使用远洋运输,一个原因在于一些远洋承运人是地区性的,例如Jones Act carrier是专门从事美国境内至波多黎各的运输的。另一个原因在于强生不想依赖于一个承运人。从业务持续开展的角度来说，强生并不想依赖于一个承运人。为了避免恶劣天气、罢工等事件带来的运输中断，强生倾向于使用多个承运人。公司已经通过业务训练演练验证和测试了这些承运人。

强生依靠班轮公司和运输中介，例如货运代理和无船承运人来安排远洋运输。这通常就是成本和服务的权衡，强生和班轮公司签有合同，强生可以在一些航线装载大量的货物，或者能够使用无船承运人来得到更密集的服务，因为他们使用更多的承运商。在运量不大的地方，强生同样可以使用无船承运人，同时，使用从出口到入口的无缝隙的过程有许多优点。并不是所有的货物都是一样的。在过去十年中，全球运输集团逐渐参与到运输过程中，通过公司的供应链并不仅仅运输产成品，还有原材料和中间产品。

在最近的几十年中，运输方面的一个大的转变在于运输的标准化——集装箱的出现，在合同下按照固定的价格而不是在关税条件下的特定的条款。

3. 强生怎样选择承运人

强生经常提醒承运人：并不是所有的货物都是平等的。很难说你或者你的公司比别的公司更优异，但是事实上强生有能够拯救生命的产品。比如，由于使用医用产品是注射入人体的，因此必须进行产品质量控制。对于运输供应商来说了解货物是移动这一点非常重要，可以使他们采取合适的保管和防护措施使得产品送到强生用户时仍是安全的。

强生选择承运人的标准之一在于他们如何照管他们的产品，强生有已经颁布的保管条例，强生要求运输提供商必须理解这些规定并且同意遵循这些规定。运输提供商必须填写一个调查表，并且证明他们关注于使用一个安全的供应链。另一个关注的热点在于冷藏货。越来越多的强生货物必须通过冷链来运输。

强生对于员工的发展同样投入了很多的关注。强生营销和物流有限公司里的员工有终生的强生员工，也有刚到营销和物流公司才几个月的员工。公司致力于使得每个人都有机会，无论是那些想在运输行业长期工作的人，还是那些想有兼职工作的人。公司高层最想看到就是员工的创造性。例如，公司愿意看到承运人或者货代努力安排平常种类的货物运输，寻找城市间每周都需要运输货物的托运人，然后形成三角关系。用这种方式，提供极具吸引力的运费。

（来源：中国物流与采购网，http://www.chinawuliu.com.cn/xsyj/200803/17/138998.shtml）

思考题：

1. 强生集团是如何解决运输组织问题的？
2. 承运人选择受哪些因素的影响？

第三节 运输规划模型

在本节中，我们将从物流系统的角度阐述运输规划模型的建立及求解。

一、运输规划基本模型

研究从 m 个资源点(简称源)向 n 个需求点(简称汇)运送某种物资,考虑各点资源量或需求量的限制,确定一组运输方案使运输总费用最省,这是运筹学中讨论的所谓“运输问题”。该问题中,如果总资源量等于总需求量,称为平衡运输问题,否则为不平衡运输问题。对不平衡运输问题,可以通过设置虚源或虚汇的办法将其变成平衡问题,然后求解获得费用最省的运输方案。对不平衡运输问题中设置的虚源,它表示由于供不应求而造成的缺货,虚汇表示供过于求而形成的库存。

对运输问题(假设是平衡的),通常给予如下的数学描述。

已知某类物资有 m 个资源点,其资源量分别为 $a_i(i=1,2,\cdots,m)$;有 n 个需求点,需求量分别为 $b_j(j=1,2,\cdots,n)$;从第 i 个资源点向第 j 个需求点运送单位货物的运费为 C_{ij}(或用运输距离表示)。设 x_{ij} 为从资源点 i 向需求点 j 运输物资的数量,F 为系统总运输费用,则可写出数学模型。

$$\min F=\sum_{i=1}^{m}\sum_{j=1}^{n}C_{ij}x_{ij} \tag{5-16}$$

$$\sum_{j=1}^{n}x_{ij}=a_i \qquad (i=1,2,\cdots,m)$$

$$\sum_{i=1}^{m}x_{ij}=b_j \qquad (j=1,2,\cdots,n)$$

$$x_{ij}\geqslant 0$$

其中:$\sum_{i=1}^{m}a_{ij}=\sum_{j=1}^{n}b_{ij}$

这是运输问题的数学模型,它是一个特殊的线性规划模型,我们可用一种叫作“供需平衡表”的表格来表示它(表 5-1),并采用简便的专门计算方法——表上作业法,直接在供需平衡表上计算求解。运输问题的表上作业法不仅用来解运输问题,还可用来解决资源分配、生产调度等管理决策问题。

供需平衡表 表 5-1

运价系数 汇 / 源	B_1	B_2	…	B_n	资源量
A_1	C_{11}	C_{12}	…	C_{1n}	a_1
A_2	C_{21}	C_{22}	…	C_{2n}	a_2
⋮	⋮	⋮	⋮	⋮	⋮
A_m	C_{m1}	C_{m2}	…	C_{mn}	a_m
需求量	b_1	b_2	…	b_n	$\sum_{i=1}^{m}a_i$ / $\sum_{j=1}^{n}b_j$

二、运输问题中的约束

上述运输问题的模型仅仅只考虑了资源和需求在数量上的平衡,对物流系统存在的环境条件未加考虑,是一种理想化了的运输模型。因此,在建立合理运输的数学模型之前,必须先分析物资运输子系统的内部条件和外部环境,这些条件和环境如果对系统产生限制,那么这些限制反映到数学模型中便是约束。

1. 指令性调度约束

指令性调度约束是指有关部门的行政干预,以及某些特殊的供需关系所形成的,它一般表现为供需双方固定,无须进行优化选配。例如,国家重点工程、出口援外、紧迫急需物资等,这些需求在运输过程中,供货单位由有关部门指定,并采取直达方式供货;又例如采取"定点定量"供应的用户,与相应的供方单位一次签订几年不变的供货合同。这种合同签订之后,用户与供方单位的供需关系在较长时间内也就固定下来了。

为了满足上述这些行政指令和特殊供需关系的要求,唯一的办法是采取预处理的方式,用数学表达式描述如下:

$$x_{ij} = b_j \qquad i = L_i \qquad j \in V$$

式中,V 为需要进行特殊处理的用户集合,L_i 是向用户供货的资源点。这一表达式称之为指令性调度约束。

指令性调度,虽然从物流系统的全局上看不一定是合理的,但它却满足了某些客观上的要求,因此从方案的可行性上来讲是必要的。

2. 产品质量约束

同一类型的物资产品,虽然其规格型号完全相同,但它们在使用性能上可能存在某些差异,或者由于生产厂家不同而在质量品级上有高有低。对于某些用户来说,这些有性能、质量差异的物资产品之间互换性很弱,甚至根本不能相互代换。这时,在组织运输时必须考虑用户对产品质量上的要求,我们可直接在运输模型中增加相应的约束条件,使用户的要求得到满足。

用户对物资质量和性能方面的特殊要求,无非是认为某家或某几家资源厂生产的产品不能满足自己的要求。或者该用户的需求量只有一部分应由这些厂家供给即可。我们设 S 为具有上述要求的用户集合,R_i 为能够满足用户 $j(j \in S)$ 要求的资源点集合,并假定用户 j 有特殊要求的需求量不少于 b_j'(当然不会超过本身的全部需求量 b_j)。在该类物资资源总量能够满足需求的情况下,可写出如下的不等式:

$$\sum_{i \in R_i} x_{ij} \geqslant b_j' \qquad j \in S$$

此式称为产品质量约束。

3. 订发货起点约束

订货起点是供货企业接受订货的最低数量。一般说来,大型企业供货的订货起点高,小型企业的订货起点低。

发货起点是发货单位对一个用户一次发货的最低数量,它是根据运输方式和发运方式制定的。例如,以火车整车发货时,发货起点以一个车皮的装载量为标准;采用集装箱运输时,则以一个集装箱的装载量为标准。

一般情况下,发货起点高于或等于订货起点,我们以其中较高者作为订发货起点的限值。但这不是绝对的,有时应根据实际问题进行具体分析来确定。

设 E_i 为第 i 个资源点的订发货起点限值,由于运输模型中的决策变量取值不能小于订发货起点的限值,则有数学表达式:

$$x_{ij} \geqslant E_i W_{ij} \quad i=1,2,\cdots,m;j=1,2,\cdots,n$$

$$W_{ij}=\begin{cases}1 & \text{资源点 } i \text{ 与用户 } j \text{ 有供需关系} \\ 0 & \text{资源点 } i \text{ 与用户 } j \text{ 无供需关系}\end{cases}$$

上式称为订发货起点约束。

运输问题除以上分析的三种约束以外,还有由于运输能力不足而使某些运输路段上的运量受到一定的限制,我们称之为运力约束。目前,解决运力约束还没有比较系统的理论,我们将在本节的最后介绍一种处理运力约束的实用方法。

三、直达供货系统中的运输问题

1. 直达供货运输模型

物资运输过程中,按照运输路线可分为两种基本的供货形式:一是物资直接从生产厂运往用户单位,经营管理上叫直达供货,对用户来说称直达进货;另一种形式是物资经由物流网点进行暂时存放,然后再运往用户,经营管理上称中转供货,用户称中转进货。在实际运输问题中,直达供货和中转供货并不是截然分开的,我们把单纯采取直达方式的系统称为直达供货系统,其他则称为中转供货系统,包括单纯的中转供货系统和中转方式与直达方式共存的系统。

从数学模型上看,直达供货系统是最基本的,中转供货系统是直达供货系统的变换形式。下面将重点讨论直达供货系统的运输模型,对于中转供货系统,只需进行适当的分析处理,即可变成直达运输模型进行求解。

式 5-16 所示的一般运输规划模型实际上只考虑了直达供货的情况。将前面讨论的指令性调度约束、质量约束和订发货起点约束等放到模型(式 5-16)中去,就构成了完整的直达供货运输模型。仍以总运输成本最低为目标,考虑具有 m 个源点和 n 个汇点的系统,可写出直达供货运输模型如下:

$$\min F=\sum_{i=1}^{m}\sum_{j=1}^{n}c_{ij}x_{ij} \tag{5-17}$$

$$\text{满足}\begin{cases}\sum_{j=1}^{n}x_{ij}=a_i & i=1,2,\cdots,m \\ \sum_{i=1}^{m}x_{ij}=b_i & j=1,2,\cdots,n \quad j\notin V \\ x_{ij}=b_j & i=L_j \quad j\in V \\ \sum_{i\in R_i}x_{ij}\geqslant b'_j & j\in S \\ x_{ij}\geqslant E_iW_{ij} & i=1,2,\cdots,m;j=1,2,\cdots n \\ W_{ij}=\begin{cases}1 & \text{资源点 } i \text{ 与用户 } j \text{ 有供需关系} \\ 0 & \text{资源点 } i \text{ 与用户 } j \text{ 无供需关系}\end{cases} \\ x_{ij}\geqslant 0\end{cases}$$

式中:$\sum_{i=1}^{m}a_i=\sum_{j=1}^{n}b_j$

这是 0-1 型混合整数规划模型,从约束条件可以看出,该模型并不总是可解的,当 b_j 或 $b'_j<\min\{E_i\}$ 时,模型显然无解。原因是考虑了订发货起点的约束,某些用户的需求量太小所

造成的。解决这一矛盾的有效办法是采取中转供货方式，由物流部门化零为整，集中向资源厂进货，然后再化整为零，改变发运方式或采用短途运输工具向用户发货。因此，在混合供货系统中，这一矛盾就不存在了。

2. 模型的解法

如果式 5-17 所示的模型有解，那么我们可用解 0-1 混合整数规划的分支定界法求解。但 0-1 混合整数规划模型的解法是比较麻烦的，特别是对规模比较大的实际问题，整数变量比较多，求解更是复杂。因此，一般不直接用 0-1 混合整数规划的方法解这类问题，而是通过对具体问题的分析，将模型（式 5-17）简化成一个运输规划模型，然后用运输问题的表上作业法求解。

对式 5-17 所示的模型，如果能将其中的整数变量 W_{ij} 去掉，简化成一个运输规划模型，用运输单纯形法求解，再对优化方案作适当调整来满足订发货起点约束。采用运输规划求解的运输方案，虽然由于订发货起点的限制而使方案不可行的现象是常有的，但由于实际问题中的大多数用户均能满足 $b_j \gg E_i$，因此方案中不能满足 E_i 限制的决策变量数目是不多的。这时只需对这些变量进行少量的局部调整即可使方案变成可行。当然，用上述办法来解 0-1 型混合整数规划模型的运输问题，是以降低目标值为代价的，但这样做主要是考虑比直接采用混合整数规划求解可简化计算。应该注意的是，最后的方案修正应使最优目标值变化尽可能小。

对式 5-17 模型，为了采用运输规划方法求解，还需对其中的不等式约束进行化简。不等式约束是由于某些用户的需求中有一部分有质量或性能方面的特殊要求而形成的。若用户 j 的需求量为 b_j，其中有质量要求的部分为 b_j'，设该用户无质量要求的部分为 b_j''，则

$$b_j'' = b_j - b_j'$$

因此，为了消除不等式约束，只需将 b_j 分成两部分 b_j' 和 b_j'' 即可，这时有：

$$\left.\begin{array}{l}\sum\limits_{j \in R_i} x_{ij} = b_j' \\ \sum\limits_{i=1}^{m} x_{ij} = b_j''\end{array}\right\} j \in S$$

用这一方程组代替（式 5-17）模型中的质量约束方程即可消除原模型中的不等式。显然，当用户 j 需求量全部都有质量上的要求时 $b_j''=0, b_j'=b_j$

通过以上分析，求解运输问题，可以先解如下的运输规划模型：

$$\min F = \sum_{i=1}^{m}\sum_{j=1}^{n} c_{ij}x_{ij} \tag{5-18}$$

$$\text{满足}\begin{cases}\sum\limits_{j=1}^{n} x_{ij} = a_i & i=1,2,\cdots,m \\ \sum\limits_{i=1}^{m} x_{ij} = b_j & j=1,2,\cdots,n \quad j \notin V \quad j \notin S \\ x_{ij} = b_j & i = L_i \quad j \in V \\ \left.\begin{array}{l}\sum\limits_{j \in R_i} x_{ij} = b_j' \\ \sum\limits_{i=1}^{m} x_{ij} = b_j''\end{array}\right\} j \in S & \\ x_{ij} \geqslant 0 & \end{cases}$$

然后根据订发货起点限制条件对所行方案进行修正，使之成为可行的合理运输方案。

【例5-1】 拟将水城、贵州、都匀三个水泥厂生产的水泥分配给遵义、巡顺、兴义、毕节、铜仁、黔南、黔东南、六盘水八个地区,由于都匀研制的水泥标号低,不能满足黔南、黔东南两地区某些工程的要求。根据有关决策部门的意见,都匀厂调给黔南的水泥不能超其需求量的70%,调给黔东南的水泥不能超过其需求量的25%。供需双方的资源量和需求量以及它们之间的运价系数(元/吨)列于表5-2中,无订发货起点限制,试制定该地区水泥的合理分配运输方案。

解:由表5-2知道,该地区的水泥运输问题是一平衡问题。

贵州省水泥供需平衡表 表5-2

运价系数(元/吨)	遵义	安顺	兴义	毕节	铜仁	黔南	黔东南	六盘水	资源量(吨)
水城厂	55.2	26.3	79.4	51.1	95.2	53.6	59.9	14	28350
贵州厂	25.1	19	78.1	56.4	64	24.8	28.8	42.9	40960
都匀厂	40.6	35.8	109.1	86.5	55.6	19.3	19.3	59	15290
需求量(吨)	13320	14170	8220	10100	7140	12350	11300	8000	84600

根据题意,都匀厂调给黔南地区的水泥不能超过其需求量的70%,即12350×70%=8645(吨);调给黔东南的水泥不能超过11300×25%=2825(吨)。

将黔南地区的水泥需求分成两部分:其一为8645吨,称为黔南(1),它可由都匀厂供给,也可由其他厂供给;其二为3705吨,称黔南(2),它不能由都匀厂供给。同样,将黔东南地区的水泥需求也分成两部分,黔东南(1)为2825吨,黔东南(2)为8475吨。由于黔南(2)和黔东南(2)不能由都匀水泥厂供货,即不发生供需关系,令其相应运价系数为相当大的正数M,写出新的供需平衡表(表5-3)。

考虑指令性调度约束的贵州省水泥供需新平衡表 表5-3

运价系数(元/吨)	遵义	安顺	兴义	毕节	铜仁	黔南(1)	黔南(2)	黔东南(1)	黔东南(2)	六盘水	资源量(吨)
水城厂	55.2	26.3	79.4	51.1	95.2	53.6	53.6	59.9	59.9	14	28350
贵州厂	25.1	19	78.1	56.4	64	24.8	24.8	28.2	28.2	42.9	40960
都匀厂	40.6	35.8	109.1	86.5	55.6	19.3	M	19.3	M	59	15290
需求量(吨)	13320	14170	8220	10100	7140	8645	3705	2825	8475	8000	84600

运用模型(式5-18)对表5-3优化求解,得最优结果如表5-4所示。合并表5-4中的黔南(1)与黔南(2),黔东南(1)与黔东南(2),即得贵州省水泥合理运输方案,见表5-5。

贵州省水泥运输优化结果表 表5-4

运输量(吨)	遵义	安顺	兴义	毕节	铜仁	黔南(1)	黔南(2)	黔东南(1)	黔东南(2)	六盘水	资源量(吨)
水城厂		2030	8220	10100						8000	28350
贵州厂	13320	12140				3320	3705		8475		40960
都匀厂					7140	5325		2825			15290
需求量(吨)	13320	14170	8220	10100	7140	8645	3705	2825	8475	8000	84600

贵州省水泥合理运输方案表

表 5-5

运输量（吨）	遵义	安顺	兴义	毕节	铜仁	黔南	黔东南	六盘水	资源量（吨）
水城厂		2030	8220	10100				8000	28350
贵州厂	13320	12140				7025	8475		40960
都匀厂					7140	5325	2825		15290
需求量（吨）	13320	14170	8220	10100	7140	12350	11300	8000	84600
总运费（元）	2866653								

观察表 5-5 的合理运输方案，其中每笔运输量都在千吨以上，远远超过一般订发货起点的限制。因此，用运输规划方法来解决物资运输问题一般是可行的。

四、中转供货系统中的运输问题

实际的物资流通过程中，单纯的直达供货系统是比较少见的，更多的则是直达供货和中转供货两种方式同时存在的混合供货系统，称为中转供货系统。

前面讨论直达供货系统的运输问题时，由于订发货起点的约束，我们曾经指出，对需求量比较小的用户，应该采取中转方式进货。实际上，用量小的用户采取中转方式进货并不仅仅是因为订发货起点的限制，从根本上来讲是为了提高物流系统本身的和社会的经济效益。因为，需求量小的用户，即使没有订发货起点的约束，他们可以采取小批量多批次进货策略，这样必然造成订货成本和长途运输费用增高；如果减少进货次数，增大进货批量，又会造成库存增大，存储成本升高。中转供货方式，由物流部门集中大批量进货，从而增大了运输批量，减少了运输长途次数，并且使库存相对集中。这样既节约了运输费用，又有利于降低用户库存，对物流系统本身和对社会都是有益的，特别是对需求量小的用户，效益更为明显。但是中转供货由于增加了中转环节，延长了流通时间，增加了中转费用，这对需求量大的用户和急需物资、专用物资有时是不利的。所以，片面强调直达或中转供货都是不正确的。

那么，对于一个具体的需求用户来说，它所需要的物资究竟应该采取什么样的方式进货，这要通过混合供货系统的优化决策来确定。系统优化的结果，不仅确定了用户的进货方式，而且还选定了中转供货方式下的中转网点。

现在，我们讨论中转供货系统中的运输模型。如图 5-1 所示为某地区物流网络示意图，有 m 个资源点 $A_1\cdots,A_m$，各点资源量为 $a_i(i=1,2,\cdots m)$；有 n 个需求点 $B_1,\cdots,B_n$，各点需求量为 $b_j(j=1,2,\cdots,n)$；q 个物流网点 $D_1,\cdots,D_q$，各网点的吞吐能力为 $2d_k(k=1,2,\cdots,q)$。

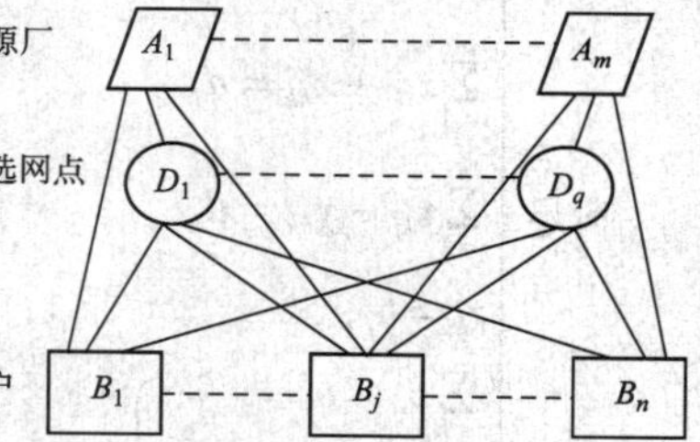

图 5-1 某地区物流网络示意图

由于系统中中转供货和直达供货两种方式均可被采用，所以任一资源厂向外调出的物资可能直接送到用户，也可能经由物流网点中转；同样，用户所需的物资，可以资源厂直接进货，也可从物流网点中转进货。于是有约束方程式：

$$\sum_{k=1}^{q} x_{ik} + \sum_{j=1}^{n} z_{ij} = a_i \qquad i=1,2,\cdots m$$

$$\sum_{k=1}^{q} y_{kj} + \sum_{i=1}^{m} z_{ij} = b_j \qquad j=1,2,\cdots,n$$

式中:x_{ik}——资源厂 i 向网点 k 的运输量;

y_{kj}——网点 k 向用户 j 的运输量;

z_{ij}——资源厂 i 向用户 j 的运输量。

从实际工作知道,物流网点的中转活动只是物流的一个中间环节,它从资源厂进货时相当于一需求点,在向用户供货时又相当于一个资源点。因此,考虑中转供货方式时,我们将物流网点同时看成资源点和需求点,其“资源量”等于“需求量”,均为吞吐能力的一半。有约束方程式:

$$\left.\begin{aligned} \sum_{i=1}^{m} x_{ij} + x_{kk} = d_k \\ \sum_{j=1}^{n} y_{kj} + y_{kk} = d_k \end{aligned}\right\} k=1,2,\cdots,q$$

式中:$x_{kk}=y_{kk}$,分别表示网点 k 吞与吐的闲置能力。

与直达运输问题一样,中转供货系统中的运输问题也存在着指令性调度,质量要求和订发货起点限制等约束,不过这些约束主要发生在直达供货部分,同样可按直达运输问题中的方法处理。这是因为:①对于需要进行指令性调度和用户有特别质量要求的物资,一般把它看成专用物资。这部分物资,由于它的使用面比较窄,如果进库中转,不适于综合调度,必然使库存增大,降低了物流效益。因此,为这部分物资通常采取直达供货;②订发货起点的限制与中转供货方式可以说有着共同的目标,都是为了降低运输费用,提高物流效益。直达部分的订发货起点约束迫使用量小的用户采取中转方式进货。中转部分,由于化零为整、集中由物流网点进货,进货批量大,所以这部分在优化计算过程中出现决策变量的值不能满足订发货起点要求的可能性很小。至于网点与用户之间运输量过小的问题,将可通过后面讨论的配送问题得到解决。

另外,为了降低系统的流通成本,一般不允许二次中转,即不同网点之间不存在供需关系。

综上所述,仍用 F 表示系统总费用,可写出混合供货系统中的运输模型如下:

$$\min F = \sum_{i=1}^{m}\sum_{k=1}^{q} c_{ik}x_{ik} + \sum_{k=1}^{q}\sum_{j=1}^{n} c_{kj}y_{kj} + \sum_{i=1}^{m}\sum_{j=1}^{n} c_{ij}z_{ij} \tag{5-19}$$

$$\text{满足}\begin{cases} \sum_{k=1}^{q} x_{ik} + \sum_{j=1}^{n} z_{ij} = a_i & i=1,2,\cdots,n \\ \sum_{k=1}^{q} y_{kj} + \sum_{i=1}^{m} z_{ij} = b_j & j=1,2,\cdots,n \quad j\notin V \quad j\notin S \\ \sum_{i=1}^{m} x_{ik} + x_{kk} = d_k & k=1,2,\cdots,q \\ \sum_{j=1}^{n} y_{kj} + y_{kk} = d_k & \\ z_{ij} = b_j & i=L_i \quad j\in V \\ \left.\begin{aligned} \sum_{j\in R_j} z_{ij} = b_j' \\ \sum_{k=1}^{q} y_{kj} + \sum_{i=1}^{m} z_{ij} = b_j'' \end{aligned}\right\} j\in S & \\ x_{ik}, y_{kj}, z_{ij}, x_{kk}, y_{kk} \geqslant 0 & \end{cases}$$

式中：c_{ik}——资源厂 i 与网点 k 之间的运价系数，包括运杂费和入库费；

c_{kj}——网点 k 与用户 j 之间的运价系数，包括运杂费和出库费；

c_{ij}——资源厂与用户 j 之间的运价系数。

观察式 5-19，它也是一个运输规划模型，显然可用运输单纯形法求解。

【例 5-2】 某物资的供货系统有 3 个资源厂，2 个物流网点，6 个需求点，各资源点的资源量、需求点的需求量、网点规模以及各点之间的运价系数分别列于表 5-6、表 5-7。由于产品质量上的原因，A1 厂供给 B6 用户的物资数量不能少于 700 吨，不允许二次中转求合理运输方案。

源汇数量及运价系数表　　表 5-6

运价系数（元/吨）	B1	B2	B3	B4	B5	B6	资源量（吨）
A1	27	19.5	9.5	28	29	24	1300
A2	20	20.5	6.5	21.5	33	12	1200
A3	25	35	10	28	36	10	600
需求量	100	150	1000	170	180	1500	

网点规模及运价系数表　　表 5-7

运价系数（元/吨）	A1	A2	A3	B1	B2	B3	B4	B5	B6	吞吐能力（吨）
D1	7	8.5	2.5	3.5	4	7.5	7	18	14	800
D2	5.5	3	5	6	7.5	8	8.5	9	9	10000

解：由已知条件，B6 的需求为 1500 吨，其中 700 吨必须由 A1 供给，其他无特殊要求。将 B6 看作 B6′和 B6″两部分，B6′为有特殊要求部分，即

$$B6' = 700\text{吨}\qquad B6'' = 800\text{吨}$$

将 D1，D2 同时看成源点和汇点，其源汇数量各为其吞吐能力，分别为 800 吨和 1000 吨。因不允许二次中转，令 D1 与 D2 之间的运价系数为相当大的正数 M，同一网点作为源汇点时其运价系数为 0。构成中转供货系统供需平衡表 5-8。

供需平衡表　　表 5-8

运价系数（元/吨）	D1	D2	B1	B2	B3	B4	B5	B6′	B6″	资源量（吨）
A1	7	5.5	27	19.5	9.5	28	29	24	24	1300
A2	8.5	3	20	20.5	6.5	21.5	33	M	12	1200
A3	2.5	5	25	35	10	28	36	M	10	600
D1	0	M	3.5	4	7.5	7	18	M	14	800
D2	M	0	6	7.5	8	8.5	9	M	10	1000
需求量（吨）	800	1000	100	150	1000	170	180	700	800	4900

解此运输规划模型后合并 B6′与 B6″得最佳运输方案,见表 5-9。

最佳运输方案表　　表 5-9

运输量(吨)	D1	D2	B1	B2	B3	B4	B5	B6	资源量(吨)
A1	250	350						700	1300
A2					1000			200	1200
A3								600	600
D1	550		100	150					800
D2		650				170	180		1000
需求量(吨)	800	1000	100	150	1000	170	180	1500	
总运费(元)	39390								

五、运输问题中的运力约束及其处理

实际的物资运输问题中可能会出现这样一种情况,运输网络中的某段线路由于受技术设施或环境因素的影响,使得该线路上的通过能力受到一定的限制,这种运力受限的现象叫运力约束。运力约束的定量描述应该是某运输路段所能通过的最大运输量,即运输能力的上限值。

解决物资运输问题的运力约束,目前尚无成熟的理论,我们仅以一个简单的例子介绍一种实用的处理方法。

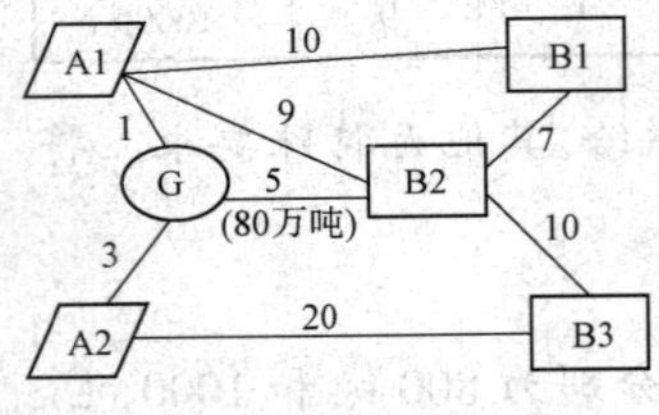

图 5-2　某种物资运输的物流网络示意图

【例 5-3】 图 5-2 所示为某种物资运输的物流网络示意图,A1、A2 为资源厂,其产量分别为 30 万吨和 90 万吨;B1、B2、B3 为需求点,需求量分别为 10 万吨、40 万吨和 70 万吨;线段旁数字为运输距离,括号内的数字为该运输线段上的运力限值,G 点表示"限制口",它处于限制路段 G—B2 的左端点。

对图 5-2 的物流网络,可按求最短运输路线的标号法求得各生产厂至需求点之间的最短运输路线和距离,如表 5-10 所示。

最短运输路线和运价表　　表 5-10

起止点	最短路线	运费(万元/万吨)
A1→B1	A1—B1	10
A1→B2	A1—G—B2	6
A1→B3	A1—G—B2—B3	16
A2→B1	A2—G—A1—B1	14
A2→B2	A2—G—B2	8
A2→B3	A2—G—B2—B3	18

如果不考虑运输网络中的运力约束,我们可建立表 5-11 所示的运输规划模型。解此模型

得最优运输方案,见表5-12。总运输费用为1640万元。

运输模型表　　表5-11

运费(万元/万吨)	B1	B2	B3	资源量(万吨)
A1	10	6	16	30
A2	14	8	18	90
需求量(万吨)	10	40	70	120

最优方案表　　表5-12

运输量(万吨)	B1	B2	B3	资源量(万吨)
A1	10	20		30
A2		20	70	90
需求量(万吨)	10	40	70	120
总运费(万元)	1640			

分析表5-12的最优运输方案发现,A1→B2,A2→B2,A2→B3的三笔运输量共110万吨均要经过有运力限制的路段G—B2,并且运量超过了该路段运力上限值80万吨。因此,该运输方案是不可行的。

为了解决这一问题,我们回顾一下中转供货的情况。采用中转方式运输物资时,经物流网点中转的物资数量不能超过它的吞吐能力。这就给我们一个启示,如果把运输网络中的"限制口"看成是一个物流网点,其吞或吐的能力就等于运力限制上限,这时用中转运输模型求解,那问题不是就可以解决吗?这正是我们处理运力约束的思想方法。

由图5-3可以看出图中G是限制路段上的一个点,我们假定G点处有一中转仓库,该仓库具有160万吨的吞吐能力,且吞=吐=80万吨。这时可按中转运输问题建立运输模型,不过模型中的运价系数应按以下方法计算求得:①G点与生产厂和需求点之间的运价系数按图5-3中的实际数据计算;②计算生产厂与需求点之间的运价系数时,先令限制段G—B_2上的运价系数为相当大的正数M。

按以上方法求得新的最短运输路线和运输距离如表5-13所示。根据表5-13所列的运输距离构成新的运输规划模型(转运模型),见表5-14。

考虑运力约束的最短路线和运输距离表　　表5-13

起止点	最短路线	运费(万元/万吨)
A1→B1	A1—B1	10
A1→B2	A1—B2	9
A1→B3	A1—B2—B3	19
A2→B1	A2—G—A1—B1	14
A2→B2	A2—G—A1—B2	13
A2→B3	A2—B3	20
A1→G	A1—G	1

续上表

起止点	最短路线	运费(万元/万吨)
A2→G	A2—G	3
G→B1	G—B2—B1	12
G→B2	G—B2	5
G→B3	G—B2—B3	15

考虑运力约束的运输模型表　　表5-14

运费(万元/万吨)	G	B1	B2	B3	资源量(万吨)
A1	1	10	9	19	30
A2	3	14	13	20	90
G	0	12	5	15	80
需求量(万吨)	80	10	40	70	

对模型5-13优化求解,得新的最优运输方案,见表5-15。

最优可行方案表　　表5-15

运　量	G	B1	B2	B3	资源量(万吨)
A1	20	10			30
A2	60			30	90
G			40	40	80
需求量(万吨)	80	10	40	70	

观察表5-14中的新优化运输方案,只有G→B2,G→B3两笔运输量共80万吨通过限制路段G—B2,它们实际是由以下三笔运输量组成:A1→B2运输的20万吨;A2→B2运输的20万吨;A2→B3运输的40万吨。显然,G—B2路段上的总运输量没有超过运力上限,此方案为一可行的优化运输方案。

第四节　物流供应链中的运输网络设计

运输网络设计的目的是建立一个框架结构,以便在其中做出有关运输线路和运输时间安排的营运决策,从而对整条供应链的有效运营产生影响。设计良好的运输网络有助于以较低的成本达到理想的反应能力水平。下面我们将讨论多个零售商和多个供应商一类的供应链中运输网络的设计,并对每一种设计方案的优势和不足进行分析。

一、直接运输网络

在直接运输网络中,零售供应链的运输网络构造如图5-3所示。这一运输网络使所有货物直接从供应商处运达零售店。每一次运输的线路都是指定的,供应链管理者只需决定运输的数量并选择运输方式。要做出这一选择,供应链管理者必须在运输费用和库存费用之间进行权衡。这一点我们在后面还要涉及。

直接运输网络的主要优势在于无须中介仓库,而且在操作和协调上简单易行。运输决策完全是地方性的,一次运输决策不影响别的货物运输。同时,由于每次运输都是直接的,从供应商到零售商的运输时间较短。

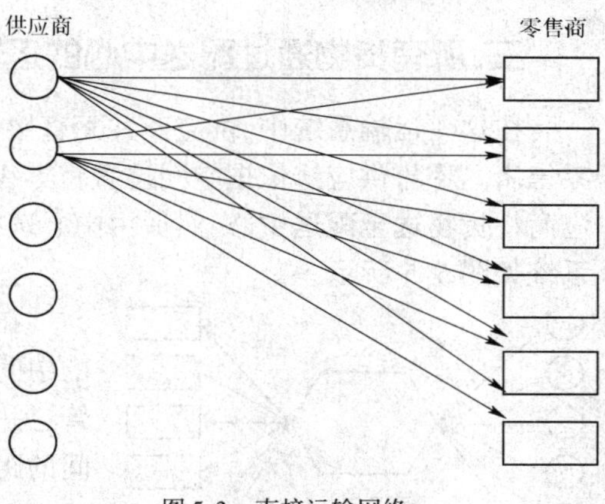

图 5-3　直接运输网络

来源:Supply Chain Management-Strategy, Plan-ning and Operation. Sunil Chopra, Peter Meindl.

如果零售店的规模足够大,对供应商和零售店来说,每次的最佳补给规模都与汽车的最大装载量相接近,那么直接运输网络就是行之有效的。但对于小的零售店来说,直接运输网络的成本过高。如果在直接运输网络中使用满载承运商,由于每辆卡车相对较高的固定成本,从供应商到零售店的货运必然是大批量进行的,这必然会导致供应链中库存水平提高。相反,如果使用非满载承运,尽管库存量较少,但却要花费较高的运输费用和较长的运输时间。如果使用包裹承运,运输成本会非常高。而且,由于每个供应商必须单独运送每件货物,因此供应商的直接运送将导致较高的货物接收成本。

二、利用"送奶线路"模式(Milk Runs)的直接运送

"送奶线路"是指一辆卡车将从一个供应商那里提取的货物送到多个零售店时所经过的线路,或者从多个供应商那里提取货物送至一个零售店时所经过的线路,如图 5-4 所示。在这种运送模式中,供应商通过一辆卡车直接向多个零售店供货,或者多辆卡车从多个供应商那里装载要运送到一家零售店去的货物。一旦选择这种运送模式,供应链管理者就必须对每条送奶线路进行规划和设计。

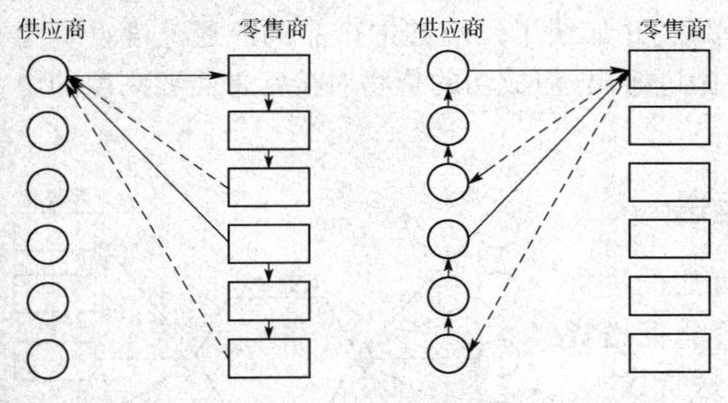

图 5-4　多个供应商至一家零售店或一个供应商至多家零售店的"送奶线路"运输模式

来源:Supply Chain Management-Strategy, Planning and Operation. Sunil Chopra, Peter Meindl.

直接运送具有无须中介仓库的好处,而送奶线路通过多家零售店在一辆卡车上联合运送,降低了运输成本。例如,由于每家零售店的库存补给规模较小,这就要使用非满载进行直接运送,而送奶线路使多家零售店的货物运送可以在同一辆卡车上进行,从而更好地利用了卡车并降低了运输成本。如果有规律地进行经常性、小规模的运送,而且供应链上的供应商或零售店在空间上非常接近,送奶线路模式的使用将显著地降低成本。例如,丰田公司利用送奶线路运输来维持其在美国和日本的即时制造系统。在日本,丰田公司的许多装配厂在空间上很接近,因而可以使用送奶线路从单个供应商运送零配件到多个工厂。而在美国则相反。丰田公司利用送奶线路将多个供应商的零配件运往位于肯塔基州的一家汽车装配厂。

三、所有货物通过配送中心的运输网络

在这一运输系统中,供应商并不直接将货物运送到零售店,而是先运到配送中心,再运到零售店。零售供应链依据空间位置将零售店划分区域,并在每个区域建立一个配送中心。供应商将货物送至配送中心,然后由中心选择合适的运输方式,再将货物送至零售店。这一运输系统如图5-5所示。

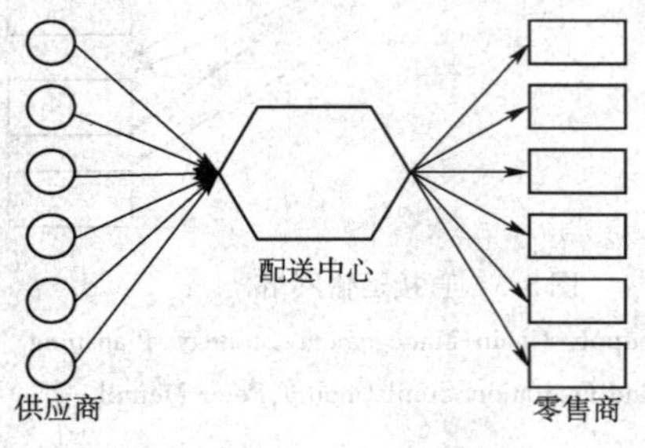

图5-5 所有货物通过配送中心转运

来源:Supply Chain Management-Strategy, Planning and Operation. Sunil Chopra, Peter Meindl.

在这一运输体系中,配送中心是供应商和零售商之间的中间环节,发挥着两种不同的作用:一方面进行货物保管;另一方面则起着转运点的作用。当供应商和零售店之间的距离较远、运费昂贵时,配送中心(通过货物保存和转运)有利于减少供应链中的成本耗费。通过使进货地点靠近最终目的地,配送中心使供应链获取了规模经济效益,因为每个供应商都将中心管辖范围内的所有商店的进货送至该配送中心。而且,配送中心的送货费不会太高,因为它只为附近的商店送货。

如果从运输经济的角度出发,要求区域内大批量地进货,那么配送中心就保有这些库存,并为零售店更新库存进行小批量送货。例如,沃尔玛商店在从海外供应商处进货的同时,把产品保存在配送中心,因为中心的批量进货规模远比附近的沃尔玛零售店的进货规模大。如果商店的库存更新规模大到足以获取进货规模经济效益,配送中心就没有必要为其保有库存了。在这种情形下,配送中心通过把进货分拆成运送到每一家商店的较小份额,将来自许多不同供应商处的产品进行对接(Crossdocking)。当配送中心进行产品对接时,每一辆进货卡车上装有来自同一个供应商并将运送到多个零售店的产品,而每一辆送货卡车则装有来自不同供应商并将被送至同一家商店的产品。货物对接的主要优势在无须进行库存,并加快了供应链中产品的流通速度。货物对接也减少了处理成本,因为它无须从仓库中搬进搬出,但成功的货物对接常常需要高度的协调性和进出货的步调高度一致。

四、通过配送中心使用送奶线路的运送

这一运输系统如图5-6所示。如果每家商店的进货规模较小,配送中心就可以使用送奶线路向零售商送货了。送奶线路通过联合的小批量运送减少了送货成本。比如说,日本的7—11公司将来自新鲜食品供应商的货流在配送中心进行对接,并通过送奶线路向商店送货。因为单个商店向所有供应商的进货还不足以装满一辆卡车,货物对接和送奶线路的使用使该公司在向每一家连锁店提供库存商品时降低了成本。同时使用货物对接和送奶线路要求高度的协调以及对送奶线路的合理规划和安排。

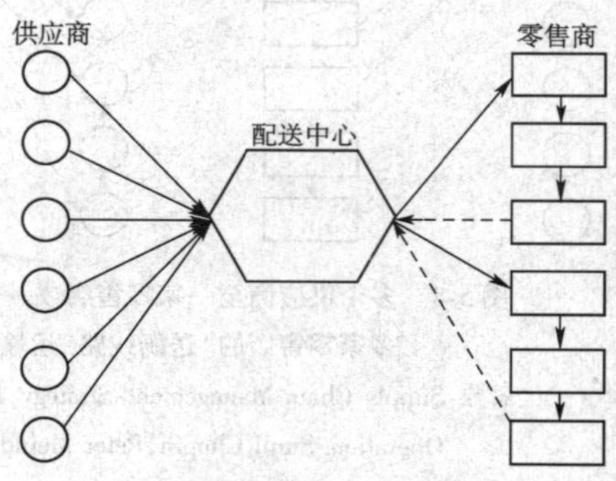

图5-6 配送中心利用送奶线路送货

来源:Supply Chain Management-Strategy, Planning and Operation. Sunil Chopra, Peter Meindl.

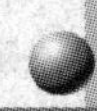

像网路先锋公司和豆荚之类的网上商店在向客户送货时,也从配送中心使用送奶线路,以便减少小规模的送货上门的运输成本。奥斯卡斯高斯(OshKoshB Gosh)是一家儿童服装生产厂,它已经运用这一观念,真正地减少了从位于田纳西的配送中心到零售店的非满载运输成本。

五、定制化运输(Tailored Transportation)

定制化运输是上述运输模式的综合利用。它在运输过程中综合利用货物对接、送奶线路、满载和非满载承运,甚至在某些情况下使用包裹递送,目的是视具体情况,采用合适的运输方案。送到大规模商店的大批量产品可以直接运送,送到小商店的小批量产品可以通过配送中心。这种运输模式的管理是很复杂的,因为大量不同的产品和商店要使用不同的运送程序。定制化运输网络的运营,要求较多的信息基础设施及其引致的投资,以便进行协调。但同时,这种运输网也可以有选择地使用送货方法,减少运输成本和库存成本。

表5-16概括了以上不同运输网络地优缺点。

不同运输网络的优点和缺点　　表5-16

网络结构	优　点	缺　点
直接运输	• 无须中间仓库 • 简单的协作	• 库存水平高(由于货物批量大) • 巨大的接收费用
利用送奶线路的直接运送	• 小批量货物有较低的运输成本 • 较低的库存水平	• 协调的复杂性加大
所有货物通过配送中心保存和运送	• 通过联合降低了进货运输成本	• 增加了库存成本 • 增加了配送中心的处理费用
所有货物通过配送中心对接运送	• 必备库存水平很低 • 通过联合降低了运输成本	• 协调的复杂性加大
通过配送中心利用送奶线路的运送	• 小批量货物有较低的送货成本	• 协调的复杂性进一步加大
定制化运输	• 运输方式与单个产品和商店的需求十分匹配	• 协调的复杂性最大

来源:Supply Chain Management-Strategy,Planning and Operation. Sunil Chopra,Peter Meindl.

案例5-2　日本佐川急便的运输体制

佐川急便株式会社是日本著名的综合性第三方物流企业,成立于1957年,2003年营业收入是7000亿日元,居日本物流行业第二位。

1. 佐川急便的五个运输要素

(1)据点网。在日本全国各地的每个地区有400多个据点(1998年)。

(2)收集和递送体制。各据点的收集和递送体制是用户服务的重要因素地都有因地制宜的收集和递送体制。

(3)道路网。连接据点和据点的是道路运输网,佐川急便不分昼夜地利用这个道路网。

(4)信息网。在运输中,有必要建立可整理和综合各种信息的信息系统。佐川急便开发各种各样的系统,在全国范围内使用。对于一年处理10亿件以上货物的佐川急便来说,这个信息系统可以称为保障的生命线。

(5)营业驾驶员。营业驾驶员是佐川急便最大的生命线和最大的商品。

2. 用“两店”“两中心”对12个区域6000多个据点进行管理

佐川急便将日本全国分为12个区域进行管理。其分块的理由,除了与公司发展历史有关以外,还与日本的气候、风土、商业文化密切相关。

(1)主营店。在各区域设立几家核心的主营店,以这些店为中心,管理附近的小型店。主营店的特征是设施规模非常大,是运输过程中不可缺少的重要基地,管理本店和周围小店每天的现金业务,是独立的法人。大规模的主营店配有100多辆车,设在当地行政要地或变通发达的地区,连接周围小店货物的到达和发送。

(2)小型店。在主营店的周围,行星般散布着小规模店,有些小店配置的车辆不到10辆,但为了营业而覆盖全国,配置得非常密。这些店的到达和发送层都不大,有些业务还委托主营店,但有很多有特色的店,比如适合寒冷地带的店、租用大型仓库的店等等。全国大部分地区由这些店来覆盖,大多数小型店附近都有卫星城市,是公司需要强化的店。

(3)运输中转中心。运输中转中心主要完成货物的分拣、集运等功能。由于日本的劳动力很贵,有必要实现机械化,削减劳动力。又因为城市近郊的地价非常昂贵,所以运输中转中心设计为高位立体仓库,使得站台的面积很小,这就使货物到达后的分类变得非常复杂,必须使用EDI、RE、条码等技术来实施作业。

(4)佐川物资流通中心。全国共有23家佐川物流中心,其主要功能是受托开展顾客货物的保管、加工、发送等业务,遇到业务量大时,还积极利用外部的仓库。物流中心的目标是满足顾客的所有要求,满足从简单的保管业务到大规模的第三方物流业务。出货物的周转率很高,按单位面积的营业额计算,佐川急便居日本第一。

3. 不分昼夜地利用道路网运输的五类车辆

(1)直达车。指直接连接店与店之间的直达送货物,这种形式对货物的拖延或损坏很少,是理想的送货方式。

(2)路过一个店的车。这种方式只能适合于有一定规模的店之间采用,并且路过店必须在中间的理想位置。这种路线方式中,因为终点只有一个,可实施接近于直达车的制度。

(3)路过数家店的车。这种方式是从一个店发车按顺序路过数家店时卸货。这需要在货箱内按每个中间停车店分好货物,因此会降低装载员,还因为在中途停车卸货,加上交通堵塞,所以到达第二个店、第三个店的时间会出现晚点现象。采用这种方法要求路线一到停车店就快速卸货,以便尽快开往下一个店铺。在离大型店较远的据点发货时经常用这种方式。

(4)由数家店集中货物发直达车。单用自家店的货物无法装满一车时,可集中几个店的货物再组成直达车发送方式。因为集中几个店铺的货物比较容易吸收货物数量的波动,与路过货物相比可降低费用成本。对货物层较多的店铺来说,一天会发送好几次货物,

所以早发送的货物早到达目的地的可能性会增多。

(5)数家店的货物集中到达车。这种方式是货物从具有一定送货量的店铺发送到主营店或总店等区域内具有横向路线的据点,再转送到最终目的店的方式。这样可缓和发货一方的集中作业量,但是除了集中发货的多次装卸以外,当发货时间晚点时,晚到终点的可能性加大。

思考题:

1. 佐川急便为实现其经营目标,在基础设置和制度建设方面采取了哪些措施?
2. 佐川急便运输网络设计有什么特点?

第五节 运输线路与时序规划

在物流运输战略规划中,运输线路规划及时序安排是最为重要的内容。在这一决策中,管理人员必须决定向顾客送货的运输工具以及向顾客送货的先后顺序。在进行运输线路及时序规划时,通常要考虑以下两个目标:一是缩短运输工具的行程和运输时间,以减少运费;二是避免出现像送货延误之类的失误。下面以某一个配送中心为例,讨论运输线路规划和运输顺序安排过程中的问题以及设计方法。

假设某配送中心将为13个客户进行配送服务。每一个顾客在运输网络模型中用一个质点代表,位置以(x_i,y_i)表示,顾客的需求用a_i表示。如表5-17所示。

顾客的位置和批量 表5-17

	X 轴	Y 轴	批量大小
仓库	0	0	
顾客1	0	12	48
顾客2	6	5	36
顾客3	7	15	43
顾客4	9	12	92
顾客5	15	3	57
顾客6	20	0	16
顾客7	17	-2	56
顾客8	7	-4	30
顾客9	1	-6	57
顾客10	15	-6	47
顾客11	20	-7	91
顾客12	7	-9	55
顾客13	2	-15	38

来源:Supply Chain Management-Strategy, Planning and Operation. Sunil Chopra, Peter Meindl.

该配送中心共有 4 辆卡车,每一辆的承载能力是 200 个单位。显然,运输费用与卡车运输总距离紧密相连,并且运输方案有多种组合,不同的组合运输的总距离不同,运输费用不同。运输路线的规划设计的任务就是从中选出运输距离最短的路线。有两种不同的方法来解决这个问题。

(1)节省矩阵法;

(2)广义分配法。

一、节省矩阵法

节省矩阵法是一个分配顾客车次与运输路线选择的运算工具,主要步骤如下:

(1)建立距离矩阵;

(2)建立节省矩阵;

(3)分配车次和路线;

(4)将顾客排序。

运算中的前面三步主要是安排车次,第四部则安排路线顺序以使运输的总距离最短。

1. 建立距离矩阵

距离矩阵确定点与点之间的距离,包括各点到仓库的距离和各点之间的距离。两点之间的距离用公式 5-5 计算:

$$Dist(\mathrm{A},\mathrm{B}) = \sqrt{(x_A - x_B)^2 + (Y_A - Y_B)^2} \quad (5\text{-}20)$$

由此,我们可以得到距离矩阵如表 5-18 所示。

距 离 矩 阵 表 5-18

	DC	1	2	3	4	5	6	7	8	9	10	11	12	13
1	12	0												
2	8	9	0											
3	17	8	10	0										
4	15	9	8	4	0									
5	15	17	9	14	11	0								
6	20	23	15	20	16	6	0							
7	17	22	13	20	16	5	4	0						
8	8	17	9	19	16	11	14	10	0					
9	6	18	12	22	20	17	20	16	6	0				
10	16	23	14	22	19	9	8	4	8	14	0			
11	21	28	18	26	22	11	7	6	13	19	5	0		
12	11	22	14	24	21	14	16	12	5	7	9	13	0	
13	15	27	20	30	28	22	23	20	12	9	16	20	8	0

2. 建立节省矩阵

如果一辆卡车把两个点的货物压缩到一条路线送,自然要比分别运送一个点返回 DC,再

去运送第二个点的货物要节省，这样节省矩阵就生成了。即把路线 DC－A－DC 和 DC－B－DC 合并成 DC－A－B－DC，这将节省卡车走的距离，可以由公式求得：

$$S(\mathrm{A,B}) = Dist(\mathrm{DC,A}) + Dist(\mathrm{DC,B}) - Dist(\mathrm{A,B}) \quad (5\text{-}21)$$

则可以得到如表 5-19 节省矩阵。

节　省　矩　阵　　表 5-19

	1	2	3	4	5	6	7	8	9	10	11	12	13
1	0												
2	11	0											
3	21	15	0										
4	18	15	28	0									
5	10	14	18	19	0								
6	9	13	17	19	29	0							
7	7	12	14	16	27	33	0						
8	3	7	6	7	12	14	15	0					
9	0	2	1	1	4	6	7	8	0				
10	5	10	11	12	22	28	29	16	8	0			
11	5	11	12	14	25	34	32	16	8	32	0		
12	1	5	4	5	12	15	16	14	10	18	19	0	
13	0	3	2	2	8	12	12	11	12	15	16	18	0

3. 安排车次和路线

距离矩阵和节省矩阵求出后，不同的车次和路线的组合安排会发生不同的费用，这里主要阐述优化各种路径的方法，以求出合理的车次安排。

这里有一个反复循环的过程，首先每个顾客被安排在不同的路线，如果两条路线的载重量不超过卡车的载重量，我们就可以将两条路线合并起来，如若合并第三条路线时，也没有超过卡车的载重量时，将第三条路线与刚才的合并路线重新合并成新的路线，如此反复下去，直至不能合并为止，或超过了卡车的载重量。由节省矩阵得到表 5-20 的修正路线。

由节省矩阵得到的修正路线 1　　表 5-20

	路线	1	2	3	4	5	6	7	8	9	10	11	12	13
1	1	0												
2	2	11	0											
3	3	21	15	0										
4	4	18	15	28	0									
5	5	10	14	18	19	0								
6	6	9	13	17	19	29	0							

续上表

	路线	1	2	3	4	5	6	7	8	9	10	11	12	13
7	7	7	12	14	16	27	33	0						
8	8	3	7	6	7	12	14	15	0					
9	9	0	2	1	1	4	6	7	8	0				
10	10	5	10	11	12	22	28	29	16	8	0			
11	6	5	11	12	14	25	34	32	16	8	32	0		
12	12	1	5	4	5	12	15	16	14	10	18	19	0	
13	13	0	3	2	2	8	12	12	11	12	15	16	18	0

首先,从上述矩阵中可以得到,合并路线 6 和路线 11 可以节省 34,是其中最大的节省量。我们将这两条路线合并起来,合并这两条路线是可行的,因为路线 6 和路线 11 的载重之和为 16 +91 =107,小于卡车的载重量200。34 被排除后,节省量最大的是 33,即将顾客 7 合并到路线 6 中,可以节省 33,这也是可行的,因为顾客 7 的载重量为 56,107 +56 =163,仍然低于 200。因此顾客 7 合并到路线 6 中,如表 5-21。

由节省矩阵得到的修正路线 2　　表 5-21

	路线	1	2	3	4	5	6	7	8	9	10	11	12	13
1	1	0												
2	2	11	0											
3	3	21	15	0										
4	4	18	15	28	0									
5	5	10	14	18	19	0								
6	6	9	13	17	19	29	0							
7	6	7	12	14	16	27	33	0						
8	8	3	7	6	7	12	14	15	0					
9	9	0	2	1	1	4	6	7	8	0				
10	10	5	10	11	12	22	28	29	16	8	0			
11	6	5	11	12	14	25	34	32	16	8	32	0		
12	12	1	5	4	5	12	15	16	14	10	18	19	0	
13	13	0	3	2	2	8	12	12	11	12	15	16	18	0

下一个最大节省量为 32,即把顾客 11 合并到路线 6 中(我们不必考虑顾客 7 和顾客 11 合并之后的节省量,因为这两个点已经在路线 6 中了)。但是,这是不合理的,因为顾客 10 的载重量为 47,47 +163 >200,而下一个最大节省量是 29,即合并顾客 5 或顾客 10 合并到线路 6 中,但这也同样超过了卡车的转载量。继续反复以上过程可以得到路线合并矩阵(如表 5-22),即可以得到{1,3,4}{2,9}{6,7,8,11}{5,10,12,13},每一个路线由一辆卡车运输。下一步确定卡车访问顾客的顺序。

由节省矩阵得到的最终路线　　表 5-22

	路线	1	2	3	4	5	6	7	8	9	10	11	12	13
1	1	0												
2	2	11	0											
3	3	21	15	0										
4	3	18	15	28	0									
5	5	10	14	18	19	0								
6	6	9	13	17	19	29	0							
7	6	7	12	14	16	27	33	0						
8	8	3	7	6	7	12	14	15	0					
9	9	0	2	1	1	4	6	7	8	0				
10	10	5	10	11	12	22	28	29	16	8	0			
11	6	5	11	12	14	25	34	32	16	8	32	0		
12	12	1	5	4	5	12	15	16	14	10	18	19	0	
13	13	0	3	2	2	8	12	12	11	12	15	16	18	0

4. 线路中访问顾客的顺序安排

我们知道，在一条路线中，卡车运送货物到不同的顾客时，访问顾客的顺序不同，所运输的距离是不同的，例如，在组合{5,10,12,13}中，如果运送的顺序是 5,10,12,13，那么总路程为 15 +9 +9 +8 +15 =56(距离可由表 5-17 距离矩阵中得到)，然而，运送的顺序为 5,10,13,12，运输总路程为 15 +9 +16 +8 +11 =59。我们的目标就是通过合理安排不同顾客的访问顺序以使卡车的运输距离最小化。初始运送顺序是开始得到的最初路径，经过优化处理得到最佳路径。

以组合{5,10,12,13}为例来阐述优化路径的方法。其中包括最远插入法、最近插入法、最近相邻法和扫描法。

(1)最远插入法：这一方法是将离当前线路最远的客户插入到该线路。其基本思路是，对于给定的运输路线，首先为每一位剩下的客户测算出将其插入到该线路的合适点得到的线路长度的最小增加值，然后从中找出最大的最小增加值客户，并将其纳入该线路，从而得到一个新的运输行程。这一过程一直要持续到所有属于该线路的客户全部被纳入为止。

在{5,10,12,13}中，这 4 个点中 5 离 DC 的距离为 15，即 DC –5 –DC 的路程为 30，点 10 为 32，点 12 为 22，点 13 为 30。应用最远插入的原则，先插入 10 得到一个新的路径 DC –10 –DC。下一步，如若插入顾客 5，则路线为 DC –10 –5 –DC，总路程为 40；插入 12 为 DC –10 –12 –DC，总路程为 36；插入 13 总路程为 46。根据最远插入法的原则，插入顾客 13，得到新的路径 DC –10 –13 –DC。剩下还有顾客 5 和顾客 12 未被插入。对于插入顾客 5 最小运输里程路径为 DC –5 –10 –13 –DC，总路程为 55；而插入顾客 12 的最小运输里程路径为 DC –10 –12 –13 –DC，总路程为 48，因此插入顾客 5 得到路径 DC –5 –10 –13 –DC，最后插入顾客 12，其最小增加运输里程的路径为 DC –5 –10 –12 –13 –DC，总路程为 56。

(2)最近插入法：与最远插入法相反，最近插入法是选取插入的点是使得所增加运输里程最少的点，如此反复直到所有的点都被插入。

还是以上述组合为例,选择离 DC 最近的点是 12,即插入顾客 12 得到 DC – 12 – DC 总路程为 22。下一步,插入顾客 5,路径总路程为 40。以最近插入法的原则,得到路径 DC – 5 – 10 – 12 – 13 – DC,总路程为 56。

(3)最近相邻法:与最近插入法不同的是,最近相邻法是选取离运输所在点最近的相邻的点插入。

对于组合{5,10,12,13},离 DC 最近的点是顾客 12,即插入顾客 12 得到 DC – 12,离顾客 12 最近的点是 10,插入顾客 10。依次类推可以得到路径 DC – 12 – 10 – 5 – 13 – DC,总路程为 66。

(4)扫描法:扫描法的原理比较简单,在坐标系中,假设一条射线从正 Y 轴开始顺时针扫描,每扫到一点,此点即被插入。用此方法可以得到路径 DC – 5 – 10 – 12 – 13 – DC,总路程为 56。

以上四种方法的路径和总路程如表 5-23 所示。

用不同方法的得到的最初路线 表 5-23

路径排序方法	路径	总路程
最远插入法	DC – 5 – 10 – 12 – 13 – DC	56
最近插入法	DC – 5 – 10 – 12 – 13 – DC	56
最近相邻插入法	DC – 12 – 10 – 5 – 13 – DC	66
扫描法	DC – 5 – 10 – 12 – 13 – DC	56

5. 路线优化

得到上述路径后,要对这些路径进行路线的优化,进一步的缩短运输路线的里程。下一步将应用两种优化方法对上述得到的运输路线进行优化。

(1)2 – OPT 法。2 – OPT 法是将得到的路径,在某一点切断路径,使之一分为二,再将其组合起来形成新的路径,计算得到的每一个新路径的总路程,取最小的路径作为选定方案。

例如,由最近相邻插入法得到路径 DC – 12 – 10 – 5 – 13 – DC,可以分成 13 – DC 和 12 – 10 – 5,将这两个路径重新组合成 DC – 5 – 10 – 12 – 13 – DC,总里程缩短了。

(2)3 – OPT 法。3 – OPT 法与 2 – OPT 相似,只是将原有路径分为三断,再将其重新组合,分别计算得到的新路径的总路程。取最小的路径作为选定方案。

例如,路径 DC – 5 – 10 – 12 – 13 – DC 可以分成三段路径,分别是 DC,5 – 10,12 – 13。分别进行不同方式的组合,分别为 DC – 12 – 13 – 5 – 10 – DC,总路程为 61;DC – 12 – 13 – 10 – 5 – DC,总路程为 81;和 DC – 13 – 12 – 5 – 10 – DC,总路程为 61。目前,3 – OPT 法似乎并没有起到作用,因为目前的路径就是最短路径,但这并不表明 3 – OPT 法无效。通过上述方法我们可以得到对于每一辆卡车的路径、总路程和装载量。如表 5-24 和图 5-7 所示。

由节省矩阵法得到的车次及路径规划 表 5-24

卡车	路径	总路程	装载量
1	DC – 2 – 9 – DC	32	93
2	DC – 1 – 3 – 4 – DC	39	183
3	DC – 8 – 11 – 6 – 7 – DC	49	193
4	DC – 5 – 10 – 12 – 13 – DC	56	197

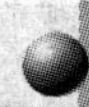

二、广义分配法

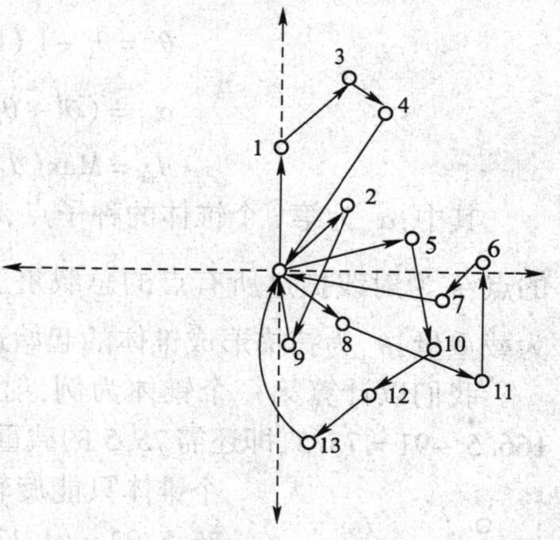

图 5-7 由节省矩阵法得到路径顺序

广义分配法比节省矩阵法要更加复杂，但是在约束条件较少的情况下可以得到更佳的方案，广义分配法车次安排和路径规划的步骤如下：

(1)计算种子点(Seed Point)的位置。

(2)对于每个顾客计算插入的费用。

(3)把顾客分配到不同的路径。

(4)在路径中安排顾客访问的顺序。

前三个步骤是分配顾客到不同的车次，第四步是确定每条路径访问顾客的顺序，以得到最佳路线，即总路程最小的路线。

1. 计算种子点的位置

(1)计算平均载重量。对于 13 个顾客，配送中心需要配送的总载重量为 666(可由表 5-17 得到)，那么对于每辆卡车平均载重量为 $L_{\text{seed}} = 666/4 = 166.5$。

(2)计算每一个点在坐标系的角度，可由表 5-17 的坐标值计算每个点正切值，即 $\theta_i = \tan^{-1}(y_i/x_i)$，可得到表 5-25 所示。

顾客的角度位置及订货批量 表 5-25

	X 轴	Y 轴	角度	订货批量
DC	0	0		
1	0	12	1.57	48
2	6	5	0.69	36
3	7	15	1.13	43
4	9	12	0.93	92
5	15	3	0.20	57
6	20	0	0.00	16
7	17	-2	-0.12	56
8	7	-4	-0.52	30
9	1	-6	-1.41	57
10	15	-6	-0.38	47
11	20	-7	-0.34	91
12	7	-9	-0.91	55
13	2	-15	-1.44	38

(3)从 DC 发出一条射线沿顺时针旋转，依次扫过点 1,3,4,2,5,6,7,11,10,8,12,9 和 13 各点。从点 1 开始，可以形成 4 个锥体，每一个锥体的载重量为 166.5。那么每个锥体种子点的位置可用如下公式求得：

$$\theta' = \theta_k - [(166.5 - \sum_{i=1}^{k} L_i)/L_{k+1}][\theta_k - \theta_{k+1}]$$

$$\alpha_{ci} = (\theta' + \theta_{c1})/2$$

$$d_{ci} = \mathrm{Max}(d_1, d_2, \cdots, d_k)$$

其中，α_{ci}为第 i 个锥体的种子点，d_{ci}为种子点离 DC 的距离，即为所扫过的点中离 DC 最远的点；k 为射线扫过所有点的总载重$\sum_{i=1}^{k} L_i < 166.5$ 的点，$k+1$ 为扫描过程中 k 的下一个点。L 为载重量，θ_{c1}为扫描形成锥体的起始边所在的角度，θ'为锥体末边所在的角度。

我们以计算第一个锥体为例，射线从点 1 开始，顾客 1 和顾客 3 的总载重量为 91，那么 166.5 − 91 = 75.5，即还需 75.5 的载重量。当射线经过顾客 4 时，载重量为 92 > 75.5，因此，第一个锥体只能旋转到 3 和 4 之间的点，即其角度为$(75.5/92)(\theta_3 - \theta_4) = 75.5/92 \times (1.13 - 0.93) = 0.97$，如图 5-8 所示。则第一个锥体的种子点为$\alpha_{c1} = (1.57 + 0.97)/2 = 1.27$。$d_{c1} = d_3 = \sqrt{(7-1)^2 + (15-0)^2} = 17$。故我们可以得到种子点在坐标轴中的位置为：

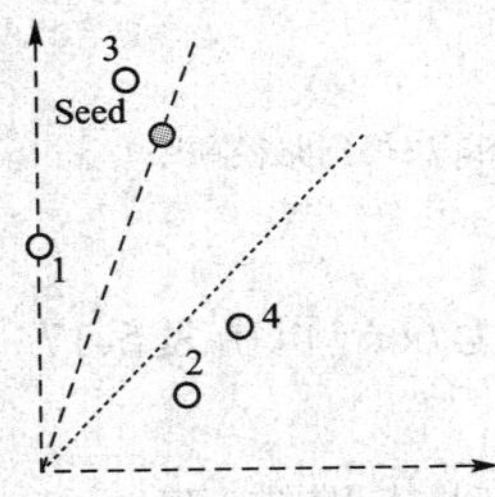

图 5-8　确定种子点 1 的位置

$$X_{c1} = d_{c1}\cos(\alpha_{c1}) = 17\cos(1.27) = 5$$

$$Y_{c1} = d_{c1}\sin(\alpha_{c1}) = 17\sin(1.27) = 16$$

由上面的方法我们可以依次得到 S_2，S_3 和 S_4 如表 5-26 所示。

种子点的坐标位置　　表 5-26

种　子　点	X　轴	Y　轴
S_1	5	16
S_2	18	9
S_3	19	−5
S_4	9	−12

2. 计算插入每一个顾客产生的费用

我们首先假设已有一路径 DC − S_k − DC，对于每一个种子点 S_k 和任一顾客 i，插入 i，形成新的路径 DC − i − S_k − DC，所产生的费用 c_{ik}是由所增加的路程计算的，即为：

$$c_{ik} = Dist(\mathrm{DC}, i) + Dist(i, S_k) - Dist(\mathrm{DC}, S_k)$$

我们以点 1 插入种子点 1，所产生的费用为例计算如下：

$$c_{11} = Dist(\mathrm{DC}, 1) + Dist(1, S_1) - Dist(\mathrm{DC}, S_1) = 12 + 10 - 17 = 5$$

依此，所有点的插入费用可以得到表 5-27。

插 入 路 径 费 用　　表 5-27

顾　客	种子点 1	种子点 2	种子点 3	种子点 4
1	5	10	18	23
2	2	0	5	10
3	2	9	20	29
4	4	4	15	24

续上表

顾　　客	种子点1	种子点2	种子点3	种子点4
5	15	2	5	16
6	25	9	5	21
7	22	8	1	15
8	11	5	0	1
9	12	9	4	1
10	24	11	1	10
11	32	17	4	18
12	20	12	4	0
13	30	24	15	8

3. 分配车次

将顾客合理分配给4辆卡车，以使总的插入费用最小，并且不超过卡车的载重量。这个问题属于整数规划的问题，需要如下数据：

c_{ik} = 将顾客 i 插入种子点 k 的费用

a_i = 顾客 i 的订货批量

b_k = 卡车 k 的载重量

定义如下决策变量：

$$y_{ik}=\begin{cases}1 & \text{客户 } i \text{ 分配到母点 } k\\ 0 & \text{客户 } i \text{ 未分配到母点 } k\end{cases}$$

由整数规划可得到：

目标函数

$$\text{Min}\sum_{k=1}^{K}\sum_{i=1}^{n}c_{ik}y_{ik}$$

约束条件

$$\sum_{k=1}^{K}y_{ik}=1,\quad i=1,\cdots,n$$

$$\sum_{i=1}^{K}a_iy_{ik}\leqslant b_k,\quad k=1,\cdots,k$$

$$y_{ik}=0 \text{ 或 } 1$$

每个顾客的运输批量和插入费用和卡车的载重量都已知，通过Excel计算可以得到车次安排和路径分配及每辆卡车的载重量如表5-28和图5-9所示。

由广义规划法得到的车次和路径分配　　表5-28

车　　次	路　　径	总 路 程	载 重 量
1	DC-1-3-4-DC	39	183
2	DC-2-5-6-DC	43	109
3	DC-10-7-11-DC	47	194
4	DC-8-12-13-9-DC	36	180

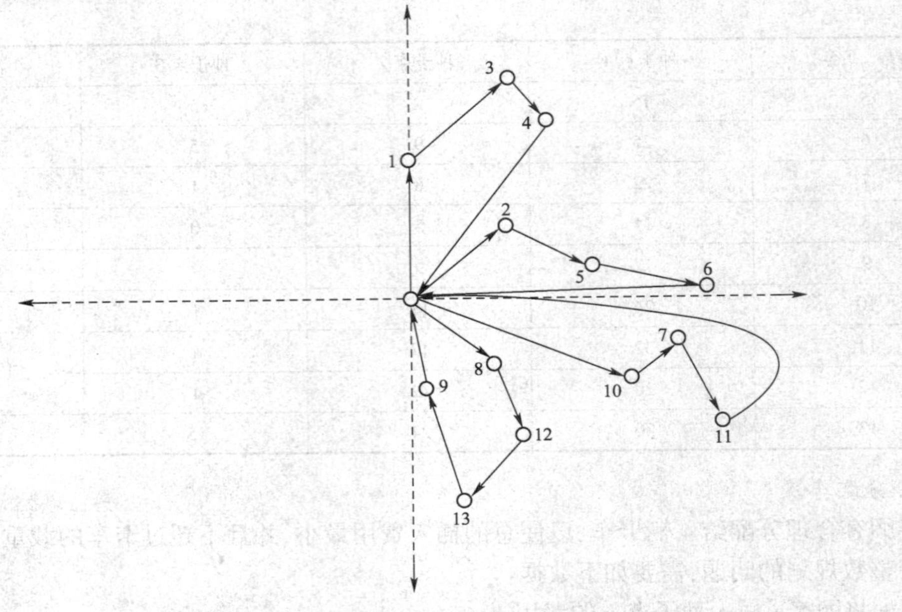

图 5-9　由广义规划法得到的路径顺序

由表 5-28 可知,4 辆卡车的总路程为 159,而用节省矩阵法得到路径总路程为 176,可见由广义归纳法得出的方案优于节省矩阵法的方案,但是广义归纳法的运算过程较复杂,并且当约束条件较多时很难用广义归纳法的配送计划方案。如果约束条件较少时,则用此法;节省矩阵法简单实用,并在约束条件较多时,就显得功能强大。

案例 5-3　韩国三星公司物流运输合理化

1. 三星公司物流进行的根本目标

今天的商业环境正在发生显著的变化,市场竞争愈加激烈,客户的期望值正在日益提高。为适应这种变化,企业的物流工作必须进行革新,创建出一种适合企业发展、让客户满意的物流运输合理化系统。合理化运输就是通过在采购、销售过程中有效地掌握物流、信息流去满足客户的需求,也就是在最合适的时间、最合适的地点提供给客户需要的产品。

截至 2004 年底,三星在华实现对华累计投资额 40 亿美元,2004 年销售额约为 243 亿美元,业务涉及电子、金融、贸易、重工业、建筑、化工、服装、毛纺织、广告等诸多领域。包括港台地区,中国三星已经在华设立了 90 多个机构,拥有员工 5 万余人。

中国三星电子的生产经营活动是目前中国三星在华最大的业务部分。三星电子的生产、销售和服务网络遍及北京、天津、山东、上海、江苏、浙江、广东、香港、台湾等地区。到 2005 年为止,三星电子共有 14 家生产法人、8 家销售法人、4 个研究机构以及若干代表处、办事处、产品技术服务部门,员工总计 2.3 万人,截至 2005 年底,在华员工 2.3 万人,销售额 176 亿美元,其中出口 78 亿美元。

三星公司从 1989 年到 1993 年实施了物流运输工作合理化革新的第一个五年计划。

这期间，为了减少成本和提高配送效率进行了“节约成本200亿”、“全面提高物流劳动生产率运动”等活动，最终降低了成本，缩短了前置时间，减少了40%的存货量，并使三星公司获得首届韩国物流大奖。

三星公司从1994年到1998年实施物流运输工作合理化革新的第二个五年计划，重点是将销售、配送、生产和采购有机结合起来，实现公司的目标。即将客户的满意程度提高到100%，同时将库存量再减少50%。为了这一目标，三星公司将进一步扩展和强化物流网络，同时建立一个全球性的物流链使产品的供应路线最优化，并设立全球物流网络上的集成订货——交货系统，从原材料采购到交货给最终客户的整个路径上实现物流和信息流一体化。这样客户就能以更低的价格得到更高质量的服务，从而对企业更加满意。基于这种思想，三星公司物流工作合理化革新小组在配送选址、实物运输、现场作业和信息系统四个方面去进行物流革新。

(1)配送选址新措施。为了提高配送中心的效率和质量，三星公司将其划分为产地配送中心和销地配送中心。前者用于原材料的补充，后者用于存货的调整。对每个职能部门都确定了最优工序，配送中心的数量被减少、规模得以最优化，便于向客户提供最佳的服务。

(2)实物运输革新措施。为了及时地交货给零售商，配送中心考虑货物数量和运输所需时间的基础上确定出合理的运输路线。同时，一个高效的调拨系统也被开发出来，这方面的革新加强了支持销售的能力。

(3)现场作业革新措施。为使进出工厂的货物更方便快捷地流动，公司建立了一个交货点查询管理系统，可以查询货物的进出库频率，高效地配置资源。

(4)信息系统新措施。三星公司在局域网环境下建立了一个通信网络，并开发了一个客户服务器系统，公司集成系统(SAPR)的1/3将投入物流中使用。由于将生产配送和销售一体化，整个系统中不同的职能部门将能达到信息共享。客户如有涉及物流的问题，都可以通过实行订单跟踪系统得到回答。

另外，随着客户环保意识的增强，物流工作对环境保护负有更多的责任，三星公司不仅对客户许下了保护环境的承诺，还建立了一个全天开放的由回收车组成的回收系统，并由回收中心来重新利用那些废品，以此来提升自己企业在客户心目中的形象，从而更加有利于企业的经营。

2. 三星公司物流中合理运输的主要形式

合理运输的主要形式有以下几种：分区产销平衡合理运输、直达运输、“四就”直拨运输、合装整车运输、提高技术装载量。

(1)分区产销平衡合理运输。这种方式是指在物流活动中，对某种货物其由一定的生产区固定于一定的消费区。在产销平衡的基础上，按着近产近销的原则，使货物走最少的里程，组织运输活动。

①分区产销平衡合理运输方式的优、缺点。这种方式加强了产、供、运销的计划性，消除过远、迂回、对流等不合进运输，降低了物流费用、节约运输成本及运输耗费。

②适用范围及情况。在实际工作中，这种方式适用于品种单一、规格简单、生产集中、

消费分散或生产分散、消费集中且调动量大的货物,如煤炭、木材、水泥、粮食、矿建材料等。

(2)直达运输。这种方式是指越过商业性仓库环节或铁路交通中转环节,把货物从产地或起运地直接运到销地或客户,减少中间环节的一种运输方式。

①直达运输的优、缺点。这种方式的好处是减少了中间环节,节省了运输时间与费用,灵活度较高。但相对而言对企业各部门分工协作程度的要求较高,企业内部计划、财会、业务、仓库等各个机构应加强联系,建立相应的联系制度来满足其需求;

②适用范围及情况。直达方式通常适用于某些体积大、笨重的生产资料运输,如矿石等。对于出口货物也多采用直达运输方式。一些消费品可依靠货物等具体情况的不同,越过不同的中间环节到批发商或零售商的仓库中。

(3)"四就"直拨运输。这种方式是指物流经理在组织货物调运的过程中,以当地生产或外地到达的货物不运进批发站仓库,运用直拨的办法,把货物直接分拨给基层批发、零售中间环节。这种方式可以减少一道中间环节,在时间与各方面收到双重的经济效益。

在实际的物流工作中,物流经理可以根据不同的情况,采取就厂直拨、就车站直拨、就仓库直拨、就车船等具体运作方式。

"四就"直拨的主要形式	含　义	具体方式
就厂直拨	物流部门从工厂收购产品,在经厂验收后,不经过中间仓库和不必要的转运环节,直接调拨给销售部门或直接送到车站码头运往目的地的方式	厂际直拨、厂店直拨、厂批直拨、用工厂专用线、码头直接发运
就车站直拨	物流部门对外地到达车站的货物,在交通运输部门允许占用货位的时间内,经交接经验收后,直接分拨或运给各销售部门	直接运往市内各销售部门 直接运往外埠要货单位
就仓库直拨	在货物发货时越过逐级的层层调拨,省略不必要的中间环节,直接从仓库拨给销售部门	对需要储存保管的货物就仓库直拨 对需要更新库存地货物就仓库直拨 对常年生产、常年销售货物就仓库直拨 对季节生产、常年销售货物就仓库直拨
就车船过载	对外地用车、船运人的货物,经交接验收后,不在车站或码头停放,不人库保管,随即通过其他运输工具换装置直接运至销售部门	就火车直装汽车 就船直装火车或汽车 就大船过驳小船

(4)合整装车运输方式。这种方式是指在组织铁路货运适当中,同一发货人的不同品种发往同一到站、统一收货人的零担托运货物,由物流部门组配,放在一个车内,以整车运输的方式托运到目的地;或把同一方向、不同到站的零担货物,集中组配在一个车内,运到一个适当的车站再中转分运。采用合整装车运输的方法,可以减少一部分运输费用,节约劳动力。

这种方式主要适用于商业、供销部门的杂货运输。根据不同的实际情况，可采取四种方法：主要零担货物拼整车直达运输；零担货物拼整车接力直达或中转分运；整车分卸（二、三站分卸）；整装零担。

（5）提高技术装载的运输方式。这种方式充分利用车船载重吨位和装载容积，对不同的货物进行搭配运输或组装运输，使同一运输工具能装载尽可能多的货物。这种方式一方面最大限度地利用了船的载重吨位，另一方面充分使用车船的装载容积，提高了运输工具的使用效率。

这种方式的主要做法有以下三种：将重货物和轻货物组装在一起；对一些体大笨重、容易致损的货物解体运输，分别包括，使之易于装卸和搬运；根据不同货物的包装形状，采取各种有效的堆码方法。

（来源：道客巴巴，http://www.doc88.com/p-7177000204470.html）

思考题：

1. 三星公司物流工作合理化革新小组为什么选择在配送选址、实物运输、现场作业和信息系统四个方面去进行物流革新？

2. 三星公司提高技术装载的运输方式主要做法有哪些？

思考与练习

一、名词解释

1. 合理运输
2. 对流运输
3. 送奶线路

二、简答题

1. 合理运输的意义是什么？如何组织合理运输？
2. 简述我国运输规制的现状。
3. 试比较分析各种运输网络设计方案的特点。
4. 试析两种运输线路设计方法的基本步骤与各自的特点。

三、讨论题

理解运输规划模型的基本原理并结合本章实例进行应用。

第六章　库存管理与控制

引导案例　詹姆电子:寻找有效的库存管理策略

詹姆(JAM)电子是一家生产诸如工业继电器等产品的韩国制造商企业。公司在远东地区的5个国家拥有5家制造工厂,公司总部在汉城。美国詹姆公司是詹姆电子的一个子公司,专门为美国国内提供配送和服务功能。公司在芝加哥设有一个中心仓库,为两类顾客提供服务,即分销商和原始设备制造商。分销商一般持有詹姆公司产品的库存,根据顾客需要供应产品。原始设备制造商使用詹姆公司的产品来生产各种类型的产品,如自动化车库的开门装置。

詹姆电子大约生产2500种不同的产品,所有这些产品都是在远东制造的,产成品储存在韩国的一个中心仓库,然后从这里运往不同的国家。在美国销售的产品是通过海运运到芝加哥仓库的。近年来,美国詹姆公司已经感到竞争大大加剧了,并感受到来自于顾客要求提高服务水平和降低成本的巨大压力。不幸的是,正如库存经理艾尔所说:“目前的服务水平处于历史最低水平,只有大约70%的订单能够准时交货。另外,很多没有需求的产品占用了大量库存。”在最近一次与美国詹姆公司总裁和总经理及韩国总部代表的会议中,艾尔指出了服务水平低下的几个原因:

(1)预测顾客需求存在很大的困难。

(2)供应链存在很长的提前期。美国仓库发出的订单一般要6~7周后才能交货。存在这么长的提前期主要因为:一是韩国的中央配送中心需要1周来处理订单;二是海上运输时间比较长。

(3)公司有大量的库存。如前所述,美国公司要向顾客配送2500种不同的产品。

(4)总部给予美国子公司较低的优先权。美国的订单的提前期一般要比其他地方的订单早1周左右。

为了说明预测顾客需求的难度,艾尔向大家提供了某种产品的月需求量信息。但是,总经理很不同意艾尔的观点。他指出,可以通过用空运的方式来缩短提前期。这样,运输成本肯定会提高,但是,怎么样进行成本节约呢?最终,公司决定建立一个特别小组解决这个问题。

(来源:全国物流信息网,http://www.56888.net/news/20111030/064764045.html)

问题

1. 詹姆公司如何针对这种变动较大的顾客需求进行预测?
2. 其如何平衡服务水平和库存水平之间的关系?
3. 提前期和提前期的变动对库存有什么影响?詹姆公司该怎么处理?
4. 对詹姆公司来讲,什么是有效的库存管理策略?

本章知识点

库存规划与管理帮助企业管理人员对库存物料的出、入、移动、盘点等操作进行全面的控制和管理，以达到降低库存、减少资金占用，避免物料积压或短缺现象，保证生产经营活动顺利进行的目的。

本章介绍了库存管理的基本内涵，并分析了库存的必要性，阐述了库存管理的内容与意义，重点讨论了几种典型的库存控制模型。

本章应重点掌握的内容：库存管理的基本内涵；库存管理的内容；确定型库存控制模型和随机型库存控制模型。

第一节　库存管理概述

一、库存管理基本概念

库存是指社会物质流动过程中，为了保证整个过程的连续和均衡性，而在不同领域储备的物资。按其性质和所处的领域不同分为三种：生产库存，是生产企业为保证生产的不间断进行而储备的物资，它已进入生产领域，尚未投入生产过程的生产资料。商品库存，是已经离开生产领域，进入流通领域，为满足社会需要和保证市场供应的物资储备。国家库存是国家为防止意外事件发生而储备的物资。

库存是随着社会的发展而产生和发展的，它具有两重性，既有保证物流过程不断进行的积极的一面，同时又有占用资金的消极的一面。因此，库存的多少应以保证商品流通和正常生产的需要为限度，要确定一个合理的数量界限，也就是要求合理的库存量。从广义来看，合理库存包括：数量多少要合理；储存时间长短要合理；储存的品种、规格结构要合理；储备分布和储备费用等要合理。要确定一个合理的库存水平，就要研究控制库存的定量分析方法，称之为库存控制技术。

在库存系统内，一个完整的库存过程包括订货、进货、保管、供应或销售四个阶段。作为控制程序，确定合理库存量在供应或销售阶段是难于控制和掌握，也是比较被动的。但是在订货阶段进行控制是可行的和主动的。因此，确定一个合理的订货批量是库存控制的关键。在不同的条件下，建立相应的库存模型，选择最佳的经济订货批量，则是库存决策的依据。

在库存管理中，常涉及以下决策问题：

(1)订货完成周期：是顾客发出购买订单与收到相应的货物装运交付之间的时间。

(2)基本储备：在订货过程中必须持有的平均存货被称为基本的储备，其中平均存货是由在物流设施中储备的材料、零部件、在制品和制成品构成。

(3)安全储备库存：它是平均库存的一个重要组成部分，用以防止库存供给和顾客需求等的不确定性因素对物流服务的影响。

(4)中转库存：又称运送中库存，代表着正在转移或等待转移的储备在运输工具中的库存。中转库存给供应链增添了复杂性：第一，中转库存代表了真正的资产，即使并不存取或使用，也必须支付运费；第二，存在着与中转运送相关的高度不确定性因素，尽管全球定位系统已

经在很大程度上降低了这种不确定性,但是托运人依然会受到获取这类信息的限制。目前,在中转库存战略中物流经理们已经愈来愈重视更小的订货批量,更频繁的订货周期,以及准时化供应运送等战略,逐渐减少中转库存在总资产中占有的百分比,把更大的注意力集中到如何减少中转库存的数量和与此相关的不确定性因素上。

(5)订货费:在订货全过程中为订购物资补充库存而发生的全部费用,包括通信费、订单手续费、招待费等、订货费用的特点是,订一次货只发生一次费用,换句话说,订货费用只和订货次数有关。

(6)保管费用:是库存在储备过程中所发生的一切费用,例如出入储存设施时的装卸、搬运、验收、堆码、储备中发生的货损、货差等费用。

(7)缺货费:缺货对企业和顾客都会造成经济损失,对企业来说,失去销售机会将产生市场机会损失,影响企业的服务形象;对用户来说,会影响生产和制造支持,所有上述经济损失都可以折算成缺货费用。

(8)经济订货批量(EOQ):从经济的观点出发制定库存战略,使库存费用最省的订货批量叫作经济订货批量。

(9)订货点库存量:根据库存量的变化情况,当库存量下降到某一个值时决定订货,把这个订货时的库存量称为订货点库存量,简称为订货点。

(10)前置期:把自发出订货到收到新订货物之间的时间叫作订货前置期。

(11)安全库存量:是在前置期平均需求量之外为减少缺货以及预防不确定性的需求和延误而设的保险富裕量库存。只有在随机型库存模型下才设安全库存量。

二、库存的必要性分析

有很多原因可以解释为什么供应渠道要有库存。但近年来,也有许多人对库存提出批评,认为库存是不必要的,是浪费。下面将论述为什么企业在运作的各个层面都需要库存,为什么又希望将库存保持在最低水平。

1. 需要库存的原因

库存的持有与客户服务或由此带来的成本节约有关。我们简单考察以下几个保有库存的原因。

(1)改善客户服务。我们无法设计出能对客户的产品或服务需求做出即时反应的运作系统,因为这样的运作系统时不经济的。库存产品或服务保持一定的可得率,当库存位置接近客户时,就可以满足较高的客户服务要求。库存的存在不仅保证了销售活动的顺利进行,而且提高了实际销售量。

(2)降低成本。虽然持有库存会产生一些成本,但也可以间接降低其他方面的运营成本,两者相抵可能还有成本的节约。

首先,保有库存可以使生产的批量更大、批次更少、运作水平更高,因而产生一定的经济效益。由于库存在供求之间起着缓冲器的作用,可以消除需求波动对产出的影响。

其次,保有库存有助于实现采购和运输中的成本节约。采购部门的购买量可以超过企业的即时需求量以争取价格—数量折扣。保有额外库存带来的成本可以被价格降低带来的收益所抵消。与之类似,企业常常可以通过增加运输批量、减少单位装卸成本来降低运输成本。但增加运输批量会导致运输渠道两端的库存水平都增加。运输成本节约也可以抵消库存持有成本的上升。

第三,先期购买可以在当前交易的低价位购买额外数量的产品,从而不需要在未来以较高的预期价购买。这样,购买的数量比即期需求量要多,比按接近即期需求的数量购买导致的库存也多。但是,如果预期未来价格会上涨,那么先期购买产生库存是有道理的。

第四,整个运作渠道中生产和运输时间的波动也会造成不确定性,同样会影响运作成本和客户服务水平。为抵消波动的影响,企业常常在运作渠道中的多个点保有库存以缓冲不确定因素的影响,使生产运作更加平稳。

最后,物流系统中也会出现计划外或意外的突发事件,库存可以起到一定的保护作用。

2. 反对保有库存的原因

反对保有库存主要围绕以下几个方面:

(1)库存被认为是一种浪费。库存耗费了那些可以有更好用途的资本,比如可以用于提高生产率或竞争力。同时,库存虽然储存价值,但不能对企业产品的直接价值做贡献。

(2)库存可能掩盖质量问题。当质量问题浮现出来,人们倾向于清理保有的库存,以保护所投入的资本。纠正质量问题的努力可能会延缓下来。

(3)保有库存鼓励人们以孤立的观点来看待物流渠道整体的管理问题。有了库存,人们常常可能将物流渠道的一个阶段与另一个阶段分离开来。将物流渠道作为一个整体来考虑的一体化决策带来的机遇可能会减少。而如果没有库存,企业不可能避免地要同时对渠道中不同层次地库存进行计划和协调管理。

第二节　库存管理的内容与意义

一、库存管理的内容

库存管理通常包括以下内容:

1. 品种分类

以库存物质类别为管理单位进行分类。在库存多种产品、商品等情况时,根据需要、价格现状及补充方式等特点,按品种进行分类。同时有必要考虑采取各自独立的管理方式,必须能够按每个分类单位掌握其需要数量管理费用、服务水平及库存补充的供应时间等情况。ABC管理法是库存管理有效方式。

2. 服务率和缺货率

所谓服务率,是指对于在一定期间内,例如一年、半年等需要量,能做到库存不缺货的比例。所谓缺货率是指由于缺货造成对需要不适应的比例。服务率和缺货率的大小,对企业经营是有重要意义的决定性项目,服务率越高,要求拥有的库存就越多。必须根据企业的战略,由商品的重要程度来决定。

对某一定期间(例如一年、半年)的需要量来说,设 a 为库存服务率;b 为缺货率,其衡量尺度有下列三种。

(1)根据客户人数:

$$b_1 = \frac{缺货的客户人数}{客户总人数}$$

$$a_1 = 1 - b_1$$

(2)根据商品数量：

$$b_2 = \frac{缺货数量}{商品需要总量}$$

$$a_2 = 1 - b_2$$

(3)根据商品价格：

$$b_3 = \frac{缺货商品金额}{需要商品总金额}$$

$$a_3 = 1 - b_3$$

3. 供应期间(备货期间)

指为了补充库存,从订货开始调进货物,直到所需要的物品备齐为止,所需要的时间。供应期间通常受到订货方(库存补充方)及交通运输等难以控制的因素的制约。当库存补充方是本公司或者是配送中心时,由于有充分的库存量,则供应期间的主要天数,就是运输所需要的天数。库存补充的对方如果是其他公司时,当发生缺货或者是正在生产中以及生产之前的情况时,应把需要安排的时间和工厂所需要的天数加在一起计算。当供应期间发生变化时,为了保险起见,应当拥有较多的库存。

4. 订货间隔(订货周期)

指本次订货日与下次订货日间的间隔,或交货期与交货期之间的间隔天数。一般有两种方式,订货点方式和定期订货方式。订货点方式指库存即将超过一定水平时的订货量,称为订货点管理方式,它可以计算出管理的结果。定期订货方式指在每个固定期间内确定时间和数量进行订货的管理方式,这种方式是固定的,必须事先确定其主要内容。由于订货期间越长,库存补充的间隔期就越大,所以库存增多是必要的。

例如,当每年需要量为2000个,假设订货的间隔期为半年,则每次补充库存量为1000个;如果把变动量视为不变时,则平均库存量为500个,如果订货的间隔期为3个月,则平均库存量为250个。图6-1表示订货间隔期和平均库存量之间的关系(设每年需要量为2000个)。

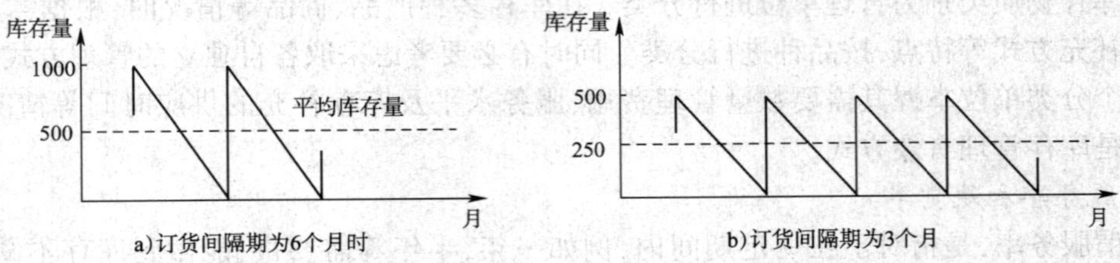

图6-1　订货间隔期和平均库存量之间的关系

定期订货方式(例如以月为单位),以下式表示：

$$订货间隔期 = \frac{平均每次订货量}{单位时间内平均需要量} = \frac{平均每次订货量}{每月平均需要量}$$

5. 订货点

订货点是指补充对方之前，补充库存物品订货的时点上，仓库所具有的库存量。在采用定期订货方式时，要预先掌握每个时期订货点上的库存量。订货点方式，要预先确定一定的订货点，这是该方式的主要内容。订货点上所具有的库存量，要适应于订货物品交货期间所需要的量。其表示如下：

（1）当需要量和供应期间没有变动时：

订货点 = 供应期间中的需要量 = 单位时间内平均需要量 × 供应时间

（2）当需要量和供应时间发生变化：

订货点 =（供应期间的需要量）+（该期间变动所需要的预备库存量）

=（供应期间的一般需要量）+（该期间不确定因素所需要的预备库存量）

= [（单位时间内平均需要量）×（供应时间）] + 安全库存

6. 订货量

订货量指每次根据对方补充的库存量，在一定期间内，例如相当一年的需要量分为几次来订货的数量，当订货量多的情况下，也就是指在某个时间内的需要量，采取集中订货时，意味着在某个时期内，例如一年间，订货次数的减少。订货间隔期长，也可以说是库存量将增加。另外，订货量即使是本企业的计划量，也会由于其他因素起变化。主要有：

（1）因交易价格便宜，集中购入时；

（2）因制造方生产工序的变化，需要得不到更多的货物时；

（3）由于供求的变动，补充供货方面的物品有缺货危险时，为确保安全供给，而集中购货等。

7. 安全库存

为了防止由于不确定因素引起的缺货，而备用的缓冲库存叫安全库存。如果不确定因素考虑过多，那么就会导致缺货率极小而发生库存过剩。其计算公式如下：

安全库存 =（安全系数）×（根据需要及供应期间等变动确定的库存量）

二、库存管理与控制的重要意义

库存管理的目的是在满足顾客服务要求的前提下通过对企业的库存水平进行控制，力求尽可能降低水平、提高物流系统的效率，以强化企业的竞争力。

在企业经营过程的各个环节间存在库存，也就是说，在采购、生产、销售的不断循环的过程中，库存使各个环节相对独立的经济活动成为可能。同时库存可以调节各个环节之间由于供求品种及数量的不一致而发生的变化，把采购、生产和销售等企业经营的各个环节连接起来起润滑的作用。对于库存在企业中的角色，不同的部门存在不同的看法。例如，库存管理部门力图保持最低的库存水平以减少资金占用、节约成本。销售部门愿意维持较高的库存水平和尽可能备齐各种商品来避免发生缺货现象，以提高顾客满意程度。制造部门愿意对同一产品进行长时间的大量生产，这样可以降低单位产品的固定费用，然而这样又往往会增加库存水平。运输部门倾向于大批量运送，利用运量折扣来降低单位运输成本，这样会增加每次运输过程中的库存水平。总之，库存管理部门和其他部门的目标存在冲突，为了实现最佳库存管理，需要协调和整合各个部门的活动，使每个部门不仅是以有效实现本部门的功能为目标，更要以实现企业的整个效益为目标。

从物流系统的角度来看,库存战略决策有很大的风险,它需要对特定的存货进行分类,然后将其装运到具体的市场或销售地区,并对销售量预测以确定一系列的物流活动决策。很显然,当库存分类不恰当时,市场营销就会迷失方向,顾客满意程度就会下降。同样,库存计划的制定对制造部门也至关重要,原材料的短缺会削减产品品种或者被迫改变生产计划,并因此而引起制造费用增加,还会可能造成产品短缺。正如缺货会扰乱既定的营销活动和制造作业一样,积压(库存量过多)同样也会产生很多问题,会由于增加仓储,磨损,保险,税收,折旧等原因而增加成本减少利润。

库存物品过剩或者枯竭,是造成企业活动混乱的主要原因。因为库存具有对不同部门间的需求进行调整的职能,不能仅从制造部门独自的立场来控制库存量。在各企业中,库存战略要求绝不允许发生缺货,也不允许库存绝对的过剩,这是一个相互矛盾的问题,而这一麻烦棘手的难题将毋庸置疑地摆在库存管理者的面前。

库存管理效率对企业的盈利能力至关重要。企业的库存管理能力直接决定能否实现按预期的服务水准要求控制库存水平。对于许多企业来说,库存是其很大的一部分资金负担,所以能否改善库存管理控制绩效直接关系到企业的市场竞争能力与生存发展。要使物流系统得到改善,库存决策者必须做出有关何时订货和订多少货的更为精确的决策,而库存管理者在做出决策时必须考虑到一系列相关的因素,包括销售流量,运费率,库存储备成本,数量折扣等。即使给定上述相关的因素,对库存经理来说,确定最佳的订货批量和补给时间也是有相当难度的。

库存决策者期望并且是可以达到的目标是:

(1)更具反应能力的订货处理和订货管理系统;

(2)更高的获取信息和管理物流信息系统的能力;

(3)更高、更强、更有效的、运输资源的高度可得性;

(4)更高的存货设置能力,以便客户需要时可以随时获得。

案例 6-1 BMW 的物流库存管理

汽车制造工业对物流供应要求相当高,其中最难的地方在于有效提供生产所需的千万种零件器材。居世界汽车领导地位的德国 BMW 公司,针对顾客个别需求生产多样车型,因而让难度已经颇高的汽车制造物流,更增添其复杂性。

其三个在德国境内负责 3、5、7 系列车型的工厂,每天装配所需的零件高达 4 万个运输容器,供货商上千家。面对如此庞大的供应链,非借助一套锦囊妙计不可。

1. 在订单方面,BMW 已在挖掘"当日需要量"潜力

在汽车组装零件的送货控制中,最重要的是提出订货需求,也就是把货物的需要量和日期通知物流采购中心。BMW 在生产规划过程中,可以针对 10 个月后所需提出订货需求,供货商也可借此预估本身对上游供货商所需提出货物的种类及数量。不过,随着生产日期的接近,双方才会更明确地知道需要量。

针对送货控制而言,一般可分为两种不同形式:一为根据生产步骤所需提出订单,另

一种为视当日需要量提出需求。前者为由生产顺序决定需要量，其零件大多在极短时间内多次运送，由于此种提出订单方式对整个送货链的控制及时间要求相当严格，因此适用在大量、高价值或是变化大的零件。

对于大多数的组装程序而言，只要确定当天需要量就足够了，区域性货运公司在前一天从供货商处取货，把这些货物储放在转运点，大多数只停放一晚，隔天就送抵 BMW 组装工厂。在送抵 BMW 工厂的先前取货并停放在转运点的过程称为“前置运送”，而第二阶段送达 BMW 工厂的步骤称为“主要运送”。过去几年里，BMW 公司已把根据生产顺序所需的订货方式最佳化。视当日需要量提出订单方式仍有极大发展潜能，所以 BMW 公司目前积极对此项最佳化进行研究。

2. 在仓储方面，BMW 已在处理低存货带来的运输成本

为了降低 BMW 的仓储设备成本，该公司向来积极减少本身存货数量，如此导致供货商送货频率的提高，例如每周多次送货，或甚至达到必须每天送货，造成货运成本提高。“前置运送”及“主要运送”的费用计算有所不同，前者的费用计算是把转运点到供货商的路程、等待及装载时间都列入计算，与运送次数成正比，但与装载数量的多寡无关。而后者的费用计算是与货物量成正比，不受送货次数影响。

基本上前置运送与仓储设备成本是互相抵触的，因为为了降低仓储成本而减少仓储设备，会造成运送频率及其成本的提高。为降低前置运送成本，尽量一次满载，囤积存货，势必造成仓储成本的提高。因此，两者间取得平衡，降低整体成本，达到最佳化的策略势在必行。

大多数供货商接到 BMW 不同工厂的订单，可由同一个货运公司把货物集中到统合的转运站，然后由此再配送到各所需工厂，这样有效地安排取货路径，降低前置运送所需成本。同时也考虑各工厂间整合性仓储设备及运送的供应链管理、各个价值创造的部分程序及次系统，使其产生互动影响，着眼点不再只限于局部最佳化，而是以整体成本为决定的依归。

3. 供应链方面，BMW 已把合作伙伴纳入成为考量因子

BMW 公司把其供应链上的合作伙伴（如运输公司等），纳入成本节约的考量因子，这也是物流链管理的意义所在。在此基础上，建立成本方程式，并且其中亦考虑到不同取货方式，例如在一次的前置运送中，安排替几个 BMW 工厂同时取货。这个成本方程式是建立在最佳化计算法的基础上，考虑因素为对供货商成本最低化之送货频率、其他与实务有关的不同附随条件，例如尽可能让运输工具满载、每周固定时间送货等。如果同一货运公司替多个 BMW 工厂送货，则必须安排送货先后次序，以达成本最佳化。此外，运送货量最好一星期内平均分配，让运输工具及仓储达到最高使用率，不致影响等待进货时间。事实上在这个 BMW 的案例中，仅仅是优化了物流链管理的第一步——采购送货，其他部分也具有最佳化潜能，例如供货商的处理程序及成本，更进一步的是考虑供货商的制造及库存状况。如此，可以降低整个价值创造链上的库存成本，这也是整个物流供应链里，提高竞争力的最佳利器。

（来源：张庆英主编．物流案例分析与实践．北京：电子工业出版社，2013.5.）

思考题:

1. BMW 公司采取哪些方法制订订单需求?各适用于什么情况?
2. BMW 公司是怎样降低库存成本的?

第三节　库存控制模型

一、库存控制模型的参数

为确定合理的库存量,需要在不同的条件下计算出最佳的经济订货批量。在建立库存模型时,会涉及有关参数,具体有以下几种:

(1)需求量:表明对物资的需求数量,用 R 表示,它是根据历史资料,结合当年生产情况,以年、月、日为单位进行计算和预测出来的。

(2)库存量:库存物资的实际数量。包括最高库存量 Q_M、安全库存量(保险储备)Q_0、经常储备量 Q、平均库存量 Q_A,以及经济订货批量 Q^*。Q_M、Q、Q_0、Q_A 之间可用下式表示:$Q_M = Q + Q_0$;$Q_A = \frac{Q}{2} + Q_0$。

(3)时间:库存周期 T,即两次进货之间的时间间隔;提前订货期 t,指自开始办理订货到货物入库的时间,包括订货、运输、验收等时间。若在提前订货期的那一时刻办理订货,则该时刻的库存量称之为订货点 Q_K,$Q_K = R \cdot t + Q_0$。

(4)费用:为建立合理的库存量而支付的费用,用 C 表示,它是保管费 H、订货费 K、缺货费 B、物资购价 M 的总和,即 $C = H + K + B + M$。

二、库存模型的费用分析

费用的考核是库存控制管理的重要经济指标,费用分析是建立库存模型、确立合理库存量的主要依据,如何降低和减少库存中的各项费用,是提高存储管理经济效益的关键,研究和探讨有关费用的问题也就成了库存控制和管理中必须考虑和重视的问题。如上所述,库存费用是保管费、订货费、缺货费和物资购价四部分费用的总和。

1. 保管费(H)

保管费包括在库物资保管保养费,仓库建筑物及设备等的折旧费、仓库管理费、保管期间物资自然损耗损失费以及占用流动资金利息等。保管费与保管物资的数量多少和时间的长短有关系。计算公式是:

$$H = Q_A \cdot C_1 \cdot T$$

式中:Q_A——平均库存量;

C_1——单位时间保管单位产品的费用;

T——库存周期。

2. 订货费(K)

为补充库存物资总是保持在合理的水平,需要办理订货,订货费是办理订货所发生的各项费用,包括:订购手续费、差旅费、通讯费、收发费等。订货费与订货次数成正比,订货一次,只发生一次费用,而与订货批量成反比,计算公式是:

$$K = \frac{R}{Q} \cdot C_2$$

式中:R——计划期内需求量;

Q——每次订货批量;

C_2——一次订货费用。

3. 缺货费(B)

缺货费指由于供货中断而造成的损失费,包括赔偿企业停产的损失费,或者因为采取应急措施而支付的费用,缺货费与缺货数量多少和缺货时间长短有关。计算公式是:

$$B = m \cdot C_3 \cdot t_3$$

式中:m——缺货数量;

C_3——单位时间单位产品的缺货费用;

t_3——缺货时间。

4. 物资购价(M)

物资购价是采购物资所支付的卖价或购价,与需求量的大小有关,当价格不变时,材料购价是一常数。计算公式是:

$$M = a \cdot R$$

式中:a——物资单价;

R——计划期内需求量。

为了建立一个合理的库存量,需要付出保管费;当储备不足发生缺货时,就要负担缺货损失费;为补充库存要付订货费。这三项费用是相互矛盾和相互制约的,保管费与保管物资的数量和时间有关,如果减少库存量和缩短保管时间,必然会节约保管费用。但是缩短库存周期后,就要增加订货次数,相应使库存量减少,则保管费减少,却由于订货次数的增加而导致订货费用的增加。另外,为了保证供应的连续性,防止缺货现象产生,就要增加保险储备,这样可以避免偿付缺货损失费,但又增加了保管费。因此,在寻求最佳的库存量时,不能单独看某项费用的大小,而是以总的库存费用最小为前提,进行综合分析和平衡,得出一个合理的库存量。

三、确定型库存模型

库存模型是我们描述某一类库存现象的理论概括和数学抽象,考虑的因素越多,模型就越接近实际,当然模型本身和求解方法也就越复杂。库存模型不可能与现实完全等同,但是只要参数选择正确,采用科学的方法建立模型,那么库存模型的解,就能对库存的决策和管理提供依据。常见的库存模型分为两大类,一类是确定型的,有关参数是常量且相对稳定不变;另一类是随机型的,有关参数是随机变量,且波动变化很大。两类模型的建立和求解方法有明显的差异。下面介绍几种常见的确定型库存模型。

1. 整批间隔进货的 EOQ(Economic Order Quantify)模型——经济订货批量公式

所谓整批间隔进货,是指某种物资的库存量经过时间 T 下降到零时随即订购到货,库存量由零恢复到最高库存量。然后每天以等量供应生产消费的需要,不发生缺货,直到库存量为零,又开始一个新的库存周期,库存量的变化情况如图 6-2 所示。

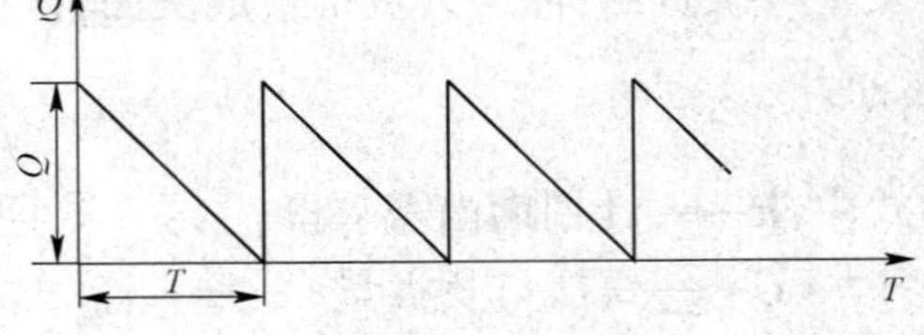

图 6-2　整批间隔进货模型

假设库存周期是 T,已知对某物资在单位时间内的需求量是 R,则在周期 T 内需用该种物资 $R \cdot T = Q$,保管费率是 C_1,订货费率是 C_2,物资单价是 a,那么在周期 T 内单位时间的库存总费用是:

$$C(Q) = \frac{1}{T}\left(\frac{C_1 \cdot Q \cdot T}{2} + C_2 + a \cdot R \cdot T\right) = \frac{C_1 \cdot Q}{2} + \frac{C_2 \cdot Q}{2} + a \cdot R$$

我们的目标是要求在库存总费用为最小的前提下,确定最佳订货批量 Q 值,令 $\frac{\mathrm{d}C}{\mathrm{d}Q} = 0$,即

$\frac{\mathrm{d}C}{\mathrm{d}Q} = \frac{C_1}{2} - \frac{C_2 \cdot R}{Q^2} = 0$,则:

$$Q^* = \sqrt{\frac{2RC_2}{C_1}} \tag{6-1}$$

$$T^* = \sqrt{\frac{2C_2}{RC_1}} \tag{6-2}$$

Q^* 称为经济订货批量 EOQ,是指库存总费用最低时的订货批量 Q^*,总费用 C 与订货批量 Q 的相互关系如图 6-3 所示。T^* 为最佳订货周期。

上述 Q^* 是在假设订货和进货同时发生的条件下求得的。但在实际工作中,订货与进货经常有一段时间间隔,这时我们用提前订货期 t 和订货点 Q_k 来解决,以便按时办理订货,补充库存。设提前订货期为 t,单位时间的需求量为 R,即可求出订货点 Q_k,$Q_k = R \cdot t$,如图 6-4,这里暂不考虑安全库存量。当库存量下降到 Q_k 时,即可按经济订货批量 Q^* 订货,点 Q_k 即为订货点,等到库存下降至零时,刚好收到全部订货,开始一个新的库存周期。

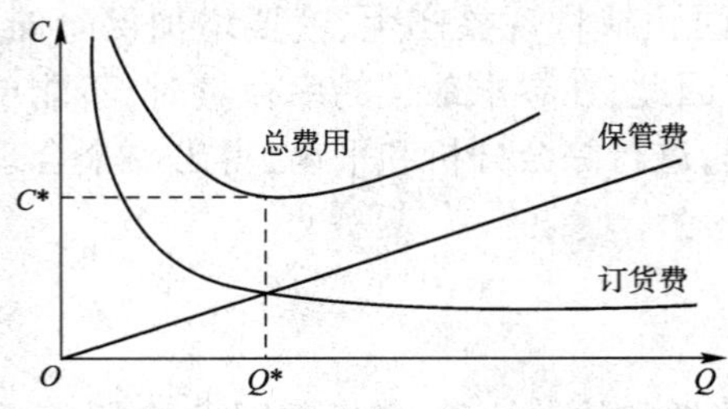

图 6-3　总费用与订货批量的关系

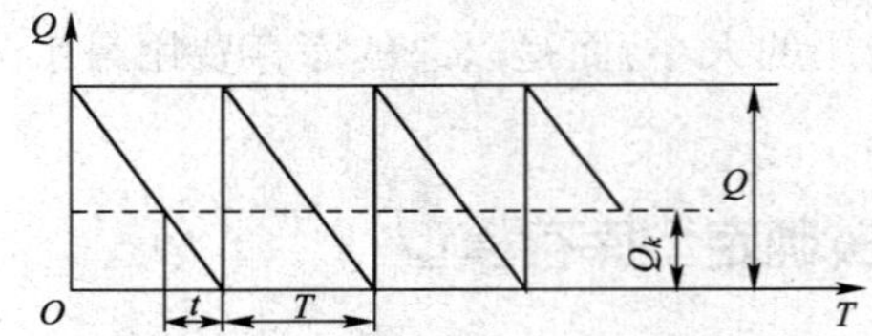

图 6-4　订货和进货不同时发生的条件下订货模型

2. 分批连续进货的 EOQ 模型

在补充库存的过程中,有时不是整批瞬时完成进货,而是分批连续进货,边补充边消耗,一直达到最大库存量 Z 为止,这时不再进货,而是单一消耗,直到库存量为零,才开始一个新的库存周期,库存量的变化情况如图 6-5。

从图 6-5 中看到,每个库存周期 T 内,包括两种不同的状态:边进货边消耗的 ΔADO,完全

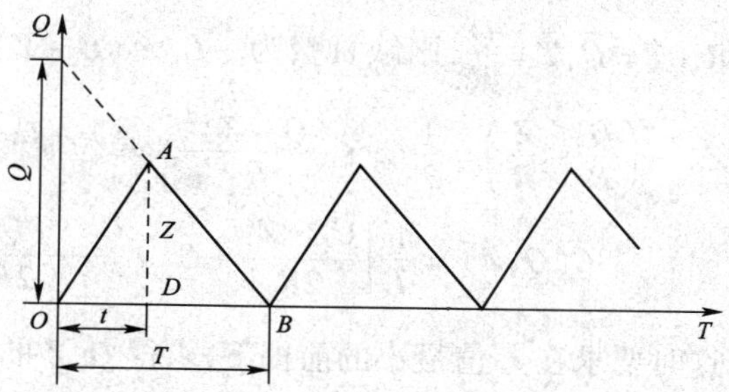

图 6-5 分批连续进货模型

消耗的 ΔABD。单位时间内的进货量和消耗量分别是 P 和 R，且 $P>R$。设分批补充库存的时间为 t，整个库存周期为 T，在周期 T 内需用该种物资为 $R\cdot T=Q$，要求在 t 时间内的进货量等于周期 T 内的需用量，即 $P\cdot t=Q=R\cdot T$，则平均保管费用为 $\frac{1}{2}C_1\cdot Z\cdot T$，而 $Z=(P-R)\cdot t$，$t=\frac{R\cdot T}{P}$，这样保管费用又可写为 $\frac{1}{2}C_1\cdot Z\cdot T=\frac{1}{2}C_1\cdot\frac{P-R}{P}\cdot R\cdot T^2=\frac{C_1\cdot(P-R)\cdot R\cdot T^2}{2P}$。由于 Q^*，T^* 皆与物资单价 a 无关，所以此后在库存费用函数中略去 $a\cdot R$，如无特殊需要不再考虑此项费用。则整个周期 T 内单位时间的库存总费用为：

$$C(Q)=\frac{1}{T}\left[\frac{C_1\cdot(P-R)\cdot R\cdot T^2}{2P}+C_2\right]=\frac{C_1\cdot(P-R)\cdot Q}{2P}+\frac{C_2\cdot R}{Q}$$

令 $\frac{\mathrm{d}C}{\mathrm{d}Q}=0$，则：

$$Q^*=\sqrt{\frac{2RC_2}{C_1}}\cdot\sqrt{\frac{P}{P-R}} \tag{6-3}$$

$$T^*=\sqrt{\frac{2C_2}{RC_1}}\cdot\sqrt{\frac{P}{P-R}} \tag{6-4}$$

3. 允许缺货的 EOQ 模型

前面介绍的库存模型是以假定不允许缺货为前提的，但是在特定条件下如发生缺货，需偿付缺货损失费，缺货部分用以后到货来填补。此时，每个库存周期 T 包括两个三角形，表示不同的状态，如图 6-6 所示。

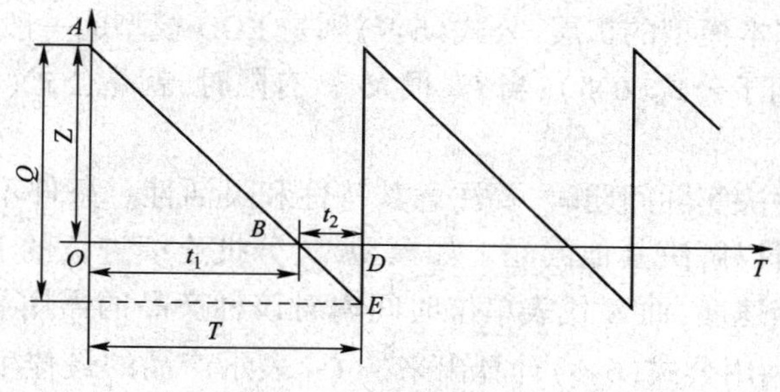

图 6-6 允许缺货的订货模型

直角 ΔABO，高是 Z，表示每次进货量减去上一周期缺货后的余额，t_1 表示正常的供货时间，这意味着在 t_1 时间内，需用量全部由库存现货予以满足。直角 ΔBDE 的高是 $Q-Z$，是允许缺货数量，t_2 是缺货时间，$t_2=T-t_1$，单位时间单位产品的缺货费用是 C_3。由相似三角形的比例关系可知 $\frac{t_1}{T}=\frac{Z}{R\cdot T}$，$t_1=\frac{Z}{R}$；从而保管费为 $\frac{1}{2}C_1\cdot Z\cdot t_1=\frac{1}{2}C_1\cdot Z\cdot\frac{Z}{R}=\frac{C_1\cdot Z^2}{2R}$；由于

$R \cdot T = Q, T = \dfrac{Q}{R}$,则缺货费为$\dfrac{1}{2}C_3 \cdot (Q-Z) \cdot t_2 = \dfrac{1}{2}C_3 \cdot (Q-Z) \cdot (T-t_1) = \dfrac{1}{2}C_3 \cdot (Q-Z) \cdot \left(\dfrac{Q}{R} - \dfrac{Z}{R}\right) = \dfrac{1}{2}C_3 \cdot \dfrac{(Q-Z)^2}{R}$。单位时间内的总费用为:

$$C(Q,Z) = \frac{1}{T}\left[\frac{C_1 \cdot Z^2}{2R} + C_2 + \frac{C_3 \cdot (Q-Z)^2}{2R}\right] = \frac{C_1 \cdot Z^2}{2Q} + \frac{C_2 \cdot R}{Q} + \frac{C_3 \cdot (Q-Z)^2}{2Q}$$

这时要求在 C 值最小的前提下,求得 Q、Z 的最佳值,令$\dfrac{\partial C}{\partial Q}=0, \dfrac{\partial C}{\partial Z}=0$,解联立方程得:

$$Q^* = \sqrt{\frac{2R \cdot C_2}{C_1}} \cdot \sqrt{\frac{C_1 + C_3}{C_3}} \tag{6-5}$$

$$Z^* = \sqrt{\frac{2R \cdot C_2}{C_1}} \cdot \sqrt{\frac{C_3}{C_1 + C_3}} \tag{6-6}$$

$$T^* = \sqrt{\frac{2C_2}{R \cdot C_1}} \cdot \sqrt{\frac{C_1 + C_3}{C_3}} \tag{6-7}$$

4. 分批连续进货允许缺货的 EOQ 模型

分批连续进货并允许缺货的 EOQ 模型是将前面三个模型的条件结合在一起综合考虑,求解最佳订货批量,使库存总费用为最小,该模型的库存量变化情况如图 6-7 所示。模型的建立与推导过程与前三个模型基本一样,这里仅给出结果。

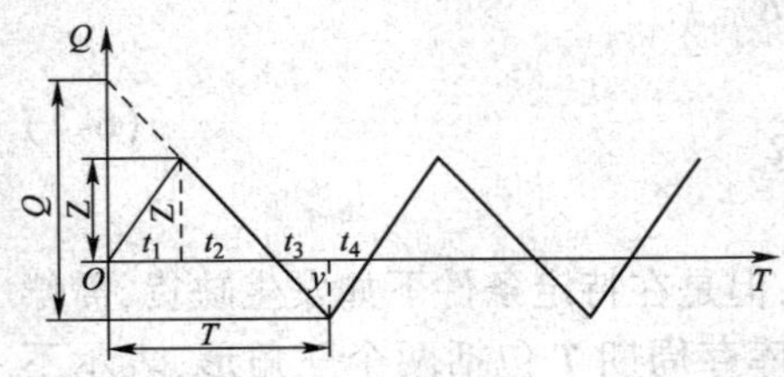

图 6-7 分批连续进货允许缺货订货模型

$$Q^* = \sqrt{\frac{2R \cdot C_2}{C_1}} \cdot \sqrt{\frac{C_1 + C_3}{C_3}} \cdot \sqrt{\frac{P}{P-R}} \tag{6-8}$$

$$Z^* = \sqrt{\frac{2R \cdot C_2}{C_1}} \cdot \sqrt{\frac{C_3}{C_1 + C_3}} \cdot \sqrt{\frac{P-R}{P}} \tag{6-9}$$

$$T^* = \sqrt{\frac{2C_2}{R \cdot C_1}} \cdot \sqrt{\frac{C_1 + C_3}{C_3}} \cdot \sqrt{\frac{P}{P-R}} \tag{6-10}$$

说明:公式(6-1)是 EOQ 模型中的最基本形式,其他库存模型都是这一基本模型的扩展,公式(6-9)则是 EOQ 模型的一般形式,当 P 很大,C_3 有限时,公式(6-9)就相当于公式(6-5);当 C_3 很大,P 有限时,就是公式(6-3);当 C_3 很大,P 也很大,就是公式(6-1)。

在应用四个模型解决实际问题时,要注意其特性和灵活性。条件不同,使用不同的公式,有的模型稍加改变就可以解决其他问题。如模型二,分批连续进货的 EOQ 模型,P 代表工业企业某一种产品的生产速度,而 R 代表单位时间内对该种产品的需用量,且 $P>R$,C_1 是保管费,C_2 是设备调整费,利用公式(6-3)计算出来的 Q^* 表示产品的最佳生产批量。下面举例说明不同条件下的 EOQ 模型的应用。

【例 6-1】 某工厂 A 型零件生产线的生产速度为每日 300 个,对 A 零件的年需求量为 43200 个,且均匀发料,A 零件在仓库的保管费为 3.6 元/个·年,其生产线的设备调整费一次是 500 元,求最佳生产批量。

解:A 零件的日需求量是:43200/360 = 120(个/日);日保管费是:3.60/360 = 0.01(元/

日)，最佳生产批量为：

$$Q^* = \sqrt{\frac{2C_2 \cdot P \cdot R}{C_1 \cdot (P-R)}} = \sqrt{\frac{2 \times 500 \times 300 \times 120}{0.01 \times (300-120)}} = 4472(\text{个})$$

【例 6-2】　已知 $R=100$ 年/月，$C_1=0.4$ 元/件·月，$C_2=5$ 元/次，$C_3=0.15$，求经济订货批量和允许缺货数量。

解：

$$Q^* = \sqrt{\frac{2R \cdot C_2 \cdot (C_1 + C_3)}{C_1 \cdot C_3}} = \sqrt{\frac{2 \times 5 \times 100 \times (0.4+0.15)}{0.4 \times 0.15}} = 96(\text{件})$$

$$Z^* = \sqrt{\frac{2R \cdot C_2 \cdot C_3}{C_1 \cdot (C_1 + C_3)}} = \sqrt{\frac{2 \times 100 \times 5 \times 0.15}{0.4 \times (0.4 \times 0.15)}} = 26(\text{件})$$

$$\text{允许缺货数量} = Q^* - Z^* = 96 - 26 = 70(\text{件})$$

【例 6-3】　若 B 配件每月需求量平均是 100 件，提前订货时间为 6.5 个工作日，问库存量降到多少时提出订货？

解：1 个月按 26 个工作日计算，则$\frac{6.5}{26}=\frac{1}{4}$(月)；$Q_k = R \cdot t = 100 \times \frac{1}{4} = 25$(件)。则当库存量降到 25 件时提出订货。

四、随机型库存模型

前面讨论的库存模型是确定型的，但是现实生活中存在着大量的库存问题却是随机型的，即需求量和提前订货期是不确定而又经常波动变化。因此，需要摸清它们的随机分布规律，建立相应的随机型库存模型来解决这一类库存问题。随机变量可能表现为若干个离散数据，也可以是某一个概率分布函数的连续数据，其变量的个数不等。

在建立随机型库存模型时，除了要确定订货批量(周转库存量)外，还需要考虑一个安全库存量(保险储备)，作为缓冲，以防备到货逾期或需求量波动，而不致发生供应中断。计算安全库存量的方法大致可分为两类：一类是根据要求的服务水平确定，如下述的定量订货模型和定期订货模型；一类是按照期望库存总费用最小或期望收益最大的原则，如下述的卖报童模型等，以处理提前订货期和需求量的随机性问题。

1. 定量订货模型(也称订货点模型)

定量订货模型的库存动态情况如图 6-8 所示。每当库存下降到一定的水准——即订货点 Q_k 时，立即订货。由于需求量和提前订货时间是不确定的，所以库存量的减少呈不规则的曲线形状，各个库存周期的时间长短不一样，从开始订货到进货的提前订货期也不相同。在提前订货期间，当需求量突破周转库存量时，即以安全库存量来供货，下面介绍定量订货模型的订货批量 Q^*，订货点 Q_k，安全库存量 Q_0 的计算方法。

(1) 订货批量 Q^* 的求法。在有安全库存量的情况下，库存总费用为：

$$C = \left(\frac{Q}{2} + Q_O\right) \cdot C_1 + \frac{C_2 \cdot E(R)}{Q} \tag{6-11}$$

式中：C、C_1、C_2、Q 的含义同 EOQ 模型基本公式；

Q_0——安全库存量,

$E(R)$——需用量的期望值。

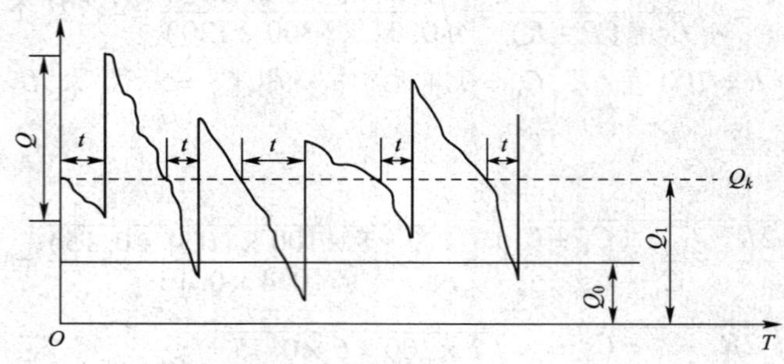

图 6-8　定量订货模型

令$\frac{\mathrm{d}C}{\mathrm{d}Q}=0$,得:

$$Q^* = \sqrt{\frac{2 \cdot E(R) \cdot C_2}{C_1}} \tag{6-12}$$

(2)订货点 Q_k 的求法。在确定型库存模型里 $Q_k = R \cdot t + Q_0$,但在随机型库存模型里,t 和 R 可能都是随机变量。因此,对 R 或 t 取其期望值 $E(R)$ 和 $E(t)$,或者是平均值 $\bar{R}$ 和 $\bar{t}$,则计算 Q_k 的公式是:

$$Q_k = E(R) \cdot E(t) + Q_0 \quad \text{或者} \quad Q_k = \bar{R} \cdot \bar{t} + Q_0 \tag{6-13}$$

(3)安全库存量的确定。在生产实践中,有时会出现由于某种原因需用量突然增加或订货延期到达,而现有库存已用完而造成缺货现象。为了保证生产的均衡性和连续性,建立一定数量的安全库存量作为缓冲是有必要的。有了安全库存量可以避免因周转储备量不足而造成的缺货损失,但是却会增加保管费用,从而使库存总费用有所增加。因此,应该根据供需情况,交通运输条件等因素,综合考虑,确定一个既保证生产需要又是数量最低的安全库存量。一般根据预定的服务水平,用数理统计方法确定。

若提前订货期间实际需求量 R_t 的概率分布是服从正态分布,且需求量的统计资料比较齐备和可靠时,可从满足预定的某一服务水平(不缺货概率)出发,来确定合理的安全库存量。显然,服务水平高的,保证供应程度就高,安全库存量也大,保管费用也较高。反之,服务水平低,缺货概率大,需要付出缺货损失。因此,服务水平也是管理部门用来间接平衡保管费和缺货费的一种标准。安全库存量可用下列公式计算:

$$Q_0 = \alpha \cdot \sqrt{t} \cdot \sigma_R \tag{6-14}$$

式中:α——安全系数;

t——提前订货期;

σ_R——单位时间需求量的标准偏差。

α 也称安全因子,是根据事先确定的服务水平来决定的,也是保证供应程度的一个系数。而服务水平又受物资在生产中的重要程度、来源难易、运距远近、生产和销售情况等因素的影响。为了使缺货的可能小一些,α 的取值相应就大些,一般取值在 1.2 ~ 2.5 之间,服务水平达到 88.5% ~99.4%。为了避免缺货，就需要加大安全库存量。过多的储备，是非常不经济的。因此，一般都确定一个容许缺货系数——缺货概率。缺货概率和服务水平是从两个不同的角度来衡量保证供应程度的大小，如缺货概率是 1.79%，那么服务水平就是 98.21%，也意味着在 56 次供货中可能发生一次缺货。

σ_R 是反映在单位时间里需求量的变化程度，变化程度大，标准差（也称之为偏离程度）就大，安全库存量也相应加大，σ_R 是根据原始数据或经过加工整理后的统计资料，利用数理统计中的参数估计求出来的。为了简化计算，σ_R 可用近似计算方法，如：$\sigma_R = 1.25 \times \text{M. A. D}$，$\text{M. A. D} = \frac{1}{n}\sum_{i=1}^{n} |R_i - \bar{R}|$，M. A. D（Mean Absolute Deviation）称之为平均绝对值偏差。

2. 定期订货法

定期订货模型是每隔一定时间（如每隔五天、十天或一个月等），在固定日期进行补充订货。运用这种方法，要确定一个最高库存量 Q_M，在固定日期办理订货时，查明现有库存量，确定补充订货量，使库存量恢复到最高库存量 Q_M。（但由于需求量和提前订货期的随机性，在收到补充订货时，最高库存量一般在 Q_M 水平上下波动）。在随机型的库存模型中，定期订货和定量订货是不同的，后者的订货周期不固定，而每次进货批量是相等的，前者则是订货周期固定，而每次进货批量是不等的。从图 6-9 中可看出定期订货模型的库存动态示意图。

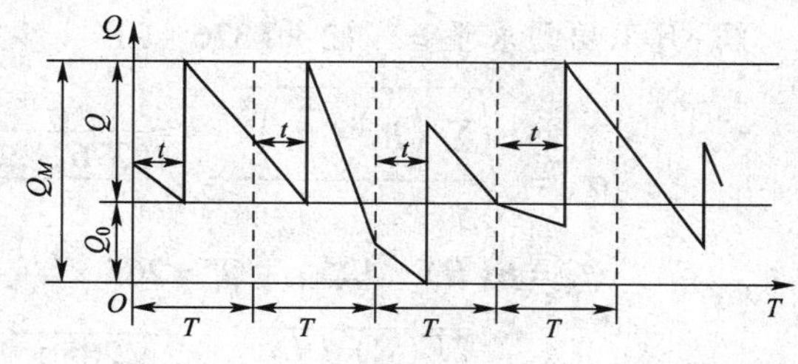

图 6-9　定期订货模型

应用定期订货模型，同样以获得最低库存总费用为目标来确定库存周期 T；最高库存量 Q_M；每次订货的实际订购量和安全库存量。

（1）订货周期。具体方法是：①根据供需双方的生产能力和库存能力，以及运输条件等制定一个合理的订货周期，使双方都能得到经济上的收益；②依据各种物资供货时间间隔；③根据双方合同规定供货间隔期和供货数量计算出平均供货间隔期；④按照最佳订货批量公式求出 Q^*，再计算出 T^*，即

$$Q^* = \sqrt{\frac{2E(R) \cdot C_2}{C_1}}$$

$$T^* = \sqrt{\frac{2C_2}{E(R) \cdot C_1}} \tag{6-15}$$

因为需求量是随机变量，所以用需求量的期望值 $E(R)$ 表示。

（2）最高库存量 Q_M。是指订货后应该达到的数量，该数量要满足预期的服务水平，保证提前订货期和下一个周期 T 对物资的需求，用下面公式计算：

$$Q_M = [E(t) + T] \cdot E(R) + Q_0 \tag{6-16}$$

（3）安全库存量 Q_0：

$$Q_0 = \alpha \cdot \sqrt{E(t) + T} \cdot \sigma_R \tag{6-17}$$

式中的 α 和 σ_R 与定量订货模型的含义相同。在定期订货模型里，安全库存量不仅用以满足在提前订货期间的需求量偏差，而且用以保证在提前订货期间以外，其他时间内的需要。

所以定期订货模型的 Q_0 大于定量订货模型的 Q_0,从节约保管费的角度来看,安全库存量必须控制在最低限度。

(4)每次实际订货量 Q_r。定期订货模型的订货周期是固定不变的,但每次订购的数量不同,需要根据当时的库存量确定具体的订购数量,可用下面公式计算:

$$Q_r=[E(t)+T]\cdot E(R)+Q_0-(S+I) \tag{6-18}$$

式中:Q_r——实际补充订货数量;

S——现有库存量;

I——已办理订货而未到货的订货量。

下面举例说明定量订货和定期订货模型的应用。

【例 6-4】 已知对某零件一年的实际需求量是376,214,242,178,168,264,258,290,440,206,432,116 件,提前订货期 $t=2$ 个月是固定不变的,$\alpha=1.65$,零件单价 $a=3$ 元,年保管费率0.35,一次订货费是95.4元,采用定量订货的决策,求 Q_k、Q^*、Q_0、Q_M。

解:月平均需求量 $=1/12\times(376+214+\cdots+432+116)=265$(件)

$$\sigma_R=\sqrt{\frac{\sum_{i=1}^{n}\left(R_i-\bar{R}\right)^2}{n}}=\sqrt{\frac{(376-265)^2+\cdots+(116-265)^2}{12}}=99\text{(件)}$$

$$Q_K=E(R)\cdot E(t)+Q_0=265\times2+1.65\times\sqrt{2}\times99=761\text{(件)}$$

$$Q^*=\sqrt{\frac{2E(R)\cdot C_2}{C_1}}=\sqrt{\frac{2\times265\times95.4}{0.35\div12}}=1317\text{(件)}$$

$$Q_0=\alpha\cdot\sqrt{t}\cdot\sigma_R=1.65\times\sqrt{2}\times99=231\text{(件)}$$

$$Q_M=Q^*+Q_0=1317+231=1548\text{(件)}$$

【例 6-5】 采用定期订货方式组织订货,其中:$E(R)=120$ 件/月,$C_1=1.2$(月保管费率),$C_2=18$ 元/次,$\alpha=3$,$t=5$ 天,$\sigma_R=12$ 件/天,求订货周期 T 和最高库存量 Q_M。

解:

$$Q^*=\sqrt{\frac{2E(R)\cdot C_2}{C_1}}=\sqrt{\frac{2\times120\times18}{1.2}}=60\text{(件)}$$

$$T^*=\frac{Q^*}{E(R)}=\frac{60}{120}=0.5\text{(月)}$$

如果一个月按26个工作日计算,则

$$T^*=0.5\times26=13\text{(天)}$$

$$Q_M=[E(t)+T]\cdot E(R)+Q_0=(13+5)\times\frac{120}{26}+3\times\sqrt{13+5}\times12=83+151=234\text{(件)}$$

---

3. 需求量是随机变量的库存模型

这种库存模型的运用范围是确定季节性消费产品、商业部门销售节日商品、一时畅销的"时髦货"、易腐烂变质的产品(若销售不出去就会赔钱)等的最佳订货批量,其目标是使期望的总费用(或损失)最小,也就是使获得的期望利益为最大。

(1)需求量是离散型随机变量——卖报童模型。假定有一个报童,每天向邮局订购报纸,以满足买报纸的顾客需求,每天买报的人数不定,经统计每天需求份数为 r 的概率是 $\varphi(r)$,报童如果订货太多,卖不出去,每张要付保管费 C_1 元(这里指多余报纸退给邮局要赔钱);订货少,引起缺货损失,每缺一张报纸要 C_3 元(即减少了收益),问报童订多少报纸,使总的费用(或损失)为最小?

解:设报童订报数量为 Q,当 $r \leqslant Q$ 时,期望的保管费用为:$C_1 \cdot \sum\limits_{r=0}^{Q}(Q-r)\cdot\varphi(r)$;当 $r>Q$ 时,期望的缺货费用为:$C_3 \cdot \sum\limits_{r=Q+1}^{\infty}(r-Q)\cdot\varphi(r)$;则期望的总费用为:

$$C(Q)=C_1 \cdot \sum_{r=0}^{Q}(Q-r)\cdot\varphi(r)+C_3 \cdot \sum_{r=Q+1}^{\infty}(r-Q)\cdot\varphi(r)$$

由于 Q 是离散型随机变量,不能用微积分求极值,而要利用差分为零求 Q 值,即 $\Delta C(Q)=C(Q+1)-C(Q)=0$,可以算出最佳的 Q^* 值应满足:

$$F(Q)=\frac{C_3}{C_1+C_3} \tag{6-19}$$

其中 $F(Q)=\sum\limits_{r=0}^{Q}\varphi(r)$,即 $\varphi(r_1)+\varphi(r_2)+\cdots+\varphi(r_n)\geqslant F(Q)$。$F(Q)$ 称为订货量的临界值,与接近于它而略大于它的那个累计概率所对应的需求量 Q^* 即为最佳订货量。

$\varphi(r)$ 值有时直接给出,当 $r=r_1,r_2,\cdots,r_n$ 时,其 $\varphi(r)$ 的值分别为 $\varphi(r_1)$、$\varphi(r_2)$、$\cdots$、$\varphi(r_n)$;如果 $\varphi(r)$ 值服从某种理论分布,例如泊松分布,即 $\varphi(r)=\dfrac{e^{-\rho}\cdot\rho^r}{r!}(r=0,1,2,\cdots)$,其中 ρ 是在两次订货间隔内的平均需求数,当 ρ 已知时,$\sum\limits_{r=0}^{Q}\varphi(r)$ 可以通过查表来得到。找与 $\dfrac{C_3}{C_1+C_3}$ 相接近的 $F(Q)$ 值,使 $\sum\limits_{r=0}^{Q}\varphi(r)\geqslant\dfrac{C_3}{C_1+C_3}$ 成立时相对应的需求量即为最佳订货批量。

(2)需求量是连续型随机变量。已知需求量 r 是连续型随机变量,$f(r)$ 是需求量的概率密度,$F(Q)$ 是需求量的分布函数,且 $F(Q)=\int_0^Q f(r)\cdot \mathrm{d}r$, C_1 是保管费,C_3 是缺货费,不考虑订货费用,在总费用为最小的前提下确定经济订货批量 Q^*。

解:当 $Q \geqslant r$ 时需要付保管费:$C_1 \cdot \int_0^Q (Q-r)\cdot f(r)\cdot \mathrm{d}r$;当 $Q<r$ 时要付缺货费用为:$C_3 \cdot \int_Q^{\infty}(r-Q)\cdot f(r)\cdot \mathrm{d}r$;当需求量是 r 和订货量是 Q 时,库存总费用的期望值是:

$$E(C)=C_1 \cdot \int_0^Q (Q-r)\cdot f(r)\cdot \mathrm{d}r+C_3 \cdot \int_Q^{\infty}(r-Q)\cdot f(r)\cdot \mathrm{d}r$$

令 $\dfrac{\partial E(C)}{\partial Q}=0$,可以算出最佳的 Q^*,并应满足:

$$F(Q)=\frac{C_3}{C_1+C_3}=\int_0^Q f(r)\cdot \mathrm{d}r \tag{6-20}$$

$F(Q)$ 同样也是称为订货量的临界值。利用已知条件求出 $F(Q)$,然后再求 Q,使之满足 $\int_0^Q f(r)\cdot \mathrm{d}r=\dfrac{C_3}{C_1+C_3}$,这时计算出的 Q 即作为最佳订货批量 Q^*。

由此可见,需求量是离散型和连续型的随机变量,Q^*的计算大体上是相同的。首先求出订货量的临界值$\frac{C_3}{C_1+C_3}$,然后再确定Q^*。在离散型情况下,使$\varphi(r_1)+\varphi(r_2)+\cdots+\varphi(r_n)\geqslant\frac{C_3}{C_1+C_3}$成立时的那个概率所代表的需求量为最佳订货批量;在连续型时,使$\int_0^Q f(r)\cdot dr=\frac{C_3}{C_1+C_3}$,这样算出的$Q$即为最佳订货批量。

【例 6-6】 一种季节性消费产品每天的需求量r是随机的,以$\varphi(r)$表示不同需求量的概率,每天的需求量及其概率分布见表 6-1。

表 6-1

需求量 r	9	10	11	12	13	14
$\varphi(r)$	0.05	0.15	0.20	0.40	0.15	0.05

每天保管一件产品的费用是 2 元,如果每天缺货一件的费用是 1 元,求Q^*。

解:先求订货量的临界值:

$$F(Q)=\frac{C_3}{C_1+C_3}=\frac{1}{2+1}=\frac{1}{3}=0.33$$

$$\varphi(9)+\varphi(10)+\varphi(11)=0.05+0.15+0.20=0.4>F(Q)=0.33$$

所以,最佳订货量Q^*为 11 件。

【例 6-7】 假设对某零件的需求服从泊松分布$\varphi(r)=\frac{e^{-\rho}\cdot\rho^r}{r!}(r=0,1,2,\cdots)$,且平均每天需求数$\rho=10$,保管费$C_1=0.01$元/天·件,缺货费$C_3=0.02$元/天·件,求最佳订货批量。

解:

$$F(Q)=\frac{C_3}{C_1+C_3}=\frac{0.02}{0.03}=0.667$$

查泊松分布$\varphi(r)=\frac{e^{-\rho}\cdot\rho^r}{r!}$的数值表,当$\rho=10$,由统计表可得:

$$F(8)=0.333,F(9)=0.458,F(10)=0.583,F(11)=0.697$$

因为$F(11)=0.697>F(Q)=0.667$,所以,最佳订货批量是 11 件。

【例 6-8】 某厂一个月内对 A 零件的需求量取值是[75,120]件,在这个范围内服从均匀分布,其概率密度是:$\begin{cases}f(r)=\frac{1}{25} & 75\leqslant r\leqslant 120\\ 0 & 其他\end{cases}$,分布函数是$F(Q)=\int_0^Q f(r)\cdot dr$,保管费$C_1=9$元/年·月,缺货费$C_3=20$元/件·月,求$Q^*$。

解:

$$F(Q)=\frac{C_3}{C_1+C_3}=\frac{20}{20+9}=0.69$$

因为 $F(Q)=\int_0^Q f(r)\cdot \mathrm{d}r$，所以 $0.69=\int_{75}^{Q}\frac{1}{25}\mathrm{d}r$，求得 $Q^*=92$ 件。

案例 6-2　供应商管理库存(Vendor Managed Inventory,VMI)项目

供应商管理库存(VMI)通常由第三方公司代供应商管理库存。在企业周边建立一个供货中心，以方便随时供货，并通过先进的仓库管理系统平台，使得相关各方可以及时监控库存情况；同时还设有安全库存预警机制，一旦存货数量低于最低安全库存值时，就会向供应商发送实时送货指令，从而使得用户和供应商双方都能将成本降到最低。

VMI具体执行步骤为：

(1)企业根据生产统计、生产计划等相关信息产生需求计划；

(2)企业将需求计划下发给VMI中心；

(3)VMI中心根据实际情况(企业的平均需求量和供应商的供货周期)确定供应商的安全库存，并以安全库存水平作为缓冲，保证客户的需求；

(4)存储中心将库存信息或安全库存信息共享给供应商；

(5)供应商根据当前的库存量、对企业需求量的预测以及安全库存水平向VMI中心补货，以保证安全的库存水平；

(6)企业将订货单发给VMI中心，VMI中心送货到企业的生产现场。

1. 宝洁公司VMI项目案例

下面以宝洁公司与一个香港零售商的VMI项目实施来介绍VMI的实施过程和效果。此项目作为香港零售行业中供应链管理的优秀范例曾在香港ANA/ECR研讨会上介绍。该零售商有10个店铺和1个配送中心。项目实施前采用手工订单。VMI技术采用宝洁公司的KARS软件+EDI。

项目实施前，宝洁商品单品数为115，中心仓库库存为8周，店铺库存为7周，缺货率5%。宝洁公司有关人员在详细分析零售商居高不下的库存以及缺货率以后，选择实施VMI技术来解决宝洁产品的有效补货问题。项目在2000年3月正式启动，宝洁公司与该零售客户调动双方的信息技术、后勤储运、采购业务部门，组建了多功能小组。在几个月的实施过程中，双方紧密合作，重新组合了订单、储运的流程，确定了标准的流程、清晰的角色与任务，安装了VMI系统，建立起了EDI沟通渠道。

系统在2000年7月开始运行。3个月后，取得显著的业务指标改进和经济效益。零售商销售宝洁产品的数量增加40%，宝洁商品单品数为141，增加了26%；中心仓库库存为4周，减低50%；店铺库存为5.8周，降低17%；缺货率为3%，降低40%。不仅如此，零售商的供应链管理走上了科学合理、高效的轨道，各个环节在新系统下有条不紊地工作，大大节省了人员的劳动强度，提高了效率，降低了运作成本。

2. 伯灵顿为戴尔实施VMI案例

伯灵顿为制造商实施VMI的过程大致包括：①制造商先和供应商们签订一个合同，要求每一个供应商都必须按照它的生产计划，把物料按照够两周左右使用的量放在由伯

灵顿管理的VMI仓库里(一般在OEM厂附近)。在该仓库中,物料的所有权仍然属于供应商,只是以这种形式迫使他们快速响应。②当制造商生产线需要原材料时,系统会自动生成一个采购订单给伯灵顿,再由伯灵顿根据订单把各个供应商的物料送到生产线上,物权在此时才发生转移。③供应商根据伯灵顿提供的送货单与制造商结账,实现贸易转换。

1994年10月,戴尔公司将其亚太区制造中心由马来西亚转移到厦门,伯灵顿就以其合作伙伴身份一起来到厦门。伯灵顿在厦门为戴尔管理和运作VMI,帮助戴尔(中国)实现"真正的零库存"。在厦门,伯灵顿能够保证只要戴尔要货,90分钟内物料就能直接上线,一般情况下,VMI仓库都会设在工厂附近,但生产线前还需要一个"缓冲区"库存。在物流术语中,从缓冲区到生产线的这个过程被称作"喂":物料先从VMI仓库运到厂家的缓冲区,再从缓冲区"喂"进生产线,戴尔现在连这个"喂"的动作都彻底被取消,从而进一步降低成本。伯灵顿在厦门的集装箱卡车拉着物料过去,把车头掉过来,车门冲着戴尔的生产线,物料就直接上了生产线。

正因为戴尔不需要自己管理的仓库,零库存才有了可能。虽然戴尔在厦门一个月的产值近10亿元,但它每天的产量都不同,有时相差非常大。如果要设立自己的仓库,戴尔很难知道究竟建多大的仓库才能满足不断变化的市场需求,而伯灵顿的运作则消除了它的成本风险,而戴尔的风险由伯灵顿和供应商一起承担。当然供应商也必须以规模来规避风险,规模太小的供应商几乎没有能力进入VMI,大供应商一般同时给几家大企业供货,自由调配物料,把风险降到最低。更前沿的做法是,供应商自己也可以采用VMI模式管理更上游的供应商。一些大的供应商扮演着双重身份,既是大制造商VMI中的一环,同时又是自己的VMI。零库存是一种理念。而VMI则为零库存的实现提供了一种可行的解决方案。

3. 摩托罗拉VMI案例

叶水福物流公司专一为天津摩托罗拉公司提供第三方物流服务。天津摩托罗拉手机厂的仓库由几个部分组成,这其中对生产起到关键作用的、处于供应链上游的原料库即设在天津港保税区,由叶水福公司承担原材料的运输、仓储和配送任务,并且采用了较为先进的供应商HUB管理模式。由于全球供应商都与HUB相联网,供应商可以根据与摩托罗拉的计划共享系统(Schedule sharing)来管理库存,库存状况非常透明。叶水福公司担负着整合各供应商资源,为手机厂掌握原料库库存,并随时为生产线供货的职责。现在,摩托罗拉的生产量已经是过去的4倍,但其自身库存只有过去的1/3,叶水福在其中所起到的对原材料仓储进行调节的作用功不可没。摩托罗拉天津厂每周将下一周的生产计划与库存状况进行汇总,并将这些信息发送到摩托罗拉美国总部的相关计划管理部门。美国总部迅速根据上述信息,并结合各原材料供应商的产能、交货周期、运送时间与成本等因素制定出一个最优的采购方案,并将生产、供货信息分别发送至各供应商。各供应商随后按照此计划安排生产,并将产品在规定的时间内发送至叶水福。而叶水福统一安排上述生产原材料的运输、储存、分拣、清关等一系列任务,并且根据生产线的要求随时对生产厂进行供货。

（来源：道客巴巴，http://www. doc88. com/p －991529365726. html；豆丁网，http://www. docin. com/p －764461343. html）

思考题：

1. 阐述供应商管理库存的内涵与作用。
2. 试析供应商管理库存实施的基本步骤。
3. 分析决定供应商管理库存成功的主要因素。

思考与练习

一、名词解释

1. 安全储备库存
2. 经济订货批量
3. 服务率

二、简答题

1. 阐述库存管理的内涵与作用。
2. 简述库存管理决策的基本内容。
3. 简要分析各种库存控制模型的区别与适用条件。
4. 如何理解零库存？

三、讨论题

试分析供应链视角下，如何进行企业库存管理规划。

第七章　物流配送中心规划与管理

引导案例　上海联华生鲜食品加工配送中心

上海联华生鲜食品加工配送中心有限公司是联华超市股份有限公司的下属公司，主营生鲜食品的加工、配送和贸易，是具有国内一流水平的现代化的生鲜加工配送企业。拥有快速物流配送的能力和超低的物流成本，是一家现代连锁商业企业取得竞争优势的关键一环，也是企业的核心竞争力。在这方面，联华曾对外界发布过一个引以为豪的数字——联华物流的配送费率(即配送一定价值商品所需的物流配送成本)，一直被控制在2%以内，甚至低于沃尔玛4.5%的水平为整个联华的快速发展提供了强有力的保证和支持。

这2%是如何产生的呢？举一个例子就很容易看清其奥妙所在。在上海联华生鲜食品加工配送中心，每天由各门店的电脑终端将当日的生鲜食品要货指令发送给配送中心的电脑系统加以处理，之后产生两条指令清单，一条指令会直接提示采购部门按具体的需求安排采购，另一条指令会即时发送给各加工车间中控制加工流水线的电脑控制系统，按照当日的需求进行食品加工。更为巧妙的是，这个系统还会根据门店的要货时间和前往各门店的送货路线远近自动安排生产次序，这样就能够可靠保证生鲜食品当日加工、当日配送和当日销售，从而强化了生鲜食品配送中心最重要的竞争优势——鲜！

要“鲜”则必须要“快”。上海联华曾为此做过研究：自己要完成30家门店配送6000箱商品的任务，从门店发出要货指令到配货中心仅需40分钟；而如果通过传统的操作流程，这项配货作业至少需要4个小时。配送速度提高了，商品周转速度加快了，单位时间内货物配送总量的增加，使得配送的费率自然而然地降了下来。先进物流技术的力量，在商品配送中得到了真实的体现。

不只是成品生产流程，上海联华的大型智能配送中心实现了从门店发出要货指令，到配货完成发车，作业前后只需几十分钟的高速运转。在其他超市尚在使用传统配送系统的时候，联华已经有了通过国家有关部门鉴定的先进物流控制系统，这使得上海联华能够实现以两个总面积仅为5.7万平方米的配送中心满足1000家门店配送需求、配送费率一直在2%以下的“奇迹”。

(来源：中国物流与采购网，http://www.chinawuliu.com.cn/xsyj/201101/04/143792.shtml)

问题

联华生鲜配送中心的经营运作模式为什么能够实现够“快”的配送服务水平，又使配送成本维持在联华超市的承受能力范围内？

本章知识点

物流配送中心是物流系统中重要的基础设施，其规划、选址决定了整个物流系统的模式、

结构和形状。

本章介绍了物流中心的概念、功能与类型,运输企业物流中心的运作模式,阐述了配送中心的定义、类型、职能和作业流程,以及配送中心的结构及规划、布局及选址,对配送中心规划与设计的内容和方法进行详细描述。

本章应重点掌握的内容:物流中心的概念与类型;不同运输企业的物流中心运作模式;配送中心的类型与作业流程;配送中心常用的选址方法。

第一节 物流中心的概念与类型

一、物流中心的概念与功能

1. 物流中心的概念

《中华人民共和国物流术语标准》对物流中心(Logistics Center)的定义为:从事物流活动的场所或组织,应基本符合下列要求:

①主要面向社会服务;

②物流功能健全;

③完善的信息网络;

④辐射范围大;

⑤少品种、大批量;

⑥存储、吞吐能力强;

⑦物流业务统一经营、管理。

凡从事大规模、多功能物流活动的场所即可称为物流中心。但是目前现实中关于物流中心的概念,包括的范围很广。广义物流中心包括港湾、货运站、运输仓库业者、公共流通商品集散中心、企业自身拥有的物流设施等,其所涵盖的内容和范围十分广泛。而狭义物流中心则排除了铁路货运站、港湾设施、机场设施和道路等物流基础设施部分,专指为有效地保证商品流通而建立的物流综合管理、控制、调配的机构。显然,狭义物流中心的概念侧重的是物流的管理效能和行为。

在我国大陆和台湾,物流中心的概念使用得比较普遍。物流中心有时也称为流通中心、配送中心、集配中心等,很多学者将其与"配送中心"、"物流园区"混同起来。然而,从概念和功能的角度来看,虽然物流园区、配送中心、物流中心都属于物流基地或物流节点的一种形式,但实际上还是有区别的。

(1)物流中心。物流中心一般是指接受并处理下游用户的订货信息,对上游供应方的大批量货物进行集中储存、加工等作业,并向下游进行批量转运的设施和机构。物流中心同配送中心相比一般处于上游位置,如生产阶段的物流中心、批发阶段的物流中心分别属于上游和中游物流节点,而直接面对零售店铺的配送中心属于下游物流节点。相对于配送中心的小批量、多品种,物流中心的理货对象是大批量的商品,而且品种相对要少。从功能划分上看,物流中心对于配送中心来说相当于库存中心,发挥着为配送中心补充库存的功能。

考虑现实情况本书采用广义的物流中心概念,亦即:物流中心是物流系统中连接物流线路

的大节点,其具有完善的信息网络,辐射范围大,包括的物流功能齐全,其自身设计、经营及与线路相互关系、相对配置、联系方式等决定了物流系统的水平高低、功能强弱。

从发展来看,物流中心不仅执行一般的物流职能,而且越来越多地执行指挥调度、信息等神经中枢的职能,是整个物流系统的灵魂所在。故在有的场合也称之为物流据点或物流基地,对于特别执行中枢功能的又称物流中枢或物流枢纽。

(2)配送中心。配送中心是指接受供应者所提供的多品种、小批量的货物,通过储存、保管、分拣、配货以及流通加工、信息处理等作业后,将按需要者订货要求配齐的货物送交顾客的组织机构和物流设施。

(3)物流园区。物流园区是对物流组织管理节点进行相对集中建设与发展的具有经济开发性质的城市物流功能区域;同时,也是依托相关物流服务设施进行与降低物流成本、提高物流运作效率和改善企业服务有关的流通加工、原材料采购和便于与消费地直接联系的生产等活动的具有产业发展性质的经济功能区。

物流园区一般位于大城市周边,靠近交通干线的具有一定规模和综合服务的特定地区,在这里从事国内、国际物流运输或货物分发、转运业务的各类企业集中在一起,为客户提供各种相关服务。这些企业可以购买或租赁基地内的地产及各类房产(如仓库、堆场、办公室、停车场等),而同时共同使用基地所提供的交通、水电、通讯、餐饮、住宿等配套基础和服务设施。

物流园区是物流中心的空间载体,但不是物流管理和经营的实体,而是物流管理和经营企业的集中聚集地。物流园区内,既有物流中心,配送中心,也有货物中转站和储备藏库,是一个物流综合设施群。例如日本的平和岛流通中心,就属于这种类型。

2. 物流中心的功能

在现代物流体系中,物流网络是由物流连接点、连接线和连接工具所组成,连接点主要是指工厂、店铺、住宅等物流发生、集中地,而媒介发生地与集中地之间的事物便是连接线,亦即道路、水路、铁路、航线等,连接工具主要是指汽车、火车、船舶、飞机等。在物流网络中,物流中心所起的作用是作为商品周转、分拣、保管、在库管理和流通加工的据点,促进商品能够按照顾客的要求,完成附加价值,克服在其运动过程中所产生的时间和空间障碍。

物流中心的主要功能是大规模集结、吞吐货物,因此必须具备运输、储存、保管、分拣、装卸、搬运、配载、包装、加工、单证处理、信息传递、结算等主要功能,以及贸易、展示、货运代理、报关检验、物流方案设计等一系列延伸功能。

从理论上说,物流中心可以具备如下一些基本功能:

(1)运输功能。物流中心需要自己拥有或租赁一定规模的运输工具,具有竞争优势的物流中心不只是一个点,而是一个覆盖全国的网络。因此,物流中心首先应该负责为客户选择满足客户需要的运输方式,然后具体组织网络内部的运输作业,在规定的时间内将客户的商品运抵目的地。除了在交货点交货需要客户配合外,整个运输过程,包括最后的市内配送都应由物流中心负责组织,以尽可能方便客户。

(2)储存功能。物流中心需要有仓储设施,但客户需要的不是在物流中心储存商品,而是要通过仓储环节保证市场分销活动的开展,同时尽可能降低库存占压的资金,减少储存成本。因此,公共型物流中心需要配备高效率的分拣、传送、储存、拣选设备。

(3)装卸搬运功能。这是为了加快商品在物流中心的流通速度必须具备的功能。公共型的物流中心应该配备专业化的装载、卸载、提升、运送、码垛等装卸搬运机械,以提高装卸搬运作业效率,减少作业对商品造成的损毁。

(4)包装功能。物流中心的包装作业目的不是要改变商品的销售包装,而在于通过对销售包装进行组合、拼配、加固,形成适于物流和配送的组合包装单元。

(5)流通加工功能。主要目的是方便生产或销售,公共物流中心常常与固定的制造商或分销商进行长期合作,为制造商或分销商完成一定的加工作业。物流中心必须具备的基本加工职能有贴标签、制作并粘贴条形码等。

(6)物流信息处理功能。物流中心是整个物流系统的信息传递、收集、处理、发送的集中地,是指挥、管理、调度整个物流系统的信息中心,这种信息作用在现代物流系统中起着非常重要的作用。随着信息的计算机化,在各个物流环节的各种物流作业中对产生的物流信息进行实时采集、分析和传递,并向货主提供各种作业明细信息及咨询信息对现代物流中心相当重要。

(7)结算功能。物流中心的结算功能是物流中心对物流功能的一种延伸。物流中心的结算不仅仅只是物流费用的结算,在从事代理、配送的情况下,物流中心还要替货主向收货人结算货款等。

(8)需求预测功能。自用型物流中心经常负责根据物流中心商品进货。出货信息来预测未来一段时间内的商品进出库量,进而预测市场对商品的需求。

(9)物流系统设计咨询功能。公共型物流中心要充当货主的物流专家,因而必须为货主设计物流系统,代替货主选择和评价运输商、仓储商及其他物流服务供应商。国内有些专业物流公司正在进行这项尝试,这是一项增加价值、增加公共物流中心的竞争力的服务。

(10)物流教育与培训功能。物流中心的运作需要货主的支持与理解,通过向货主提供物流培训服务,可以培养货主与物流中心经营管理者的认同感,可以提高货主的物流管理水平,可以将物流中心经营管理者的要求传达给货主,也便于确立物流作业标准。

在设计物流中心功能时要确定物流中心的核心功能和辅助功能,辅助功能可能会使物流中心不一定只做物流,还可能做商流、信息流、资金流。随着信息技术在世界范围的普遍应用,物流成为制约商品流通的真正瓶颈,现代物流中心应该更多地考虑如何提供增值性物流服务。增值性物流服务是物流中心基本功能的合理延伸,例如组装配件、包装加工、废料回收、维修服务、物流网络规划设计、供应链解决方案等,其作用主要是加快物流过程。

二、物流中心的类型

物流中心根据不同的标准可以划分为不同的类型。

1. 根据商品流通的阶段划分

商品的流动是从生产地经流通渠道到消费地的过程,亦即整个商品流通渠道的流动过程。根据物流中心在这种流通渠道中所处的地位和作用来划分,可以有多种物流中心形式。有位于生产地附近属于制造商的物资调配或产品存放的物流中心;有处于生产地与消费地之间,属于广域厂商或批发商的流通中心;有位于消费地附近,隶属于批发商或零售商的旨在为零售店铺服务的商品中心;也有面向不特定多数消费者,从事商品配送功能的配送中心。

2. 根据运营主体划分

物流中心根据不同的管理、运营主体划分,可分为公共型物流中心(public logistics center)和自用型物流中心(private logistics center)。

自用型物流中心可以分为厂商运营的物流中心、批发商运营的物流中心和零售商运营的物流中心。在这类物流中心内,物流业务是由厂商、批发商或零售商直接从事的,即他们在负责商品生产、流通或销售的同时,也全权负责商品物资流动或管理的事务,而且物流中心的基础建设(如土地购买、设施建设等)和相关的投资都是由他们独资进行。显然,这种形式的物流中心在利益上表现为厂商、批发商或零售商能对商品流动、经营的全过程进行控制和管理,但问题是相应的成本较高,这不仅表现在建设成本高昂,而且也反映在管理费用居高不下。为了避免上述问题,出现了由第三方运营的物流中心,即厂商、批发商或零售商租赁专业物流业者的物流中心,并委托他们来从事商品物资运动的管理。

与自用型物流中心(private logistics center)相比,公共型物流中心面对的客户更加广泛,供应链中的任何成员均可成为客户,由于不同供应链成员的物流服务需求不同,这就决定了公共型物流中心经营管理的复杂性。公共型物流中心(public logistics center)需要的物流设施一般应有一定规模,从功能设计上可以只提供一种或少数几种具有明显竞争优势的主要物流服务,也可以提供综合性的配套物流服务,大型物流中心的功能必须具有综合性和配套性的特点。我国非常需要公共型的物流中心,它不仅可以提高物流服务的专业化水平,而且有利于提高物流行业的资源利用效率。

3. 根据货物属性分

根据货物的分类属性将物流中心划分为专业型物流中心、通用型物流中心和综合型物流中心。每种类型又可根据其服务功能侧重点不同再细分为三小类,即仓储类物流中心、集散类物流中心和其他类物流中心。

(1)专业型物流中心。专业型物流中心是指需专门配置专用设施设备以满足某一行业领域内的专业货物运作要求的物流中心,包括保温冷藏类物流中心、冷冻类物流中心、散装类物流中心等。

(2)通用型物流中心。通用型物流中心是指不需专门配置专用设施设备即可满足覆盖多个行业领域的普通货物运作要求的物流中心。根据不同的服务功能侧重点,通用型物流中心可分为仓储类物流中心、集散类物流中心和其他类物流中心。

(3)综合型物流中心。综合型物流中心是指既有专业货物又有普通货物的物流中心。

4. 根据功能划分

物流中心的功能齐全,按其的主要功能可分成以下几类:

(1)储存型物流中心。是将分散生产的零件、生产品、物品集中成大批量货物的物流据点,以集中货物、存放货物、初级加工、运输包装、集装作业等为主要职能。货物在这种物流中心上停滞时间相对较长,这样的物流中心通常多分布在小企业群、农业区、果业区、牧业区等地域。在物流系统中,大的储备仓库、中转仓库等都是属于此种类型的物流中心。

尽管不少发达国家仓库职能在近代发生了大幅度的变化,大部分仓库转化成不以储备为主要职能的流通仓库甚至流通中心,但是,在现代世界上任何一个有一定经济规模的国家,为了保证国民经济的正常运行,保证企业经营的正常开展,保证市场的流转,以仓库为储备的形

式仍是不可缺乏的，总还是有一大批仓库仍会以储备为主要职能。在我国，这种类型的仓库还占主要成分。

(2)转运型物流中心。是实现不同运输方式或同种运输方式联合(接力)运输的物流设施，以货物中转、货物集散与配载、货物仓储及其他服务等为主要职能，通常称为多式联运站、集装箱中转站、货运中转站等。转运中心多分布在综合运网的节点处、枢纽站等地域，铁道运输线上的车站，不同运输方式之间的转运站，水运线上的港口，空运中的空港等都属于此类物流中心。由于这类物流中心处于运输线上，又以转运为主，所以货物在这类物流中心上停滞的时间较短。

(3)流通型物流中心。以组织物资流通为主要职能的物流中心。现代物流中常提到的集货中心、分货中心、加工中心、流通中心、配送中心就属于这类物流中心。

集货中心是将一定范围的分散的、小批量的但总数量较大的货物运集集中以便大批量处理或大批量发出的物流中心。

由于农产品单位面积的产出数量远低于工业生产，产点多且分散，集货中心多用于农产品。工业生产也有类似的情况，例如若干小矿点的矿产品，要使这类物资进入大批量、高效率的物流之中，必须先有个集货过程，承担这一任务的便是集货中心。

集货中心的一端与集货支线运输相连接，另一端与干线(大量运输)相连接，在其内部实现多来源、小批量、高频度的进货，由储运设施集中储存，再按不同要求集合成大包装或大数量体积运输。和类型相近的转运中心相比，储存的功能较强，货物从支线运输向干线运输的转换较慢，此外，集货中心有一定的流通加工职能，这是和集货型转运中心的重要区别之一。

分货中心是将集中到达的大数量货物，做分块化小处理，形成新的货体以满足较小数量分散的需求的物流中心。

分货中心是适应于现代化大生产和个性化需求而发展起来的。现代化大生产的重要生产方式是连续的大批量生产，且生产地又相对集中，为保证快速大量产品源源不断运走以保证生产的正常进行，就需要有大量流通的手段，分货中心则以其前端与这种大量流通相衔接，再以另一端与分散的、小批量的需求相衔接，完成将集中大生产与分散小量需求衔接的使命。

分货中心并不是简单实现大量与小量的运输转换，而是采取分伙的办法，将大量货物拆分并形成新的货体和新的包装形态，分货中心中带有特色的流通加工职能，是和一般大转换小的转运中心重要区别所在。

加工中心的主要职能是进行流通加工。而集货中心、分货中心、中转仓库等虽有一定的加工职能，但这些中心的基本结构是为满足集货、分货、中转的需要，加工只是附带职能。

加工中心是适应流通高附加价值而发展起来的，为了取得这种高的附加价值，加工中心必须能起到生产环节不能起到的作用，否则便宁肯在生产环节完成这一使命而无须在流通过程中再设置这样的中心。所以，加工中心的位置选择十分重要，其次是加工方式及加工程度的选择。

加工中心在物流系统中的位置有以下几种：

①处于生产环节之后，进入主体物流过程之前设置的加工中心。这种流通加工中心的位置几乎是生产过程的直接延伸，它既可能是生产活动分化出的一部分，也可能是为满足物流需要而设置的；

②在物流中途设置的加工中心。设置于物流中途的加工中心主要是利用转运或中转停顿配合转运或中转的流通加工点。这种设置可以减少物流过程中的一次停顿,同时,由于处于物流中途,加工的灵活性较大而不完全局限于产地或使用地的太具体的要求。在长距离物流(如国际物流)中,这种加工中心的设置较多;

③在接近消费地设置的加工中心。这是目前采用较广的加工中心位置选择方式。这种方式的加工中心是直接面向用户的,因而有很强的服务功能。从生产力布局角度讲,在生产力集中布局取得大生产的优势和地域优势之后,这种流通加工是不可缺少的补充形式,这种加工中心的作用,就是在接近用户的位置将大生产转化为用户的个性需求。很多加工方式,如配煤加工、平板玻璃切片加工、钢材剪切加工等主要流通加工方式是在这种中心中完成的。

加工中心的一个重要特点,即其职能往往不是单一的,总是要与集货、分货、转运或配送等功能结合在一起,共同完成物流的使命。

加工中心加工与生产企业加工相比加工量大而工艺简单,流程短,加工的目的是完善商品的使用价值并在对原商品不作大的改动情况下提高其价值。

流通中心专指各种功能、各种设施齐备的大型流通业务基地,其内部不仅包含各种物流设施和物流功能,也包括商流和信息流的功能和设施,可以说是某种商业形态和物流据点合一的流通基地。

在流通中心中,物流功能齐全而且物流能力很大。而其商业功能,主要是集中处理商业信息和执行批发的功能。由于流通中心很少有地处闹市或繁华地区的,所以,其中商业功能必然不会很完善,如促销、展销、零售等功能则很难集中于流通中心之内。

由于流通中心的物流功能很强,所以,从设施来看,也往往有处理能力很大的储存、分货、拣选、包装、装运、装卸等机械装备,是物流装备的一个集中地,各种装备有效配置形成了流通中心的工艺流程。

以上各种以主要功能分类的物流中心中,都可以承担着其他职能而不完全排除其他职能。如转运型物流中心往往设置有储存货物的货场或站库,从而具有一定的储存功能,但是,由于其所处的位置,其主要职能是转运,所以按其主要功能归入到转运型物流中心。

(4)综合性物流中心。将若干主要物流功能有机结合于一体,有完善设施、有效衔接和协调工艺的集约型物流中心。此种物流中心适应了物流大量化和复杂化对物流系统的简化、高效要求,是现代物流系统中物流发展的方向。

第二节　运输企业物流中心的运作模式

物流中心是一种设施或机构,而这个设施或机构又具有运输、仓储、装卸搬运、包装、流通加工、信息处理等功能。因此,运输企业的物流中心模式就是要建立一个集这些功能为一体的设施或机构,以物流据点的形式向外辐射。

一、单一运输企业物流配送运作模式

1. 单一运输企业物流运作状况

单一运输企业是指拥有或直接控制车辆、船舶、飞机等运载工具,主要从事货物运送的一

类运输企业。

单一运输企业的最大特征就是实现了货物在空间上的位移,货物运送是单一运输企业的最主要物流功能,此外,单一运输企业还提供小批量或零担货物的集拼、转运、联运等,但从目前单一运输企业经营的现状来看,这些附加服务完成得并不理想,多种运输方式的联运尚未普遍开展起来,不适应现代物流发展需要。

由于单一运输企业完成物流功能的单一,导致了其利润来源的单一,多数运输企业的物流增值项目几乎仅有运费收入一项,因此,单一运输企业的生存完全依赖于运价的高低。在供过于求的市场竞争中,运费收入属高成本低附加值的服务项目。故现有的单一运输企业经营一直处于低迷状态。

但单一运输企业在硬件方面仍具有较大的物流竞争力。首先,由于单一运输企业对于货物从发货人到收货人之间的运输实行全程负责,通过联运的形式可实现门到门的服务;其二,跨区域的运输企业一般在路线范围内设有业务联系或接收货的网点,这些网点可进一步发展成为物流据点;其三,单一运输企业掌握有运输工具,专业的运输工具维护及管理能力,可吸引制造商、供应商、分销商等生产、贸易型企业与之联合,共享物流资源。

综上所述,单一运输企业的最大物流特征在于实现了货物空间上的位移,但位移不能成为企业唯一的产品,企业经营如果仅局限在货物的运送,则势必限制了其利润的增长空间,降低了物流竞争力。因此,为实现货物门到门服务的物流发展目标,单一运输企业经营的重点应放在扩充物流服务功能,创造更广的增值空间上。

2. 单一运输企业物流配送运作模式与条件

单一运输企业选择物流配送模式是基于扩展物流功能考虑的,其基本思路是:企业在以运输为主业的基础上,通过自身的力量或采取合股、联营、租赁等方式,将物流服务功能扩充到仓储、配货、分拨、多种运输方式的联运和其他附加服务上,完成货物的全程配送过程,实现货物门到门服务的物流发展目标。

单一运输企业选择物流配送模式对其有着重要的意义:首先,物流配送是以运送主业为基础的物流活动,它可以突出单一运输企业的主业优势,有效地整合运输工具、业务网点、客户关系的资源,使单一运输企业能在原有基础上继续发展,扩大市场份额。第二,物流配送要求单一运输企业在仓储、配货等方面扩充物流服务功能,既帮助企业拓展了利润空间,又使得企业真正实现了货物门到门服务的物流发展目标。第三,就单一运输企业现有的实力来看,其物流发展还处于初级阶段,物流配送是单一运输企业巩固物流基业的基础,做好了物流配送,企业才有可能向更高的物流阶段发展。

虽然物流配送模式是单一运输企业物流经营的一种较好的模式,但不是所有的单一运输企业都能成功,物流配送模式要求单一运输企业具有基本的适用条件:

(1)企业应具有一定的规模,一般来讲,大中型单一运输企业可支配一定规模的运载工具,较适宜发展物流配送模式。

(2)企业成长处于成熟期,市场占有率稳定,进一步扩大市场份额的潜力较小,只有通过扩充物流功能带动市场份额的增长。

(3)经市场调研和分析,企业在纵向一体化发展的新领域,包括其他运输方式、仓储、信息等具有较好的市场前景,技术创新能力强。

(4)企业能够准备大量的资金以应付新项目的筹建、组织的改革和信息建设。

3. 单一运输企业发展物流配送模式应考虑的其他因素

如果单一运输企业满足了以上基本条件,在实施物流配送方案的过程中,应考虑以下因素:

(1)成长的风险问题。基于纵向一体化的物流配送模式使得单一运输企业无论是在项目投资,还是在经营上都存在着巨大的风险,为了最大限度地规避风险,单一运输企业可以适当地考虑将部分项目以合作的形式实现,充分利用外部资源。

(2)各物流功能的协调问题。企业涉及其不熟悉的经营领域时必定会缺乏相应的管理协调经验,而物流配送企业间的竞争主要是基于服务的竞争特别是基于时间价值上的竞争,因此,各物流功能的协调显得尤为重要。

(3)企业核心竞争力的转变。企业的核心竞争力需要随经营战略的改变而不断更新。单一运输企业在发展物流配送后,其培养核心竞争力的重心就要从货物运送转移到物流配送各环节的协调上了。

二、场站运输企业物流中心运作模式

1. 场站运输企业物流运作状况

与单一运输企业不同的是,场站运输企业是专业从事货物装卸、暂存、中转的一类运输企业,是运输过程中起中转、缓冲和调节作用的不可或缺的环节。

场站运输企业一般都已拥有良好的基础设施(仓库、堆场、后续用地等)与外部衔接的通道,以及从事产品装卸、堆存、保管和多式联运的经验。其物流功能系统相对较齐全,包括存储、装卸搬运、包装及简单加工、配送、信息处理等功能。存储和装卸搬运是场站运输企业完成的最基本物流功能,也是其传统的核心业务;配送、包装及简单加工等则是场站运输企业为满足客户进一步需要而提供的物流延伸服务;同时,场站运输企业还具有一定的信息处理功能,汇集并处理进出场站货物的各项信息。

由于场站运输企业完成物流功能的多样化,其物流增值项目也相应较为丰富,包括货物存储费、装卸搬运费、部分货物的包装、分拣、简单加工和配送服务费、提供货物相关信息服务费等。但在实际运作中,场站运输企业的主要收入来源仍在于存储、装卸搬运等利润率较低的传统项目上,在激烈的市场环境下,多数企业的物流服务费用均以包干费的形式实现,各种物流增值项目还未明晰地体现出来。

场站运输企业是现代物流服务链中的一个重要节点,场站运输企业的物流竞争力首先体现在其地理位置和硬件设施的优势上,一般港口、站场处于经济较为繁荣的地区,具有专业的储存、装卸搬运等物流技术、设施和良好的集疏运条件;第二,场站运输企业多功能的物流服务使港口、站场成为了各类货物的集散地,吸引了各方物流的进出,为发展成为流通型配送中心、物流中心奠定了基础;第三,场站运输企业不仅能吸引物流的进出,也能吸引参与物流活动的各服务商的进出,因此在某种程度上,具有形成后方货物交易实体市场的可能性,从而由满足需求向创造需求扩展。

综上所述,场站运输企业的物流特征在于其吸引式的运作方式——在相对固定的场所提供货物中转、暂存等物流服务。场站运输企业拥有的固定场所和专业设施为其发展成为物流

中心奠定了基础,但企业不能仅局限于区域的范围,场站运输企业的物流发展目标是以港站的多功能服务为核心,并积极向外拓展业务,最终实现吸引—辐射双向式物流发展。

2. 场站运输企业物流中心运作模式与条件

为了实现吸引—辐射双向式发展的物流目标,场站运输企业需分步骤地进行物流改革。中小型的场站运输企业首先要转换传统的"装卸公司"、"仓库"的角色,将物流服务拓宽到货物的分拣、标志、包装、简单加工和配送上,满足客户多方位的需求,从而吸引更多的货源进出港站,逐渐壮大成区域性主枢纽货运港站。

当企业已具备区域性主枢纽货运港站的基础时,为了实现更高一级的物流发展目标,物流中心模式则为其提供了一种可供借鉴的方法。

场站运输企业发展物流中心模式基本思路是充分发挥港站的地缘优势,以主枢纽货运港站业务为基础,进一步加强并整合运输、存储、装卸搬运、包装、流通加工、物流信息处理等基本功能,并根据具体情况引进货物检验、报关、结算、需求预测、配送、分拨、装配、贴标签、商品促销、商品展览、物流系统设计等延伸功能,全方位、全过程地完成物流服务,创造多种物流附加值。

场站运输企业物流中心模式体现在其功能的扩展,如批发、配送、仓储业及自由贸易区等,为船舶、汽车、火车及仓储提供综合物流服务,以提高多式联运效率,增强其作为综合运输连接点的竞争力;作为商务中心的功能,为用户提高方便的运输、储存、商业和金融服务,如代理保险银行等;作为信息与通讯服务中心的功能,不但为用户提供所需市场与决策信息,还具备电子数据交换(EDI)系统的增值服务网络。这些功能使现代港站起到简化贸易和物流过程的作用,巩固和提高港站在国际多式联运和全球综合物流链的地位和作用。

物流中心的建设以自建为主,场站运输企业的主要投入在于物流中心的场所建设、现代化仓库、运输工具和机械设施的配备、信息技术、交易中心的建设等硬件方面,而商务运作方面的软件投入则采取自营或联合、联营、招租等形式吸引各方物流商进入。

场站运输企业选择物流中心模式对其有着重要的意义:

首先,大型场站运输企业已具备发展物流中心的基础,区域性主枢纽货运中转的地位,广泛稳定的货源、多功能的物流服务以及与许多运输企业、代理公司、加工企业、流通企业密切的业务联系等都是企业发展物流中心的必备条件。在此基础上构筑物流中心将不会造成资源浪费,具有投资省、起步快、易上规模的优点。

第二,物流中心模式是场站运输企业吸引货源,吸引各方服务商参与物流活动的有效途径。物流中心的运作不仅可以吸引生产厂家、供应商将自身的仓库迁至物流中心,更能吸引众多物流服务商将物流活动、实体交易等迁至物流中心。

第三,物流中心模式也是场站运输企业向外辐射发展的有效途径。全过程、一体化的服务使场站运输企业不再局限于其地理区域,服务范围从点扩展到面。

虽然物流中心模式是场站运输企业物流经营的一种较好的模式,但不是所有的场站运输企业都能成功,物流中心模式要求场站运输企业具备以下的基本条件:

(1)具有良好的场所条件。场站运输企业所处地区最好是经济发达、贸易往来频繁地区,拥有四通八达的交通枢纽网络,而企业所属的地域范围有较大的扩充潜力。

(2)场站运输企业现有的业务开展较为多样化,涉及多个物流环节,货源相对稳定、集中。

(3)企业有能力筹集大笔资金以应付大规模的初始投资建设。

(4)物流中心的建设特别需要良好的政策环境。国家在物流中心区域内应给予一定的政策倾斜,以吸引各方物流服务商的参与,以扶持市场的形成与发展。

3. 场站运输企业发展物流中心模式应考虑的其他因素

场站运输企业除了应具备以上发展物流中心模式的基本条件外,还应考虑到以下方面的因素:

(1)场站运输企业的性质决定了其发展的物流中心属于流通型的物流中心,因此在投资建设仓储设施时,适当的规模面积应是着重考虑的,企业如果为吸引货源而无限制的新建仓库,反而会影响货物的流通和周转,不利于企业的发展。

(2)物流中心的建设一般周期较长,在建设前需做好市场调研和需求分析,避免时间差引起的风险,建设过程最好分阶段地实施。

(3)物流中心要求有较高的科技含量,所以在自动化、电子化、信息化的投入上需有一定的前瞻性,即使现有能力有限,也应考虑到技术更新换代的兼容性。

案例 7-1　九州通医药集团物流中心

1. 物流概况

2001 年,九州通就开始了现代化物流流程的研究,探索将国内外先进的物流理念与中国国情相结合的物流模式。2003 年九州通对物流中心进行硬件改造,利用现代化的自动存储、自动分拣设备和功能齐全的仓储管理信息系统,对进出库商品和配送流程进行管理。2005 年,集团董事局主席刘宝林东渡扶桑、飞越太平洋,对世界一流的物流企业日本东邦、美国麦卡锡进行实地考察,学习借鉴别人的成功经验,建设大型现代化医药物流配送中心,培育九州通集团核心竞争力。

如今,九州通医药集团先后在湖北、北京、河南、新疆、上海、广东、山东、福建、江苏、重庆、江西、兰州、辽宁、内蒙古等区域中心城市及地区兴建了 34 座适合中国国情的现代医药物流中心。物流中心运用自动化立体仓库、电子标签拣选系统、自动分拣系统、无线射频设备、自动输送系统等现代物流技术,大大降低了差错率,极大地提高了劳动生产率,百万元的药品订单,从客户接待、区域对应、开票付款、出库提货、托运配送整个过程,仅需 1 ~2 小时。实现了由传统的人工仓储向现代化物流的转型。

在九州通物流体系中,自主研发的物流信息系统——LMIS 系列对九州通物流的发展起着至关重要的作用。从 2004 年 4 月开始,5 年经历了 8 个版本变革,从 WMS1.0 到 LMIS6.0,每个版本的成功上线都被当作是九州通物流发展史上的里程碑。2008 年 6 月,LMIS 系统通过武汉市科技成果鉴定与认证。

2008 年 6 月,严格按照《北京市开办药品批发企业暂行规定》进行设计建设的北京九州通物流中心竣工,它采用九州通集团自主研发并拥有知识产权的 LMIS5.0 仓库管理系统,实现对药品从入库、储存、拣选到配送环节的货位自动分配、自动编码、自动扫描识别、自动寻址、自动输送与自动分拣等功能。北京物流中心实现储存 40 万箱,日均吞吐 15000 箱,峰值吞吐 25000 箱,出库差错率控制在万分之三至万分之四,达到国际先进水平。

北京九州通现代医药物流中心的建成，成为我国医药物流行业的新标杆，引领九州通集团医药物流向规范化、科学化的方向发展。

2. 物流中心竞争力

(1) 第一竞争力：行业领先的物流配送能力。

在健全的营销网络和现代医药物流中心的支撑下，在成本控制和效率提升方面，九州通远远领先于国内同行，“低成本、高效率”的模式被中国医药界誉为“九州通模式”。100万元的药品从订货到装车只需2个小时，出库效率5000行/小时，出库准确率99.99%。一般货物200公里内12小时送达、500公里内24小时到达，毛利率为4.99%，费用率为3.99%，以上经营管理指标处于行业领先地位。

(2) 第二竞争力：顶尖的技术研发与物流管理团队。

九州通现拥有国际知名供应链管理专家1名、高级技术管理人才1名、高级物流管理人员13名、资深物流系统专家2名、高级程序开发员10余名，5人为博士或教授。

九州通物流总部90%的人员拥有本科以上学历，并先后从麦肯锡、通用汽车、日本NEC、韩国三星等国外大型企业挖得一批高级技术管理人才，他们其中有相当一部分是毕业于美国哈佛大学、麻省理工学院等国际知名院校的教授、博士。这些人才在物流管控体系下的整合管理，使得九州通物流技术与物流现场得到了充分融合，为九州通物流的创新与研究奠定了坚实基础。

(3) 第三竞争力：国内技术创新和自主研发成果最为丰富的医药物流企业。

先进的物流技术是九州通参与市场竞争的核心力量，九州通一直致力于研究和运用现代物流技术。截至2008年底，全集团共有11家公司的立体化物流配送中心使用自主研发的LMIS物流管理系统，1家公司的立体化物流配送中心使用冈村WMS物流管理系统，7家公司的立体化物流配送中心正在做LMIS系统上线准备。2009年，LMIS共获得8个版本的著作权登记，并获得武汉市科技进步奖三等奖。

九州通自主研发的WCS(设备控制系统)也已成功实施，标志着九州通已经掌握了电子标签、分拣机、堆垛机、输送线等物流设备控制的核心技术。

2009年，集团物流总部已完成九州通最先进、支持业务最广泛、接口最完备的物流系统LMIS6.0的研发。LMIS6.0采用全新架构，引入日本先进的软件开发管理体系。该系统支持中药、计生、器械、第三方物流管理、零售连锁等业务形态，同时增加TMS管理、GPS管理、数据分析、集中管控等系统决策功能。自动化立体仓库系统实现了高密度的存储，利用了仓储空间，提高了转运效率。

九大创新：

①全面提前拣选：为实现拣货的同步性，在系统中实现了提前拣选的设计，保证拣选的连续性；

②无线台车系统：收货作业设计了无线移动台车系统，利用无线传输技术实现数据实时传递，减少作业动线；

③自动化立库拣选：整货拣选、补货直接从立体库拣选到输送线，降低了搬运工作量，提高了整箱拣选、补货的效率；

④PDA 支援拣选:零货拣选峰值时采用了 PDA 支援拣选,实现了在一个拆零区同时开展多个订单的拣选,提高了峰值时的订单处理效率;

⑤笼车管理系统:笼车货位集结采用了系统自动控制的方式,提高了月台存储率与机动性,便于寻找,提高了配送装车的效率;

⑥自动补货系统:系统自动下达补货命令,输送设备将药品送至对应的拆零补货区,作业人员扫描上架;

⑦条码复核系统:零货复核采用了条码扫描系统,通过扫描药品条码实现品种识别,提高了复核效率,减少对熟练员工的依赖;

⑧PDA 复核:通过 PDA 复核系统,实时获得订单复核信息,快速准确的完成药箱复核,提高了复核的准确率和效率;

⑨复核分拣系统:实现了拆零周转箱的自动合流,确保同一订单的周转箱合流及时复核中国医药物流企业的翘楚。

(4)第四竞争力:丰硕的自主研发成果保证了九州通在国内医药物流界的绝对领先优势。

①仓储管理系统(WMS):九州通自主研发的物流管理信息系统(LMIS)在 5 年内实现了 8 个版本的变革,通过了科技成果鉴定并取得了软件著作权。九州通自主研发的物流管理系统(LMIS)支持了高效的物流运作,系统拥有 8 个版本,LMIS6.0 为最新版,现在 LMIS6.0 也已在山东公司上线成功;

②设备控制系统(WCS):WCS 的成功实施标志着九州通已经掌握电子标签、分拣机、堆垛机、输送线等物流设备控制的核心技术;

③运输管理系统(TMS):TMS 的研发成功标志着九州通具备全面的现代物流建设和管理能力。TMS 将与 LMIS6.0 对接,结合 GPS 的使用,以实现对集团车辆运营数据的集中管理控制,对车辆运营成本的控制,保障车辆运营的安全。

3. 物流中心覆盖范围最广的营销网络

为提高企业的市场覆盖能力,九州通先后在湖北、北京、河南、新疆、上海、广东、山东、福建、江苏、重庆、江西、辽宁、四川、甘肃、内蒙古等地兴建了 20 家省级子公司(大型医药物流中心),他们分别下设 3 ~6 家三级分公司(地区配送中心),每个地级分公司下面设有若干个办事处(配送站)。并且,九州通的省级子公司、地级分销公司和县级办事处的营销网络已经覆盖了全国大部分县级行政区域,是全国一万多家医药商业企业中覆盖范围最广的医药物流企业之一。

目前,九州通的省级子公司、地级分公司和县级办事处的营销网络已经覆盖了大陆地区 70% 以上的县级行政区域,是全国一万多家医药商业企业中覆盖范围最广的医药物流企业。

九州通紧握上游和下游两方客户资源,大范围铺设供销网络。广泛的进货渠道和稳定的销售网络使九州通的供销客户网,北达黑龙江,西至新疆,西南至西藏、云南,南到海南,东到上海,客户群几乎涵盖了在整个医药经营业态,在客户群中形成强大的吸引力和号召力,截至目前,与我们构成强大利益共同体的合作伙伴近 70000 余家,其中供应商 4270

家，经销商64000多家，药品的一集一散中，供销网络各节点相互依存、共同发展。低成本经营、快速度周转、大数量销售、全品种代理、多客户供销的良性循环经营格局正在形成。

稳定而诚信的供应商是保持企业货源稳定、确保企业发展的源头。公司与华北制药、三九制药、哈药集团、吉林敖东、广州白云山等众多国内知名医药生产企业及西安杨森、中美史克、上海强生等合资企业长期保持着良好的业务关系；总经销、总代理太极集团等40余家制药企业的80多个产品，庞大稳固的供货渠道因此应运而生。

科学的管理、严格的制度、高素质专业化的营销队伍、纵横捭阖的营销思路、成熟完善的营销方案集成了我们的下游分销网络。

公司以武汉为中心，建立了覆盖全国的医药批发营销网络；湖北九州通、新疆九州通、上海九州通、河南九州通、山东九州通、北京九州通、福建九州通先后分别成立了九州通大药房连锁有限公司，实行区域性连锁。在省内各中心城市设立子公司发展配送，形成“多级批发——连锁配送——零售终端”的一条龙经营模式，实现了一个渠道购进、多层渠道分销的强大营销体系，从区域连锁到全国连锁再到最终的国际连锁是九州通在零售市场发展道路上始终不渝的坚定方向。

（来源：道客巴巴，http://www.doc88.com/p-0834643356059.html）

思考题：

1. 九州医药物流中心的竞争力体现在哪里？
2. 九州医药物流中心的创新具体体现在哪里？
3. 物流中心覆盖范围广的营销网络为九州医药物流中心带来了什么影响？

第三节　配送中心结构与功能

一、配送中心的定义

日本《市场用语词典》对配送中心的解释是：“是一种物流节点，它不以贮藏仓库的这种单一的形式出现，而是发挥配送职能的流通仓库。也称作基地、据点或流通中心。配送中心的目的是降低运输成本、减少销售机会的损失，为此建立设施、设备并开展经营、管理工作”。

《物流手册》对配送中心的定义是：“配送中心是从供应者手中接受多种大量的货物，进行倒装、分类、保管、流通加工和情报处理等作业，然后按照众多需要者的订货要求备齐货物，以令人满意的服务水平进行配送的设施。”

中华人民共和国国家标准物流术语（Logistics terms）对配送中心（distribution center）的定义为：从事配送业务的物流场所或组织，应基本符合下列要求；

（1）主要为特定的用户服务；

（2）配送功能健全；

（3）完善的信息网络；

（4）辐射范围小；

(5)多品种、小批量;

(6)以配送为主,储存为辅。

不管从哪个角度来定义配送中心,有一点是可以肯定的,即配送中心是一种以物流配送活动为核心的经营组织,其目的是为了提供高水平的配送服务,因此,要求其具有现代化的物流设施和经营理念。

二、配送中心的类型

1. 按配送中心的经济功能分类

(1)供应配送中心。专门为某个或某些用户(例如联营商店、联展合公司)组织供应的配送中心。例如,为大型连锁超级市场组织供应的配送中心;代替零件加工厂送货的零件配送中心,使零件加工厂对装配厂的供应合理化;我国上海地区六家造船厂的配送钢板中心,就是属于供应型配送中心。

(2)销售配送中心。以销售经营为目的,以配送为手段的配送中心。销售配送中心大体有三种类型:

一种是生产企业为本身产品直接销售给消费者的配送中心,在国外,这种类型的配送中心很多;

另一种是流通企业作为本身经营的一种方式,建立配送中心以扩大销售,我国目前拟建的配送中心大多属于这种类型,国外的例证也很多;

第三种,是流通企业和生产企业联合的协作性配送中心。

比较起来看,国外和我国的发展趋势,都向以销售配送中心为主的方向发展。

(3)储存型配送中心。有很强储存功能的配送中心,一般来讲,在买方市场下,企业成品销售需要有较大库存支持,其配送中心可能有较强储存功能;在卖方市场下,企业原材料,零部件供应需要有较大库存支持,这种供应配送中心也有较强的储存功能。大范围配送的配送中心,需要有较大库存,也可能是储存型配送中心。

(4)流通型配送中心。基本上没有长期储存功能,仅以暂存或随进随出方式进行配发、送货的配送中心。这种配送中心的典型方式是,大量货物整进并按一定批量零出,采用大型分货机,进货时直接进入分货机传送带,分送到各用户货位或直接分送到配送汽车上,货物在配送中心里仅做少许停滞。

(5)加工配送中心。如在配送点中进行配煤加工,开展的配煤配送属于这一类型的配送中心。

2. 按配送中心的归属和服务范围分类

(1)自用型配送中心。自用型配送中心是指属于某一个企业或企业集团的配送中心。这种配送中心一般只为其隶属的企业或企业集团服务。这类配送中心在常见于商业连锁体系之间的配送机构,如美国沃尔玛商品公司的配送中心。

(2)公用型配送中心。这种配送中心往往是以盈利为目的的,由于它不像自用型配送中心那样只是服务于本企业,而是面向整个社会开展服务活动,公用型配送中心正在国内外得到迅速发展。

(3)合作型配送中心。合作型配送中心是由几家企业合作兴建、共同管理的物流设施。

这种合作既可以是行业或系统内企业的合作,也可以是区域内的联合。合作型配送中心多为区域性配送中心。

3. 按配送中心的辐射范围分类

(1)城市配送中心。以城市范围为配送范围的配送中心,由于城市范围一般处于汽车运输的经济里程,这种配送中心可直接配送到最终用户,且采用汽车进行配送。所以,这种配送中心往往和零售经营相结合,由于运距短,反应能力强,因而从事多品种、少批量、多用户的配送较有优势。

(2)区域配送中心。以较强的辐射能力和库存准备,向省(州)际、全国乃至国际范围的用户配送的配送中心。区域配送中心有三个基本特征:首先,经营规模比较大,设施和设备齐全,并且数量较多、活动能力强。其次,配送的货物批量比较大而批次较少,而且,往往是配送给下一级的城市配送中心和大的工商企业,这种配送中心是配送网络或配送体系的支柱结构。再者,在配送实践中,区域配送中心虽然还从事零星的配送活动,但这不是它的主要业务。

4. 按配送中心的运营主体不同分类

(1)以制造商为主体的配送中心。这种配送中心里的商品100%是由自己生产制造的,这样可以降低流通费用,提高售后服务质量,及时地将预先配齐的成组元器件运送到规定的加工和装配工位。

(2)以批发商为主体的配送中心。这种配送中心的商品来自各个制造商,它所进行的一项重要的活动便是对商品进行汇总和再销售,而它的全部进货和出货都是社会配送的,社会化程度高。

(3)以零售商为主体的配送中心。零售商发展到一定规模后,就可以考虑建立自己的配送中心,为专业商品零售店、超级市场、百货商店、建材商场、粮油食品商店、宾馆饭店等服务,其社会化程度介于前两者之间。

(4)以仓储运输业者为主体的配送中心。这种配送中心最强的是运输配送能力,而且地理位置优越,如港口、铁路和公路枢纽,可迅速将到达的货物配送给用户。它提供仓储货位给制造商或供应商,而配送中心的货物仍属于制造商或供应商所有,配送中心只是提供仓储管理和运输配送服务。

5. 按配送中心所经营的货物的种类分类

(1)经营散装货物的配送中心;

(2)经营原材料的配送中心;

(3)经营件货的配送中心;

(4)经营冷冻食品的配送中心;

(5)特殊商品配送中心。

6. 按配送中心的适应能力分类

(1)专业配送中心。有两个含义,一是配送对象、配送技术是属于某一专业范畴,在某一专业范畴有一定的综合性,综合该专业的多种物资进行配送,例如多数制造业的销售配送中心大多采用这一形式。二是以配送为专业化职能,基本不从事其他经营的服务型配送中心。

(2)柔性配送中心。在某种程度上是和第二种专业配送中心对立的配送中心,这种配送中心不向固定化、专业化方向发展,而向能随时变化,对用户要求有很强适应性,不固定供需关系,不断发展新配送用户和改变配送用户的方向发展。

三、配送中心的职能

配送中心一般都具有储存、集散、衔接、分拣、加工、信息等功能。

(1)储存功能。配送中心必须按照顾客的要求,在规定的时间内将顾客所需的商品送到指定的地点,因此,必须储备一定数量的商品,以保证配送服务所需的货源。配送中储存有储备及暂存两种形态。

(2)集散功能。配送中心凭借自身所拥有的物流设施将分散的商品集中起来,经过分拣、配装后输送给顾客。集散功能是物流节点的一项基本功能,它通过集散商品来调节生产与消费,实现资源的有效配置。

(3)分拣、理货功能。分拣及理货是完善送货、支持送货准备性工作,为了将多种物资向多个用户进行按不同要求种类、规格、数量的配送,配送中心必须有效地分拣,并能在分拣基础上,按配送计划进行理货,这是送货向高级形式发展的必然要求。

(4)配装。配装就是集中不同客户的配送物品,进行搭配装载以充分利用运能、运力。

(5)加工功能。配送中心为促进销售,便利物流或提高原材料的利用率,按用户的要求并根据合理配送的原则对商品进行加工,以提高资源的利用率及配送中心的经营和服务水平。

(6)衔接功能。配送中心是重要的流通节点,衔接生产与消费,它不仅能平衡供求,而且能有效地协调产销在时间上和空间上的分离。

(7)信息功能。配送中心在干线物流与末端物流间起衔接作用,这种衔接不但靠实物的配送,也靠情报信息的衔接。配送中心的情报活动也是全物流系统中重要的一环。

四、配送中心的作业流程

配送中心是为了向顾客提供完善的配送服务而设立的经营组织,其核心职能是通过集货、储存、加工、分拣、配送运输等完成配送功能。不同功能的配送中心和不同商品的配送,其作业环节也会有所区别,但都是在基本流程上对相应作业环节进行调整。

1. 配送中心的基本作业流程

配送中心的基本作业流程是一般的配送中心在进行大多数商品的配送作业时所要用到的整体工艺流程。它反映配送中心的总体运动过程。流程如图 7-1 所示。

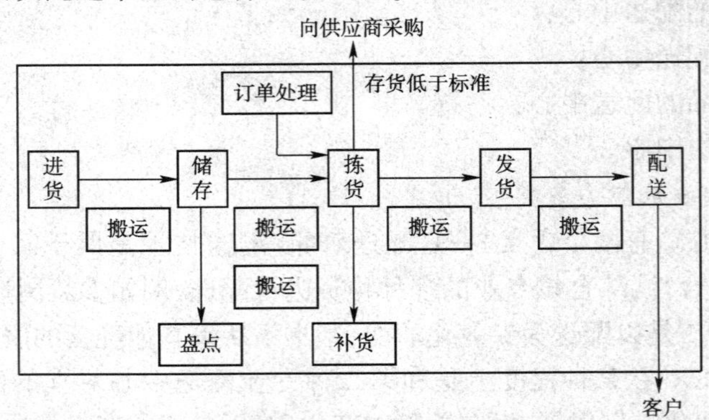

图 7-1 配送中心的基本作业流程

(1)订单处理。由接到客户订单开始至准备着手拣货之间的作业阶段,称为订单处理。由于配送中心具有明确的经营目标和服务对象,因此在进行配送中心的设计之前必须对客户的订单信息、顾客的分布、商品的特性等相关资料进行分析,由此确定所要配送的货物种类、规格、数量和配送时间等。订单处理是配送中心进行作业的前提和依据,是其他各项作业的基础。

(2)进货。进货作业是指从车上将货物卸下、开箱核对之后并将有关信息录入存储的过程。为了设计一个实用的配送中心,在进货时应该考虑这些因素,如:进货对象及供应厂商的总量;商品种类及数量;商品的形状和特征(如散发、单元尺寸和重量、包装形式、有无危险性、托盘堆放的可能性,人工搬运或机械搬运和产品的保存期);进货车种及车辆台数;每一车的卸货和进货的时间;进货所需人员数;配合储存作业的处理方式;进货时间中车辆数的调查。

(3)搬运。搬运作业是物流业中最重要组成部分之一。搬运作业是通过移动货物的位置,使货物能顺利到达指定的地方。有效的搬运作业能加速货物移动,缩短运输距离,减少总作业时间,降低储存成本,提高生产力。良好有序的搬运系统可以消除物流中的瓶颈现象,畅通物流过程,确保生产水平。

(4)储存。为了使配送活动在任何情况下都能顺利进行,一般配送中心都储备有一定数量的商品,为配送活动提供货源保证。储存作业的主要任务是妥善保存货物,保证货物的质量和数量。而且在存储作业中要考虑最大限度的利用现有空间,最有效的利用劳力和设备,最安全和经济的搬运货物,最良好的保管货物。

(5)盘点。在配送中心中,商品因不断地进出库,库存资料容易与实际数量不符,或者有些产品因存放过久、不恰当,致使品质功能受影响,难以满足客户的需求。为了有效地控制货物数量,需要定期对各存储区进行清点作业,这就是盘点作业。

(6)拣货。每张客户的订单中至少包含一项以上的商品,将这些不同种类数量的商品由配送中心取出集中在一起,此即所谓的拣货作业。拣货作业的目的在于正确迅速地集合顾客所订购的商品。有实践证明物流成本约占商品最终销售价的30%,而物流过程中的拣货成本是其他如堆叠、装卸、运输总成本的9倍,因此,有效地改进拣货作业,可以大大地降低物流成本。

(7)补货。补货作业包括从保管区将货物运到拣货区,并进行相应的信息处理。补货方式有整箱补货和托盘补货。

(8)发货。将拣取分类完成的货品经过发货检查,装入合适的容器,做好标记,然后运到发货准备区,以供配送的过程叫发货作业。

(9)配送。配送是指利用配送车辆将客户定购的货物从配送中心送到客户手中的工作。配送服务是物流活动中直接与客户面对的环节,配送服务的优劣对物流活动的效益和信誉影响很大,因此,配送过程中要注意配送的时效性、可靠性、便利性、经济性,还要特别注意服务态度,不然可能会失去很多顾客,也会影响潜在的顾客群。

2. 配送中心的特殊作业流程

由于配送中心所承担的经济功能不同,其作业流程也会有所区别,由此形成了配送中心的特殊作业流程。在实际运用中主要有下面三种不同的特殊作业流程。

(1)加工型配送中心的作业流程。加工型配送中心以流通加工职能为主,在其配送流程中,储存作业和加工作业处于主导地位。加工配送型配送中心的模式也不是唯一的,它随加工方式不同有所区别。典型的加工型配送中心的作业流程如图7-2所示。

图7-2　加工型配送中心的作业流程

(2)转运型配送中心的作业流程。转运型配送中心主要从事配货和送货活动,而将储存场所设在配送中心之外的地方。配送中心只有为一时配送备货的暂存,暂存设在配货场地中。其作业流程如图7-3所示。

图7-3　转运型配送中心的作业流程

(3)分货型配送中心的作业流程。分货型配送中心的只要职能是进行中转货物。这种配送中心主要是将批量大,品种单一的产品通过进货,转换成小批量产品,然后进行发货。其作业流程比较简单,如图7-4所示。

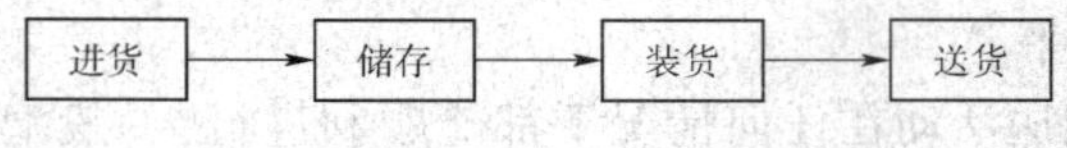

图7-4　分货型配送中心的作业流程

五、配送中心的结构及规划

配送中心虽然是在一般中转仓库基础上演化和发展起来的,但配送中心的内部结构和布局和一般仓库有较大的区别。一般配送中心的内部工作区域可以分为以下几个部分:

1. 接货验收区

在这个区域里主要完成接货及入库前的工作,如接货、卸货、清点、检验、分类、入库准备等。接货验收区设置在储存区的外围,区内的设施主要有:

(1)进发铁路或公路;

(2)靠卸货站台;

(3)暂存验收检查区域。

2. 储存区

储存区主要是用来堆放供配送的商品的。一般情况下,商品在储存区内存放的时间比较长,因此储存区是一个相对静态的区域,所需的面积较大。在许多配送中心中,这个区域往往占总面积一半左右。对某些特殊配送中心(如水泥、煤炭配送中心),这一部分在中心总面积中占一半以上,而流通型配送中心中的储存区所占的面积则相对少些。

3. 拣货区

拣货是将不同种类数量的商品由配送中心取出集中在一起。拣货区以单日出货货品所需的拣货作业空间为主,故以商品项目数及作业面为主要考虑因素。一般拣货区的规划不需包含当日所有的出货量,在拣货区货品不足时由仓储区进行补货即可。

4. 理货、备货区

在理货、备货区里主要进行货物分拣出来后的配货与装配作业,并存放配好的货物,为送货做准备。配送中心的运作模式和基本功能不同,理货、配货区的面积也有所不同。例如,对

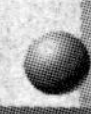

多用户的多品种、少批量、多批次配送(如中、小、件杂货)的配送中心,需进行复杂的分货、拣发、配货工作,所以,这部分占配送中心很大一部分面积。也有一些配送中心这部分面积不大。

5. 外运发货区

外运发货区主要是将准备好的货装入外运车辆发出。外运发货区结构和接货区类似,有站台、外运线路等设施。在许多收发货不太频繁的配送中心,外运发货区与接货区可以共用一个区,分拣好的货物可以直接通过传送装置进入装货场地。

6. 加工区

带有流通加工功能的配送中心还设置有加工区域,在这个区域进行分装、包装、切裁、下料、混配等各种类型的流通加工。加工区在配送中心中所占面积较大,但设施装置随加工种类不同而有所区别。

7. 办公区

办公区包括处理营业事务和内部指挥管理的场所。它可以集中在配送中心的某一位置,也可以分散设置于其他区域中。

六、配送中心的布局及位址选择

1. 配送中心的布局原理

配送中心的分布对其经济活动影响很大,因为配送中心就是要利用各种规划的、技术的方法来完成以最低的成本向用户配送的目的。但是如果配送中心的布局不能与用户形成有效的衔接,配送中心的活动便会受到很大的抑制。

为了追求配送中心的合理分布,便需要在它未形成之前,规划它的布局。配送中心的布局就是要回答根据现状和发展的预期,配送中心应当如何布局,在特定条件下又如何确定一个配送中心的位址。

配送中心布局的思考原则主要有以下几方面:

(1)动态的原则。由于配送中心的许多影响因素(如用户及其需求,交通条件,成本和价格)都是时刻变化着的,这种动态因素如果在规划配送中心布局时考虑不够或不予以考虑,配送中心布局一旦实现,就会出现不能满足配送要求或配送能力过剩的情况。因此在考虑配送中心的布局时,不能将环境条件和影响因素绝对化。

从动态原则出发,配送中心应当建立在详细分析现状及对未来变化做出预测的基础上,而且,配送中心的规划设计要有相当的柔性,以适应一定范围内的数量、用户、成本等多方面的变化。

(2)竞争原则。配送活动是直接与用户接触的服务性强的活动,因此,用户的选择必将引起配送服务的竞争。如果不考虑这种市场机制,而单纯从路线最短、成本最低、速度最快等角度考虑问题,一旦布局完成,便剥夺了用户的选择,会导致垄断的形成和配送服务质量的下降。

基于竞争的原则,配送中心的布局要充分体现服务性,如果这方面考虑不足,一旦布局之后也会由于服务性不够而在竞争中失败。

(3)低运费原则。运输在配送中心的作业环节中占据及其重要的地位,因而运费原则极

具特殊性。这也是竞争原则在运费方面具体体现。

由于运费是与运距和运量有关的,从运距来考虑,低运费原则常常要求运输距离最短,只需要用各种数学方法求解出配送中心与预计供应点与预计用户之间的最短理论距离或最短实际距离,以作为配送中心布局的参考;从运量来考虑,则最短距离的求解并不能表明各供应点及用户的运量,因此,最低运费原则又可以转化成运量(吨或吨公里)来简化表示,也可通过数学方法求解。但是,在市场机制作用下,各个点的数量肯定是变化的,不会像供应点、用户位置那样固定不变,所以这种简化也只做布局的参考。在低运费原则中,既要考虑运距也要考虑运量,就需要综合考虑这两种简化模型,从而找到最优化的结果。

(4)交通原则。配送中心的主要活动,一方面在配送中心内部,这有赖于配送中心的设计及工艺装备;另一方面,配送中心的配送活动领域远在中心之外的一个辐射地区,这一活动则需依赖于交通条件,这也是配送中心布局的一个特殊原则。应该说,竞争原则、低运费原则的实现都和交通条件有密切的关系。

交通原则的贯彻有两方面:一方面是布局时要考虑现有交通条件;另一方面,布局配送中心时,交通作为同时布局的内容,只布局配送中心而不布局交通,有可能会使配送中心的布局失败。

(5)统筹的原则。配送中心的层次、数量、布局是与生产力布局,与消费布局等密切相关的;互相交织且互相促进制约的。设定一个非常合理的配送中心布局,必须统筹兼顾,全面安排。既要做微观的考虑,又要做宏观的考虑。

2. 配送中心的几种设置模型

(1)多级配送中心。多级配送中心的设置是适应用户地域非常广泛而资源又很集中的情况,在这种情况下,往往是一个国家或一个较大的地域空间设置中央配送中心,中央配送中心所在地,是资源集中产地或外贸到货地,由中央配送中心面向大地域范围或全国配送。在各个用户聚集地设置区域型配送中心。如果这个区域又比较大,区域配送中心可以一部分直接进行配送,一部分仍按一定批量发到末端配送中心或配送型商店,再由其执行到户配送。其模型如图 7-5 所示。

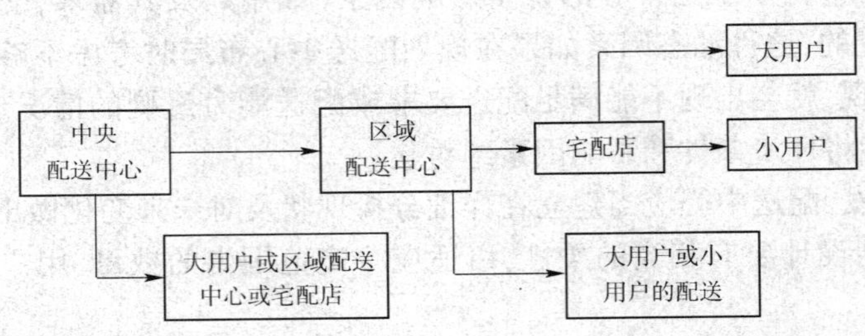

图 7-5 多级配送中心

(2)两级配送中心。如果配送中心的辐射区域为在一个以上的城市,地域比较广阔而用户多且分散情况下,往往设置两级配送中心,其模型如图 7-6 所示。

(3)一级配送中心。一级配送中心是指以一个配送中心执行近距离或大范围地的配送。一级配送中心不一定仅局限在一个小小的地域范围内进行配送,可以借助干线零担运输形式或利用大型公路车辆采取共同配送方式,也可在广阔区域经济地实行配送。其配送模式如图 7-7 所示。

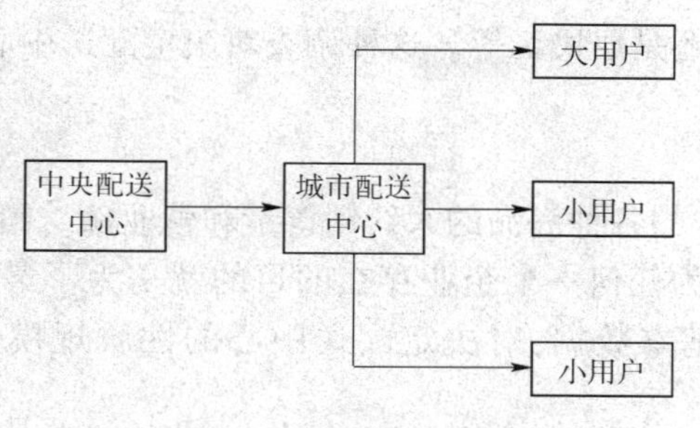

图7-6　两级配送中心

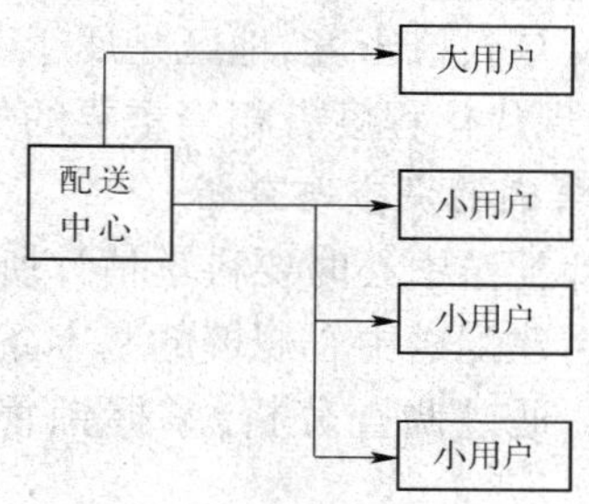

图7-7　一级配送中心

3. 配送中心布局的经济论证

由于配送中心产品的产量不确定，其收益也很难确知，和一般的商业企业一样，配送中心的收益取决于经营，计量性很差，因而其经济论证的准确程度较差。目前国内外还没有形成完整的对配送中心布局及选址问题的经济论证方法，但配送中心布局及选址的经济论证的要点主要有以下几个方面：

(1)投资额的确定。配送中心的主要投资领域有预备性投资(基本建设主体投资之前的征地、拆迁、市政、交通等)，直接投资(用于配送中心项目主体的投资，如配送中心各市要建筑物建设、配送中心的货架、叉车、分拣设备的购置及安装费，信息系统的购置安装费，配送中心自有车辆的购置费等)，相关投资(不同地区与基本建设及未来经营活动有关的诸如燃料、水、电、环境保护等的投资)，运营费用等。

(2)投资效果分析和确定。投资效果问题，归根结底是对投资收益的估算。由于配送中心配送的产品的数量、质量、价格都不确定，因而收益的计量性模糊，灰色因素较大。配送中心的布局及选址必须在准确掌握投资额度之后，确认其投资效果，并以投资效果为最后决策的依据。

在特定条件下，布局及选址可以利用线性规划方法，在诸多可计量约束条件下，求解目标函数的最大或最小值以此确定数学上的最优解，进一步做决策依据。就配送中心布局和选址而言，往往以总投资限额、总投资最低、运营成本最低或配送运费最低为目标建立数学模型求解。

第四节　配送中心规划与设计

一、建立配送中心的战略意义和要求

物流配送中心作为商品周转、分拣、保管、流通加工和配送的据点，对于提高商品的附加价值，降低物流成本有重要意义。因此，在设计配送中心之前必须通过对周围环境、销售额等的调查进行配送中心的功能定位，确定所要经营的商品，选好配送中心的位置以及确定其规模大小。

1. 环境调查

环境调查是指对新建配送中心的周边环境及配送的相关地区的地理、风俗人情及文化层次等进行调查。调查的内容主要有：交通状况、商业网点、城市规划、人口重心、销售量重心、人

口增长速度与人口密度,地区是属于工业区还是居民区等。这种调查对决定配送中心的功能、规模大小、现代化程度有相当重要的作用。

2. 销售额的调查与分析

在设计配送中心时要科学估计所要配送的各种商品的大约销售量和营业额。销售额的大小是决定新建配送中心规模的基本条件,因为任何一个企业存在的目的就是为了最大限度地追求利润。通过调查分析,掌握销售额的基本数据,对决定配送中心的性质规模是非常重要的。

3. 货态调查

货态调查主要是对配送中心所要经营的商品的特性、包装形态、体积重量等的调查。它是决定配送中心规模的重要工作之一。

4. 配送中心的功能定位

配送中心的功能是根据其开展的配送业务活动并以相应的作业环节为基础来确定的。不同类型的配送中心的核心功能不完全相同,从而引起在配送中心的规划中从设施建设到平面布局,以及组织管理等方面不同。因此在配送中心设计之前必须对其功能进行明确的定位。

5. 确定配送中心经营的商品

当今的市场是以市场需求为主导的,配送中心要经营什么商品主要是根据市场的需求来确定的。配送中心的投资经营必须在市场需求的情况下,通过对配送中心周边环境及市场形势的调查与分析,明确自身的经营目标,对配送中心经营的商品进行定位。

6. 配送中心建设规模的确定

在一般情况下,配送中心的规模越大,其服务能力越强,投资成本就会增加(如图7-8所示)。

由图7-8可知,在一定的配送规模内,单位配送成本随着配送规模的扩大而降低,担当起规模增加到一定程度后,单位配送成本会随其规模的扩大而增加。服务能力与配送规模的关系同样如此。从理论上说,配送中心的规模控制在服务能力曲线与单位配送成本曲线的之内为最佳。

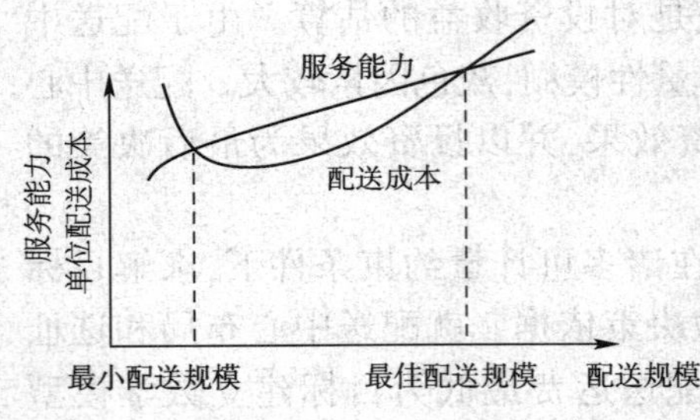

图7-8 配送规模与服务能力、单位配送成本的关系

二、配送中心规划与设计的含义

"配送中心规划"与"配送中心设计"是两个不同但是容易混淆的概念,二者有密切的联系,但是也存在着很大的差别。

配送中心规划属于配送中心建设项目的总体规划,是可行性研究的一部分,是关于配送中心建设的全面长远发展计划,强调宏观指导性;而配送中心设计则属于项目初步设计的一部分内容,是在一定的技术与经济条件下,对配送中心的建设预先制订详细方案,是项目施工图设计的依据,主要强调方案的微观可操作性。

三、配送中心规划与设计的内容

配送中心是一个系统工程,通过系统规划与设计,实现配送中心的高效化、信息化、标准化

和制度化运作。具体内容如图 7-9 所示。

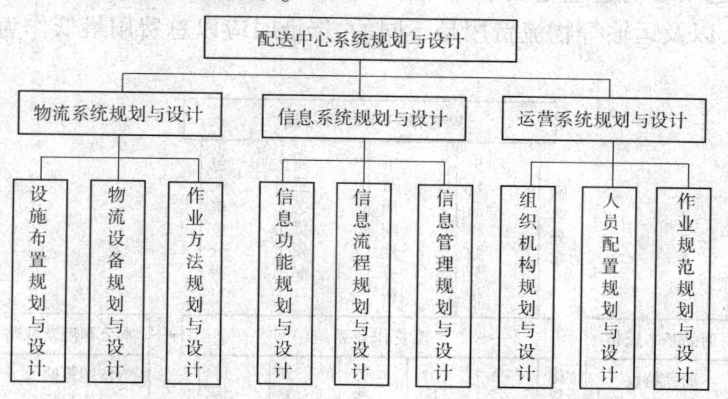

图 7-9　配送中心规划与设计的内容

四、配送中心规划设计的要素与基本程序

在配送中心的规划过程中除了必须先了解是属于哪一种配送中心外，还要注意配送中心的规划要素，一般用 E、I、Q、R、S、T、C 等英文字母表示，它们分别代表的意义如下所示：

E——Entry：指配送的对象或客户；

I——Item：指配送商品的种类；

Q——Quantity：指配送商品的数量或库存量；

R——Route：指配送的路径；

S——Service：指物流的服务品质；

T——Time：指物流的交货时间；

C——Cost：指配送商品的价值或建造的预算。

配送中心设计的起点是在市场调研的基础上，对顾客及订单进行分析处理，其设计的基本程序如图 7-10 所示。

该程序是在对市场进行充分调查的基础上，确定本企业的服务对象、服务范围及经营商品品种，对本企业的顾客分布状况、配送服务要求、商品特性、包装形态、体积重量等方面进行详细调查和分析的基础上，结合本企业的营销策略，市场目标及资金运用等情况，先对配送中心的分拣作业系统进行规划设计，并确定相应的分拣设备和分拣作业系统的规模。再对储存系统进行设计，确定其设备，储位分布，库区布置和库房建筑等方面的内容。配送中心设计的整体程序是在商场定位的基础上，先对分拣作业系统进行规划，在设计储存作业系统，最后，以储存和分拣作业系统为核心综合规划整个配送中心的整体布局与建设方案。

五、配送中心的选址

1. 配送中心选址原则

配送中心选址过程应同时遵守经济性原则、适应性原则、协调性原则和战略性原则。

1）经济性原则

物流配送中心发展过程中，有关选址的费用，主要包括建设费用及物流费用（经营费用）

两部分。物流配送中心的选址定在市区、近郊区还是远郊区,其未来物流活动辅助设施的建设规模及建设费用,以及运输等物流费用是不同的,选址时应以总费用最低作为物流配送中心选址的经济性原则。

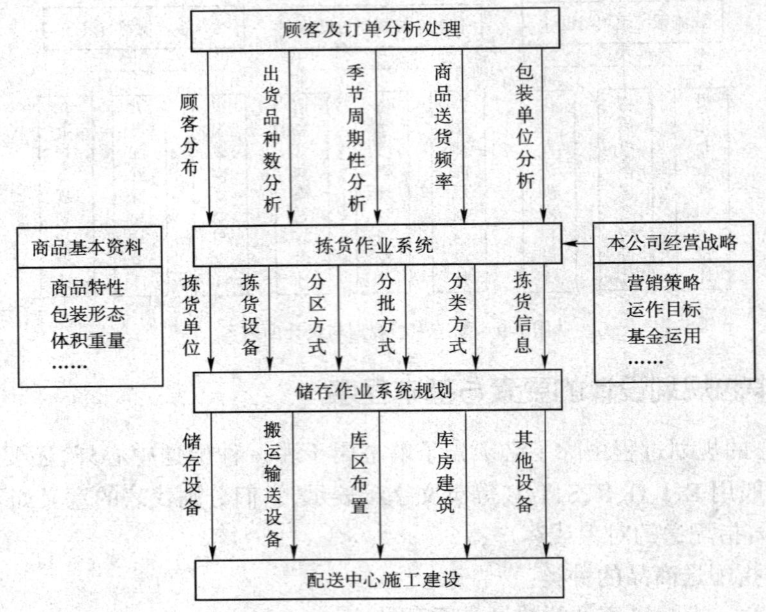

图 7-10　配送中心设计的基本程序图

2)适应性原则

物流配送中心的选址须与国家以及省市的经济发展方针、政策相适应,与社会主义市场经济体制改革的方向相适应,与我国物流资源分布和需求分布相适应,与国民经济和社会发展相应。

3)协调性原则

物流配送中心选址应将国家的物流网络作为一个大系统来考虑,使物流配送中心的固定设施与活动设备之间、自有设备与公用设备之间,在地域分布、物流作业生产力、技术水平等方面相互协调。

4)战略性原则

物流配送中心选址应具有战略眼光,一是要考虑全局性,二是要考虑长远性。局部要服从全局,眼前利益要服从长远利益,既要考虑眼前的实际需要,又要考虑日后发展的可能。

2. 配送中心选址的基本条件

配送中心是利用各种现代物流设施和管理手段,以尽可能低的成本,为客户提供优质、高效的配送服务的物流机构。配送中心地址的选择,直接影响配送中心的各项经济活动的成本,同时也关系到配送中心的正常运作和发展,对于整个物流系统来说具有重要的战略意义。因此配送中心的选址必须根据已确认的目标、方针,明确以下各条件,逐步筛选配送中心候选地。

必要条件。顾客分布现状及预测,业务量增长率,辐射范围等。

交通运输条件。运输是物流的核心,配送活动必须要依靠各种运输方式的安全性、准时性、高速性、综合组织成最有效的运输系统,以及时、准确地将商品送到顾客手中。所以配送中心的选址要尽量靠近交通运输枢纽，如铁路货运站、港口码头、机场、汽车货运站，另外必须很方便地利用运输公司，以提高配送效率。

用地条件。配送中心的建设必须具有相应的土地资源，土地的来源、地价、土地的可利用程度及指定的用地区域内的法规等都必须充分考虑。

管理及信息条件。要求配送中心靠近总部及营业、管理、计算机等部门。

其他。根据业务种类是否需要冷冻、保温设施，防止公害设施及危险品处理设施等。

配送中心的设计者必须根据已有的资料认真讨论以上各条件，并根据这些条件确定配送中心的规模和选址。

3. 配送中心选址所需的数据

配送中心建在什么地方，选用什么设备，成本如何，都是要通过计算得到的。利用运输配送费、物流设施费等建立具有约束条件及目标函数的数学模型，并求出使费用最小的解，即可得出最佳的选址方案。作业量和成本是求解过程中至关重要的两个条件，因此必须准确预测和分析。

作业量。配送中心的作业量主要有：工厂到配送中心的运输量；配送中心的库存量；不同配送路线的作业量；配送给顾客的数量。

费用。影响配送中心选址的费用主要有：工厂到配送中心的运输费；设施及用地所需的费用及相关的人事费、业务费；将货物配送给顾客的费用等。

其他。另外还要考虑必备车辆、作业人员、装卸搬运方式、装卸搬运设备费等。

4. 配送中心的选址方法

1）配送中心的选址方法分类

要确定物流配送中心的选址方法，需要根据不同的性质对物流配送中心选址问题进行相应的划分，从而简化研究的难度。

（1）按物流配送中心的数量分类。由于物流配送中心选址决策过程中，处于网络末端的需求点个数一般为多个，而物流配送中心备选点的个数可能为 1 个或多个，因此根据物流配送中心的数量分类可以分为以下两种：

①单一配送中心选址。单一配送中心选址决策中，物流配送中心的容量一般为无限制，其选址决策无须考虑设施之间的需求分配、集中库存的效果等。主要需要考虑的因素为物流配送中心的类型、服务对象、交通基础设施条件等因素。在这些因素中存在着大量的非定量因素，定量模型较难对决策做出客观的评价，因此一般常用层次分析法、模糊综合评价法等方法，也有采用单重心法进行求解。

②多中心选址。多中心选址决策可以分成两种情况，一种是准备选择开放的物流配送中心的数量固定的多中心选址问题，即 P 中心问题，其目标是确定各物流配送中心的具体位置；另一种则是数量不固定的问题，其目标不仅是要确定准备选择开放的物流配送中心的最优数量而且还要确定其选址位置。

（2）按建模思路分类。按照建模的思路不同可以将物流配送中心选址的模型分为定量模型和定性模型、连续性模型和离散型模型、动态模型和静态模型。

①定量模型和定性模型。定量模型是通过对影响物流配送中心选址的主要因素，如运输成本、仓储成本、固定成本、维持成本等因素的定量化计算，来确定最优的网络布局。其优点是

其计算结果较为清晰,便于为管理人员和规划人员提供依据。缺点是可能忽略了某些对物流配送中心选址影响较大的因素,或者对于这些因素难以找到适合的定量标准。

定性模型的主要形式有层次分析法、模糊综合评价法等。其基本思想是通过对影响物流配送中心选址的各种因素的重要度进行分析,得到各因素的权重来分析评价各种方案的优劣。这种方法一般只适合单一配送中心选址问题。但是目前在我国大部分多中心选址的问题也应用此方法进行求解,这种决策方法对于每一个物流配送中心采取模糊综合评价法进行评价,实际上是多次单一配送中心选址决策的简单叠加,选址决策忽略了两个物流配送中心之间的相关关系,因此在应用过程中还存在问题。

②连续型模型和离散型模型。连续模型认为物流配送中心的地点可在平面上取任意点,代表性的方法是重心法。离散模型则认为物流配送中心的地点是有限的几个可行点中的最优点。代表性的方法主要有 Kuehn-Hamburger 模型、Baumol-Wolfe 模型和 Blson 模型。

③动态模型和静态模型。选址方法可以是静态的,也可以是动态的。换句话说,静态方法一般以某一固定时期的数据为基础来进行分析研究。动态方法则是以历史资料为基础,通过对各数据的增长趋势的预测来进行研究。

2)配送中心选址常用方法介绍

(1)单一配送中心选址常用方法。最常用的是静态连续选址模型。选址因素包括运输费率和该点的货物运输量等,代表性的方法是数值分析法、重心法(Center-of-gravity Approach)、网格法(Grid Method),另外还包括图表技术(Graphical Techniques)和近似法(Approximating Methods)等。这些方法体现现实情况的程度、计算的速度和难度、得出最优解的能力都各不相同。

①数值分析法。数值分析法是用坐标和费用函数求出的配送中心至顾客之间的配送费用最少的地点的方法。

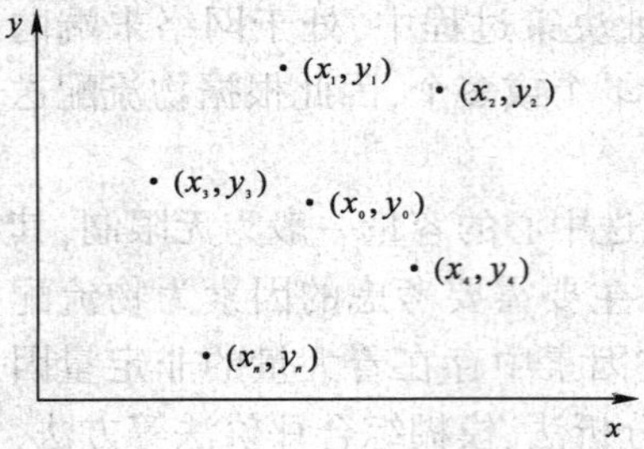

图 7-11 所示有 n 个顾客,各自的坐标点为(x_i,y_i),配送中心的坐标点为(x_0,y_0),从配送中心到顾客 i 的运输费用为 e_i,则总运输费用 H 为:

$$H=\sum_{i=1}^{n}e_i$$

设 c_i 为配送中心到顾客 i 的每单位运量、单位运距所需的运输费;

w_i 为配送中心到顾客 i 的运输量;

d_i 为配送中心到顾客 i 的直线距离。

图 7-11　单一配送中心与多个顾客的选址

根据两点间的距离公式:

$$d_i=\sqrt{(x_0-x_i)^2+(y_0-y_i)^2}$$

则总运输费用为:

$$H=\sum_{i=1}^{n}e_iw_id_i=\sum_{i=1}^{n}e_iw_i\sqrt{(x_0-x_i)^2+(y_0-y_i)^2}\tag{7-1}$$

要使总运费最少,即要求 H 的最小值,当$\frac{\partial H}{\partial x_0}=0$,$\frac{\partial H}{\partial y_0}=0$ 时,(x_0^*,y_0^*)为配送中心选址的最优位置。即:

$$\frac{\partial H}{\partial x_0}=\frac{\sum_{i=1}^{n}e_i w_i(x_0-x_i)}{d_i=0}$$

$$\frac{\partial H}{\partial y_0}=\frac{\sum_{i=1}^{n}e_i w_i(y_0-y_i)}{d_i=0}$$

求解得：

$$x_0^*=\frac{\dfrac{\sum_{i=1}^{n}e_i w_i x_i}{d_i}}{\dfrac{\sum_{i=1}^{n}e_i w_i}{d_i}} \tag{7-2}$$

$$y_0^*=\frac{\dfrac{\sum_{i=1}^{n}e_i w_i y_i}{d_i}}{\dfrac{\sum_{i=1}^{n}e_i w_i}{d_i}} \tag{7-3}$$

由于 d_i 为未知，所以不能一次性求出最终的结果，通常我们采用迭代法求解。迭代法的计算步骤如下：

第一步：给出配送中心的初始点(x_0^0,y_0^0)；

第二步：将(x_0^0,y_0^0)代入(7-1)式，计算出与其相对应的总运费 H^0；

第三步：将(x_0^0,y_0^0)分别代入(7-1)，(7-2)，(7-3)计算出配送中心的改善地点(x_0^1,y_0^1)；

第四步：将(x_0^1,y_0^1)代入(7-1)式，计算出相应的总运费 H^1；

第五步：将 H^0 和 H^1 进行比较，如果 $H^1\geqslant H^0$，则(x_0^0,y_0^0)就是最优解；如果 $H^1<H^0$，则返回第三步进行计算，将(x_0^1,y_0^1)代入式(7-1)、(7-2)、(7-3)计算出配送中心的改善地点(x_0^2,y_0^2)，反复计算，直到 $H^{k+1}\geqslant H^k$，则(x_0^k,y_0^k)为最优选址的坐标点，H^k 为最小运费。

②重心法。重心法将物流系统中的需求点和资源点看成是分布在某一平面范围内的物体系统，各点的需求量和资源量看成是物体的重量，物体系统的重心作为物流网点的最佳设置点，利用求物体系统重心的方法来确定物流网点的位置。重心法作了以下假设：

需求量集中于某一点。实际上需求来自分散于广阔区域内的多个消费点。将市场重心作为需求的聚集地会导致某些计算误差，因为计算出的运输成本是需求聚集地而不是到单个需求点。

不同地点物流节点的建设费用、运营费用相同。模型没有区分在不同地点建设物流节点所需要的投资成本、经营成本之间的差别。

运输费用随运输距离成正比增加。实际上，多数运价是由不随运距变化的固定费用和随运距变化的可变费用组成的。起步运费和运价分段则进一步扭曲了运价的线性特征。

运输线路为空间直线。实际上这样的情况很少，因为运输总是在一定的公路网络、铁路系统、城市道路网络中进行的，而它们多不是直线的。我们可以在模型中可以引入一个比例因子把直线距离转化为近似的公路、铁路或其他运输网络里程。

在此假设基础上建立重心法选址模型:设在某一计划区域内,有 n 个收货点,它们的坐标分别为(x_i,y_i),则系统重心坐标(x,y)可由下列公式确定:

$$x=\frac{\sum_{i=1}^{n}h_iw_ix_i}{\sum_{i=1}^{n}h_iw_i}$$

$$y=\frac{\sum_{i=1}^{n}h_iw_iy_i}{\sum_{i=1}^{n}h_iw_i}$$

式中:h_i 为运输费率,w_i 为配送到收货点 i 的货物重量。实际求得的 x,y 值就是配送中心的坐落位置。

(2)多个配送中心的选址常用方法。多个配送中心的选址通常采用离散选址模型。常用的选址方法有启发式规划法,Kuehn-Hamburger 模型,Baumol-wolfe 模型,线性规划法等,本书中我们主要介绍 Kuehn-Hamburger 模型和 Baumol-wolfe 模型。

①Kuehn-Hamburger 模型。这种方法又叫渐次逼近法,根本思路就是先求出简单的初始解,然后反复计算,对初始解进行修改,使之逐步达到最优解。其模型如下:

$$\min=\sum_{hijk}(A_{hij}+B_{hjk})X_{hijk}+\sum_{j}F_jZ_j+\sum_{hj}S_{hj}\left(\sum_{ik}X_{hijk}\right)+\sum_{hk}D_{hk}(T_{hk})$$

$$\begin{cases}\sum_{ij}X_{hijk}=Q_{hk}\\ \sum_{jk}X_{hijk}\leqslant Y_{hi}\\ I_j\left(\sum_{hjk}X_{hijk}\right)\leqslant W_j\end{cases}$$

式中: h——产品$(1,2,\cdots,p)$;

i——工厂$(1,2,\cdots,q)$;

j——配送中心$(1,2,\cdots,r)$;

k——顾客$(1,2,\cdots,s)$;

A_{hij}——从工厂 i 到配送中心 j 运输产品 h 时的单位运输费用;

B_{hjk}——从配送中心 j 到顾客 k 之间配送产品 h 时的单位运费;

X_{hijk}——从工厂 i 经过配送中心 j 向顾客 k 运输产品 h 的数量;

F_j——在配送中心 j 期间的平均固定费用;

Z_j——当$\sum_{hik}X_{hijk}>0$ 时取 1,否则取 0;

$S_{hj}\left(\sum_{ik}X_{hijk}\right)$——配送中心 i 中,为保管产品 h 而产生的部分可变费用(如管理费、保管费、基金利息等);

$D_{hk}(T_{hk})$——向顾客 k 配送产品 h 时,因为延误时间 T 而致富的损失费;

Q_{hk}——顾客 k 需要的产品 h 的数量;

W_j——配送中心 j 的能力;

Y_{hi}——生产产品 h 的工厂 i 的能力;

$I_j\left(\sum_{hjk}X_{hijk}\right)$——各工厂经由配送中心 j 向所有顾客配送产品的最大库存定额;

F——总费用。

②Baumol-wolfe 模型。Baumol-wolfe 模型比较简明,计算也较容易。其目标函数和约束条

件如下：

$$f(X_{ijk}) = \sum_{i,j,k}(c_{ki} + h_{ij})X_{ijk} + \sum_{i} v_i(W_i)^{\theta} + \sum_{i} F_i r(W_i)$$

式中：

$$0 < \theta < 1$$

$$r(W_i) = \begin{cases} 0 & W_i = 0 \\ 1 & W_i > 0 \end{cases}$$

c_{ki}——从工厂 k 到配送中心 i 每单位运量的运输费；

h_{ij}——从配送中心 i 向顾客 j 配送单位运量的配送费；

X_{ijk}——从工厂 k 通过配送中心 i 向顾客 j 运送的运量；

W_i——通过配送中心 i 的运量，$W_i = \sum_{j,k} X_{ijk}$；

v_i——配送中心 i 的单位运量的可变费；

F_i——配送中心 i 的固定费用（与仓库规模无关的固定费用）。

（3）配送中心选址的其他方法：

①仿真方法。前面所介绍的方法的一个共同特点是它们都对真实世界进行了一定程度的抽象，所以它们应用的数据、构造模型的方法都与真实世界有一定的差距，这使得它们得出的结果有时在现实生活中不可行。而仿真方法直接依靠来源于真实世界的数据，并通过计算机进行模拟，这样其结果的真实可用性就大大增强了。

仿真方法的主要步骤见图 7-12。

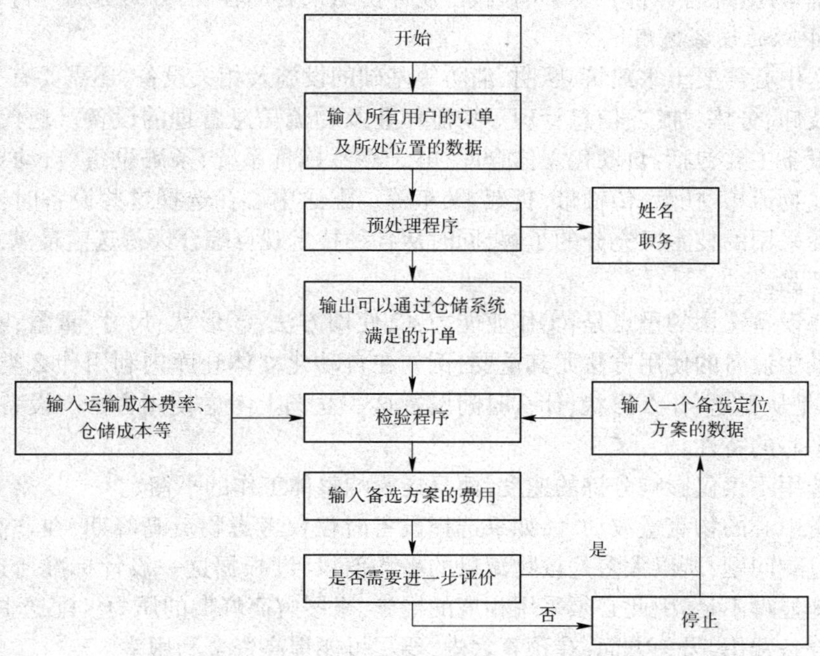

图 7-12　配送中心仿真选址方法流程图

步骤 1：数据准备

在这个阶段，要搜集用户和配送中心两方面的相关数据，如用户的坐落地点、每年的需求量以及需求的品种、每次的订货量,配送中心每年的管理成本、存储成本以及运营成本、供应商产品的可得性及供应成本、与配送中心坐落位置有关的运输成本、配送成本等。

步骤2:数据输入及预处理

将所搜集数据中用户订单以及用户坐落位置的数据输入计算机,通过预处理程序得出现有配送中心系统订单的满足情况以及货物装运情况。

步骤3:检验

输入一个备选的而现有配送中心系统改进方案的数据以及运输费率、仓储成本等数据,经过检验程序对备选方案进行评价,并输出备选方案的费用情况。

步骤4:评价

如果此备选方案已经满足要求,是比较满意的结果,可以停止评价其他备选方案。如果此备选方案尚不能使决策者满意,那么再重新输入另一个备选方案数据,并返回检验程序,重新评价。

从以上选址步骤可以看出,仿真方法存在的不足是不能提出初始方案,只能通过对各已存在的备选方案进行评价,从中找出最优方案,所以在运用这项技术时必须首先借助其他技术找出初始方案,而且预定初始方案的好坏会对最终决策结果产生很大影响。

②综合因素评价法。综合因素评价是一种全面考虑各种影响因素,并根据各影响因素重要性的不同对方案进行评价、打分,以找出最优的选址方案。具体包括分级评分法、积点法以及位置度量法等,本书中不作具体介绍。它们的共同特点是对各选址影响因素根据其不同的影响程度分别考虑,综合评价各个影响因素,使评价结果更加客观,方案更加可行。

5. 配送中心的设备选用

建立配送中心需要土木建筑、照明、消防等基础的设施及相关设备,还需要有关商品运输、保管、包装、装卸、分拣、加工、信息管理等物流作业及物流信息管理的设备。现代化的物流配送中心作业设备主要包括:自动化立体仓库、电子标签拣货系统、条码设备、自动导引小车、码垛机、堆垛机、物流箱、托盘、传输带、货架、叉车等。配送中心在选择这些设备时,必须对这些设备的生产商采用的技术又充分的了解,同时从各种技术观点综合评价选定最满意的、最信赖的生产商的产品。

配送中心设备选用的重点是:①作业能力;②使用方法;③形状、尺寸、重量;④占地面积;⑤价格等。其中设备的使用方法尤其重要,例如在自动化立体仓库内利用什么类型的托盘进行保管,必须是从哪里、什么形状、什么时间发货这一立场上考虑使用方法。设备的使用方法应适应配送中心的特性。

设备的选用不仅仅影响分拣的速度,而且还影响整体工作的平衡。

由于配送中心的物流量波动大,如果选择设备时仅仅考虑物流高峰期,在非高峰期,必然会存在设备过剩问题,所以大多是按物流量的平均值设计,根据这一设计标准所选的设备,在高峰作业期却显得不足,因此必须采用相应的措施,来缓解高峰期的压力。配送中心设计时一方面要控制设备费用,另一方面,在预算之内,要尽可能提高资金利用率。

6. 信息系统的设计

信息系统是物流配送中心的重要组成部分,它必须满足现代化物流配送中心的基本要求:

(1)从本质上提高对顾客的各种信息服务质量;

(2)满足商品组成变化和顾客需求变化的信息系统;

(3)对物流配送中心各工序的迅速作业指示;

(4)迅速吸收各种工序中发生的错误;

(5)提供有利于营业活动的信息;

(6)降低成本。

信息系统设计的具体内容我们将在第九章具体介绍。

7. 配送中心规划与设计失败的原因及避免失败的方法

(1)配送中心规划与设计失败的原因:

①规划设计部门、使用部门和建设部门之间的信息沟通不充分;

②用户过于信任厂家;

③生搬硬套地规划系统;

④根据物流机器来规划系统;

⑤没有请相关专家参加方案制定;

⑥物流系统或物流机器不满足物流特性要求;

⑦拣货速度慢,不能满足发货要求,系统缺乏必要的柔性和应急方案;

⑧理论脱离实际的物流系统;

⑨缺乏系统优化;

⑩作业人员不接受机器;

⑪物流机器的性能和生产率不成比例。

(2)避免配送中心规划与设计失败的方法:

①必须充分论证系统计划。用户和厂家必须结合起来规划系统。最好请专家作顾问,站在用户和厂家双方的立场上去看问题,并做出正确判断。

②反复研究物流过程。一般来说,对物流系统的单个机器和作业研究得多,但是由于物流系统是物的流动过程,在对机器和作业进行研究时,应把从进货到发货这一过程视为一个整体流程来研究。

③违反规则又自成规则。在事物当中,有一般常识和基本原则,虽不可忽视这些基本常识和基本原则,但根据现状,也不能困于这些原则和常识。因此,有时根据状况,虽然违反规则却又自成规则。在配送中心规划与设计时,应考虑到这种情况的存在。

案例 7-2　美国的物流配送模式

美国的物流配送业发展起步早,经验成熟,尤其是信息化管理程度高,对我国物流发展有很大的借鉴意义。

1. 美国配送中心的类型

20 世纪 60 年代起,商品配送合理化在发达国家普遍得到重视。为了向流通领域要效益,美国企业采取了以下措施:一是将老式的仓库改为配送中心;二是引进计算机管理网络,对装卸、搬运、保管实行标准化操作,提高作业效率;三是连锁店共同组建配送中心,促进连锁店效益的增长。美国连锁店的配送中心有多种,主要有批发型、零售型和仓储型

三种类型。

(1)批发型。美国加州食品配送中心是全美第二大批发配送中心,建于1982年,建筑面积达10万平方米,工作人员有2000人左右,共有全封闭型温控运输车600多辆。经营的商品均为食品,有43000多个品种,其中有98%的商品由该公司组织进货,另有2%的商品是该中心开发加工的商品,主要是牛奶、面包、冰激凌等新鲜食品。该中心实行会员制。各会员超市因店铺的规模大小不同、所需商品配送量的不同而向中心交纳不同的会员费。会员店在日常交易中与其他店一样,不享受任何特殊的待遇,但可以参加配送中心定期的利润处理。该配送中心本身不是盈利单位,可以不交营业税。所以,当配送中心获得利润时,采取分红的形式,将部分利润分给会员店。会员店分得红利的多少,将视其在配送中心的送货量和交易额的多少而定,多者多分红。

该配送中心主要靠计算机管理。业务部通过计算机获取会员店的订货信息,及时向生产厂家和储运部发出要货指示单;厂家和储运部再根据要货指示单的先后缓急安排配送的先后顺序,将分配好的货物放在待配送口等待发运。配送中心24小时运转,配送半径一般为50公里。

该配送中心与制造商、超市协商制定商品的价格,主要依据是:商品数量与质量;付款时间,如在10天内付款可以享受2%的价格优惠;配送中心对各大超市配送商品的加价率,根据商品的品种、档次不同以及进货量的多少而定,一般为2.9%~8.5%。

(2)零售型。美国沃尔玛商品公司的配送中心是典型的零售型配送中心。该配送中心是沃尔玛公司独资建立的,专为本公司的连锁店按时提供商品,确保各店稳定经营。该中心的建筑面积为12万平方米,总投资7000万美元,有职工1200多人;配送设备包括200辆车头、400节车厢、13条配送传送带,配送场内设有170个换货口,中心24小时运转,每天为分布在纽约州、宾夕法尼亚州等六个州的沃尔玛公司的100家连锁店配送商品。

该中心设在100家连锁店的中央位置,商圈为320公里,服务对象店的平均规模为1.2万平方米。中心经营商品达4万种,主要是食品和日用品,通常库存为4000万美元,旺季为7000万美元,年周转库存24次。在库存商品中,畅销商品和滞销商品各占50%,库存商品期限超过180天为滞销商品,各连锁店的库存量为销售量的10%左右。

(3)仓储型。美国福来明公司的食品配送中心是典型的仓储式配送中心。它的主要任务是接受美国独立杂货商联盟加州总部的委托业务,为该联盟在该地区的350家加盟店负责商品配送该配送中心建筑面积为7万平方米,其中有冷库、冷藏库4万平方米,杂货库3万平方米,经营8.9万个品种,其中有1200个品种是美国独立杂货商联盟开发的,必须集中配送。在服务对象店经营的商品中,有700%左右的商品由该中心集中配送,一般鲜活商品和怕碰撞的商品,如牛奶、面包、炸土豆片、瓶装饮料和啤酒等,从当地厂家直接进货到店,蔬菜等商品从当地的批发市场直接进货。

2. 美国配送中心的经验

美国配送中心的库内布局及管理井井有条,使繁忙的业务互不影响,其主要经验包括:

(1)库内货架间设有27条通道、19个进货口;

(2)以托盘为主,四组集装箱为一货架;

(3)商品的堆放分为储存的商品和配送的商品,一般根据商品的生产日期、进货日期和保质期,采取先进先出的原则,在货架的上层是后进的储存商品,在货架下层的储存商品是待出库的配送商品;

(4)品种配货是数量多的整箱货,所以用叉车配货;店配货是细分货,小到几双一包的袜子,所以利用传送带配货;

(5)重量小、体积大的商品(如卫生纸等)用叉车配货,重量大、体积小的商品用传送带配货;

(6)特殊商品存放区,如少量高价值的药品、滋补品等,为防止丢失,用铁丝网圈起,标明无关人员不得入内。

(来源:张庆英主编. 物流案例分析与实践. 北京:电子工业出版社,2013. 5.)

思考题:

1. 美国的配送中心有哪些模式?各有什么特点?适合怎样的公司?
2. 美国配送中心的哪些经验值得我们借鉴?

思考与练习

一、名词解释

1. 物流中心
2. 配送中心

二、简答题

1. 简述物流中心的类型及作用。
2. 分析运输企业物流中心的主要运作模式。
3. 阐述配送中心的类型及其功能。
4. 简要分析配送中心的基本作业流程。
5. 分析影响配送中心选址的主要因素。
6. 理解配送中心规划设计的内容与方法

三、讨论题

试分析配送中心规模及功能与需求的关系。

第八章 储运管理

引导案例 百利威:打造电商仓储物流第一品牌

"仓储物流的事交给我们,电商企业可全心投入开拓市场,这是我们的理想状态。"百利威高层一语道破未来电商仓储物流服务的发展模式和趋势。百利威是国内领先电商仓储物流综合服务商,是华北地区最大的仓储物流中心,面向电商在全国的加速扩张,为其成就行业领先的电商物流提供商和电商物流第一品牌奠定了网络基础。

百利威为了适应中国快速发展的电子商务对仓储物流的特殊需求,近两年加速全国布局,不断完善硬件设施,在传统仓储服务基础上利用自身仓储资源、行业经验和品牌效应,整合各类资源,从而打造集成、高效的标准化仓配一体运营服务体系和现代仓储物流网络。

近几年百利威所建设的仓库均为现代标准化仓库,除了交通位置优越外,在层高、封闭性、内部硬件设施、配套服务等方面,均能满足现代商务特别是电子商务物流对快捷、高效、储存环境等方面的需要。内部结构、办公环境、单位平效、物流周转、订单处理、配套快递服务等等均以领先的标准切入市场,为电商企业提供低成本高效率的仓储物流服务,更好支持电商企业的发展。

为满足电商客户全国发布的需求,百利威于 2012 年启动"钻石模型"全国网络发展战略,在北京、沈阳、武汉、成都、广州、西安、上海、廊坊、马鞍山、济南等地建设仓储物流中心,进而形成覆盖全国重点区域的网络化布局。

目前,百利威在北京、沈阳、武汉、廊坊、马鞍山等地已经或正在建设现代物流仓储物流园。百利威仓储物流全国规模性仓储产业集群的形成,必将完善百利威全国仓储物流网络,各仓储中心有效辐射周边城市商圈,支持电商客户企业全国布局和弹性发展。

(来源:凤凰网财经频道,http://finance. ifeng. com/a/20140304/11800216_0. shtml)

问题

1. 电商仓储物流品牌的优势有哪些?
2. 怎样对全国市场区域的仓储业务进行规划的?

本章知识点

产品的储存和搬运主要发生在供应链网络的节点处,它是供应商和消费之间的中间环节,起着缓冲和平衡供需的作用,以降低总成本。

本章介绍了仓储的内涵、性质,库存结构与性质,讨论了仓储系统的功能、必要性,仓储决策、仓储作业管理、仓库的选址与内部布局的内容和方法,阐述了物料搬运系统的形式、重要性、功能、设计内容和方法,以及物料搬运效率的改善方法和途径。

本章应重点掌握的内容:仓储系统的内涵和功能;仓储管理的内容和标志;仓库选址的影

响因素和选址方法;提高物料搬运效率的方法。

第一节 仓储系统概述

企业仓储管理主要包括储存、保管、装卸搬运与流通加工等作业。如果说运输是创造产品的“空间价值”,那么仓储则是创造产品的“时间价值”。仓储是处在生产和消费两大活动之间,在物流中起“蓄水池”作用。仓储的地点是仓库,所以仓储的合理化与现代化是以仓库的合理化与现代化的形式进行的。现代仓储业的发展趋势是仓库由储藏型向流通型的转变。

一、仓储的内涵与性质

1. 仓储与库存

仓储就是在保证商品的质量和数量的前提下,根据一定的管理规则,在一定的时间内将物品存放在一定的场所的活动。仓储是包含库存在内的一种广泛的经济现象。它是物流系统的一个重要组成部分,是在一切社会形态都存在的一种经济现象。

仓储的形成显然在于社会产品出现剩余时和商品流通的需要,当产品不能被及时消耗掉,需要专门的场所存放时,就产生了静态的仓储。而将物品存入仓库以及对于存放在仓库里的物品进行保管、控制、提供使用等的管理,便形成了动态仓储。可以说仓储是对有形物品提供存放场所、物品存取过程和对存放物品的保管、控制的过程。

存货是企业在生产经营过程中为了销售或耗用而库存的物资,存货有多种表现形式,其中仓库中的库存是最基本的表现形式。库存指处于储存状态的物品。一般将其理解为狭义的库存概念,广义的库存还包括处于制造加工状态和运输状态的物品。库存具有整合需求和供给,维持各项活动顺利进行的功能。

库存可以从不同方面来分类,从生产过程的角度可分为原材料库存、零部件及半成品库存、成品库存三类;从库存物品所处储存状态可分为静态库存和动态库存。

2. 库存结构及性质

在仓储过程形成的库存,虽然在企业资产负债表中表述为“资产”,但有时只会增加物品维护作业、增加成本,而不能产生利润,因此有鼓励“零库存”之说。但是,在企业经营过程中,有时仓储在整个物流的过程中起重要的作用,如时间延迟。库存结构主要是指仓库储存的原材料、半成品或商品的品种、规格、金额、储存量等之间的比例关系。库存结构主要取决于仓储服务的对象。仓储的性质可以归结为:

(1)仓储的对象既可以是生产资料,也可以是生活资料,但必须是实物动产。

(2)仓储是物质产品在生产持续过程的一种形态,有时是不得已的库存,但在一定条件下,仓储也创造着产品的价值。

(3)仓储既有静态的物品储存,也包含动态的物品存取、保管、控制的过程;仓储活动发生在仓库等待定的场所。

二、仓储系统的功能

仓储系统的主要功能是对流通中的商品进行检验、保管、加工、集散和转换运输方式,并解

决供需之间和不同运输方式之间的矛盾,提供场所价值和时间效益,使商品的所有权和使用价值得到保护,加速商品流转,提高物流效率和质量,促进社会效益的提高。

1. 仓储的一般功能

概括起来,仓储的一般功能可以分为如下几个方面:

(1)调节功能。仓储在物流中起着"蓄水池"的作用,一方面仓储可以调节生产和消费的关系,使得它们在时间和空间上得到协调,保证社会再生产的顺利进行;另一方面还可以实现对运输的调节。因为产品从生产地向销售地的流转,主要依靠运输完成,但不同运输方式在运向、运程、运量及运输线路和运输时间上存在着差距,一种运输方式一般不能直达目的地,需要在中途改变运输方式、运输线路、运输规模、运输方法和运输工具以及为协调运输时间和完成产品倒装、转运、分类、集装等物流作业,还需要在产品运输的中途停留。

(2)检验功能。为了保障商品的数量和质量准确无误,分清责任事故,维护各方面的经济利益,要求必须对商品及有关事项进行严格地检验,以满足生产、运输、销售以及用户的要求。

(3)集散功能。仓储把生产单位的产品汇集起来,形成规模,然后根据需要分散发送到消费地去。通过一集一散,衔接产需,均衡运输,提高物流速度。

(4)配送功能。根据用户的需要,把商品进行分拣、组配、包装和配发等作业并将配好的商品送货上门。配送功能是仓储保管功能的外延,提高了仓储社会服务效能,最大限度地保持商品在仓储中的使用价值,减少保管损失。

2. 仓储的经济功能

仓储的具体经济功能主要表现在以下几点:

(1)整合储运资源。装运整合是仓储的一种经济利用,通过这种安排,整合仓库接收来自一系列制造工厂制定送往某一特定地点的材料,然后把它们整合成单一的一票装运。其好处是,有可能实现最低的运输费率,仓库可以把从制造商到仓库的内向转移和从仓库到客户的外向转移都整合成更大的装运。为了提供有效的整合装运,制造工厂必须把该仓库作为货运储备地点或用作产品分类和组装设施。因为,整合装运的主要利益是,把货票小批量装运的物流流程结合起来联系到一个特定的市场地区。整合仓库可以由单一一家厂商使用,也可以由几家厂商联合起来共同使用。通过这种整合方案的利用,每一个单独的制造商或托运人都能够降低物流总成本。如图8-1所示。

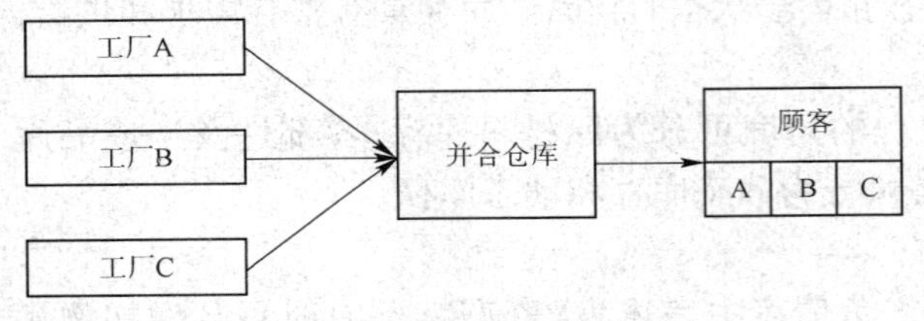

图8-1 仓储的整合储运功能

(2)协调和分类站台。分类作业接收来自制造商的客户组合订货,并把它们装运到个别的客户处去。分类仓库或分类站把组合订货分类或分割成个别的订货,并安排当地的运输部门负责递送。由于长距离运输转移的是大批量装运,所以运输成本相对比较低,进行跟踪也不太困难。除涉及多个制造商外,对接站台(Crossdocking)设施具有类似的功能。零售连锁店广泛地采用对接站台来补充快速转移的商店存货。在这种情况下,对接站台先从多个制造商处运来整车的货物;收到产品后,如果有标签的,就按客户进行分类,如果没有标签的,则按地点进行分配;然后,产品装上指定客户的拖车;一旦该拖车装满了来自多个制造商的组合产品

后，就被放行运往零售店去。对接站台的经济利益中包括了从制造商到仓库的拖车的满载运输，以及从仓库到客户的满载运输。由于产品不需要仓储，降低了在对接站台设施处的搬运成本，有效利用了站台设施，使站台装载利用率达到了最大限度。如图 8-2 所示。

(3)加工/延期效益。仓库还可以通过承担加工或参与少量的制造活动，以延期或延迟生产。具有包装能力或加标签能力的仓库可以把产品的最后一道生产一直推迟到知道该产品的需求时为止。按照具体的客户订单，仓库给产品加上标签，完成最后一道加工，并最后确定包装。加工/延期提供了两个基本经济利益：第一，风险最小化，因为最后的包装到等到敲定具体的订购标签和收到包装材料时才完成；第二，通过对基本产品（如水果罐头）使用各种标签和包装配置，可以降低存货水平。减低风险与降低存货水平相结合，往往能够降低物流系统的总成本。如图 8-3 所示。

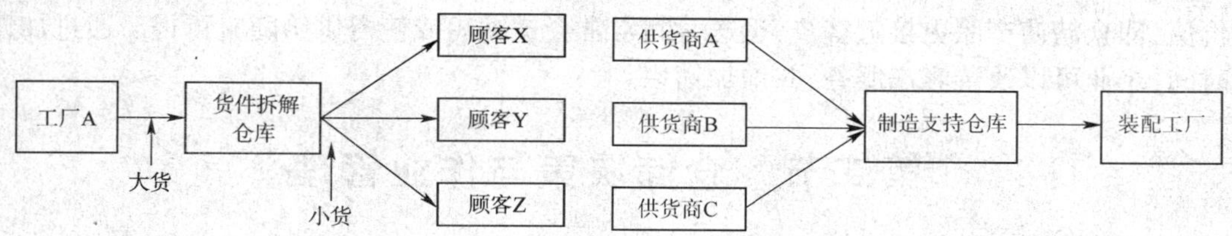

图 8-2 仓储的协调和分类功能

图 8-3 仓储的加工/延期效益

(4)堆存。仓储服务的直接经济利益对于所选择的业务来说存储是至关重要的。例如，草编家具和玩具是全年生产的，但主要是在非常短的一段市场营销期内销售的；与此相反，农产品是在特定的时间内收获的，但消费却是在全年进行的。这两种情况都需要仓库的堆存来支持市场营销活动。堆存提供了存货缓冲，使生产活动在收到材料来源和客户需求的限制条件下提高效率。

三、仓储系统的必要性

仓储和物料搬运成本具有经济上的合理性，因为通过储备一定量的库存，企业常常可以调整经济生产批量和生产次序来降低生产成本，即平衡运输和生产—采购成本。利用这种办法，企业就可以避免因需求模式不确定和产品多样性造成的产出水平的大幅度波动。同时，储备库存也可以通过更大、更经济的运输批量来降低运输成本。总之，存储管理的目的就是利用合理的仓储活动来实现存储、生产和运输成本之间良好的、经济的平衡。

企业进行仓储主要有四个原因：

1. 降低运输—生产成本

存储及相关的库存会增加费用，但也可能提高运输和生产的效率，降低运输—生产成本，达到新的均衡。

2. 协调供求

某些企业的生产极具季节性，但需求是连续不断的，而且比较稳定，因此它们就面临着协调供求的问题。例如，生产蔬菜、水果罐头的工厂就必须储存一定量的产品，以便在作物的非生长季节供应市场。与之相反，另一些企业的产品或服务需求的季节性很强，而且需求不确定，但是全年的生产是稳定的，因为这样可以使生产成本最小，同时能够储备足够的库存来供应相对较短的热销季节。空调和圣诞玩具就是很好的例子。如果使供求完全相符合成本过

高,就需要进行仓储。从商品价格的角度来考虑,企业也需要进行仓储。某些原材料和产品(如铜、钢材、石油等)的市场价格随时间波动非常大,也会促使一些企业为了低价采购而提前购买。这时,往往需要进行储存,且存储成本可以与购买商品的低价各项平衡。

3. 生产需要

存储可以被看成是生产过程的一部分。有些产品(如葡萄酒、奶酪等)在制造过程中,需要储存一段时间使其变陈。仓库不仅在这一制造阶段储存产品,而且对于那些需要纳税的商品来讲,仓库还可以在出售前保护产品或对产品"保税"。利用这种方法,公司得以将纳税时间推迟到产品售出之后。

4. 营销需要

市场营销部门经常考虑的是市场是否可以随时得到产品,仓储就可用来增加产品这方面的价值,即仓储使产品更接近客户,运送时间常常会被缩短或使得供给随时可得。通过加快交货时间,企业可以改善客户服务,并增加销售。

第二节　仓储决策与作业管理

在企业的物流系统中,货物的流转是无时不在的。商品存储只是这个过程的暂时停滞,这种短暂停滞并不是静止的,而是动态的,它体现了商品流通的连续性和永久性,因而必须加强商品流通过程的管理。

一、仓储决策

在企业的仓储管理中,仓库的产权、数量、规模、选址、布局以及存货内容等方面是最基本也是最重要的决策,它直接影响仓库资源的配置能力。

1. 仓库产权决策

企业仓储决策的第一项内容就是仓库产权,即采用自有仓库(公司建造或购买仓库),还是公共仓库或营业仓库。

一个企业是自建仓库还是租赁公共仓库需要考虑以下因素:①周转总量;②需求的稳定性;③市场密度。

2. 仓库数量决策

仓储决策的另一项重要内容是企业在提供仓储设施方面,是集中仓储还是分散仓储,这一决策实质上是决定公司物流系统应该使用多少个仓库。

影响企业选择仓库数量的因素包括:①总成本;②顾客服务;③运输能力;④小批量顾客;⑤计算机的应用;⑥单体仓库的规模。

3. 仓库规模决策

仓库规模是指仓库能够容纳的货物的最大数量或总体积。仓库面积、长度、宽度、高度和仓库层数是反映仓库规模和仓储能力的重要参数。

(1)仓库面积的确定。仓库面积包括三个部分:①建筑面积;②使用面积;③有效面积。

(2)仓库长度和宽度的确定。仓库库房的长宽比可在参考表8-1的基础上,按照《建筑统一模数制》进行调整。

仓库建筑长宽比　　表 8-1

仓 库 面 积(m^2)	宽度∶长度
<500	1∶2～1∶3
500～1000	1∶3～1∶5
1000～2000	1∶5～1∶6

(3)仓库层数的确定。在土地十分充裕的条件下,从建筑费用、装卸效率、地面利用率等方面衡量,以建筑平房仓库为最好;若土地不十分充裕时,则可采用二层或多层仓库。

(4)仓库高度(层高、梁下高度)的确定。取决于库房的类型、储存货物的品种和作业方式等因素。决定层高或梁下高度应根据托盘堆码高度、托盘货架高度、叉车及运输设备等来研究决定。平房仓库高度一般应采用$3M_0$(300mm)的倍数;当库内安装桥式起重机时,其地面至走行轨道顶面的高度应为$6M_0$(600mm)的倍数。

4. 仓库的选址决策

仓库选址包括两个层次的内容:

一是选位,即选择什么地区(区域)设置设施。二是定址,即在已选定的地区内选定一片土地作为设施的具体位置。

仓库的实际选址中,一般需综合考虑因素有:①客户条件;②自然地理条件;③运输条件;④用地条件;⑤法规制度条件。

仓库的选址可分为以下三种:

(1)以市场定位的仓库。以市场定位的仓库,通常用来作为不同来源地和不同供应商那里获取商品并集中装配商品的地点,向客户提供补充库存。

(2)以制造定位的仓库。通常邻近生产厂,作为装配与集运被生产的物品的地点,这些仓库存在的基本原因是便于向客户配送各类产品。

(3)中间定位仓库。坐落在客户与制造厂之间的仓库是“中间定位”仓库,这些仓库与“以制造定位”的仓库类似,为广泛的库存品种提供集运,从而减少物流成本。

5. 仓库布局决策

仓库布局决策是对仓库内部过道大小、货架位置、配备设备及设施等实物布局进行决策。其仓储功能与设备类型表见表 8-2。包括的内容有:①仓库内部合理布局的要求;②仓库内部布局的影响因素;③物品存储布局。

仓储功能与设备类型表　　表 8-2

功 能 要 求	设 备 类 型
存货、取货	货架、叉车、堆垛机械、起重运输机械等
分拣、配货	分拣机、托盘、搬运车、传输机械等
验货、养护	检验仪表、工具、养护设施
防火、防盗	温度监视器、防火报警器、监视器、防火报警设施等
流通加工	所需的作业机械、工具等
控制、管理	计算机及辅助设备等
配套设施	站台(货台)、轨道、道路、场地等

6. 存货内容决策

仓储领域的决策还包括各个不同仓库的存货内容和存货数量。如果企业有多个仓库,就要做出如下决策:是否所有仓库都储存全部产品;是否每个仓库具有某种程度的专用性;是否将专门存储与通用存储相结合。这些决策对于提高仓库运作效率十分必要。

二、仓储作业管理

仓储作业管理包括商品从入库到出库之间的装卸、搬运、仓库布局、储存养护和流通加工等一切与商品实务操作、设备、人力资源相关的作业。

1. 仓储作业管理的主要内容

仓储作业过程既有装卸、搬运、堆垛等劳动作业过程,也有货位安排、理货检验、保管、盘点、货物记账、统计报表等管理过程,以及收货交接、交货交接、残损处理等商务业务。仓储作业管理按其作业过程体现为入库作业、储存管理、出库作业三部分。与此相对应,仓储作业管理就应该从收货开始,经过保管到发货结束为止。

为了改善仓库的作业管理,必须对仓库管理过程中有关与物流作业要求不相适应的步骤或程序进行适当的纠正,尽量减少货物流动过程的中间环节和无效步骤。例如:当物品入库时,没有加强对物品的验收和登录;当物品存储时,不注意加强物品的保管和养护;当物品出库时,没有出具出库凭证和详细清点等。仓库作业管理的每一道程序都要符合货物存储和搬运的要求。

1)入库管理

仓库作业过程的第一个步骤就是验货收货,物品入库,只是物品在整个物流供应链上的短暂停留,而准确的验货和及时的收货能够加强此环节的效率。在仓库的具体作业过程中,主要包括以下几个步骤:

(1)核对入库凭证。根据物品运输部门开出的入库单核对收货仓库的名单,印章是否有误,商品的名称、代号、规格和数量等是否一致,有无更改的痕迹等,只有经过仔细的核对无误后才能确定是否收货。

(2)入库验收。物品的验收包括对物品规格、数量、质量和包装方面的验收,对物品规格的验收主要是对物品品名、代号、花色和色样方面的验收;对物品数量的验收主要是对散装物品进行称量,对整件物品进行数目清点,对贵重物品进行仔细的查收等;对物品质量的验收主要有物品是否符合仓库质量管理的要求,产品的质量是否达到规定的标准等;对物品包装方面的验收主要有核对物品的包装是否完好无损,包装标志是否达到规定的要求等。

(3)记账登录。如果物品的验收准确无误,则应该在入库单上签字,确定收货,安排物品存放的库位和编号,并登记仓库保管账务;如果发现物品有问题,则应另行做好记录,交付有关部门处理。

2)存货保管

仓库作业过程的第二个步骤是存货保管,物品进入仓库进行保管,需要安全地、经济地保持好物品原有的质量水平和使用价值,防止由于不合理的保管措施所引起的物品磨损和变质或者流失等现象,具体步骤如下:

(1)堆码。由于仓库一般实行按区分类的库位管理制度,因而仓库管理员应当按照物品的存贮特性和入库单上指定的货区和库位进行综合的考虑和堆码,做到既能充分利用仓库的库位空间，又能满足物品保管的要求。

①尽量利用库位空间，较多采用立体储存的方式；

②仓库通道与堆垛之间保持适当的宽度和距离，提高物品装卸的效率；

③根据物品的不同收发批量、包装外形、性质和盘点方法的要求，利用不同的堆码工具，采取不同的堆码形式，其中，危险品和非危险的堆码，性质相互抵触的物品应该区分开来，不得混淆；

④不要轻易地改变物品存储的位置，大都应按照先进先出的原则；

⑤在库位不紧张的情况下，尽量避免物品堆码的覆盖和拥挤。

(2)养护。仓库管理员应当经常或定期对仓储物品进行检查和养护，对于易变质或存储环境比较特殊的物品，应当经常进行检查和养护，检查工作的主要目的是尽早发现潜在的问题，养护工作主要是以预防为主。在仓库管理过程中，采取适当的温度、湿度和防护措施，预防破损、腐烂或失窃等，达到存储物品的安全。

(3)盘点。对仓库中贵重的和易变质的物品，盘点的次数越多越好；其余的物品应当定期进行盘点(例如每年盘点一次或两次)。盘点时应当做好记录，与仓库账务核对，如果出现问题，应当尽快查出原因，及时处理。

3)出库管理

仓库作业管理的最后一个步骤是发货出库，仓库管理员根据提货清单，在保证物品原先的质量和价值的情况下，进行物品的搬运的简易包装，然后发货。

(1)核对出库凭证。仓库管理员根据提货单，核对无误后才能发货，除了保证车库物品的品名、规格和编号与提货单一致外，还必须在提货单上注明物品所处的货区和库位编号，以便能够比较轻松地找到所需地物品。

(2)配货出库。在提货单上，凡是涉及较多的物品，仓库管理员应该认真复核，交与提货人，凡是需要发运的物品，仓库管理员应当在物品的包装上做好标记，而且可以对出库物品进行简易的包装，在填写有关的出库手续后，可以放行。

(3)记账清点。每次发货完毕之后，仓库管理员应该做好仓库发货的详细记录，并与仓库的盘点工作结合在一起，以便于以后的仓库管理工作。

2. 合理仓储的标志

储存合理化的含义是用经济的办法实现储存的功能。储存的功能是对需要的满足，实现对被储物的“时间价值”，这就“必须有一定储量”。这是合理化的前提或本质，如果不能保证储存功能的实现，其他问题便无从谈起了。但是，储存的不合理又往往表现在对储存功能实现的过分强调，因而是过分投入储存力量和其他储存劳动多造成的。所以，合理储存的实质是，在保证储存功能实现前提下的尽量少的投入，这也是一个投入产出的关系问题。

具体地看，合理仓储的标志主要包括确定仓储质量、仓储存量结构、储存数量、储存时间、储存网络等。

(1)仓储质量。保证被储存物的质量，是完成储存功能的根本要求，只有这样，商品的使用价值才能通过物流之后得以最终实现。在储存中增加了多少时间价值或是得到了多少利润，都是以保证质量为前提的。所以，储存合理化的主要要素中，首先应当是反映使用价值的质量。现代物流系统已经拥有很有效的维护物资质量、保证物资价值的技术手段和管理手段，也正在探索物流系统的全面质量管理问题，即通过物流工程的控制，通过工作质量来保证储存物的质量。

(2)仓储结构。仓储结构主要指仓库储存的原材料、半成品或商品的品种、规格、金额、储存数量等之间的比例关系。仓储结构主要取决于仓储服务的对象。服务于生产过程的仓储结构,物料、半成品以及设备配件等都要与生产的产品、生产过程中需要用到的设备相协调;服务于流通过程的仓储结构,要能反映市场需求与变化,商品的品种、规格既要考虑系列化、又要考虑品种、规格的变化,以及市场需求于生产供应仓库品种、规格的保障程度。

(3)仓储数量。仓储数量指在新的原材料、半成品或商品在进库之前,可正常供应的保证生产或流通顺利进行所需的品种、规格的数量。确定合理的仓储数量时需要考虑的影响因素主要有:生产或市场的需要量;物料、商品的再生产时间;运输条件;物流设施及管理水平等。

(4)仓储时间。仓储时间不仅与仓储结构、仓储数量有关,还受物料、商品的物理、化学、生物性能、使用或销售时间、使用费用、销售速度等的影响。

(5)仓储网络。仓储网络布局直接影响到仓库供货范围,对生产领域和流通领域有较大影响。生产系统中仓库网点少、储存量比较集中,库存占用资金较少,但要求送货服务质量水平很高。流通系统中的批发企业仓库网点相对集中,要考虑相对加大库存量;用仓库网点合理布局、储存调节市场,起到"蓄水池"的作用;零售企业一般附设小型仓库,存储量较少,应当加快商品的周转。

3. 仓储信息管理工作

做好仓储工作,必须依托计算机为基础的企业内联网,建立、健全凭证等信息管理工作体系。加强物资周转过程的凭证管理,搜集、积累、整理和分析物资储备定额及影响定额的有关资料、数据,为下一个计划期的储备定额的制定提供可靠的参考资料。

案例 8-1　正泰集团采用自动化立体仓库,提高物流速度

正泰集团公司是中国目前低压电器行业最大销企业。主要设计制造各种低压工业电器、部分中高压电器、电气成套设备、汽车电器、通信电器、仪器仪表等,其产品达150多个系列、5000多个品种、20000多种规格。"正泰"商标被国家认定为驰名商标。该公司2002年销售额达80亿元,集团综合实力被国家评定为全国民营企业500强第5位。在全国低压工业电器行业中,正泰首先在国内建立了3级分销网络体系,经销商达1000多家。同时,建立了原材料、零部件供应网络体系,协作厂家达1200多家。

1. 立体仓库的功能

正泰集团公司自动化立体仓库是公司物流系统中的一个重要部分。它在计算机管理系统的高度指挥下,高效、合理地贮存各种型号的低压电器成品。准确、实时、灵活的向各销售部门提供所需产成品。并为物资采购、生产调度、计划制订、产销衔接提供了准确信息。同时,它还具有节省用地、减轻劳动强度、提高物流效率、降低储运损耗、减少流动资金积压等功能。

2. 立体仓库的工作流程

正泰立体库占地面积达1600平方米(入库小车通道不占用库房面积),高度近18米,3个巷道(6排货架)。作业方式为整盘入库,库外拣选。其基本工作流程如下:

(1)入库流程:仓库二、三、四层两端六个入库区各设一台入库终端,每个巷道口各设两个成品入库台。需入库的成品经入库终端操作员键入产品名称、规格型号和数量。控制系统通过人机界面接收数据,按照均匀分配、先下后上、下重上轻、就近入库、ABC 分类和原则,管理计算器自动分配一个货位,并提示入库巷道。搬运工可依据提示,将装在标准托盘上的货物由小电瓶车送至该巷道的入库台上。监控机指令堆垛将货盘存放于指定货位。

(2)出库流程:底层两端为成品出库区,中央控制室和终端各设一台出库终端,在每一个巷道口设有——LED 显示屏幕于提示本盘货物要送至装配平台的出门号。需出库的成品,经操作人员键入产品名称、规格、型号和数量后,控制系统按照先进先出、就近出库、出库优先等原则,查出满足出库条件且数量相当或略多的货盘,修改相应账目数据,自动地将需出库的各类成品货盘送至各个巷道口的出库台上,经电瓶车将之取出并送至汽车上。同时,出库系统在完成出库作业后,在客户机上形成出库单。

(3)回库空盘处理流程:底层出库后的部分空托盘经人工叠盘后,操作员键入主空托盘回库作业命令,搬运工依据提示用电瓶车送至底层某个巷道口,堆垛机自动将空托盘送回立体库二、三、四层的原入口处,再由各车间将空托盘拉走,形成一定的周转量。

3. 立体库主要设施

(1)托盘:所有货物均采用统一规格的钢制托盘,以提高互换性,降低备用量。此种托盘能满足堆垛机、叉车等设备装卸,又可满足在输送机上下均衡运行。

(2)高层货架:采用特制的组合式货架,横梁结构。该货架结构美观大方,省料实用,易安装施工,属一种优化的设计结构。

(3)巷道式堆垛机:根据本仓库的特点,堆垛机采用下部支承、下部驱动、双方柱形式的结构。该机在高层货架的巷道内按 X、Y、Z 三个坐标方向运行,将位于各巷道口入库台的产品存入指定的货格,或将货格内产品导出运送到巷道口出库台。该堆垛机机动性能设计与制造严格按照国家标准进行,并对结构强度和刚性进行精密地计算,以保证机构运行平稳、灵活、安全。堆垛机配备有安全运行机构,以杜绝偶然事故。其运行速度为 4 ~ 80mm/min(变频调速),升降速度为 3/16mm/min(双速电机),货叉速度为 2 ~ 15mm/min(变频调速),通信方位为红外线,供电方式为滑触导线和方式。

4. 计算机管理及监控调度系统

该系统不仅对信息流进行管理,同时也对物流进行管理和控制,集信息与物流于一体。同时,还对立体库所有出入库作业进行最佳分配及登录控制,并对数据进行统计分析,以便对物流实现宏观调控,最大限度地降低库存量及资金的占用,加速资金周转。

在日常存取活动中,尤其库外拣选作业,难免会出现产品存取差错,因而必须定期进行盘库。盘库处理通过对每种产品的实际清点来核实库存产品数据的准确性,并及时修正储存账目,达到账、物统一。盘库期间堆垛机将不做其他类型的作业。在操作时,即对某一巷道的堆垛机发出完全盘库指令,堆垛机按顺序将本巷道内的货物逐次运送到巷道外,产品不下堆垛机,待得到回库的命令后,再将本盘货物送回原位并取出下一盘产品,依此类推,直到本巷道所有托盘产品全部盘点完毕,或接收到管理系统下达的盘库暂停的命令进入正常工作状态。若本巷道未盘库完毕便接收到盘库暂停命令,待接到新的指令后,继续完成盘库作业。

正泰集团公司高效的供应链、销售链大大降低了物资库存周期,提高了资金的周转速度,减少了物流成本和管理费用。自动化立体仓库作为现代化的物流设施,对提高该公司的仓储自动化水平无疑具有重要的作用。

(来源:物流搜索网,http://www.soo56.com/news/20150130/72494m1_0.html)

思考题:

1. 自动化立体仓库作为现代化的物流设施,对提高仓储自动化水平具有怎样重要的作用?
2. 正泰集团公司自动化立体仓库在公司物流系统中所占的位置是什么,功能如何?
3. 自动化立体仓库都有哪些设施?
4. 在日常存取活动中,怎样对立体库所有出入库作业进行最佳分配及登录控制?

第三节　仓库的选址与内部布局

仓库的选址是企业长远的、重大的决策,它影响企业物流系统的各个环节。仓库布局旨在解决如何合理地存储各种货物,使总的搬运成本最小化。科学的仓库布局能有效地指导货物的存放与搬运,减少货物损伤,加速货物周转流通,从而降低存储成本。仓库的选址决策和仓库内部的布局对于提高仓库的运营效益具有非常重要的意义。如何选择仓库的位置以及仓库内部的布局怎样设计才能使物流的各环节的作业协调完美,使企业获得最大的利益,是物流决策中的最主要问题之一。

一、仓库选址的影响因素

影响仓库选址的因素有很多,根据其与成本的关系,可划分为成本因素和非成本因素两种。顾名思义成本因素即是与成本直接有关的、可以用货币单位度量的因素,非成本因素主要是指与成本无直接的关系,但能够影响成本和企业未来发展的因素。常见的成本因素和非成本因素如表8-3所示。

影响仓库选址的成本因素与非成本因素　　表8-3

成本因素	非成本因素	成本因素	非成本因素
运输成本	社区环境	利率、税率、保险	当地政府政策法规
原材料供应	政治稳定性	建筑成本和土地成本	扩展机会
动力和能源供应成本	当地文化风俗	各类服务和保养服务	当地竞争者
劳工成本	气候与地理条件	……	……

1. 主要成本因素

(1)运输成本。对物流配送企业来说,运输成本在总的物流费用中占的比重较大。运输距离的远近,运输环节的多少和运输方式的不同都会对运输成本产生直接的影响。通过合理

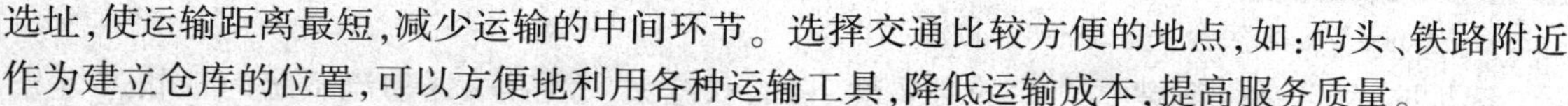

选址，使运输距离最短，减少运输的中间环节。选择交通比较方便的地点，如：码头、铁路附近作为建立仓库的位置，可以方便地利用各种运输工具，降低运输成本，提高服务质量。

(2)原材料供应。企业对原材料供应的要求都比较严格，将仓库位置选在所需的原材料供应地附近，不仅能保证原材料的安全供应，而且还能减少运输费用。虽然科学技术的进步和信息网络的利用使得运输条件得到了明显的改善，也在一定程度上减弱了企业对原材料供应地的要求，尽管如此，大多数企业从整体考虑还是希望将仓库选在原材料产地的附近。

(3)劳工成本。无论是手工密集型的仓库作业，还是技术密集型仓库作业，都需要一定素质的人才，地区不同，劳动力的供应数量和质量，劳动力的生产效率，工人的工资水平都不同，这些也应该作为仓库选址的条件。

(4)建筑成本和土地成本。不同的仓库选址方案，对土地的征用，建筑要求都是不同的，从而可能导致总成本的不同，因此，在仓库选址时也要考虑到这些方面的影响。

2. 非成本因素

(1)社区环境。仓库选址应当考虑市场营销的要求，对于从事物流服务的企业来讲，更应该重视仓库的周边环境，顾客分布情况、人们的消费水平、购买能力等都直接影响仓库的选址。

(2)气候与地理条件。对于受气候地理条件影响较大的行业，在选择仓库的位置时，尤其要注意气候、地理条件产生的影响。如：仓库的选址应尽量避开地震、火山等爆发地；潮湿多雨的地方不宜建存储棉纺、木质材料的仓库。

(3)当地政府的政策法规。在进行仓库选址时，还要充分考虑当地政府的政策法规，有的地方的政策可以为仓库的选址提供很多优惠条件。

二、仓库的选址原则

仓库的选址过程应同时遵守适应性原则、协调性原则、经济性原则和战略性原则。

1. 适应性原则

仓库的选址须与国家、省市的经济发展方针、政策相适应，与我国物流资源分布和需求分布相适应，与国民经济和社会发展相适应。

2. 协调性原则

仓库的选址应当将国家的物流网络作为一个大系统来考虑，使仓库的设施设备，在地域分布、物流作业生产力、技术水平等方面互相协调。

3. 经济性原则

仓库发展过程中，有关选址的费用，主要包括建设费用及物流费用(经营费用)两部分。仓库的选址定在市区、近郊区或远郊区，其未来物流活动辅助设施的建设规模及建设费用，以及运费等物流费用是不同的，选址时应以总费用最低作为仓库选址的经济性原则。

4. 战略性原则

仓库的选址，应具有战略眼光。一是要考虑全局，二是要考虑长远。局部要服从全局，目前利益要服从长远利益，既要考虑目前的实际需要，又要考虑日后发展的可能。

三、仓库选址的程序和步骤

仓库选址具体来说可分为以下几个步骤：

1. 选址约束条件分析

选址时,首先要明确建立仓库的必要性、目的和意义。然后根据物流系统的现状进行分析,制定物流系统的基本计划,确定所需要了解的基本条件,以便大大缩小选址的范围。

2. 搜集整理资料

选择地址的方法,一般是通过成本计算,也就是将运输费用、配送费用及物流设施费用模型化,根据约束条件就目标函数建立数学公式,从中寻求费用最小的方案。但是,采用这种选择寻求最优的选址解时,必须对业务量和生产成本进行正确的分析和判断。

3. 地址筛选

在对所取得的上述资料进行充分的整理和分析、考虑各种因素的影响并对需求进行预测后,就可以初步确定选址范围,即确定初始候选地点。

4. 定量分析

针对不同情况选用不同的模型进行计算,得出结果。

5. 结果评价

结合市场适应性、购置土地条件、服务质量等,对计算结果进行评价,看其是否具有现实意义及可行性。

6. 复查

分析其他影响因素对计算结果的相对影响程度,分别赋予它们一定的权重,采用加权法对计算结果进行复查。如果复查通过,则原计算结果为最终结果;如果复查发现原计算结果不适用,则重新进行定量分析、结果评价、复查和继续计算,直至得到最终结果为止。

7. 确定选址结果

在用加权法复查通过后,则计算结果即可作为最终的结果。但是所得解不一定为最优解,可能只是符合条件的满意解。

四、仓库的选址决策方法

仓库选址的决策方法有多种,国内外对仓库、配送中心的选址问题十分关注,从各种不同的角度和方法、技术,提出了许多相关的选址模型。从需求动态性角度可分为确定性选址模型和非确定性选址模型,其中非确定性选址模型又可分为随机规划模型和模糊规划模型。我们对仓库选址的评价主要看其是否与企业利益相符合,能否提高对顾客的服务水平,降低总成本费用。

1. Hoover 方法

Hoover 方法是由一位美国选址理论专家 Edgar M. Hoover 提出来的,这种方法被认为是最好的仓库选址方法。它将仓库选址划分为以市场定位、以制造定位和以快速配送定位等几类。

(1)以市场定位的仓库选址。以市场定位的仓库通常用来向客户提供库存补充。所以这种类型的仓库一般都选在靠近市场的地方,追求顾客服务水平的最大化,缩短将产品配送给顾客的时间。由市场定位仓库服务的市场区域的地理面积的大小取决于被要求的送货的速度、平均订货量,以及每发送单位的成本。以市场定位的仓库是由零售商、制造商与批发商运作的。他们共同存在并向客户提供库存补充。

以市场定位的仓库,通常用来作为从不同源地和不同供应商那里获取商品并集中装配商

品的地点。采用这种方法,主要考虑将产品从仓库运到最终市场的影响因素(产品运输成本、顾客订货时间、产品生产速度、本地化运输的可能性和顾客服务水平等)。

(2)以制造定位的仓库选址。以制造定位的仓库选址通常坐落在邻近生产工厂,以作为装配与集运被生产的物件的地点,这种类型的仓库存在的基本原因是便于向客户运输产品。物品从生产地转移到仓库,在从仓库运到客户手中。

以制造定位的仓库的优点在于它能跨越一个类别的全部产品而提供卓越的服务。如果一个制造商能够以单一的订货单集运的费率将所有销售的商品结合在一起,就能产生竞争差别优势。

(3)以快速配送定位的仓库选址。这种方法确定的仓库主要强调配送的速度,在最终的客户与生产厂商之间进行适当的权衡,从而选择仓库的位置。以快速配送定位的仓库选址综合了上面两种选址方法的优点,快速的配送运输大大地提高了顾客的服务水平,增强了原材料的即时供给能力和产成品的及时配送分销,缩短了产品投入市场的时间。它主要考虑运输能力和运输成本、运输路线的选择及运输配送数量的合理分配等因素。

2. WSMP 选址分析

WSMP(仓库策略管理规划)选址分析是在第三方物流企业的仓库战略计划的基础上对其配送网络、设备需求及顾客服务进行分析,对企业的需求进行宏微观分析再通过已定的方式鉴定、衡量和评估各项标准,科学、合理、系统地让企业了解仓库拓展或网络节点整合优化的目标和标准,筛选出选址备选地址,节省了选址的成本和时间;对模型定量和定性化求解后的较优选址组合方案进行检验复查,保证选址最终方案满足企业物流网络建设战略需求。

WSMP 选址分析步骤如下:步骤 1:从费用、吞吐量、仓储需求、备用仓储、资源利用情况发现现行操作中的问题,确定一个可以用来衡量建议的标准。步骤 2:以未来三年或五年为期,通过该期间的运营费用、吞吐量、仓储需求、备用仓储、资源利用等预测确定仓库的需求。步骤 3:从顾客满意度、配套设施、操作方法等的效率找出现行仓库运作中存在的薄弱环节。步骤 4:探寻其他的仓库规划方案。步骤 5:从税后成本、投资回报评估这些仓库规划方案。步骤 6:筛选并具体化推荐选址备选地址。步骤 7:更新 WSMP,对模型定量和定性化求解后的较优选址组合方案再进行以上几个步骤的 WSMP 检验。

以上各步骤可归纳为圈定地理位置、建立评判标准、广泛搜集资料、综合全面评估四部分。通过初步的 WSMP 分析明确企业选址的各种约束条件,搜集选址相关资料对各地址进行筛选,选出仓库选址的备选地,再对各备选地进行成本和层次分析,参见图 8-4。

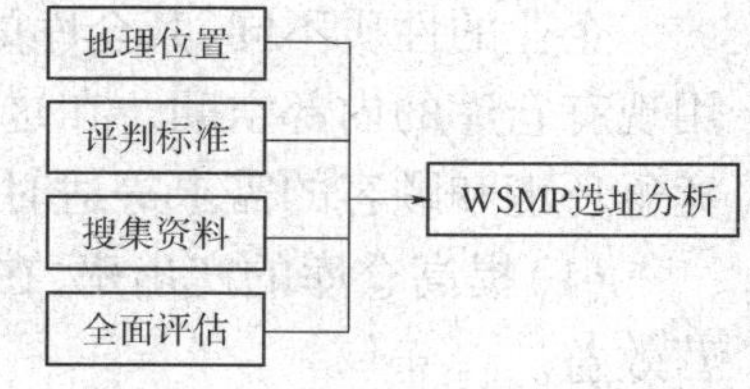

图 8-4 WSMP 分析模型

3. 其他方法

(1)利润水平最大化原则。任何企业存在的最终目的都是为了追求最大的利润。仓库的选址也可以从追求最大利润来考虑。美国选址专家 Melvin Greenhut 将仓库的选址决策工作推进到一个新的层次,他认为,应该将影响选址决策的所有因素(包括外部环境因素和企业内部因素等)都加以综合考虑和评价,分析各项选址决策所能带来的潜在利益,从而在利润最大化的基础上,进行仓库的选址决策。

(2)运输成本最小化原则。德国农业学家 Johan Heinrich von Thunen 提出了以成本最小化为目标的仓库选址决策,即在进行农产品的仓库选址决策时,他认为运输成本的最小化能够使农民的利益达到最大。von Thunen 的选址模型是在假定农产品的销售价格和生产成本在各个不同的市场上都相等的前提下建立的。这样农民的利润就等于农产品的销售价格减去农产品的生产成本和运输成本,因而最优的选址策略就是使运输成本达到最小。

另一个德国的经济学家 Alfrd Weber,也提出了一个基于运输成本最小化的选址模型。根据 Weber 的观点,最优的选址策略就是使总的运输成本达到最小,即从原材料的运输开始到产成品运输到市场进行销售这一过程中发生的所有运输费用,为了进行深入的分析,Weber 根据原材料对运输成本的影响程度,从原材料的可获程度和原材料的特征两方面来考虑。

原材料的可获程度包括原材料的产地、当地的运输和原材料的质量等内容,它是生产制造类厂商在进行仓库选址决策时优先考虑的因素之一。原材料的特征主要是考虑在进行运输时是否会发生原材料的变质或减量等问题,从而决定是否在靠近原材料的地方选址。如果在原材料的移动过程中不会发生上述问题,厂商则应该在原材料产地、销售市场和产成品制造工厂三者之间进行权衡,最终做出合理的决策。

具体选址方法,目前使用较普遍的是 AHP(层次分析)法。该方法通过权重比较,寻找相对最佳方案。这种最佳方案是基于企业的仓库战略计划对企业的配送网络、设备需求及顾客服务进行分析的基础上,是对商流、资金流和信息流进行科学计算的结果。AHP 法是一种将定性分析和定量分析相结合的多目标决策分析方法,比建立复杂的数学模型简单,求解方便,适应性强,在企业仓储管理中,可使决策过程快速、客观、准确。

五、仓库内部布局

合理布置仓库,一方面可以提高仓库平面和空间利用率;另一方面可以提高物料的保管质量,方便进出库作业。此举有利于在库存物的处置成本和仓库空间二者之间寻找最优平衡,从而降低物料的仓储成本。

1. 仓库布局能带来的优势

企业的性质不同,其仓库的内部布局和设计也是不一样的,但仓库布局的原则都是充分利用现有仓库的内部空间。在这一原则的指导下,根据存储产品的特点、公司的财务状况、市场竞争环境和顾客的需求等适时改变仓库的布局。一般良好的仓库布局能带来如下的好处:

(1)提高仓库的产出率,在现有的仓库设备、管理人员和仓库大小的情况下获得最大的经营效益。

(2)减少物料搬运费用、保管费用、仓库工作人员、设备维修费用等,使仓库的成本费用最小。

(3)加速物资运输速度,提高物资保管的安全性,从而提高顾客服务水平,增加顾客满意度。

(4)便于管理人员进行仓库的作业管理,提高仓库内存储物资的流动速度,减少不必要的搬运和运输环节。

(5)良好的仓库布局还能给仓库管理人员提供良好的工作环境。

2. 仓库布局

仓库的布局涉及生产、流通各个方面的物流效率和效益，需要统筹考虑，以避免不合理的运输、重复建设等问题。

(1)存储区的设计。存储区的布局会直接影响仓库货物的周转率，仓储的货位可以又高又深，堆码高度可达天花板或者在货物能稳定堆放所允许的范围内。货位间的通道可能会很窄。这种形式的布局假定对仓储孔径的充分利用可以补偿货物运进、运出存储区需要额外花费的时间，而且还有盈余。

然而，随着存货周转率的提高，这种布局形式越来越不令人满意，现在存储区的设计趋向于通道变宽，堆码高度降低，这样可以缩短摆放和提取货物所需的时间。

(2)拣货区的设计。由于仓库通常的货流模式是：入库的货物单位大于出库的货物单位，因此，拣货问题就成为仓库布局的主要决定因素。履行订单所需要的时间与收货和存储货物所需要花费的时间不成比例。最简单的拣货区布局就是利用现有的存储区域(称为区域系统)，只是在必要时对堆码高度、相对于出库站台的存货位置、货位的尺寸加以调节以提高效率。如果仓库的货物周转率高，且订单履行时需要拆装，那么使用存储货位既要满足存储要求，又要满足拣货需要，可能会导致物料搬运成本过高，仓库利用率低。

另一种布局方案是根据存储货位在仓库里的主要功能来进行设置，称为改良的区域系统。设计中指定仓库的某些区域系统为仓储区，围绕存货的需要和充分利用仓容量来设计；指定另一些区域系统为拣货区，围绕拣货需要和尽量减少订单履行中的移动时间来设计。存储货位用于半永久性货物的储存。如果拣货区的货物减少，就用存储区的存货来补足。但大件、散装货物除外，这些货物仍然在存储区拣选，所有层组装运的货物都要在拣货区拆散。拣货货位要比存储货位小，通常只有两个托盘深，或者货架大小只有储藏区存储货架的一半。拣货区堆码的高度以人工方便为限。

(3)货物存储布局。随机库位存储和固定库位存储是进行仓库货物放置和管理的两种方式。

①随机库位存储。随机库位存储是将要存储的货物放置在最接近的自动货机、箱子和货架上，通常，这些货物的入库和出库管理是以"先进先出"的原则为基础的。这种货物存储方式可以充分利用仓库的空间。但有时会延长搬运时间。随机库位存储经常利用计算机的自动存储系统来减少花费的人力资源和运输成本。

②固定库位存储。运用固定库位存储方式来存储货物，通常货物被储存在仓库的一个固定位置，仓库管理员通过简单的人工操作和记忆就能准确地知道某种货物所在的位置，因而这种方法一般不需要非常先进的仓库处理设备。目前，经常采用三种措施来支持固定库位存储，即存储货物的代码编号顺序，存储货物的使用频率和存储货物的入库和出库特点。

直觉方法能为货物布局问题提供有力的指导原则，从直觉来看，布局是根据四条标准来进行的，即互补性、相容性、流动性和货物规格。互补性是指将经常一起订购的物品放置在相互接近的位置，如钢笔和铅笔，牙膏和牙刷等。相容性是指有关物品相邻放置的可行性。橡胶和食品就不相容，不能放置在一起。根据流动性进行货物的布局是考虑到仓库里的货物具有不同的周转率。如果一个货位的出货量小于货位的存货供应量，就要将流转较快的货物放置在靠近出货点或出货等待区的位置，将流转较慢的货物置于其后，可以使搬运成本最小化。这一原则建立的假设条件是满足一定的货物需求,需要进行多次货物搬运,每次拣货过程,尽可能使用最短的运输路线。按流动性进行货物的布局忽视了储存货物的规格,没有考虑到可能会有更多体积更小的货物可以放置在靠近出货点或出或等待区的位置。这表明如果根据货物的规格进行布局也可能实现搬运成本的最小化。将较小的货物放置在靠近出货点的地方,可以使物料搬运成本比根据流动性布局的成本更少。按流动性进行布局和按货物规格进行布局都忽视了堆放的重要性,Heskett 将这两种特性综合成了一个体积—订单指数。该指数是储存货物所需的平均空间与该货物的如平均订单数量的比值。体积—订单指数值低的货物尽可能放置在靠近出货点的位置。用体积—订单指数来指导仓库空间的布局可以是最大数量的存货尽可能移动最短的距离。目前,已经有越来越多的仓库布局应用了这种方法。

仓库选址决策和仓库的布局是一项非常重要的工作,它涉及到仓库大小、库址选择、内部布局以及仓库管理等多方面的内容,近年来,计算机技术和通信网络技术在仓库管理过程中扮演着越来越重要的角色,随着网络经济和电子商务时代的到来,全球化经营的趋势已日益明显,企业都将面临全球仓库选址和仓库内部布局的决策问题。

案例 8-2 青岛啤酒集团现代仓储管理

1998 年第一季度,青岛啤酒集团以"新鲜度管理"为中心的物流管理系统开始启动,当时青岛啤酒的产量不过 30 多万吨,但库存就高达 3 万吨,限产处理积压,按市场需求组织生产成为当时的主要任务。青岛啤酒集团将"让青岛人民喝上当周酒,让全国人民喝上当月酒"作为目标,先后派出两批业务骨干到国外考察、学习,提出了优化产成品物流通渠道的具体做法和规划方案。这项以消费者为中心,以市场为导向,以实现"新鲜度管理"为载体,以提高供应链运行效率为目标的物流管理改革,建立起了集团与各销售点物流、信息流和资金流全部由计算机网络管理的智能化配送体系。

青岛啤酒集团首先成立了仓储调度中心,对全国市场区域的仓储活动进行重新规划,对产品的仓储、转库进行实行统一管理和控制。由提供单一的仓储服务,到对产成品的市场区域分部、流通时间等全面的调整、平衡和控制,仓储调度成为销售过程中降低成本、增加效益的重要一环。以原运输公司为基础,青岛啤酒集团注册成立具有独立法人资格的物流有限公司,引进现代物流理念和技术,并完全按照市场机制运作。作为提供运输服务的"卖方",物流公司能够确保按规定要求,以最短的时间、最少的环节和最经济的运送方式,将产品送至目的地。

同时,青岛啤酒集团应用建立在 INTERNET 信息传输基础上的 ERP 系统,筹建了青岛啤酒技术中心,将物流、信息流、资金流全面统一在计算机网络的智能化管理之下,建立起各分公司与总公司之间的快速信息通道,及时掌握各地最新的市场库存、货物和资金流动情况,为制定市场策略提供准确的依据,并且简化了业务运行程序,提高了销售系统动作效率,增强了企业的应变能力。同时青岛啤酒集团还对运输仓储过程中的各个环节进行了重新整合、优化,以减少运输周转次数,压缩库存、缩短产品仓储和周转时间等。具体做法如:

根据客户订单,产品从生产厂直接运往港、站;省内订货从生产厂直接运到客户仓库。仅此一项,每箱的成本就下降了 0.5 元。同时对仓储的存量作了科学的界定,并规定了上限和下限,上限为 1.2 万吨。低于下限发出要货指令,高于上限下再安排生产,这样使仓储成为生产调度的“平衡器”,从根本上改变了淡季库存积压,旺季市场断档的尴尬局面,满足了市场对新鲜度的需求。

目前,青岛啤酒集团仓库面积由 7 万多平方米下降到 29260 平方米,产成品库存量平均降到 6000 吨。这个产品物流体实现了环环相扣,销售部门根据各地销售网络的要货计划和市场预测,制定销售计划;仓储部门根据销售计划和库存及时向生产企业传递要货信息;生产厂有针对性地组织生产,物流公司则及时地调度运力,确保交货质量和交货期。同时销售代理商在有了稳定的货源供应后,可以从人、财、物等方面进一步降低销售成本,增加效益。

经过 1 年多的运转青岛啤酒物流网已取得了阶段性成果。首先是市场销售的产品新鲜度提高,青岛及山东市场的消费者可以喝上当天酒、当周酒;省外市场的东北、广东及沿海城市的消费者,可以喝上当周酒、当月酒。其次是产成品周转速度加快,库存下降使资金占用下降了 3500 多万元;再是仓储面积降低,仓储费用下降 187 万元,市内周转运输费降低了 189.6 元。现代物流管理体系的建立,使青岛啤酒集团的整体营销水平和市场竞争能力大大提高,1999 年,青岛啤酒产销量达到 107 万吨,再登国内榜首。其建立的信息网络系统还具有较强的扩展性,为企业在拥有完善的物流配送体系和成熟的市场供求关系时开展电子商务准备了必要的条件。

(来源:豆丁网,http://www.docin.com/p-285840241.html)

思考题:

1. 青岛啤酒集团是怎样对全国市场区域的仓储活动进行重新规划与整合的?
2. 对产品的仓储、转库进行实行统一管理和控制是现代物流的要求吗?
3. 青岛啤酒集团是怎样对由提供单一的仓储服务,到对产成品的市场区域分部、流通时间等全面的调整、平衡和控制的?

第四节 物料搬运

一、物料搬运的定义

一般对物料搬运的定义是根据美国物料搬运协会(MHI)所提出的解释给出的,即“物料搬运是指在企业某特定范围内,借助机械来移动大量包装的固态或非固态产品的所有基本作业”。对该定义可以从以下几个方面加以补充:

(1)MHI 的定义所指的“企业某特定范围内”除包含厂房内部的搬运与移动外,也应包含厂房外部的运输配送功能。

(2)物料搬运包含水平和垂直两个方向的移动,即涵盖了商品的载货卸货的全部动作。

(3)应突出搬运设备的重要性,因为选择合适的物料搬运设备不仅可大幅提高作业效率、降低操作的复杂度,而且可降低设备成本。因此,设计者对物料搬运系统设备的选择,除了参考设备厂商所提供的资料,自身也需了解各种各样的设备信息。

(4)物料搬运如能以大量或单元负载的方式移动,将较符合经济及作业效益,但必须与机械设备相配合才能达到此目的。一般企业不愿购买机械设备,而宁愿以人力连续搬运,这样不但缺乏效率,而且在人工成本较高的地区也是不经济的。

二、物料搬运系统的形式

物料搬运系统可分为机械化系统、半自动化系统、自动化系统和信息引导系统等多种形式。在机械化系统中,人员和机械结合在一起,方便货物进出仓库和存库作业。一般来说,使用机械化系统搬运的人工成本占总成本的比重较高。与机械化系统相比,自动化系统通过对自动化设备的投资而最大限度地减少人员数量。自动化搬运系统可以满足基本的搬运需要。如果分拣、搬运作业使用自动化设备而其余的搬运使用机械化设备,这样的系统就属于半自动化系统。信息引导系统是使用计算机在最大范围内控制机械化搬运设备。

1. 机械化系统

机械化系统所利用的搬运设备范围很广。最常用的有叉车、步行码垛车、拖缆、牵引车挂车、输送机以及回转货架。

(1)叉车。叉车可进行水平和垂直堆码。叉车的类型很多,高垛叉车可以垂直升降移动至垛高40英尺、从事从侧面叉取无货板承载货物的操作。近年来,由于仓库希望提高堆垛密度和总库存容量,出现了越来越多的能在窄通道内操作的叉车。由于搬运一单元货物的人工费比率太高,叉车不宜用于长距离运输。因此叉车一般用于货物的进出仓库,以及将货物堆高。

(2)步行码垛车。步行码垛车为一般的物料搬运提供了低成本和有效的方法。该车主要用于卸车、拣选、集货以及仓库中长距离的反复搬运。

(3)拖缆。拖缆是指设置于地面或悬吊安装的与四轮拖车配套使用的一种牵引设备。其主要优点是可以连续工作,但灵活性不够。拖缆主要用于仓库内拣选货物。

(4)牵引车挂车。牵引车挂车是指一个牵引车托带几个四轮的挂车,挂车上可承载几组托盘货。牵引车挂车也视为拣选货物服务的。其主要优点是灵活性强,缺点是需要大量的人员参与,而且闲置的时间较多,不经济。

(5)输送机。输送机被广泛用于货物进出仓库的作业中,还可以用来进行拣选货物。输送机按电力、重力、滚轴或皮带输送机进行分类。电力输送机要使用上下驱动链,灵活性差。重力输送机和滚轴或皮带输送机改进方便。

(6)回转货架。回转货架是通过用安装在椭圆形货垛上的料筒将所需货物传送给拣选设备。整个回转货架通过转动,将存储箱传送给操作人员。回转货架可以节省人员行走的距离和时间,从而可以降低拣选作业的人工劳动量。

2. 半自动化系统

半自动化系统是使用一些专门的自动化搬运设备对机械化系统进行补充的搬运系统。主要设备有无人搬运车系统、计算机分拣设备、机器人及活动货架。

(1)无人搬运车系统。无人搬运车系统与机械化系统中的牵引车挂车所起的作用基本相同。所不同的是,无人搬运车系统不需要操作人员的介入便可自动运行和定位。但是无人搬运车系统的工作要依赖光导和磁导系统。

(2)分拣。储存在仓库中的商品必须经过分拣到相应的出运区以供出运,使用自动分拣系统可以大大地减作业时间,提高分拣效率和准确率。但其要求备分拣的货物标有识别代码,以供扫描识别。

(3)搬运机器人。搬运机器人是一种有若干自由度,动作程序灵活可变,能任意定位,具有独立控制系统,能搬运装卸物件或操纵工具的自动化机械装置。在仓库中,机器人主要用于将货物分门别类并组成单位载荷。而且它还可以完成无法用人力完成的工作。如机器人可以在高噪声,高温的环境下来努力工作。

(4)活动货架。典型的活动货架包括滚轴输送机和活动货架。活动货架的设计一般都是从后部装运,工作时,输送机的后部升高,使后部高于前部。从而产生向前的重力,货架上的货物就可自动向前移动。活动货架是物料搬运系统设计中重力流运用的一个典型例子。

3. 自动化系统

随着计算机技术的进一步发展运用,物料搬运作业中自动化设备的应用也越来越广泛。自动化搬运系统不仅可以减少参加作业的人数,还在很大程度上提高了操作的速度和准确性。但是要实现自动化,就需要投入大量的资金进行新技术的开发和新设备的采购。目前自动化系统主要用于拣选和高层仓库的货物存取作业。

4. 信息引导系统

信息引导系统是一个全新的概念,它将自动化搬运控制与机械化系统的灵活性结合在一起,具有很好的发展前景。

信息引导系统运用了机械化搬运设备,多使用叉车。叉车的移动是通过计算机指导和监控的。作业时,所有的搬运移动都被输入计算机,由计算机来分析搬运需求和安排设备,这样可以确保有效的移动和减少空载。叉车移动由安装在叉车上的终端来安排,计算机与叉车之间的通信则利用射频波来完成。叉车上的天线和仓库高出的天线可以接收和发射射频。

信息引导系统在不需大量投资的情况下,就可获得自动化分拣的益处。但该系统的灵活性不够,工作安排的范围广度使系统知道工作复杂化,有可能降低绩效。

三、物料搬运系统的重要性

物料搬运作为仓储管理中的有机组成部分,在很大程度上还影响着仓库的生产能力。主要因为:

(1)物料搬运所需要的人工工时较多,容易导致企业整体的生产率的降低。由于物料搬运是一种高劳动密集型的劳动,因此,仓储物料搬运比生产制造活动更容易影响工时生产效率。

(2)虽然近年来,计算机技术得到了突飞猛进的发展,但物料搬运还是需要投入大量的人力,因此,无聊搬运的特性决定了它从日益完善的信息技术里获益的能力十分有限。

(3)物料搬运相比物流活动的其他缓解来说,还没有引起高层管理的足够重视。

在仓储系统中,物料搬运需要的人力最多,其中,最高的人力成本是在商品的分选和装卸中,因而降低劳动密集型程度并提高生产率就有赖于搬运技术的提高。

随着工业生产规模的扩大和自动化程度的提高,物料搬运费用在工业生产成本中所占比例越来越大。据统计,美国工业产品生产过程中装卸搬运费用占成本的20% ~30%,德国企业物料搬运费用占营业额的1/3,日本物料搬运费用占国民生产总值的10.73%。因此,提高物料运输和存放过程的自动化程度,对改进物流管理,提高产品质量、降低生产成本、缩短生产周期、加速资金周转和提高整体效益有重要的意义。

四、物料搬运的功能

仓储中物料搬运的目的是准确的按照顾客的要求将货物分类,仓储中的物料搬运活动归纳起来主要有三项:装卸、货物进出仓库和订单履行。

1. 装货与卸货

装货与卸货是物料搬运活动中所涉及的一系列工作中的最初和最后环节。货物在运到仓库后需要从运输工具上卸下来。在很多情况下,卸货和将货物搬到储存地点被看作是一次性操作。而在另一些情况下,它们又是不同的工序,卸货工作有时需要特殊设备来辅助完成。如:船舶在码头卸货要用吊具。即使卸货设备与将货物运到储存地点的设备相同,也可以将卸货视为单独的一项活动,因为货物很有可能在卸下来之后,运进仓库之前,需要进行分类整理、检验和分级。

装货与卸货类似,但在装货地点可能还要进行一些其他工作。如:对订单内容和订单的顺序作最后的检查等。

2. 货物进出仓库

在仓储设施的装货点和卸货点之间,货物可能要被移动多次。首先,要从卸货地点移至存储区,然后可能要运到拣货区补充库存等。搬运活动要利用现有的各种物料搬运设备来完成。

3. 订单履行

订单履行是指根据销售订单从存储区拣选货物。货物可直接在半永久性存储区或散货存储区或拣货区进行。订单履行是物料搬运活动中的关键部分,因为与物料搬运活动的其他部分相比,处理小批量订单是劳动密集型活动,所需的费用也较高。

五、物料搬运系统设计

无论是新设施的建设还是旧设施的改造,物料搬运系统设置都是其中极为关键的内容。一方面,良好的物料搬运系统设计可有效满足设施内的作业活动需求,同时在成本方面,物料搬运成本约占总作业成本的30% ~75%,而通过完善的物料搬运系统分析及设计可有效降低营运成本约15% ~30%。另一方面,物流作业活动从入库、保管、拣货、流通加工、出库、装载乃至厂外配送的所有流程,都与搬运作业有关,由此可见物料搬运系统的重要性。

1. 物料搬运系统设计应考虑的问题

在设计物料搬运系统时,应将其作为整个储存系统活动密不可分的一部分,考虑下面几个

问题：

(1)外部的物料搬运系统是否会限制系统的选择。例如,若仓库的供应商使用48×48英寸的托盘送货,那么要适应为32英寸×40英寸托盘设计得物料搬运系统,就需要对入库的货物进行重新托盘化,以免不适应搬运设备或低效率地使用储存空间。

(2)仓库设计是否会限制设备的选择。顶棚过低,建筑物层数过多,巷道狭窄,仓库内搬运距离过长等都将限制设备的使用。

(3)系统内货物的性质和规模对设备的选择影响很大。当仓库内货物吞吐量变化很大或产品组合的搬运特性经常变动时,人工搬运系统是最佳选择。因为人工搬运系统投资成本低,灵活性高,能适应外界环境的变化。如果仓库的货物吞吐量大而稳定,则使用半自动化搬运系统比较合理。

(4)货物的特性是系统选择的决定性因素。不同规格、重量和结构的各种货物组合会要求设备具有更高的灵活性或要求使用各种设备的组合以适应各种不同的货物特性。

2. 物料搬运系统设计目标

物料搬运成本在生产成本中占有很高比重,其影响也遍及所有的作业与设施规划,因此,物料搬运系统设计的主要目标为：

(1)降低物料搬运成本和存货量。

(2)增加物流的效率及确保适时适地的使用物料。

(3)改善设施使用率以增加生产力。

(4)提高安全性,减少盗窃遗失等现象发生的可能性。

3. 物料搬运系统合理选择的原则

物料搬运系统合理选择原则有11项：

(1)集装单元原则。把物件排列堆积起来,按一定重量和容积的标准把物件集中成一个整体单元或放置在托盘上进行整体搬运和存贮,以提高搬运效率。

(2)系统均衡原则。追求全系统的协调和整体作业的均衡,避免形成隘路,以发挥出最高作业效率。

(3)利用重力原则。搬运物料必须尽可能利用重力,这是降低搬运成本最有效的方法。

(4)水平直线原则。直线搬运距离最短,要尽量减少引起不必要交叉、曲折和往复的拥挤混杂的搬运路线。

(5)减少空载原则。尽量减少人员和设备的空载运输和减少作业点上的物料贮存。

(6)利用空间原则。要充分利用现有的场地,不但要利用好平面,还要重视立体空间的利用。

(7)流动作业原则。物料在流动的同时,又进行各种加工、装配、检验和包装等一些辅助作业,以提高效率。

(8)灵活柔性原则。物料搬运系统可随工艺流程的调整而比较方便快捷地改变和扩充,以提高适应性。

(9)系统安全原则。作业中确保人的安全和搬运物件的安全,尽量做到人流、车流和物流分道运行。

(10)自动化原则。在投资允许的情况下,尽量提高物料搬运系统的自动化程度,减轻工

人的体力强度,提高作业质量。

(11)标准化原则。将装卸、搬运和贮存作业统一化。应使运件的外形尺寸标准化。尽可能采用标准的设备、器具和设施,降低成本,提高利用率,也便于使用、维护和管理。

4. 物料搬运系统设计的步骤

设计物料搬运系统要考虑包括搬运设备的选择、单元负载的选择、设备的指派和搬运路径的决定等,综合归纳的物料搬运方程式为:商品 + 移动 = 方法。商品方面的考虑包括形态、规格、外形、数量及质量。移动方面的考虑包括起点及终点、移动距离、移动频率及移动时间,而搬运方法则取决于从商品方面和移动方面所获得的资料分析,以及与之密切相关的单元负载及设备的要求。在此基础上,物料搬运系统设计步骤如下:

(1)确定物料搬运系统预期功能:物料搬运设计的主旨是串联不同作业模组,有效完成输送活动。因此,设计者需对设施作业系统的形态如主要作业活动、作业流程、系统产出率、最大可能等候时间等进行深入研究,避免输送延迟造成人员或物料的等候。

(2)收集有关商品特性和数量资料:相关的数量资料可汇总成表并进行相关分析。

(3)确认移动的起点与终点及其路径和长度。

(4)决定基本搬运系统的使用:根据配送中心的类型、规模、特性等对机械化程度以及使用何种设备进行最适合的选择。

(5)进行具体设备及备选设备选择:主要考虑成本、利用率以及是否适应商品的特性等因素。

(6)进行单元负载系统选择:配合商品及设备特性选择一组适合的单元负载系统。

上述设计步骤需要重复多次,直至物料搬运相关因素之间的相容性得到确实的保证。

六、如何提高物料搬运效率

物料搬运的目标是以成本为中心的,也就是降低搬运成本,提高仓库利用率。在这个目标的驱动下,提高物料搬运的效率就显得尤其重要。物料搬运效率的改善主要与成组化装运、仓库的布局、存储设备的选择以及搬运设备的选择四个因素有关。

1. 成组化装运

物料搬运必须遵循的一个基本原则是:物料搬运的经济程度与货物的规模直接成正比。也即货物的规模越大,存储一定量的货物所需的搬运次数就越少,运作就越经济。搬运次数直接关系到搬运货物所需的工时,也关系到物料搬运的设备的使用时间。将多个小件包装的货物组合成单件大包装的货物进行搬运,可以节省搬运时间,提高搬运效率。这就是成组化搬运,其主要形式是托盘化和集装箱化。

(1)托盘化。托盘是一个可移动的平台,其制作材料通常是木板或瓦楞纸板,货物在运输或储存时可以堆码在托盘上。托盘化有利于使用标准化机械化的物料搬运设备来搬运各种货物。托盘化还可以促进成组化装运,提高每工时物料搬运的重量和数量。而且,采用托盘,货物在仓库内可堆码得更高,更稳固,从而提高了仓库的利用率。

托盘的规格有很多种,且仅能堆放包装尺寸相同的货物,因此,企业在选择托盘的规格时应考虑企业自身物料搬运系统的一致性,还要考虑该规格是否与须处理货物的其他企业或机构的物料搬运系统是否一致。实际应用中,企业应选择尽可能大的托盘,以便减少所需的托盘量和搬运次数。

托盘的使用增加了物料搬运系统的成本项目,因此,托盘的使用必须以实现成本节约为原则。

(2)集装箱化。集装箱是实现成组化装运、协调物料搬运系统的理想工具,它可以对不同尺寸、规格、重量的货物进行标准化运输,其水密性好,安全性高,还便于实现全球流通和不同运输方式的多式联运。

但是集装箱的成本很高,它通常用于国际运输,作为常规的物料搬运设备,必须也要以实现节约成本为前提。

2. 仓库布局

仓库内存货的位置会直接影响到仓库内移动的所有货物的中物料搬运费用。因此仓库的设计必须要考虑到节约物料搬运费用,具体的仓库设计原则和方法我们在本章的前面各节已经做了详细的介绍,这里就不重复了。

3. 选择存储设备

存储和物料搬运必须协调考虑。从某种角度来说,存储仅仅是物料流动经过仓库时的暂时停留。存储有利于促进仓库容量的充分利用,提高物料搬运的效率。

货架是最重要的存储辅助设备。利用货架能从底层到顶层进行堆码,还有助于在先进先出的库存控制系统中促进存货的周转。

其他的存储辅助设施还有:货架箱、储藏箱、U 形架等。

4. 搬运设备的选择

仓库中用于搬运的设备很多,要完成一项搬运活动,一般都要将几种设备结合起来使用,这就需要根据具体的搬运要求进行搬运设备的选择和组合。

专栏 8-1 2014—2020 年仓储业发展方向

2014 年 10 月 4 日国务院印发《物流业发展中长期规划》,提出了仓储业发展方向:一是加快现代化立体仓库建设,加快资源型产品物流集散中心建设,加快重要商品仓储设施建设;二是在大中城市和制造业基地周边加强现代化配送中心规划;三是鼓励仓储等传统物流企业向上下游延伸服务;四是引导传统仓储等企业采用现代物流管理理念和技术装备,提高服务能力;五是鼓励传统仓储等企业向供应链上下游延伸服务,建设第三方供应链管理平台;六是支持建设与制造业企业紧密配套、有效衔接的仓储配送设施和物流信息平台;七是鼓励采用节能型绿色仓储设施,推广集装单元化技术;八是建立全国托盘共用体系,支持仓储、转运、停靠和卸货站点等设施的标准化建设和改造;九是构建电子商务物流服务平台和配送网络,建成一批区域性仓储配送基地;十是重点推进仓储等物流标准的制定修订工作;十一是加强应急仓储、中转、配送设施建设;十二是抓紧研究制定仓储管理等相关法律法规或部门规章。

来源:《物流业发展中长期规划(2014—2020 年)》(国发〔2014〕42 号)

案例 8-3　美的仓储管理

1. 企业简介

美的集团创业于1968年,是一家以家电制造业为主的大型综合性企业集团,旗下拥有美的电器(SZ000527)、小天鹅(SZ000418)、威灵控股(HK00382)等三家上市公司。1980年,美的正式进入家电业,1981年注册美的品牌。目前,美的集团有员工15万人,旗下拥有美的、小天鹅、威灵、华凌、安得、正力精工等十余个品牌。集团在国内建有广东顺德、广州、中山及江门;安徽合肥及芜湖;湖北武汉及荆州;江苏无锡、淮安、苏州及常州;重庆、山西临汾、江西贵溪、河北邯郸等16个生产基地,辐射华南、华东、华中、西南、华北五大区域;在越南、白俄罗斯、埃及、巴西、阿根廷、印度等6个国家建有生产基地。主要家电产品有家用空调、商用空调、大型中央空调、冰箱、洗衣机、微波炉、风扇、洗碗机、电磁炉、电饭煲、电压力锅、豆浆机、饮水机、热水器、空气能热水机、吸尘器、取暖器、电水壶、烤箱、抽油烟机、净水设备、空气清新机、加湿器、灶具、消毒柜、整体家居、照明等家电产品和空调压缩机、冰箱压缩机、电机、磁控管、变压器等家电配件产品。目前,企业拥有中国最完整的空调产业链、冰箱产业链、洗衣机产业链、微波炉产业链和洗碗机产业链;拥有中国最完整的小家电产品群和厨房家电产品群;在全球设有60多个海外分支机构,产品远销200多个国家和地区。

2. 美的仓储中存在的问题

美的仓储中存在的问题主要有:

(1)过去现场货物管理混乱、旺季收发货效率低,没法达到提高仓储管理质量和效率。

(2)无法满足精确化货位管理新的管理要求,即产品放在哪个货位上,及这个货位上的收发货顺序问题。

(3)无法保证库存的准确性及发货的准时性,客户抱怨较大。

(4)不能准确知道货物的库龄情况,有货物积压很久的情况。

(5)仓库的收发货作业方式落后,信息处理速度慢,信息价值得不到充分体现。

(6)物流功能区不足,仓库既是物料仓也是配套仓,线前没有合理的物料暂存区,回收物料也没有合理的存放区,没有理想的卸货区,致使厂内、厂外定置管理很难到位。

(7)周转箱、地台板等标准化、单元化程度低,卸货、搬运效率低。不能很好地满足生产和销售的需求。

在旺季时,还存在如下问题:

(1)旺季仓储资源严重缺乏。2005年生产量由2004年320万套增加至560万,增幅达到60%,仓储面积需求达9.2万平米,现有面积5.2万平米(含外租仓),缺口达4万平米;

备货性均衡生产,决定了战略物资、瓶颈物料、部分机型的紧缺物资在旺季期间的大量储备;

现有的仓储资源过于分散,仓库空间利用率低,仓储资源整合利用难度大。

(2)旺季物流设备资源配置不足。仓库和线体的布局造成大量物流配送作业在楼层间,东西区间、楼上楼下等多作业区进行。

电梯输送能力不足,造成大量的人和物料排队等待的浪费;用于堆高的堆高机没有配置,使得本可堆码的仓储笼储物方式不能实现;电瓶托盘叉车偏少影响了配送速度及搬运量。

新区厂房的建设,将大大增加物料三区(东西区、新区)搬运的作业量。

3. 美的仓储管理系统的建设

(1)建设目标:

①建立一套高度自动化、集成化的企业网络型仓储管理系统,实现对公司仓储网络资源的合理控制和有机管理,有效提高仓储工作效率和效益;

②与现有的销售系统进行无缝集成,使整体运作效率得到有效提高;

③实现对仓库的货位管理,有效地提高库存管理的准确性和发货及时性;

④为仓库的收、发货作业提供快速、准确的指导;

⑤保证仓库的整体运作水平,有效的满足生产和销售的需求;

⑥随时迅速的提供各类库存报表。

(2)美的仓储管理系统的建设方案。该系统基于 Internet 技术,在美的生活电器事业部实现了生活电器事业部仓库的全面管理,并顺利与美的电子股份有限公司的 Oracle 系统实现接口管理。目前美的电子所有的仓库数据管理和业务流程已经在 WMS 系统中实现。

①仓储面积缺口解决办法。顺德工厂老厂区:老厂区缺口 2.2 万平方米,需充分利用现有可调节资源(其他事业部搬迁空出厂房),建议由事业部协调利用可调节的资源;

新区:仓储需求面积为 2.7 万平方米,考虑设置物流作业区和功能区,同时考虑仓库集中设置面积利用率会提高,新基地仓库面积至少为 3 万平方米简易仓库;

②物流设备及周转容器具。物流设备选型配置仍遵循"最适合原则",适当提高物流作业机械化程度,主要考虑平衡重式柴油内燃叉车、电动托盘车和手动液压叉车;

容器增加:钣金容器、仓储笼、托盘和周转箱;

③电梯改造和扩能。引入 WMS 及条码系统软件,解决物料回厂情况、所处物流状态以及迅速配套。如在 ERP 系统基础上引进专业的仓储管理(WMS)软件功能,可实现对仓库的货位管理,有效地提高库存管理的准确性和发货及时性。保证仓库的整体运作水平,有效的满足生产和销售的需求。仓储管理软件(WMS)能够精确的管理到仓库的每个货位,每个产品的状态;按照需要的发货原则进行发货;为仓库的发货作业提供快速、准确的指导;并随时迅速的提供各类库存报表,如库存报表、库龄报表、收货变动表、发货变动表等,使客户随时掌握库存货物的状态和收货情况。

4. 目前美的仓储物流管理中采取的措施

(1)优化仓储网络,对全国的仓储网络进行重新定位。目前美的在芜湖和顺德有两个制造基地,分别辐射华东和华南两个主要家电市场。由于市场规模不断扩大,需要对仓储网络重新进行定位。目前,美的原来的 63 个仓库网点减少为一半。

(2)仓储网点过于分散到相对集中。由于需求源太多,层层上报往往导致数据的失真。集中仓储网点之后,相对集中的需求源就可以共用一个仓库。

(3)商流和物流分离以后,传统仓储中配送中心的职能也开始转化。

(4)配送重心职能的转化带来管理重心的转移,物流管理重心逐步下移。

(5)重点产品如空调,不论市场分析如何详细,始终会有偏差。只要备的是订单而不是存货,那么就不能把货放在制造基地上,也不能把货放在较远的地方。尤其在具有多批次少批量特点的家电行业,货要出去还要靠仓储和运输资源。

5. 美的仓储物流系统改进后的效益

改进后的仓储管理系统已经在美的生活电器事业部全面应用。从应用的效果上,在以下方面取得显著成效:

(1)入库跟踪:从货物下线开始一直到货物上架的整个过程进行跟踪。

(2)出库跟踪:从货物发货指令开始一直到货物拣配出库的整个过程进行跟踪。

(3)入库优化:按照实现配置好的指令进行自动入库上架配货,并进行入库过程的优化。

(4)出库优化:按照实现配置好的指令进行自动出库拣配,并进行出库过程的优化。

(5)库龄追踪:追踪货物的库龄,方便管理层进行决策分析。

(6)系统集成,数据及时自动:存储管理系统与 oracle 系统紧密集成,减少二次录入。

(7)实时管理控制:通过系统把仓库指令自动地传递到仓库,并可实时监控仓库的运作。

(8)信息透明:可以及时、准确和完整地获得整个参考运作的信息:也可把收发货指令及时和准确地传递给仓库。

(9)分析和决策:充分利用存货、收发货数据对市场和进行分析,存储绩效分析。

(来源:豆丁网,http://www.docin.com/p-639843087.html)

思考题:

1. 结合案例,分析我国企业的仓储中存在的问题有哪些?
2. 如何解决仓储存在的诸多问题?
3. 美的仓储管理系统的建设取得了哪些成效?

思考与练习

一、名词解释

1. 仓储
2. 物料搬运

二、简答题

1. 如何理解存储系统的功能?
2. 分析仓库设计的基本原理。
3. 阐述合理仓储的要素。

4. 说明仓储作业管理的主要内容。
5. 阐述常用物料搬运系统的形式及其优缺点。
6. 分析如何提高物料搬运效率。

三、讨论题

分析仓库选址的主要影响因素以及应如何合理进行仓库布局。

第九章　逆向物流管理与运作

引导案例　美国一大型连锁超市的开环逆向物流网络

美国一大型连锁超市对产品的退货一筹莫展，为存放退货向Genco公司租用库房。Genco是总部位于匹斯堡的一家配送系统公司，从事传统的仓储服务业，1990年成立逆向物流系统，企业的业务迅速扩大。Genco公司在为超市提供退货品仓储的过程中，开发出了能处理退货品的计算机系统。依靠该系统，可以降低退货品库存量，减少库存费用，并将退货品以较快的速度再次转化成商品。这样，既为厂家创造了利润，有为客户提供了方便。

对于任何一个企业来说，管理退货的能力对其成功是非常重要的。采取有效的回收过程，能获取巨大的利润。因为从客户退回产品的那一刻开始，一个新的循环开始了，包括劳动力成本、库存价值、仓库空间、供应商和客户的满意度。

Genco公司构建的商品退货逆向物流网络。

Genco公司与接受退货品的一方签订物流合同，即对于消费者返给零售商的退货，与零售商签约；对于零售商退回给供应商或上产厂家的退货，则供应商或生产商签订合同。

Genco公司拥有商品退货专用的综合设施——逆向物流中心，对来自零售店的大量退货，均实行计算机管理；另外，还负责处理来自一般消费者的退货。退货商品经逆向物流中心处理后，分流成4个渠道：

(1)返回到产品生产厂家；

(2)质量较好的退货品重新回到销售渠道；

(3)无偿捐献给志愿团体、慈善团体；

(4)进行最终废品处理，进入废品渠道。

据统计，返品厂家的退货约占退货品整体的80%，二次销售占10%~15%，捐献和废品处理各占5%。

Genco公司为超市构建的逆向物流网络，减轻零售店处理退货的压力，减少退货品的库存空间，减少了退货品的运输费用，能够详细掌握退货及退货处理结果等信息，提高退货商品的价值。通过这个逆向物流系统，超市退货处理量减少20%~30%，退货品数量减少50%，在零售商的退货处置时间缩短80%。

(来源：百度文库，http://wenku. baidu. com/link? url = uAZXdMlvbbccurYx1osPSquAQ4GQH-ewtRD2rJYoOeI7JipDcB0smxmlMshhWJwObQ7Ev_5HX6FdprK1dzuMgju1ZLS1lAx0YlP_LGsPcZ_)

问题

1. 逆向物流产生的意义是什么？

2. 逆向物流的运作流程是怎样的？

本章知识点

逆向物流是在整个产品生命周期中对产品和物资的完整的、有效的和高效的利用过程的协调。

本章介绍了逆向物流的内涵、分类、特点及其形成机理和发展现状，阐述了逆向物流的业务运作管理、网络规划与设计，重点分析了主要的逆向物流运作模式及其适用范围。

本章应重点掌握的内容：逆向物流的内涵和分类；逆向物流形成的机理和实施障碍；企业逆向物流业务运作的流程；不同逆向物流网络的特征；不同逆向物流运作模式的特征及适用范围。

第一节　逆向物流概述

一、逆向物流的概念

随着可持续发展的理念在世界范围内得到广泛的认同，社会对环保的日益关注，土地掩埋空间的日益减少和掩埋成本的增加，可利用的资源日益匮乏，企业追求利润最大化等使生产商对物料循环再利用，达到循环再生、物料增值和成本降低日益重视；各国政府尤其是欧美日等发达国家也相继出台一些法规对生产商的责任延伸做了强制规定。这就是20世纪80年代开始受到关注的逆向物流。

逆向物流概念最早是美国学者stock在1992年提交给美国物流管理协会的一份报告中提出的，报告所提到的逆向物流是指“包含了产品退回、物料替代、物品再利用、废弃处理、再处理、维修与再制造等流程的物流活动”。

美国物流管理协会对逆向物流的定义是“计划、实施和控制原料、半成品库存、产成品和相关信息，高效和成本经济地从消费点到起点的过程，从而得到回收价值和适当处置的目的”。

美国逆向物流执行协会(RLEC)认为，“逆向物流是商品从典型的销售终端向上一节点的流向过程，其目的在于补救商品的缺陷、回复商品价值，或对其实施正确处理”。其内容应涵盖①出于损坏、季节性、再储存、残次品、召回或者过渡库存等原因而处理的回流商品；②再循环利用的包装原料和容器；③修复、改造和重新磨光的产品；④处理废气装备；⑤处理危险物料；⑥回复价值。

欧洲逆向物流管理协会认为，逆向物流有广义和狭义之分。广义的逆向物流是指与物料再利用、节约资源和保护环境有关的一切经济活动；狭义的逆向物流是指通过不同的回收模式将生产和销售的产品进行回收和处理的过程。

2001年的中华人民共和国(GB/T 18354—2001)《物流术语》中将逆向物流分为回收物流和废弃物物流。回收物流是指不合格物品的返修、退货以及周转使用的包装容器，从需求方返回到供应方所形成的物品实体流动；废弃物物流是指将经济活动中失去原有使用价值的物品，根据实际需要进行收集、分类、加工、包装、搬运、储存，并分送到专门处理场所时所形成的物品实体流动。

以上对逆向物流含义的表述虽有不同,但共同之处是指产品从消费地(包括产品的最终使用者和供应链上客户)到产品生产地的物理性流动,但同时伴随着信息流、现金流、价值流、商务流。

二、逆向物流的分类及特点

1. 按照回收物品的渠道来分

按照回收物品的特点可分为退货逆向物流和回收逆向物流两部分。退货逆向物流是指下游顾客将不符合订单要求的产品退回给上游供应商,其流程与常规产品流向正好相反。回收逆向物流是指将最终顾客所持有的废旧物品回收到供应链上各节点企业。

2. 按成因、途径和处置方式及其产业形态来分

按成因、途径和处置方式的不同,根据不同,逆向物流被学者们区分为商业回流、终端回流、维修回流、包装回流和生产回流等五大类别。

(1)商业回流。供应链下游成员,如批发商、零售商等,由于产品质量问题、运输过程中的残损或产品库存积压等原因,将使用时间不长或未使用的商品退回到供应链的上游节点,由此产生的逆向物流属于商业回流。

零售商停售产品:零售商停售某种在质量、规格上完全没有缺陷,只是零售商由于某种原因(如季节性商品过季)决定停止销售从某一供应商处购进的商品。

零售商库存过量:由于零售商过高估计某一产品的市场需求而产生了过量的库存,此类产品质量完好,仍然可以再出售。销售退货。

退货:零售商销售的产品,在一定售后服务期限内被顾客退回,此时,零售商可以选择自己处理此类退货产品,或选择返回给制造商。

运输损毁:产品在运输过程中,由于碰撞、积压等影响产品正常销售,此类产品退回给上一级供应商处理。

销售模式的改变:零售商由原来的销售模式购销改为代销,由于产品过季、滞销等原因,零售商都可以将产品退回到生产商。

(2)终端回流。所有从终端用户回流处理的产品,如电子设备的再生产、地毯循环、轮胎修复、褐色和白色家用电器、电脑等属于此类回流产品。产生回流的原因主要有客户无理由退货、产品有缺陷或残损、产品的使用寿命结束等。

缺陷品退回。消费者发现产品在质量上或规格上不符合自己要求,退回商品。生产商或供应商采用替换新产品或退款的方式补偿消费者,零售商将缺陷产品返回到生产商或供应商。

产品使用寿命结束:有些产品如电脑、复印机等,即使产品已经到使用寿命,但对于回收商或 OEM 而言,仍然可以通过再制造、加工和再循环等工艺进行回收其经济价值。对于 OEM,还有另外两个因素要考虑,即法规因素和保护资产,方盒子敏感技术和信息的外泄。

(3)维修回流。有缺陷的或损坏的产品在销售出去之后,根据售后服务承诺条款的要求,退回制造商,如家用电器、电子产品、汽车等。

产品召回:由于产品设计或制造过程形成的产品固有的质量缺陷,会对消费者造成不良影响,因此,产品生产商或进口销售商需要对进入市场的有缺陷的产品进行召回。世界上许多大型企业如 Dell、福特等都有过召回的经历。产品召回的过程就是逆向物流产生的过程。

(4)包装回流。根据包装容器是否能直接多次重复利用,可以分为一次性使用包装容器和多次重复使用包装容器。一次性包装容器的逆向物流主要是回收后进行材料的再循环,形成再生资源;多次重复使用包装容器回收后,经过检验和清洗、修复等流程可以直接进行重复利用。

(5)生产回流。生产过程中的边角料和副品,生产商出于经济利益和法规因素进行回收,通过再循环、再生产,重新进入生产环节。此类逆向物流在钢铁业和医药业普遍存在。

3. *按照逆向物流产品特征分类*

按照逆向物流产品特征和回流流程的不同,将逆向物流分类为低价值产品的物料、高价值产品的零部件和可以直接再利用的产品。

(1)低价值产品的物料。如生产过程中的边角料或者是副品,原材料回收等。这种逆向物流的显著特征是回收市场和再使用市场通常是分离的。从整个逆向物流的过程看,它是一个开环的结构。在这种产品的逆向物流管理中,物料供应商通常负责对物料进行回收、采用特殊设备再加工。由于这种特殊设备的资产专用性较高,因此,决定了物料回收环节一般集中在一个组织中,并强调规模经济的重要性。另外,所提供物料的质量对成本的影响较大,因此,保证供应源的数量和质量将是此类物流管理的重心。

(2)高价值产品的零部件。如电子电路板、手机等。出于降低成本和获取利润等经济因素及法规因素的考虑,这类价值增加空间较大的产品回收通常是由原始设备制造商(OEM)发起。从逆向物流的过程看,这类逆向物流的结构通常是一个闭环结构。利用原有的物流网络进行产品回收,并通过再加工过程,还将进入原来产品的制造环节。如果OEM认为逆向物流占用企业资源较多,可以考虑将逆向物流进行外包。

(3)可以直接再利用的产品。如包装材料的回收,包括玻璃瓶、托盘、塑料箱等,它们通过检测、清洗消毒等再处理过程,可以重新直接再利用。此类逆向物流由于包装材料的专用性属于闭环结构,供应时间是造成供应源质量不确定性的重要原因,因而管理的重点在对供应物品的时间点控制上。不仅如此,由于在此类逆向物流的物品回收阶段对管理水平和设备的要求不高,因此,可以形成多个回收商分散管理的格局,由原产品制造商对这些回收商进行统一管理,这种情况下,可以考虑采用供应链伙伴关系理论对他们之间的合作机制进行研究。

与正向物流相比,逆向物流具有以下特征:

(1)不确定性。与传统的正向物流相比,逆向物流网络的输入端具有供应的不确定性,包括回流产品的时间、数量、质量、地点等都存在不确定性。而正向物流的输入端是生产商依据对市场信息的收集和预测得出,生产商将产品推向市场的时间、数量、质量和地点具有较大的确定性。

(2)复杂性。逆向物流系统中参与者的复杂性:回流产品的提供者有顾客、分销商、零售商、批发商等;产品的回收商有生产商、零售商或第三方物流商;产品的再处理商有原始生产商或第三方物流商;再分销商是“新”产品供应链的参与者;同时需要有新的顾客群来购买再生制品或旧货。由于回收参与者的复杂,产品的回收和再利用显示出复杂性;逆向物流的处理系统与方式显示复杂性;不同处理手段对恢复资源价值的贡献差异显著。

(3)规模不经济性。由于投资于逆向物流的资产对回收产品的交易有很高的依赖性,其资产专用性较高;同时,由于回收地点的分散、回收数量的不确定无法利用运输和仓储的规模效益、回收产品的价值较低、回收产品的运输、仓储及处理费用较高等,使回收处理中心在考虑规模经济的前提下,大多数产品显示出规模不经济。

三、逆向物流的形成机理

1. 企业经营战略的需要

(1)日益缩短的产品生命周期。科技的进步导致产品的生命周期越来越短,尤其是电子产品。据日本 NEC 一位生产经理之言,计算机的生命周期正以非常快的速度缩短。平均每三个月就有一种新的处理器进入市场,日趋复杂的软件和操作系统要求有更大的硬盘空间和更高的处理速度。因此,产品的过时率非常高。日益缩短的产品的生命周期和电子商务的普及,也使产品的退货比例越来越高。企业为满足消费者的个性化要求,培养顾客的忠诚度,促使企业将产品的回收策略放在其战略地位考虑。

(2)企业的召回。缺陷产品召回制度,最早出现在美国,目前实行召回制度的国家还有日本、韩国、加拿大、英国和澳大利亚等国。美国的召回制度最先应用于汽车,1966 年制订的《国家交通与机动车安全法》中明确规定汽车制造商有义务召回缺陷汽车。此后,在多项产品安全和公共健康的立法中引入了缺陷产品召回制度,使其应用到可能对公众造成伤害的主要产品领域。

在现今的科技时代,产品创新是许多企业追求的目标,但创新产品生产体系和生产工艺的不成熟性,增加了产品缺陷的风险。许多大型企业如福特、英特尔等都有召回的历史。近几年随着消费者地位的提高,召回制度从汽车、电脑迅速蔓延到手机、家电、日用品等行业。产品召回次数和数量呈增长趋势。产品召回的过程就是逆向物流形成的过程。

企业对有缺陷的产品在一定区域内对大多数的消费者造成伤害时,采取产品召回,不仅是维护消费者权益、巩固市场份额,而且有利于提高生产商和销售商的产品质量意识,有利于企业关注技术改造和环保问题,提升企业的信誉,有利于规范市场竞争秩序。如美国汽车业巨头福特公司曾因刻意隐瞒一款汽车的瑕疵而被法庭判决给予一名受害人 1. 25 亿美元的惩罚性赔偿;美国制药巨头默克公司 2007 年曾以 48. 5 亿美元平息约 5 万宗针对镇痛药“万络”的集体诉讼。

我国于 2004 年 10 月 1 日起实施《缺陷汽车产品召回管理规定》。

(3)客户至上的服务理念。在当今买方市场的经济环境下,顾客价值是决定企业生存和发展的关键因素。通过提高顾客满意度,努力培养顾客的忠诚度,从而在一定程度上改变消费者偏好,使企业的需求曲线右移,增加企业销售数量,占据长久不败的市场份额,最终保证企业的获利能力。于是,越来越多的企业为占有市场、提升顾客的满意度,开始实施无理由退换商品以及货到付款的产品政策,无疑使采用网上购物的顾客无后顾之忧。网上销售量的增加,同时也导致商品退货量的增加。因为网上购物无法像普通购物方式鉴别商品,因此,顾客往往在收到货物以后才发现不合心意,增加商品的回流量。据统计,一般商品的退货率在 5% ~ 10%,而通过产品目录和直销产品的退货率则高达 35%。

2. 经济利益

生态经济学理论认为,生态系统是具有经济价值的,生态系统与经济系统之间存在一种固有的平衡。严格的环境标准一方面将迫使企业选择更加环保的物流方式;另一方面,也将迫使企业更加有效地利用资源,从而降低成本,增强竞争能力。因此,我们不能只看到解决环境问题需要实际成本的一面,还应该认识到,环境方面的改善会给企业带来更多的经济机遇和参与国际竞争的机会,带来巨大的经济效益。西方国家的最新研究及实践表明,一个在环境绩效方面表现良好的企业通常也具有良好的盈利表现。实施逆向物流管理为企业创造的经济价值体现在两个方面:

(1)直接收益。获得附加值的回收,提高资源的利用率,降低产品成本:经过维修或整理的产品可以直接进入二级市场的约占三成、拆解零部件的利润、回收再利用的材料使企业获得廉价的资源、消费者交付企业的处理费用等;提高物料利用率是企业成本管理的关键环节,传统的物料管理模式只限于企业内部,通过改进产品设计、减少无效浪费等措施来降低材料消耗成本。但结合现代科学技术的快速发展,企业内部的成本已降至最低极限,要想从中获得更多的利润空间,已几乎没有可能。因此,企业必须将战略由内部调整到外部,通过对 EOL 产品的回收,进行资源的再利用和再循环,极大地降低企业的物料成本。如蓝带啤酒开展啤酒瓶的回收计划,将清洗、消毒过的啤酒瓶再次投入使用,比生产一只新瓶可降低生产成本 20% ~ 40%;破损的轮胎经过再处理后,可节约原材料成本约 80%,售出价格比新轮胎价格低 30% ~50%。

(2)间接收益。间接收益是指企业遵守国家的法规,树立起企业的绿色形象,承担企业的社会责任,增强企业与顾客之间的关系,顾客的忠诚度和满意度的提高,无疑会扩大企业的市场份额,从而增加企业的经济收入。

3. 环境保护和社会形象

消费者环保意识的提高,国家政策法规的制约,土地掩埋空间的减少和费用的增加,促使生产者对产品的整个生命周期负责。1997 年英国制定《垃圾掩埋税收法案》,使得处理固体废品的成本比以前更加昂贵,这无疑会迫使厂商和消费者提高循环再利用的意识,降低环境污染。同时,通过逆向物流,一方面,可以推动社会绿色物流的建立,减少废弃物量,节约社会资源,保护环境,创造可观的社会效益。另一方面,企业可以通过逆向物流回收顾客手中的淘汰产品,提高其客户管理,更好地满足顾客需要,并通过回收产品所反馈的信息进行产品的设计和改造,提高产品质量,增强企业的竞争优势,促使企业不断改善品质管理体系上具有重要作用。另外,通过对 EOL 产品的回收,可以减少资源的浪费和环境的污染,从而在消费者中塑造了良好的社会形象。

4. 法规约束

一系列的法规将生产商的责任延伸,强制性地要求生产商将产品进行回收。尤其是在欧洲、日本和美国。在欧洲,这种力量更加强大。为了减少垃圾掩埋的废品处理方式,欧盟制定了包装和包装废品的指导性意见,并在欧盟成员国中形成法律。意见中规定了减少、再利用和回收包装材料的方法,并根据供应链环节中不同成员的地位和相应的年营业额,提出了企业每年进行垃圾回收和产品再生的数量要求。如德国 1991 年颁布的关于《包装废品废除法令》,要求厂商管理所有销售物品的包装材料,包括收集、分类和循环使用包装物;荷兰则要求汽车制造商对所有废旧汽车实行再生利用(Recycling),延伸生产者的生产责任。欧盟规定,到 2015 年 90% 的汽车必须被重新利用或再生,废弃物的填埋量不得超过 5%。我国于 2003 年出台并开始实施《电子垃圾回收利用法草案》,该《草案》明确规定制造商有义务对废旧产品回收

再处理,其他相关的法规也会陆续出台。我国的《循环经济法》于2009年1月1日起实施,标志我国企业和社会对资源的利用开始进入永续利用的时代。

四、逆向物流管理的理论基础

1. 生态经济学

生态经济学是指研究社会生产和再生产过程中,经济系统与生态系统之间的物流循环、能量转化和价值增值规律及其应用的科学。生态系统理论认为生态系统是具有经济价值的,生态系统和经济系统之间存在着一种固定的平衡。西方国家的最新研究表明,环境绩效和企业盈利是双赢的。逆向物流所创造的经济价值表现在两方面:一是资源的节约利用;二是环境成本的降低。通过对整个物流系统进行合理的规划和布局,降低物流过程中的环境风险成本。物流领域中有一个说法是物流成本降低1%可以使利润提高5%,由此可以看出逆向物流所创造的生态经济价值。

2. 可持续发展理论

1987年,联合国世界环境与发展委员会把长达4年研究、经过充分论证的报告《我们共同的未来》提交给联合国大会,正式提出了可持续发展的模式。

可持续发展指以人为中心的"自然—社会—经济"复合系统,在不超越资源和环境承载能力的条件下,促进经济持续发展,保持资源永续利用,不断提高生活质量,既满足当代人的需求,又不损害后代人满足其需求的能力。完整意义上的可持续发展是经济可持续发展、生态可持续发展和社会可持续发展。逆向物流对资源的回收再利用,提高资源的利用率,降低环境的承载能力,是保持经济可持续发展的基础之一。

3. 循环经济理论

循环经济实际是对物质闭环流动型经济的简称,本质是一种生态经济,要求用生态学规律来知道人类社会的经济活动,是一种建立在物质不断循环利用基础上的新型经济发展模式。

循环经济目的是解决人口、资源、环境三者之间的矛盾。一方面,我们面临着人口的持续增长和对资源日益增长的需求。这意味着在经济系统的输入端对自然资源日益增长的需求,输出端有大量的废弃物需要处理。另一方面,自然资源分为可再生资源和不可再生资源,在经济系统的输入端对不可再生资源的需求量在增加,而自然界中不可再生资源量在不断减少。因此要改变原有的经济模式,即循环经济。

循环经济是对将传统经济活动的"资源消费—产品—废物排放"开放型物质流动模式改变为"资源消费—产品—再生资源"闭环型物质流程模式,其技术特征表现为资源消耗的减量化、再利用和资源再生化,是以物质、能量梯次使用为特征的,在环境方面表现为低排放,甚至零排放。循环经济要求以"减量化、再使用、再循环"为经济活动的行为准则:一是减少原则,要求用较少的原料和能源投入,达到既定的生产或消费目的,在经济活动的源头就注意节约资源和减少污染物排放。二是再利用原则,要求企业的生产者不仅关心产品的生产,而且要关心生产过程中的边角料、副产品、包装物、在流通领域内达到使用寿命的废旧产品等的回收和再利用。包装容器能够以初始的形式被多次重复使用,而不是用过一次就废弃,以抵制当今世界一次性用品的泛滥。三是循环原则,微观层面上,要求生产出来的物品在完成其使用功能后,能重新变成可以利用的资源而不是无用的垃圾;宏观层面上要求经济体系网络化,使资源实行跨产业循环利用,综合对废弃物进行无害化处理。循环经济是一种基于可持续发展的经济模式。

4. 交易成本和网络组织理论

根据威廉姆森的交易成本理论,资产专用性越高,交易双方的依赖性越大,市场交易成本也越高。当资产专用性很高时,应将其交易成本尽量内部化,消除市场机制下的机会主义行为,降低交易成本实施逆向物流,根据回收产品的不同须设有专业的回收处置设备,因此其资产专用性较高,必须避免采用市场交易而采用其他交易形式,如网络结构和企业结构形式。根据网络组织理论,一个企业与其他企业所建立的合作关系是企业最有价值的资源,企业从其他企业获取补充的投资或能力是增强企业竞争力的有效途径。逆向物流正是通过与正向物流的闭环结合,形成了供应商—制造商—分销商—顾客—回收商—制造商—供应商的上下游企业间的集成网络组织结构,从而实现了整体效益的最优化。

第二节 逆向物流的发展现状

欧美日发达国家对于逆向物流的发展优先于我国,主要体现在适用于逆向物流的法规,产品的回收工艺,逆向物流的信息管理系统和整个社会的环保意识等方面上。

一、逆向物流的发展现状

1. 法规的颁布和实施,使逆向物流的实施有法可依

日本有关促进社会循环经济发展的法规比较健全,可以分为三个层次,第一层是一部基本法,即《促进建立循环社会基本法》;第二层是综合性的法律,是《固体废弃物管理和公共清洁法》、《促进资源有效利用法》;第三层是五部具体的法律,分别是《促进容器和包装分类回收法》、《家用电器回收法》、《建筑及材料回收法》、《食品回收法》、《绿色采购法》。

德国1991年通过《包装条例》,规定了包装物的回收比例,1992年通过《限制废车条例》,由汽车制造商负责回收废旧车,1996年提出《循环经济与废弃物管理法》并建立配套的法律体系。

法国提出2003年包装废弃物的回收比例为85%。

荷兰政府要求汽车制造商将汽车的可用材料回收比例为86%。

2004年,欧盟出台《电子垃圾处理法》。2005年8月13日,欧盟颁布实施《报废电子电器设备指令》,即WEEE指令。欧盟要求生产商将可用包装材料回收比例至少为45%。

2. 先进的回收工艺已使逆向物流发展有较高的水平

在美国,有专门拆解、回收、提炼的公司,回收再利用率为97%,3%成为垃圾。据美国的物流专家20世纪对美国逆向物流的调查研究显示,全美物流成本占GDP的10.7%,逆向物流占物流成本的4%。

在德国,普遍采用一种电子破碎机来分选废旧电器的有用物和废物,回收再利用率达到90%以上,每套设备的年处理能力为3万吨。

日本物流协会2001年提供的资料显示,逆向物流成本占物流成本的4.88%:其退货物流费占2.12%,回收物流占2.01%,再循环物流占0.46%,废弃物物流只占0.29%。

3. 先进的管理信息系统使企业在逆向物流发展方面创造了可观的经济效益

美国的著名品牌雅诗兰黛化妆品,年销售额为40亿美元,但每年的退货、报废和损坏的价

值达1.9亿美元。资金的巨额流失,使公司开始重视逆向物流,并建立逆向物流的管理系统,系统正式运行成功后将产品的销毁率由原来的27%下降到15%。

IBM公司是世界上较早开发逆向物流商机的企业。IBM在北美、欧洲和东亚免费或用少量的费用回收顾客手中的产品,1988年专门成立了全球资产回收中心(GARS),其主要目标是管理回收产品,使回收利益最大化。2000年,共回收51000吨用过的产品,只有3.2%被掩埋。

在德国,拓展企业生产商责任制,其专门负责包装物回收的DSD属非盈利机构。回收模式为DSD对贴有"绿点"的包装物进行回收、分类、整理和清洗等工艺,然后再送到企业重新利用;对没有贴"绿点"的包装物,主要由零售商负责回收。1998年,这个组织首次出现盈余,此盈利部分冲抵第二年的收费。

4. 较高的社会环境保护意识使逆向物流有发展的空间

公民已养成自觉将物品回收和购买用再生材料制作的商品意识。同时企业通过对产品的回收利用,不仅可以创造客观的经济效益,保护环境,而且可以树立企业的绿色形象,创造巨大的社会效益。

逆向物流发展到今天虽然只有短短的二十几年的时间,在经济发达的国家已显示出它的经济效益和社会效益。在我国,逆向物流还处在理论研究和实际规划阶段。由于我国目前还没有形成一套适用于逆向物流发展的法规体系和完善的回收体系,因此,逆向物流在我国的发展仍处在无序状态。据有关部门的统计调查显示,我国可回收利用而没有利用的再生资源价值高达300多亿元,每年大约有500万吨废钢铁,20多万吨废有色金属,1400万吨废纸及大量的废塑料、废玻璃、废电池没有回收利用。主要表现在以下几个方面:

(1)法规和责任机制不健全。许多生产者认为他们不应该对顾客使用过的产品负责。而随着人们环保意识的提高,政府和顾客都希望生产商能减少产品对自然所带来的污染。我国现有的逆向物流可依据的法规仅有:《环境保护法》、《固体废弃物污染环境法》、《电子垃圾回收利用法草案》、《循环经济法》。《循环经济法》是2009年1月1日正式开始生效实施,它所起到的作用目前还没有充分体现。在电子垃圾回收方面,我国率先在浙江和山东青岛试点。青岛新天地生态园区于2006年6月开始生产,但针对的是政府和生产企业的废旧家用电器,顾客手中的旧家电还没有畅通的回收体系。我国在包装物的回收比例还很低,如纸包装物回收比例为20.4%,塑料包装物回收比例为10%左右,玻璃瓶为20%左右。与发达国家相比,仍存在很大的差距。

(2)较高技术含量的回收工艺水平在我国得不到推广和应用。我国在技术上应当能够做到零排放,但由于没有相关的政策和完善的回收体系,使回收处理不能形成规模经济,良好的回收处理技术得不到使用和推广。目前的回收主要集中在私营或个体回收商贩中,回收工艺落后,通常叫作锤子加硫酸工艺,对环境造成巨大的二次污染。

(3)环保意识相对淡漠。从我国目前的国民素质来看,还没有形成良好的环境保护意识,人们在抱怨环境日益恶化的同时,却没有从自身做起。包装箱、旧家电、家具等可回收利用的与不可回收利用的都随意丢弃。

二、企业实施逆向物流的障碍

企业在实施逆向物流的过程中仍存在许多障碍。主要表现在:

1. 企业管理层对逆向物流的认识不足

由于逆向物流的分散性、不确定性、信息不畅通等特性，使很多企业的管理层对逆向物流的重要性认识不足，不愿意投入较多的人力和物力，因此影响了逆向物流系统的畅通。根据美国逆向物流委员会的一份针对300多位负责供应链及物流的企业经理人所做的调查报告显示，有接近40%的认为，企业逆向物流失败的主要原因是管理层不重视。管理层对回收责任的淡漠，没有认识到逆向物流的复杂性，甚至搁置逆向物流。在企业内部，影响逆向物流管理的主要原因是企业对它的政策和重视程度，同时信息渠道不畅也影响了企业逆向物流的运作，而在外部，则主要是退货政策所带来的退货增长率和巨额数量。逆向物流的实施无疑会加重企业的运作成本。

2. 企业缺乏有效的逆向物流实施的信息管理系统

市场上对逆向物流系统信息管理软件的开发还处于一种不成熟的状态，已经投入使用的软件成本太高，使许多中小企业无力承担。如雅诗兰黛公司所购买的用于逆向物流扫描系统的软件价值130万美元。若企业没有建立有效的信息管理系统，无法及时将回收物品进行归类，无法及时提供有效的产品回收处理作业的信息，对产品处理之后的去向缺乏足够的市场需求信息，或信息失真，增加生产商的风险等都制约逆向物流管理的效率。

3. 回收产品和再消费的不确定性

由于逆向物流不在生产商的掌控范围内，所以产品的回收时间，数量，质量状况无法预测，这种不确定性导致非经济批量流，增加企业的运输成本和处理成本，也是使用回收资源进行生产的企业，难以制定连续的生产计划；同时，使用回收资源进行再生的产品缺乏固定的消费群体，形成需求的不确定性。

4. 逆向物流与正向物流流程的冲突

逆向物流流程同样包括运输、库存、加工等过程，这些业务有时与同常规的产品正向流程产生重叠，尤其是在运输和库存环节。许多企业为了保证正向物流的顺畅，往往会放弃或延误企业的逆向物流。

5. 成本结构和定价的不一致

相对于正向物流，逆向物流的需求不是来自于顾客的主攻需求，具有很强的不确定性，难以对逆向物流活动进行计划和预测。因此，逆向物流活动中的运输、废弃、收集、分类、再处理和包装的成本较高。所以，这种成本结构的差异性使得物流管理的侧重点会有所不同。

6. 资金和技术人员的严重缺乏

企业实施逆向物流需要大量的资金和技术人员。建设回收中心，配置回收设施，优化回收路线和网络，开发信息系统，培训技术人员等都需要大量的资金，而且投资回收期长。在我国目前的国情下，回收费用的分摊也是困扰企业的难题。即使建立回收中心，没有充足的货源，回收中心不能形成规模经济，就会产生沉没成本和机会成本，企业的生产成本就会增加，不具备在市场中的竞争优势。

7. 责任机制和监督机制的缺失，使政府和企业之间存在博弈

企业在实施逆向物流时责任机制的缺失。企业作为经济理性人，其目标是实现自身效用最大化，做决策的主要依据是产品的边际成本等于边际收益。显然，企业的边际成本小于社会的边际成本，对企业是最优决策对社会而言不一定是最优的。

政府监督机制的缺失。政府没有严格的奖惩措施,没有有效的激励机制和监督机制使企业有动机采取机会主义,不考虑回收产品,不对再生资源进行循环利用,而对原始资源进行过度开发,当代人谋求效用的最大化与未来人的缺位将导致当代人的资源开发行为不存在权力制衡,与政府的经济可持续发展和循环经济模式形成冲突,政府和企业存在着博弈。

我国现有适用于逆向物流的法规为《环境保护法》、《固体废物污染环境防治法》、《电子垃圾回收利用法草案》。政府提倡建立经济循环型社会和资源节约型社会,直至 2009 年 1 月 1 日,我国才出台《循环经济法》。

8. 供应链上合作方的有效性和协作性差

供应链上各主体的目标是试图最大化自身的经济利益,而供应链的产品回流将加剧链上各主体的库存压力、运输压力等,增加库存成本、运输成本和环境成本等。如果没有有效的合作协议和激励机制,将会阻碍逆向物流的实施,进而影响企业对顾客的服务。

9. 逆向供应链风险逐级放大

由于逆向物流存在许多不确定性,因此,使逆向供应链风险增大。主要表现在以下几个方面:

首先,逆向物流虽能使下游客户减少或规避经营风险,但由于采取宽松的回收策略和退货政策而加大自身的风险,即风险由下游向上游转移。

其次,逆向物流的不确定型及处置时间的延长,导致逆向供应链存在信息扭曲且逐级放大的现象,即“牛鞭效应”,包括逆向供应量及其品质、退货信息等,从供应链末端到上游会发生信息严重失真。

最后,还面临再生产品的市场风险,包括再生产品的品质风险和市场接受风险。

第三节 逆向物流的业务运作管理

一、企业逆向物流业务运作内容

根据国外企业逆向物流的实施经验,可以看出企业逆向物流业务运作管理主要包括以下内容:

1. 源头减量与再用策略

降低废弃物产生的最好方法就是不要制造。当今许多企业都尝试采用环保原料的采购、物料再用、再制造及再处理的方式延长物品使用的生命周期,这项策略的采用为企业带来明显的经济效益,也为环境减轻了压力。

2. 制定环保运输政策

企业的运输计划中包含环保观念的核心载运计划,提升企业的经济、服务和环境利益。

3. 可退回、可再用包装容器计划

采用可退回、可再用包装容器,不仅可以解决企业的生产成本,而且可以提升企业的绿色生产和消费形象,降低环境污染。

4. 再生计划

企业通过评估再生程序成本和利益以决定再生程序的最适当的种类及范畴,以发展兼顾

经济和环境利益的再生计划。

5. 投资恢复计划

几乎所有的物料都有经济价值,包括回收的物料碎片、经过再制造或再处理的物品以及再生的物料等,这些可视为企业资产的物品可通过投资恢复计划实现产品价值的恢复。

6. 逆向物流的外包决策

当企业进行逆向物流活动或环境计划时,需要对自行规划执行还是将逆向物流外包的决策问题。

7. 逆向物流及环保训练计划

企业逆向物流活动和环境计划的执行成功与否,取决于顾客、员工、供应商及其他利益团体的支持,因此,企业应有有效的训练计划对员工进行培训。

8. 企业环境报告

企业依靠每年发布的环境报告来判断逆向物流的运作,这也是企业获ISO14000认证的必需步骤。

9. 环境及逆向物流的审核

企业应对环境及逆向物流的主要项目进行审核。

二、企业逆向物流运作流程

在逆向物流中,进行流程分析,有助于了解逆向物流各个节点的运行情况,有利于企业找出逆向物流运作过程中的关键问题,使企业的逆向物流真正实现经济效益和环境效益。企业实施逆向物流产品的流动过程如图9-1所示。

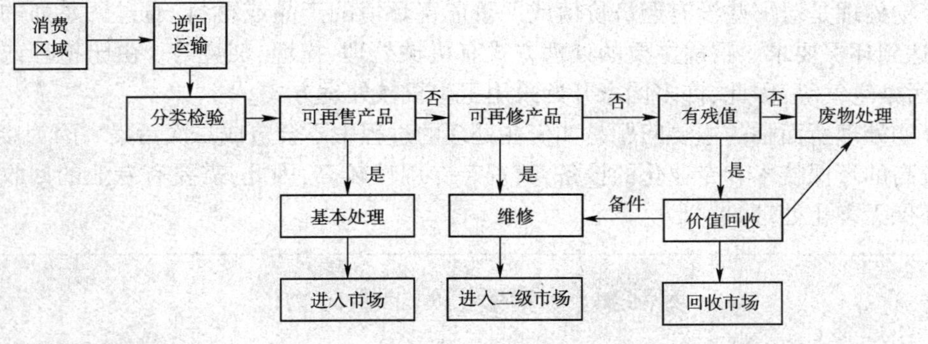

图9-1 产品逆向物流流程图

逆向物流业务流程分析如下:

1. 逆向物流中,首先是产品的回收

回收是指对所有各种原因所导致的商品退货、召回、包装材料、废旧产品等的收集,并通过运输集中在某个节点,做进一步的分类检测。一般包括:收购、运输和仓储等流程。

回收流程所面临的主要问题是回收产品的不确定性。因为产品的使用寿命不同,售出的时间也不同,造成收集产品的数量、位置、产品目前的质量状况等不确定性很大,给产品收集过程的计划和控制带来困难。顾客产品的回流途径不统一,也给供应链上的各个节点带来很大的运输和库存压力。

2. 检测分类

产品在经过不同的收集方式进入收集点或回收处理中心后,技术人员对回收产品的品质进行识别和评估,以确定产品进入不同的流程,如再使用、再制造、拆解零件入库、废弃物处理等。

检测分类所面临的主要问题是产品的信息不完备。如产品的基本信息不完备,包括产品、生产商、生产日期、产品的基本结构等,不利于对产品进行分类;产品的整个生命周期的使用信息不完备,包括使用时间、使用环境、维修记录等,无法判断产品的剩余寿命和零部件的状态;产品材料信息不完备,包括材料名称、纯度、有毒材料的使用状况、更换零部件的材料信息等,影响检测分类后的处理决策。

3. 处理

处理是执行检测分类后做出的处理决策,包括再利用、再制造、废弃处理和再销售。对于回收产品的再处理是极大化其返品利润的能力。收到损坏的返品后,产品工程师立即定位损坏之处,计算零部件的成本和将产品修复到初始状态所需耗费的劳动。例如,当一个冰箱因为底板损坏而不能使用时,工程师马上计算要花费多少费用,才能更换掉底板并使它能够重新使用。基于以上的修复成本,制定电器是需要修复,还是在二手市场销售,或者是拆成备品备件的一般原则,其余部分由于经济或技术原因无法获取价值的卖给废品回收商或做废弃物处理。通过这种方式,能够最小化存货成本,并保证返品能够给公司带来最大经济效益。

处理流程所面临的主要问题是在产品的可拆解和再销售。回收产品在种类相同的前提下,因其质量状态不同,导致拆解后得到的零部件的质量状态不同,对这些零部件的不同流向,会给库存和管理带来更大的复杂性;再销售取决于市场的需求、顾客对二手产品的质量质疑等因素,因此给再销售流程的畅通与否,不仅影响企业逆向物流的经济效益,而且影响企业的库存。

4. 废弃物处理

废弃物处理是对那些没有经济价值或严重危害环境的产品或材料,通过一系列的工艺处理,最终达到环保要求。目前主要的处理方式有机械处理、掩埋、焚烧等。由于掩埋或焚烧占用土地、污染空气等,因此,许多国家开始采用卫生机械处理方式。

废弃物处理所面临的主要问题是如何在处理的过程中不会造成二次污染。因为废弃物处理需要较高的环保技术和专业化的设备,其资产专用性较高,因此,需要有专业的回收处理公司进行环保无害化处理。

案例 9-1 索爱公司的逆向物流

索尼爱立信(简称索爱)公司是日本索尼公司和瑞典爱立信 AB 公司共同成立的合资公司。

在紧跟消费者需求的战斗中,不仅需要面对诺基亚、摩托罗拉这样的强劲对手,同时,还要面对不断缩短的产品生命周期。它一直寻找在手机市场的竞争优势,其解决方案是:对退货和维修处理的重整。缺陷手机的退货、处置、维修和置换都会给逆向供应链产生巨大的影响。

1. 运作管理模式

原来,索爱公司一直依赖一家单独的电子生产服务商。此服务商不仅处理手机的制

造,而且还处理手机的维修,手机的正向和逆向物流。他们一直鼓吹通过一个合作伙伴就能提供全套服务的便利性。从概念上说,这种观点很好,可是对于索爱公司却不起作用。由于没有物流方面的专家,这家电子生产服务商将运输和经纪业务部分转包,这使得索爱公司和关键的物流操作部分又隔了一层。这促使索爱公司想寻找一个更为直接的服务关系。

2. 双管齐下的战略

索爱公司最后的决定是:将合同分为两部分,一部分是维修,一部分是物流。在每一部分,索爱公司雇了一位专家。维修商的选择是相当明了的,位于印第安纳州布鲁明的PTS电子公司是一个独立的服务公司、有着30多年的维修经验,所修产品包括高清晰电视、有线电视转换器、手机等。物流商的选择需要慎重考虑,所要求的物流服务不仅要处理每日的越境运输,并且还要有效处理两国边境的海关事宜。事实证明,选择对象就在身边。几个月前,索爱公司就开始利用UPS的供应链解决方案来处理巴西的物流服务部分。在巴西的物流服务主要是在售后部分提高服务质量、减少费用。为了达到以上目的,索爱公司选择将整个售后运作外包给了UPS,包括:海关经纪、检测和维修、售后、运入和运出运输等。UPS负责在巴西的140多个零售中心的备件物流支持。通过合作,索爱公司对零部件的库存有了更大的可见度,更精确的检测和维修,以及维修产品的确保交付,索爱公司得以提高它在巴西的市场份额。

虽然墨西哥的情况和巴西的情况是不同的,但索爱公司需要利用UPS公司已展示过的物流技能。UPS是少数几个能够给无线行业提供全球逆向物流服务的服务商之一,并且UPS有能够使项目迅速运转起来的能力。

3. 物流过程

UPS在得克萨斯州EL Paso市管理着一个分拨中心,这离索爱公司委托的墨西哥修理工厂所在地Ciudad Juarez很近。在EL Paso分拨中心将接收来自索爱在达拉斯分拨中心的制成品、有问题的零部件、替代部件和配件等。然后UPS负责交叉转运业务和清关流程,使用快递包裹运输或零担货车将这些配件送至墨西哥。

消费者将有问题的产品送回给索爱公司,公司将问题手机送至UPS在EL Paso分拨中心进行收集和分类,在这些退回产品送抵分拨中心之前,UPS SCS(UPS供应链解决方案公司)就收到了相关的电子信息,同时又和PTS公司保持紧密联系。UPS面对的是不同散件,它需要进行数量和原产地等信息的确认,然后一般在24小时之内送往墨西哥的修理工厂。

当手机经过修理之后,UPS SCS然后再从墨西哥运回美国,它要负责所有的通关文件的准备。到达美国后UPS要进行手机系列号、型号等信息确认,并且将所有修完的手机进行分门别类,根据索爱提供的终端客户信息,将手机进行分类、包装,并且运输到客户最终所在目的地。公司的逆向物流业务非常成功,不但为客户提供了高质量的售后服务,而且在整个供应链上的各个环节中削减了存货。

(来源:中国物流与采购网,http://www.chinawuliu.com.cn/xsyj/200812/05/140356.shtml)

思考题:

1. 索爱公司逆向物流战略是什么?
2. 从UPS的解决方案分析逆向物流是如何提高整个供应链运作效率的?

第四节 逆向物流的网络规划与设计

一、逆向物流网络特征

逆向物流网络具有以下特征:

1. 外部形式特征

逆向物流作为一种网络系统,在网络结构上有以下特征:

集中度:网络集中度表明网络中进行相似活动的场所数量。如果相同的逆向物流处理活动在少数几个场所进行,则网络集中度较高;否则,网络集中度较低,说明网络是分散的。网络集中度较高,有利于资源共享,可以通过规模化的操作提高作业效率、降低成本、发挥规模经济效应。

(1)网络层数。表明物流依次流经的设施数,也指一个网络的纵向深度或纵向整合度。单层的逆向物流网络,所有的操作在统一设施处完成,如回收处理中心;多层的逆向物流网络,不同的操作在不同的设施处进行。

(2)与其他网络的连接。指新产品回收网络与已有产品网络的整合程度。逆向物流网络根据产品回收路径、特点以及企业的战略,可以与正向物流网络集成,也可以独立构建逆向物流网络,或在原有网络上扩建。

(3)开闭环结构。描述输入流与输出流之间的关系。许多再制造产品的回收网络、包装容器的再利用网络等,属于闭环的逆向物流网络;而金属、熟料等原材料回收网络,由于其来源地和在销售市场流向是不同的,一般是开环结构。

(4)分支合作程度。涉及负责构建网络的各个部分。网络的建立者可以是单个企业,可以通过外包给第三方或与其他企业联合的方法建立。

2. 与传统物流网络的不同

供应与需求的不确定性:由于逆向物流从消费者或终端市场回收的物品在时间、数量和质量方面有很大的不确定性,决定了逆向物流网络中的供应基本上是一个外部变量并很难进行预测,使得逆向物流系统缺乏有效的控制,具有供需失衡的本性。

增加检测和分类处理环节,增加再加工和销售的复杂性:逆向物流回收物品的高度不确定性,需要对收集的物品进行检验和分类,并且物品的去向由其自身状态决定,因此,增加了再加工过程的设计和制定运输与仓储方面的复杂性。在销售方面,再利用市场的不完善及人们对再制造产品接受程度的差异,限制了再利用产品的销售。

二、逆向物流网络类型

由于产品类型、回收路径不同,处理方式不同、再利用途径不同,决定逆向物流网络有多种不同形式。常见的分类方式有以下几种。

(1)基于产品回收的驱动因素分类,逆向物流网络分为自愿网络(Voluntary Networks)和强制网络(Compulsory Networks)。自愿网络的目的在于协同效应和减少成本,使所有参与逆向物流的企业可以达到双赢局面;而强制网络的主要目标是遵守法规,受政府法规的约束。例如,欧盟规定电子电器设备生产商/进口商要对处于寿命周期终点的电子电器产品的回收处理

负责。在这种情况下,废旧产品回收处理的经济回报可能并不高,企业主要关注回收物流成本的最小化,虽然企业对废旧产品回收负有法律责任,但逆向物流业务可以外包给第三方逆向物流企业完成;而对汽车、废金属、纸张等产品的回收再利用具有明显的经济价值,很多企业从事这些产品的回收逆向物流主要是受经济利益的驱动。

(2)根据回流产品种类的不同和回收处理方式,逆向物流网络结构分为再制造网络、循环再生网络、直接再利用网络三种类型。如汽车、飞机的重要零部件、复印机和计算机部件等,收集使用后经过检测和拆分,再重新制造为新的产品进行销售,属于再制造网络;饮料瓶、托盘等包装物的重复使用构成的是直接再使用网络结构;废纸、金属、塑料等原料的循环再生构成的是循环再生物流网络。其中,再制造处理过程最复杂,其逆向物流网络的复杂性最高;包装物的直接再使用一般只需要进行简单的筛选和清洗,处理过程最简单,网络结构也很简单;而废纸、塑料、金属等物资的循环再利用需要专业设施和设备,固定投资大,一般是集中处理以求得规模经济效应。

(3)按照产品再处理过程主导者的不同进行划分,可将逆向物流网络划分为OEM(原始设备制造商)主导和3PL(Third Party Logistics,第三方物流企业)主导的两种类型。一般来说,由于产品再制造过程涉及原产品的设计信息和制造信息,且需要专业设备,为避免技术外泄,原始设备制造商一般不愿意让第三方企业涉足本企业产品的回收和再制造,由原始设备制造商主导产品再制造逆向物流过程。而纸张、金属、塑料的回收再循环通常是由第三方企业主导。

(4)根据产品回收路径可以将回收网络分为原路径回收网络、新路径处理网络和重复路径处理网络。

原路径回收网络:利用原有物流系统实现逆向物流功能。回收的物品主要有两类,一类是不需要经过任何处理或简单处理就可直接再利用的物品,如可重复利用的包装;一类是OEM要回收其废旧产品中的零部件。

新路径处理网络:使用专业化设备、人才和技术,处理回流量较大的逆向物流网络。这种路径所处理的材料大都是低值产品,如纸张、钢铁、玻璃、地毯、轮胎等。

重复路径处理网络:是在原路径回收网络基础上,增加处理功能。重复路径处理网络运用的典型例子有复印机、汽车引擎、旧电脑的再制造加工网络,所涉及到的产品价值较高,通常由OEM构建,再制造产品和零部件会用于新产品的生产中,回收市场与再生市场有重合。

基于以上几种分类方法,根据回收产品类型及回收处理方式的不同,当前公认的逆向物流网络分类为再使用逆向物流网络、再制造逆向物流网络、再循环逆向物流网络和商业退回逆向物流网络四种。

1. 再使用逆向物流网络

是指经过清洗或最低成本的保养就可以再投入使用的产品回收网络。广泛应用于啤酒或软饮料、食品、化工和集装箱运输等业务。在这类网络中,产品只需要经过最少量的再处理,就可以直接进入再利用市场。对于集装箱等工业包装,闲置时一般存放于物流服务提供商的集装箱站场,一旦有用箱要求,则被送往发货方,用过的空箱从收货方收回。图9-2表示了这种逆向物流的网络结构。

其网络特征包括:

(1)具有结构简单。产品的再利用和初始使用毫无二致,产品再利用的环节少,网络功能

简单,网络层数少,所以网络设计可以采用闭环结构。

(2)固定投资少。产品的再利用的处理工艺较简单,不需要大规模的固定投资,简单的操作就可以使网络更为顺畅,网络集中度低,属于分散的网络形式,可通过对现有网络的延伸而得到。

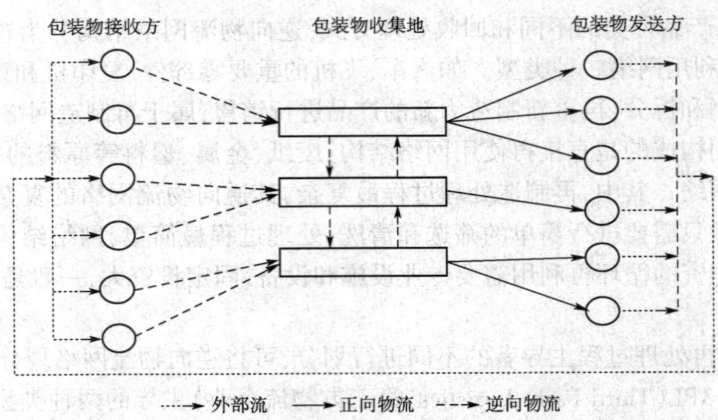

图 9-2　再使用逆向物流网络结构图

来源:陈姝妮,企业逆向物流系统分析与设计[D],上海复旦大学,2003.6。

(3)成本构成中,运输成本比例较高。因其处理环节较少,因此,回收产品的运输成本是主要成本构成。

这种逆向物流网络设计问题主要包括保管、收集节点的选址、数目和规模、运输成本等。通常网络的参与者为原始生产商或第三方物流公司。

2. 再制造逆向物流网络

是指已经或将要失去使用价值的产品,经回收拆解其有用部件,入库进行标记作为备件使用,其余部分作为废弃品进行无害处理。典型产品如复印机、计算机、印刷电路板、家用电器、船舶、汽车及其他机电设备,当这类产品达到寿命周期末端或因其他原因被废弃时,产品又可以拆卸成不同的零部件,通过维修或更换其中功能失效的零部件,可以恢复产品整体性能或拆卸出功能完好的零部件。总的来说,这些产品废弃回收后,可以通过再制造技术,以产品整体形式或零部件形式再利用,具有较高的经济价值。该网络的主导者可以是原始生产商或第三方物流公司(见图 9-3)。

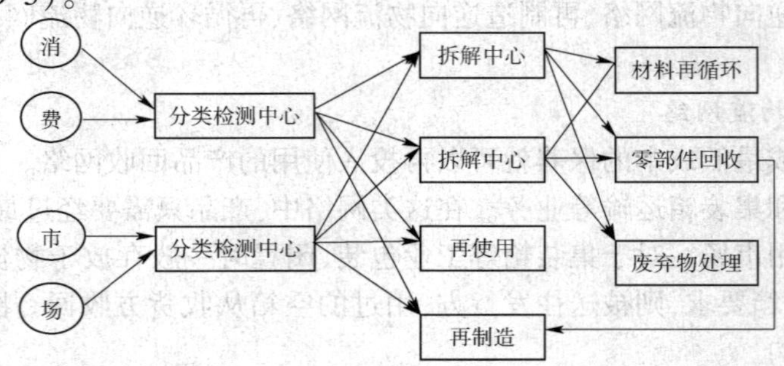

图 9-3　再制造逆向物流网络结构图

来源:王长琼,逆向物流[M],中国物资出版社,2007 年 1 月。

其网络特征包括：

(1)再制造逆向物流网络是一种集中度高、多层次的复杂网络结构。由于可装配产品的检测及拆解过程需要专用的设备和设施，固定投资大，作技术要求高，一般是设立少数的、大规模的检测中心和拆解中心，具有较高的集中度；其产品的回收再制造经过收集、存储、运输、检测、分类、再处理和再利用等阶段，网络具有多层次特点。

(2)再制造逆向物流网络可以构成闭循环的网络结构。由于新产品和修复后产品的消费市场可能是相同的，两种产品的销售渠道方向也可能是一致的，因此，大多数的再制造逆向物流网络是闭循环的结构形式。当然，必定会有部分零部件或材料经再生后进入其他的产品链或行业，使逆向物流网络形成开环的结构。

网络设计时应着重考虑再制造逆向物流的不确定性，涉及再制造设施的选址、规模以及使用最低回收费用的计算，因此，在进行决策时，应考虑投资、运输、处理及库存等费用。

3. 再循环逆向物流网络

是指从废弃的产品中回收可再利用的资源。网络结构如图 9-4。典型的回收物品为纸张、玻璃、塑料、地毯、金属等。这类产品的共同点为产品价值不太高，但需要先进的设备和技术使回收处理过程不会产生二次污染，投资成本较高，因此，需考虑规模经济效益。网络的参与者通常为第三方物流公司或专门从事资源回收公司。

其网络特征包括：

(1)再循环逆向物流网络结构为开环。由于废旧物资收集市场与再生原料的使用市场一般是不同的市场，即循环再生的原料不一定被再应用到原来产品的生产过程，因而网络结构一般是开环的。

(2)再循环逆向物流网络是集中度高、层次数少的网络结构。一方面是废旧物资回收的单位价值低，另一方面是再生处理需要先进的技术设备和高额的固定投资。这就决定了需要通过巨大的处理量来降低处理成本，保证投资回报率，网络集中度较高；原料循环技术的可行性并不依赖回收物品的品质状况，不需要检测设备对回收物品进行检测分类，所以，回收处理网络的层次数较少，网络结构简单。

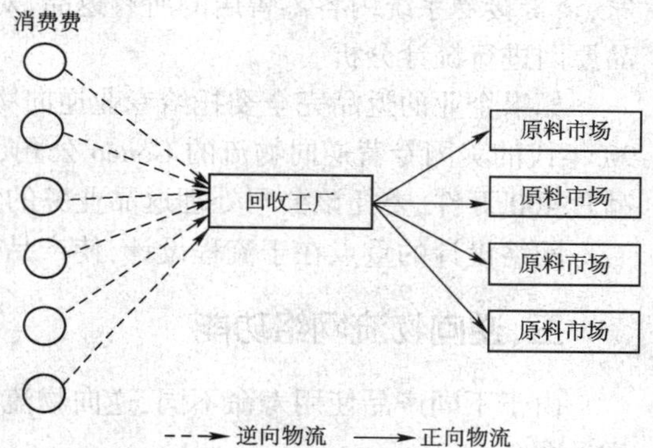

图 9-4　再循环逆向物流网络结构图

来源：陈姝妮，企业逆向物流系统分析与设计[D]，上海复旦大学，2003. 6。

网络设计时应着重考虑回收处理场所选址、容量设计及经济效益分析。

4. 商业退回网络

是指由于产品自身原因所导致的产品回流，如召回、包装破损、季节性的退回和零售商的合同到期等。对退回的商品有多种处理方法可以选择：质量好的商品可以送回原商品库，进行再次销售；质量不好的商品，可以作为处理品销售。如果退回商品无法直接销售，而通过修复、改制可以显著增加商品售价，那么在出售前可以先完成上述操作，然后作为修复品或再制品进行销售；如果上述选择都无法进行，则对贵重的或可循环的材料进行回收，再以最低的成本对其进行废弃处置(图 9-5)。

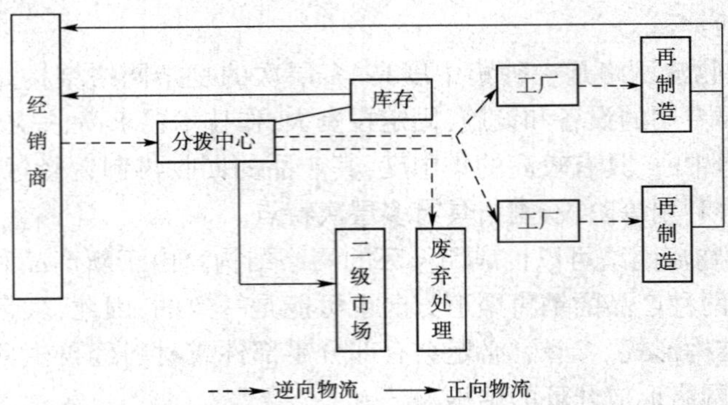

图 9-5　商业退回逆向物流网络结构图

来源:王长琼,逆向物流[M],中国物资出版社,2007 年 1 月,略有改动。

其网络特征包括:

商业退回网络可以是开环结构,也可以是闭环结构,取决于企业发展战略定位和成本。

由于商业退回关系企业的声誉和市场份额,退回商品的收集和处理选择企业本身经营,那么处理后的产品通常进入正常的正向物流渠道,构成闭环结构。如美国大型零售公司在美国各地累计建立近百个规模不等的返品中心,其中沃尔玛公司就建立 10 家,凯马特公司拥有 4 家,负责接受系统内各零售店的所有返品,对其甄别,对返品所涉及资金进行统一结算,并对返品原因进行统计分析。

如果企业的返品完全委托给专业逆向物流公司,网络结构为开环结构。如产生于 20 世纪 90 年代的美国专营逆向物流的 Genco 公司,目前在美国各地共有 104 个返品中心,年处理返品月 400 万件,委托该公司处理返品业务的签约伙伴超过 1500 家。

网络设计的重点在于流程设计,使产品回流渠道通畅,提高顾客的满意度。

三、逆向物流网络功能

由于不同产品使用寿命不同,逆向物流网络的设计也有所不同,但一般都包含以下功能。详见图 9-6。

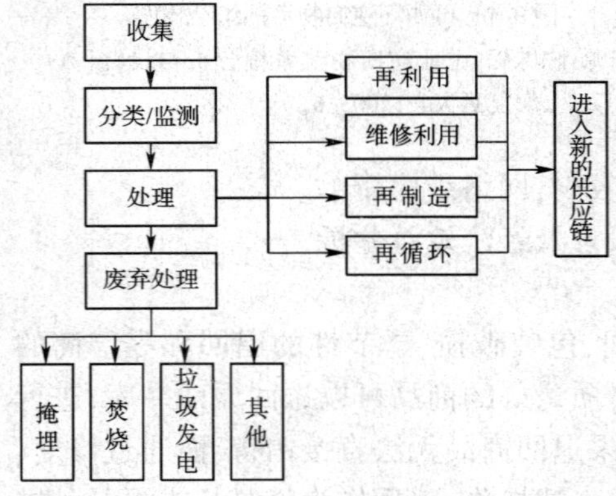

图 9-6　逆向物流网络功能示意图

1. 收集

产生回流产品的原因有产品本身质量存在严重缺陷而产生的召回,过季产品的退回,销售合同到期而产生的库存产品的回流,售后维修,废旧产品回收等。无论是基于经济利益的考虑还是遵守政府法规的原因,作为原始生产商都需要将顾客手中的产品回收,这就涉及产品回收点的数量和类型的确定。

2. 分类/检测

对回收产品的分类和检测是对回流产品附加值回收的关键。分类检测的步骤可以在回收点进行,也可以在回收处理中心进行。如果在回收点进行,可以将废旧产品提前淘汰,避免无谓的废品运输,降低运输成本和环境成本,但需增加回收点的固定投资、技术人员及其培训成本；如果在回收处理中心进行检测，可以降低回收点的固定投资和人员的培训成本，但增加运输成本和环境成本。因此，须针对不同的产品特性和回流数量，权衡利弊，选择在哪一个层次上进行分类和检测。

3. 回收处理

根据 Thierry(1995)将逆向物流的回流产品再利用方式分为四种，也是现在普遍认同的分类处理方式，即再利用，维修利用，再制造，再循环。回收处理的目的是将分类检测的产品按照它们所属的类型进行最大限度的价值回收。

再利用是指不经过任何的维修，只需要进行简单的保养或最低费用的维护就可以再使用。如托盘、集装箱等。

维修利用是指将已经失去使用功能的产品经过维修，可以使其恢复工作状态，可能质量会降低。如家用电器的维修等。

再制造是指不改变产品的物理特性，通过拆解、检修、更换部件等，可以使其形成“新产品”。如复印机的再制造等。

再循环是指对产品中物料资源的回收循环利用。如废钢材的回收，废纸回收等。

4. 废弃处理

对回流产品进行上述价值回收之后，剩余的无再利用价值的部分进行废弃技术处理。处理方式有掩埋、垃圾发电、焚烧及其他等。

5. 进入新的供应链

将处理过的产品按照不同的使用价值进入新的分销网络。

第五节　逆向物流的运作管理模式

随着整个社会环境保护意识的提高，以及国家提出的可持续发展和循环经济的发展战略，资源的循环利用、生产商的责任延伸将以法规的形式强制执行，同时企业为了赢得在市场上的竞争优势，除了提供差异化的优质产品之外，给顾客提供差异化的服务也是企业赢得顾客满意度和市场的一种手段。因此，在法规的约束下，结合本身的经济利益，企业会对产品回收模式的运作管理方式放在企业的战略地位考虑。主要的产品回收模式有三种，即行业型企业联盟模式，自营模式和第三方逆向物流运作模式。

一、行业型企业联盟模式

由于中小企业在人力、物力、财力和技术等方面的力量较弱，设计能力和生产能力较之大型企业而言十分有限，履行法规所规定的生产商责任延伸不足，对产品进行回收处理的敏捷性较差，对顾客的服务响应时间较长。即使是采用将有限的逆向物流业务外包，第三方也会因为较小的物流规模而索取较高的费用。因此，行业型企业联盟的形成，可以形成规模经济，降低逆向物流成本。在技术的研发方面，可以集合行业内的研发力量，攻克产品回流过程中所出现的问题。企业的投资方面，避免重复投资，节约企业资金，提高企业资金的利用率。具有相似产品的中小型企业应采取协同的方式在市场上进行有效的协同竞争。

1. 行业型企业联盟模式的含义

逆向物流行业型企业联盟模式是指两个或两个以上的企业,为达到以最低成本回收产品、谋求经济利益最大化这一战略目的,通过一定的协议或组织方式,集合了产品特征相似,具有相同市场属性的一种联合体。

行业型企业联盟的提出是由于企业面对的是具有相同属性的市场,生产和销售具有同质效用的产品,所需要的信息具有相似性,所需要的硬件投资相似,回收的工艺和技术相似,因此,为避免重复投资和共享行业资源、信息和技术,基于最大限度地利用资源和减少污染,形成行业型企业联盟。通过企业联盟内部的协同,获得规模经济,降低成本,提高整体行业声誉,缩短回流产品在回流渠道中的前置时间,提高对顾客的服务响应,促使企业在逆向物流方面的有序发展。

行业型企业联盟基于协同。协同,在系统科学中的含义是指系统中诸多子系统或要素之间相互作用而形成有序统一体的过程。公司利用协同的最一般的目的,是在不增加额外的固定投入的前提下,使企业能够得到快速地发展。协同效应主要来自于协同方共享各自原有的技术、生产能力和协同管理的有效性来实现。如果不利用这种方式,企业不得不花费相当长的时间和一定的起步成本达成目标。

协同有协同正效应和协同负效应之分。协同正效应即为参与协同的整体效应大于各组成部分不参加协同的效益之和;协同负效应为协同的整体效应小于各组成部分不参加协同效益之和。协同能产生正效应还是负效应取决于参与协同伙伴企业的选择、协同规模的大小、协同企业中个体企业的声誉和协同协议的制定和遵守。

逆向物流行业型企业联盟模式的数学含义:

企业的投资回报率为企业的产品收益减产品的成本之差与企业固定投资的比值。设有 N 个企业,在没有联盟前企业逆向物流的投资回报率为 α_i,当 N 个企业参加联盟后,企业的投资回报率为 α_j,则当 $\alpha_j > \alpha_i$ 时,产生协同的正效应;否则即为协同的负效应。

行业型企业联盟模式与通常意义上的企业动态联盟是有区别的。

(1)目标不同。行业型企业联盟是为达到某一战略目的;而动态联盟是基于以产品为纽带,在全球范围内建立的一种企业间的临时合作关系。可以是同行业间形成一种垄断,也可以由相关的不同行业组成,也是一种垄断。

(2)生存周期不同。动态联盟是因市场机遇而生,随市场的失去而解散,是暂时的和动态的利益联合体;而行业型企业联盟模式则是一种长期的契约关系。

2. 行业型企业联盟模式的内在动因和外在因素

行业型企业联盟模式的外在因素主要是政府的一系列法规以及社会环保意识提高的要求。内在动因(因素)为成本因素、信息的反馈和高新技术的研发、快速应对顾客的服务和发挥协同企业的协同效应。

中小企业形成行业型企业联盟可以有效地降低回收成本。从企业逆向物流的投资角度看,无论企业是因为法规的强制性还是经济利益的驱动,企业自身从事逆向物流都会增加投资,包括回收中心的建设、回收设施的购买、回收拆解技术的引进、技术人员的培训等。在回收过程中,如果回收工艺不能满足政府对环境的要求,造成对环境的二次污染,还会受到政府的高额罚款。从回收成本看,企业从事逆向物流的驱动因素除法规的强制性和企业的社会责任

外,最大的驱动力来自于经济利益,即从使用过的产品中进行高附加价值的回收。如果企业的规模较小,回收的产品数量不能达到规模经济,如果回收产品的回收成本高于从原材料供应商处的购买成本,那么导致企业的生产成本较高,最终会导致企业在遵守政府法规和企业的生存之间选择生存,放弃回收使用过的产品,无法为社会创造有效的社会效益和环境效益。即使转包给第三方逆向物流企业,也由于规模较小而被索取较高的代理费用;由于转包,还存在委托——代理双方信息的不对称性,使作为委托方的企业存在无法对第三方实施逆向物流的有效性实施监督,因为监督也是需要成本;同时第三方对于回流产品中所存在缺陷的信息反馈存在延迟和放大的弊端。因此,行业型企业联盟的形成,可以将批量小的集中形成规模经济,避免重复投资,降低回收成本。

中小企业形成行业型企业联盟可以加快信息的反馈速度和促进高新技术的研发。由于行业型企业联盟是由一群产品特征相似、具有相同市场特性的企业联合体,因此,协同的企业群在对资源和业务行为共享的基础上进行产品的回收,能准确地发现产品中的缺陷,并通过共享的信息平台将缺陷产品的信息反馈到企业,避免了转包给第三方物流公司所形成的信息的延迟和放大。同时,协同的企业群还可以避免个体企业在人力、物力、技术等方面力量薄弱的缺陷,集合企业群中的网络优势、物理设施、技术力量,针对产品或回收工艺进行研发和改造,最大限度地降低各企业在逆向物流方面的投资,最大限度地利用回收资源,优化配置,提高整个企业联盟的经济利益。

发挥行业型企业联盟的协同效应。罗伯特·巴泽尔和布拉德利·盖尔认为协同创造价值的方式有四种:

(1)对资源或业务行为的共享。资源的共享是指协同的企业群同享资源可以避免重复投资,造成无谓的投资浪费;业务行为的共享是指企业自身不能形成规模效益的可以通过协同的方式形成规模效益,对于逆向物流尤其如此。相对于企业自营模式,建立自身的回收网络、回收处理设施和回收中心,协同企业群中的个体投资要少得多。并且逆向物流的产品流多是小批量的,通过协同可以将具有相似性质的产品集成经济批量,进行运输、储存和处理等,形成一定的规模经济,以节约回收成本。

(2)市场营销和研发的扩散效益。指协同的企业群中研发力量薄弱的企业可以从协同的其他企业的研发结果中获得收益。企业经营逆向物流除法规约束和环保要求外,最根本的目标是回收产品中的价值,获得产品信息,改进产品质量,促进新产品的开发。通过协同,可以从其他企业的研发中获得间接效益。

(3)企业的相似性。企业因逆向物流而形成的行业型企业联盟,由于所面对的是具有相同属性的市场,生产和销售具有同质效用的产品,所需要的信息具有相似性,对产品回收所需要的硬件投资相似,回收的工艺和技术相似。因此,知识和技能可以为彼此处在相似知识领域内的企业共享。

(4)对企业形象的共享。逆向物流行业型企业联盟是一个协同的企业群,在适当规模的协同企业群中,单个企业可以从联盟整体的形象中获得收益。

行业型企业联盟是指两个或两个以上的企业,为达到某一战略目的,通过一定的协议或组织形式,集合了产品特征相似,具有相同市场结构属性的一个联合体。联合体最终要取得协同的正效应,则必须使协同的企业群遵守联盟协议,培养协同企业群的整体声誉效应。协同企业群是一个联合体,它们各自选择在协同过程中的努力水平,但却创造出一个共同的产出,每个企业对产出的边际贡献依赖于其他企业的努力水平,因此,协同企业群的协同工作会产生"搭便车"行为,或称为偷懒问题。

二、企业逆向物流自营模式

1. 企业逆向物流自营模式的由来

中小企业采用行业型企业联盟模式是由于企业面对的是具有相同属性的市场,生产和销售具有同质效用的产品,所需要的信息具有相似性,所需要的硬件投资相似,回收的工艺和技术相似,因此,为避免重复投资和共享行业资源、信息和技术,基于最大限度地利用资源和减少污染,形成行业型企业联盟。而有些企业有很高的顾客服务标准,逆向物流高度影响企业的业务流程,企业的逆向物流实施需要较高的专用性投资,需要采用较先进的技术;产品具有核心竞争优势,避免已有的或潜在的竞争对手模仿的产品;企业自身的物流管理能力较高,从原始制造商的角度来说,由于战略和竞争的考虑,为保护自身产品中的特殊知识和技术而选择自身进行产品的回收、再利用和再制造;企业从顾客的角度出发,提高顾客的满意度,缩短顾客服务的响应时间作为一种企业战略方案时,企业可以考虑采用逆向物流自营模式。

2. 企业逆向物流自营模式的含义

自营模式是指企业依据企业自身的竞争优势和企业文化,利用产品的销售网络建立企业的回收网络,缩小服务响应时间,提高顾客满意度,建立企业自身处理中心的回收模式。在自营模式下,企业不但重视产品的生产销售和售后服务,包括退货管理,还重视产品在消费之后的废旧物品以及包装材料的回收和处理,企业在政策、法规的约束下以及经济利益的驱动下,建立自营式逆向物流系统,是外部社会成本内部化的表现形式,是生产商责任延伸制度的主要方式,见图9-7。

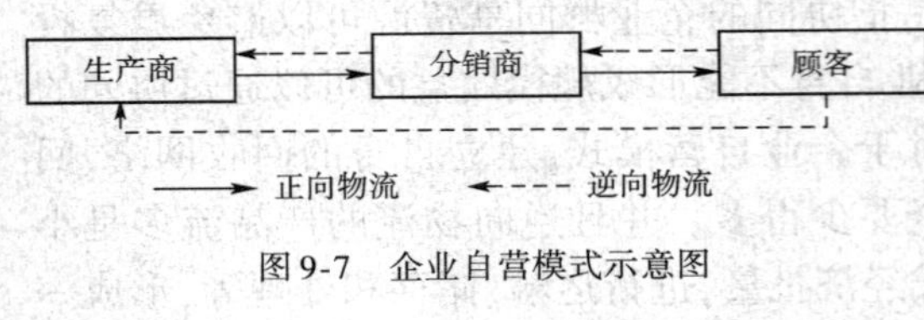

图9-7 企业自营模式示意图

3. 企业自营模式的正、负面效应

(1)正面效应:

①从客户服务的角度看,企业自营逆向物流,对有质量问题的产品进行及时召回、退换、回收等,提高顾客的服务水平,缩短服务的响应时间,增加顾客满意度,培养顾客忠诚度,同时建立起企业声誉,扩大市场份额,提高经济效益。

②从提高产品质量角度看,企业自营逆向物流活动,通过对产品的回收,及时了解产品的缺陷,反复对产品质量实施检查和改进,提高产品质量,并不断促进研发新产品,更有效地完成逆向物流的全面质量管理。

③从物流整合的角度看,利用正向物流的销售网络建立逆向物流的回收网络,使企业的物流系统形成一个闭环系统,便于企业对双向配送路线进行优化,提高运输车辆的利用率,减少车辆的空载,降低对环境的污染和道路的拥堵,创造环境效益。

④从回收产品的价值看,由于生产商了解产品的设计,对回收产品的价值有较准确的估计,能准确进行分类,节约拆卸时间,最大限度地回收产品的价值;同时,回收的零部件和物料在经过处理之后,能很快进行再生产利用,实现资源的闭环流动。

(2)负面效应:

①从经济性角度看,逆向物流活动包括回收、运输、仓储、分类、处理、再利用等环节,除了对技术工人的要求较高之外,对技术设备的投资、回收处理中心的建设等都需要很大的投资,且这部分投资对于自营模式单纯回收本企业的产品无疑是巨大的;而且很难形成规模经济,导致回收成本较高,无法形成企业的竞争优势。

②由于企业既从事正向物流,又从事逆向物流,二者整合的难度较大。对于车辆的调配,路线的优化都需要重新设计。

三、第三方逆向物流模式

当企业无法采用行业型企业联盟和自营模式时,将逆向物流业务外包就成为企业的选择。

当企业采取逆向物流外包,是因为存在两大驱动力:一是企业可以将主要的资源集中到企业的核心业务上,以获得最优回报,将非核心业务外包;二是企业在自身能力无法降低回流产品的成本时,将逆向物流外包,可以降低成本,减少风险,并可以得到更专业化的服务,提高服务质量。

第三方逆向物流运作模式是指在逆向物流渠道中,由第三方提供的服务。第三方逆向物流有广义和狭义之分。狭义的第三方逆向物流与正向物流功能相似,仅提供产品的运输、仓储和配送;而广义的第三方逆向物流是指第三方以合同的形式在一定期限内提供企业所需的全部或部分逆向物流服务,按照企业要求进行退、回货物或废旧货物的运输,再包装、保管、维修、处理和再配送等业务。本文中所提到的第三方逆向物流运作模式是指广义的第三方逆向物流。

第三方逆向物流模式的特点如下:

1. 专业化

第三方逆向物流公司在运输、仓储和再配送具有很高的专业化。更关键的活动是对回收货物价值的认识,并如何更高效率地回收和利用价值。专门从事某类产品回收的第三方逆向物流公司拥有此类产品较详尽的知识,完善的回收处理设施和技术,回收处理的结果除能够达到环保要求外,还能使产品的回收达到物尽其用。

2. 技术化

主要是指一些产品,依靠企业自身的力量无法做到完全回收和处理,就需要依靠有回收处理设备和技术的第三方逆向物流企业。如废旧家电和塑料制品等。青岛新天地生态园就是依托青岛市集中了我国的大量家电生产企业,针对废旧家电进行回收和处理,做到固体废物处理技术、危险废物鉴别技术、可利用固体废物的资源化技术、污染土壤修复技术、新能源开发技术,以及各种测试手段的建立、相关技术标准的制定、验证和人员培训等。收集和提供电子垃圾的回收、交换和处置信息,实现信息和基础设施共享,以使固体废物得到快速高效的交换和处置。

3. 网络化

物流对环境造成的最大影响是运输所产生的环境成本。逆向物流活动的目标是将产品对环境的危害降低到最低,但逆向物流活动中重要的环节之一就是运输。作为从事生产作业的企业,较难做到同时专注于正向物流和逆向物流,形成双向物流配送路线的优化。而专门从事

逆向物流服务的第三方物流公司,有较完善的运输网络优势,网络的覆盖面越广,其网络优势越能凸显。

4. 可以帮助企业解决资源相对有限的问题

逆向物流虽然被企业放在战略地位考虑,但很多企业的逆向物流不是企业的主流方向。相对于被称为"动脉物流"的正向物流经济活动而言,逆向物流只是企业经济活动中的"静脉物流"。因此,将企业的逆向物流活动转包给专业逆向物流公司,不仅可以节约企业在逆向物流方面的投入,集中企业的优势资源投入到企业的核心业务上,而且还可以通过第三方逆向物流公司获得廉价的生产资料。因为回收资源的价格只有低于从供应商处购买原材料的价格,才有市场需求。

5. 可以提高企业的服务质量

第三方逆向物流公司是专门从事逆向物流服务的,因此,与企业自营比较,它可以将小批量的回收产品集成来获得规模效益,降低了企业的回收成本,缩短服务的响应时间,提高企业的服务水平。

尽管第三方逆向物流公司在处理逆向物流方面有优势,企业将逆向物流业务委托给第三方逆向物流公司,由于存在着信息不对称,企业无法确知第三方逆向物流公司的努力水平,只能观测到变量,而这些变量是由第三方逆向物流企业的行为和一些外生随机因素共同决定的。因此,作为委托人的企业在进行逆向物流业务外包时,应设计一个最优的契约,使激励与监督并存。通过激励机制,诱使第三方逆向物流企业选择企业期望的行动;同时又能对其进行有效的监督,防止第三方逆向物流企业的"道德风险"。作为代理人的第三方逆向物流企业,在与委托人签订的契约中,除重视声誉带来的效应外,还应平衡己方的收益和付出的努力,防止委托人出现"鞭打快牛"——棘轮效应。

四、三种运作管理模式的适用范围

对于具有相同属性的市场,生产和销售具有同质效用的产品,所需要的信息具有相似性,逆向物流所需要的硬件投资相似,回收的工艺和技术相似的中小型企业,为避免重复投资和共享行业资源、信息和技术,基于最大限度地利用资源和减少污染,行业型企业联盟是中小企业进行逆向物流运作的最优选择。这样企业的投资较少,风险较低,既能满足遵守国家的法规要求,同时还可以降低回流产品的响应时间,提高顾客的满意度。

有些企业的逆向物流高度影响企业的业务流程,企业的逆向物流实施需要较高的专用性投资,需要采用较先进的技术;产品具有核心竞争优势,避免已有的或潜在的竞争对手模仿的产品;产品的生命周期很长如饮料瓶,集装箱,托盘等可填充物;企业从顾客的角度出发,提高顾客的满意度,缩短顾客服务的响应时间作为一种战略方案时,企业可以考虑采用自营模式。可以保证产品在一段时间内保持竞争力,得到较大的回报。

对于有些企业,逆向物流没有进入企业的战略目标,业务流程不需要很高的专用性投资,而且依靠企业自身的资源无法满足回流产品的要求,企业可以采用逆向物流外包的形式,即第三方物流。这样由企业自身经营的规模不经济变成第三方逆向物流的规模经济,降低企业的生产成本,分担企业风险。企业只需要关注外包协议,在满足自身期望效用的前提下,满足外包企业的期望效用和进行有效的监督。

案例 9-2 著名企业退货物流管理对比

索尼爱立信(简称索爱)公司是日本索尼公司和瑞典爱立信 AB 公司共同成立的合资公司。在紧跟消费者需求的战斗中,不仅需要面对诺基亚、摩托罗拉这样的强劲对手,同时,还要面对不断缩短的产品生命周期。它一直寻找在手机市场的竞争优势,其解决方案是:对退货和维修处理的重整。缺陷手机的退货、处置、维修和置换都会给逆向供应链产生巨大的影响。

越来越多的企业认识到退货管理的重要性,他们采取积极的措施节约资金、提高客户满意度。没有人喜欢产品退货,但是这个供应链的不可避免的"肿瘤"正在引起企业的关注,企业已经认识到退货管理对客户关系、品牌忠诚度和净收益的重要性。特别是刚刚过去的这一年,我们注意到更多的执行主管关注这一领域,他们想了解为什么会产生退货、退货对财务的影响,以及如何降低退货。退货管理很复杂,不仅包括需要快速地再储存和再销售的产品,还包括需要修理、整修的产品,这些产品往往有保修卡,以及根据环保要求需要安全处理的产品。对于销售供应链,我们会根据不同的产品成倍增加销售渠道;同样地,逆向物流也需要增加渠道。但是,由于所有的退货不能以同样的方式处理,而且退货占所有售出产品的20%,所以退货管理对大多数企业来说还是一个棘手的问题。

1. 曼哈顿的退货解决方案

为了帮助消费者处理不同的退货,曼哈顿合伙企业——美国亚特兰大一家供应链提供商与其他的软件提供商设计了新的解决方案。大多数企业都有自己处理退货的方针,要遵循许多的供应商规则,但是这些方案都不简单。据曼哈顿合伙企业逆向物流的高级总管 David Hommrich 介绍,其实每一个企业都会有自己的退货产品的处理政策,但是由于每一个企业的政策不同,加上操作人员对其不熟悉,使得处理退货的政策指南只能束之高阁,无人问津。因此,曼哈顿合伙企业的一个目标就是要使退货政策深入人心。

曼哈顿合伙企业的"退回供应商"模型能够把所有供应商退货管理的政策纳入计划。比如说,一个 DVD 制造商要求每次退回的 DVD 数量为 20。那意味着企业必须搁置 19 件,直到第 20 件到来才能处理。然而,曼哈顿的"退回供应商"模型可以自动生成一个拣选票据,并且能够把票据传输给仓储管理系统。这样,曼哈顿合伙企业就可以避免退货管理中经常出现的问题。

此外,曼哈顿合伙企业的退货政策还具有"守门"功能,可以防止不符合条件的产品的退回。例如,一个制造商可能与一家批发商签订协议,不管是否是质量问题,都只允许一定比例的退货。在这种情况下,企业就必须实时掌握退货的数量。一些企业只允许批发商每季进行一次退货,另一些企业的退货数量与产品的生命周期有关。不管哪种情况,都涉及"守门"功能。曼哈顿合伙企业按照退货处理政策,以关系、产品或环境为基础,动态地解决各种情况,自主决策。

2. CellStar 退货解决方案

Yantra 是美国马萨诸塞州吐克斯伯利镇的一家供应链执行商。该企业也使用退货政策来管理保修问题。保修问题只是 Yantra 的客户——CellStar 提供的诸多逆向物流服务中的其中之一。CellStar是美国德克萨斯州北部卡罗顿市的一家移动电话的物流服务提供商。CellStar提供的一项新服务——Omnigistics,是专门为移动电话退货处理设计的。据CellStar副总裁兼总经理克里斯·史密斯介绍,该企业的正向物流非常成熟,但是逆向物流非常薄弱,绝大多数使用电子制表软件和其他国产软件。

另外,移动电话行业还有许多问题。不同的移动电话不仅结构、样式各异,所应用的软件技术不同,而且保修政策也各不相同。严格来讲,每月都有无数个移动电话从客户端退回。这些退回的移动电话都必须经过检验和评估,以确定是否能保修、修理是否经济。特别是当客户退回在保修期内的电话时,企业又得给客户另外一部电话,新移动电话的平均销售价格为150美元,又是一笔昂贵的费用。CellStar提供的Omnigistics服务主张为客户修好那部移动电话,而不是换部新的,这样就可以降低30%到40%的成本。

由于Omnigistics的诞生,当客户的移动电话出现问题并且在保修期内时,他们会直接打电话到电话中心。然后,电话中心记录下这部电话的信息,并通过电子数据传输给CellStar一份那个客户的资料。第二天,CellStar就会邮递给客户另外一部价格、型号相当的新电话。收到这部新电话的同时,客户会用刚刚收到的包装退回那部出现问题的电话。在最初客户给电话中心打电话时,有关这部电话的所有信息,包括产品序列号,都会被输入Yantra的系统。序列号也有助于Omnigistics确定产品是否仍然在保修期内。同时,当退回的产品在逆向物流链上流动时,也可以计算出它的劳动成本。

Omnigistics不仅带来成本的降低和客户服务水平的提高,而且使企业获取了更多的信息。CellStar向零售商和制造商报告修理任务的总数,可以获取许多有关有价值的可靠信息,这可以使企业提前采取措施。另外,CellStar按照环保要求处理退货产品为公司的发展提供了很大的发展空间。因为2005年加利福尼亚州将实行一部新的法律,这部法律要求移动电话的运输商和零售商必须按照环保要求处理终端电话。

3. 东芝的退货解决方案

东芝电脑的退货管理存在着不同的问题,因为客户想要他们之前使用的、存有所有资料的那个电脑,替代电脑根本不行。因此,客户满意的两个关键因素是速度和第一时间的修理。如果东芝忽略了这两个因素中的任意一个,客户满意度就会降低。

东芝采用六西格玛法寻找缩短修理时间的解决方案。东芝想要外包这项业务,起初对合作伙伴的选择犹豫不决——选择修理企业,还是物流企业?实际上,对于大规模的退货处理业务,具备修理和物流服务双重功能的企业很少。最后,东芝选择了UPS集团旗下的供应链管理解决方案事业部(UPS Supply Chain Solutions)——具备修理能力,更为重要的是在物流领域处于核心地位。在物流与修理服务两者之间,东芝更加注重物流,因为东芝坚信修理技能可以学习、改进,而物流模型难以模仿。

UPS位于美国路易(斯)维尔的飞机跑道也是一个大的有利条件。东芝的零件存储和修理中心都位于路易(斯)维尔。结果,双方合作以后,库存竟然变得非常好,因为零部件不用离开工厂。而且,修理周期也大大缩短,由过去的10天降为4天。在修理周期缩短方面UPS发达的店铺网络贡献最大。现在,UPS再也不用花费几天时间,邮寄给客户一个替代的退回产品。客户可以去往任何一家UPS店铺,店铺会为客户包好产品并在当天送出。

4. Neiman Marcus 的退货解决方案

能够很容易地使产品在供应链上逆向传输对退货管理非常重要。美国得克萨斯州达拉斯市的一家高消费阶层的零售商 Neiman Marcus，采用 Newgistics 提供的“敏捷标签”(SmartLabel)解决方案，实现了小包装客户退货产品在供应链上的逆向传输。

据 Neiman Marcus 的副总裁 Greg Shields 介绍，Neiman Marcus 在运输一件产品的时候，会将运输标签和拣选单据放入包装箱(盒)中，这张标签记录了产品的信息。同时，拣选单据也附有一个便于退货处理的“敏捷标签”。敏捷标签的条形码上记录了装运的所有必要信息。如果客户决定退回产品时，他可以使用同样的包装材料并再次使用这个敏捷标签。客户可以把包装好的退货产品送到任意一家邮局，或者放进家附近的邮筒。然后，Newgistics 从邮局取出这些包裹，运送到自己的工厂进行拣选和拼装。Newgistics 按照纸板箱的尺寸用托盘装运，这又降低了劳动成本。而且，Newgistics 会送出运前通知，这使得 Neiman Marcus 能够及早行动，非常快地处理好退货。平均来讲，Neiman Marcus 处理一件退货产品只需要 3.77 天。在退货产品的同一天，企业就能处理 50%，这大大提高了客户满意度。在一项对客户满意度的调查中，超过 90% 的客户认为 Newgistics 的服务是五星级，这也是最高的等级。此外，这项服务使零售商也非常满意。

退货物流正在成为企业竞争中的重要组成部分，尤其是欧盟又将对电子产品回收执行新的规则，其重要性更趋明显。

(来源：豆丁网，http://www.docin.com/p-501683544.htm)

思考题：

1. 企业实施逆向物流的战略意义和现实利益何在?
2. 退货物流中应注意哪些问题?
3. 请总结案例中各企业退货物流中的优缺点。

思考与练习

一、名词解释

1. 逆向物流
2. 循环经济

二、简答题

1. 简述逆向物流的内涵与类型。
2. 阐述企业逆向物流形成的内在机理与外在需求。
3. 分析企业逆向物流网络形式及其特征。
4. 试析企业逆向物流运作的模式及其适应性。

三、讨论题

结合我国实际，阐述企业逆向物流发展的制约因素。

第十章　物流信息管理与电子商务

引导案例　物流信息化打造海尔集团核心竞争力

PSI(Process & System Innovation Platform)是海尔五大功能平台之一,负责集团信息化的规划和建设:端到端流程体系与IT治理、IT战略与规划、预算管控、项目管理、服务运营、信息安全等,主导海尔"人单合一"信息化变革实践。

目前,海尔已建立了集订单信息流、物流、资金流"三流合一"的BI、GVS、LES、PLM、CRM、B2B、B2C等系统,实现了全集团业务统一营销、采购、结算,并利用全球供应链资源搭建起全球采购配送网络,辅以支持流程和管理流程,以人单合一为主线实现了企业内外信息系统的集成和并发同步执行,实现内外协同——端到端流程可视化、从提供产品到提供服务,形成核心价值链的整合和高效运作模式。

随着大数据技术的应用,传统企业的以产品为中心模式变为以用户需求为中心模式,海尔再一次走在制造业数据应用的前列,将数据定义为能够为企业创造价值的资产,通过数据分析输出企业的"危"和"机";对内承接集团零库存、零缺陷、零冗员的业务目标,为平台化企业战略提供有力支持。

(来源:和讯网,http://tech.hexun.com/2014-05-26/165145035.html)

问题

1. 物流信息为企业发展带来什么竞争优势?
2. 电子商务物流运作的模式的特点有哪些?

本章知识点

物流信息在整个物流系统中起着相互衔接的纽带作用,对物流活动的有效运转给予支持,也是电子商务下企业良好经营运作的有效保证。

本章介绍了物流信息系统的功能、特征以及物流信息管理系统设计基本原理,重点分析电子商务物流的运作模式以及信息技术在电子商务物流中的应用。

本章应重点掌握的内容:物流信息的作用;现代物流管理信息系统的构成;物流在电子商务中的地位和作用;企业自营物流模式和物流企业联盟模式的区别;电子商务物流中应用的主要信息技术。

第一节　物流信息管理

物流信息是指与物流活动有关的一切信息。物流信息是伴随着企业的物流活动的发生而产生的,企业如果希望对物流活动进行有效的控制,就必须及时掌握准确的物流信息的情况。由于物流信息贯穿于物流活动的整个过程中,并通过其自身对整体物流活动进行有效的控制,因此,我们称物流信息为物流的中枢神经。

一、物流信息概述

1. 信息在物流中的地位

开展物流的首要目的就是要向顾客提供满意的服务;第二个目的就是要实现物流总成本的最低化,也就是,要消除物流活动各个环节的浪费,通过顺畅高效的物流系统实现物流作业的成本最优化。

顾客服务与物流成本两个指标同样具有悖反效应,即若想为顾客提供最为满意的服务,那么可能就要增加物流的成本;而如果想要降低物流的总成本,那么可能就会带来服务水平的下降。因此,我们需要在这两个指标之间进行权衡,以找到一个最佳平衡点,力求整体效益的最大化。而物流信息的合理利用就能够帮助我们实现这个目标。通过物流信息的快速、准确地传递和共享,再通过高效的物流信息系统的控制,就能够达到提高运营效率、降低总成本的目的,从而在顾客服务和物流成本两个指标之间找到最佳的平衡点。因此,信息在商务物流中起着举足轻重的作用,它关系到物流的整个过程。

2. 物流信息的特征

在电子商务时代,随着人类需求向着个性化的方向发展,物流过程也在向着多品种、少量生产和高频率、小批量配送的方向发展,因此,物流信息在物流过程中也呈现出很多不同的特征。

(1)物流信息量大大增加。在电子商务时代,高频率、小数量的配送使得包装、存储、运输、装卸等等的物流活动产生了大量的信息,这些信息都从不同角度反映着物流活动的整个过程的情况,如果能对这些信息进行详细的分析和控制,那么必将大大地提高物流活动的效率。随着信息技术的发展,获得并处理这些信息将变得更加容易,因此,这也将在另一方面促进物流信息量的增加。

(2)物流信息的来源更加广泛。在未来社会,企业间的关系将是一个双赢的竞争关系,所以,通过企业之间密切的合作,可以为消费者提供更加优质的服务。对于企业的物流活动来说,也是如此。企业通过建立自己的物流网络,并运用EDI技术同相关的企业进行信息的交换和共享,这样,可以对自己的物流活动进行最优化的控制,实现社会效率的最优化。

(3)物流信息的更新速度加快。随着高频率、小批量配送商品比例的增加,各种物流活动所发生的频率也大大加快了,因此,各种活动产生物流信息的频率也大大地增加了,这就表现为物流信息的更新速度更快了。

(4)伴随物流活动产生的信息具有动态易变性。由于物流活动本身的复杂性以及物流所面对客户的多样性,决定了物流信息将随物流活动不同阶段而动态变化,这就需要相应的信息管理系统应具备对动态信息的捕获和揭示能力。

3. 物流信息的作用

在物流管理活动中,信息的收集与管理起着关键作用。进行物流管理时,需要大量准确、即时的信息和用以协调物流系统运作的反馈信息。任何信息的遗漏和错误都将直接影响物流系统运转的效率和效果,进而影响企业的经济效益,因此,信息在物流过程中具有不可替代的重要作用。

(1)物流管理活动是一项系统工程,物资的采购、运输、库存以及销售等活动在企业内部互相作用,形成一个有机的整体系统。物流系统通过物质的流动、所有权的转移和信息的接受、发送与外界不断作用,实现对物流的控制。整个系统的协调性越好、内部损耗越低、物流管理水平越高,企业就越能从中受益。而物流信息在其中则充当着桥梁和纽带的作用。比如:企业在接收到商品的订货信息后,要检查商品库存中是否有商品存在,如果有,就可以发出配送指示信息,通知配送部门进行配送活动;如果没有库存,则发出采购或生产信息,通知采购部门进行采购活动,或由生产部门安排生产,以满足顾客需要。在配送部门得到配送指示信息之后,就会按照配送指示信息的要求对商品进行个性化包装,并反馈包装完成信息,物流配送部门则开始设计运输方案,进而产生运输指示信息,对商品实施运输;在商品运输的前后,配送中心还会发出装卸指示信息,指导商品的装卸过程;当商品成功运到顾客手中之后,还要传递配送成功的信息。因此,物流信息的传送连接着物流活动的各个环节,并指导各环节的工作,起着桥梁和纽带的作用。

(2)物流信息可以帮助企业对物流活动的各个环节进行有效的计划、协调与控制,以达到系统整体优化的目标。每一步物流活动都会产生大量的物流信息,而物流系统则可以通过合理应用现代信息技术(如EDI、MIS、POS、电子商务等),对这些信息进行挖掘和分析,从而得到对于每个环节之后下一步活动的指示性信息,进而能够通过这些信息的反馈,对各个环节的活动进行协调与控制。例如:根据客户订购信息和库存反馈信息安排采购或生产计划;根据出库信息安排配送或货源补充;等等。因此,利用物流信息,能够有效地支持和保证物流活动的顺利进行。

(3)物流信息有助于提高物流企业科学管理和决策水平。物流管理主要是通过加强供应链中各环节和实体间的信息交流与协调,使其中的物流和资金流保持畅通,实现供需平衡的。物流管理中存在一些基本决策问题,如:①位置决策。即物流管理中的设施定位,包括物流设施、库存点和货源等,它代表了物流的基本策略,应在考虑需求和环境条件的基础上,通过优化进行决策;②生产决策。主要根据物流在这些设施间的流动路径,合理安排各生产成员间的物流分配。良好的决策可以在各成员间实现良好的负荷均衡,使物流保持畅通;③库存决策。库存决策主要关心库存的方式、数量和管理方法,是降低物流成本的重要依据;④采购决策。根据商品需求量和成本合理确定采购批次、间隔和批量,以确保在不间断供给的前提下使成本最小化;⑤运输配送决策。包括运输配送方式、批量、路径以及运输设备的装载能力等。

通过运用科学的分析工具,我们可以对物流活动所产生的各类信息进行科学分析,从而获得更多富有价值的信息。通过物流系统各节点间的信息共享,能够有效地缩短订货提前期,降低库存水平,提高搬运和运输效率,减少递送时间,提高订货和发货精度,以及及时高效地响应顾客提出的各种问题,从而极大地提高顾客满意度和企业形象,提高物流系统的竞争力。

(4)在物流活动过程中,还存在很多影响和制约因素,如:环境因素、交通状况、地理气象以及道路设施状况等。要确保物流活动高效运转,就必须对这些因素进行动态跟踪和管理。因此,借助物流信息系统实现动态信息管理是确保物流系统高效运转的保证。

二、物流信息管理系统

随着物流系统的发展,物流信息量会变得越来越大,物流信息更新的速度也越来越快,如果仍对信息采取传统的手工处理方式,则会引发一系列信息滞后、信息失真、信息不能共享等瓶颈效应,从而造成整个物流系统的效率低下。因此,为了提高物流系统的整体效率,建立基于计算机和通信技术的物流管理信息系统将成为物流系统的必由之路。

1. 物流管理信息系统的概念

物流信息一般由以下两部分组成:一是物流系统内信息。它是伴随物流活动而发生的信息,包括物料流转信息、物流作业层信息、物流控制层信息和物流管理层信息。二是物流系统外信息。它是在物流活动以外发生,但提供给物流活动使用的信息,包括供货人信息、顾客信息、订货合同信息、交通运输信息、市场信息、政策信息,还有来自企业内生产、财务等部门的与物流有关的信息。

与其他领域信息相比,物流信息具有息量大、分布广、动态性强以及价值衰减速度快等特点。这就使物流信息的分类、研究和筛选等工作的难度增加。

物流管理信息系统(Electronic Commerce Logistics Management Information System,简称LMIS)是一个由人和计算机网络等组成的能进行物流相关信息的收集、传送、储存、加工、维护和使用的系统。由于现代物流是信息网络和传统物流的有机结合,物流企业本身正以崭新的模块化方式进行要素重组,所以,LMIS不仅是一个管理系统,更是一个网络化、智能化和社会化的系统。

现代物流系统的不同阶段和不同层次之间通过信息流紧密地联系在一起,因而在物流系统中,总是存在着对物流信息进行采集、传输、贮存、处理、显示和分析的物流管理信息系统。它的基本功能主要有数据的收集和录入、信息的存储、信息的传播、信息的处理和信息的输出等几个方面。

2. LMIS的层次结构

处在物流系统中不同管理层次上的物流部门或人员需要不同类型的物流信息。因而一个完善的物流管理信息系统应具有以下几个层次:

(1)数据层。将收集、加工的物流信息以数据库的形式加以存储。

(2)业务层。对合同、票据及报表等进行日常处理。

(3)运用层。包括车辆运输路径选择、仓库作业计划、库存管理等涉及当前运行的短期决策。

(4)控制层。建立物流系统的特征值体系,制定评价标准,建立控制与评价模型,根据运行信息监测物流系统的状况。

(5)计划层。建立各种物流系统分析模型,辅助高层管理人员制定物流战略计划。

3. LMIS的类型

(1)按系统的结构分类有单功能系统和多功能系统:

①单功能系统。它只能完成单一的工作,如合同管理系统、物资分配系统等,这种系统属于淘汰型,在现代物流中的作用不大,只是构成现代LMIS的基础子系统。

②多功能系统。它能完成一个部门或一个企业所包含的全部物流信息管理工作,如仓库管理系统、运输管理系统等。这类系统是目前我国物流企业常用的MIS,其作用在现代物流中被大大削弱,也必将被网络MIS所代替。

(2)按系统功能性质分类有操作型系统和决策型系统:

①操作型系统。它是按照某个固定模式对数据进行固定的处理和加工的系统,它的输入、输出和处理均是不可变的,比如财务会计管理系统。

②决策型系统。能根据输入数据的不同,运用知识库的方法,对数据进行不同的加工和处理,并给用户提供决策的依据,现行电子商务就是一种人机对话的共同决策系统。

(3)按系统配置分类有单机系统和网络系统:

①单机系统。管理信息系统仅能在一台计算机上运行,虽然可以有多个终端,但主机只有一个。

②网络系统。管理信息系统使用多台计算机,相互间以网络连接起来,使各计算机实现资源共享。显然,单机系统只是一个过渡,网络系统才是发展方向。

三、现代物流管理信息系统的构成

现代物流管理信息系统包括接受订货信息管理系统、订货信息管理系统、收货信息管理系统、库存管理信息管理系统、发货信息管理系统、配送信息管理系统、运输管理信息系统、包装信息管理系统、流通加工信息管理系统、成本管理信息系统、EDI 处理信息系统以及物流综合管理信息系统。

1. 接受订货信息管理系统

办理接受订货手续是交易活动的始发点,所有物流活动均从接受订货开始。为了迅速准确地将商品送到,必须准确迅速地办理接受订货的各种手续。接受订货信息管理系统是办理从零售商处接受订单、准备货物、明确交货时间、交货期限以及剩余货物管理等的信息管理系统。

2. 订货信息管理系统

订货信息管理系统是与接受订货信息管理系统、库存管理信息管理系统互动的,库存不足时应防止缺货;在库存过多或不合理时,根据订货劝告,适时适量地调整订货的信息管理系统。

3. 收货信息管理系统

收货信息管理系统是指根据收货预定信息,对收到的货物进行检验,与订货要求进行核对无误之后,计入库存、指定货位等的收货管理信息管理系统。

4. 库存管理信息管理系统

正确把握商品库存,对于制订恰当的采购计划、接受订货计划、收货计划和发货计划是必不可缺的,所以,库存管理信息管理系统乃是物流管理信息的中心。对保存在物流中心内的商品进行实际管理、指定货位和调整库存的信息管理系统叫库存管理信息管理系统。

5. 发货信息管理系统

如何通过迅速、准确的发货安排,将商品送到顾客手中,是物流信息管理系统需要解决的主要课题。发货信息管理系统是一种与接受订货信息管理系统、库存管理信息管理系统互动,向保管场所发出拣选指令或根据不同的配送方向进行分类的信息管理系统。

6. 配送信息管理系统

降低成本对于高效率的配送计划来说是非常重要的。配送信息管理系统是将商品按配送方向进行分类、制订车辆调配计划和配送路线计划的信息管理系统。

此外,物流管理信息系统还包括运输管理信息系统、包装信息管理系统、流通加工信息管理系统、成本管理信息系统、EDI处理信息系统和物流综合管理信息系统等。

四、现代物流管理信息系统的设计与实施

1. 现代物流管理信息系统的系统设计

系统设计的指导思想是结构化的设计思想，就是用一组标准的准则和图表工具，确定系统有哪些模块，用什么方式联系在一起，从而构成最优的系统结构。在这个基础上再进行各种输入、输出、处理和数据存储等的详细设计。

(1)总体设计。系统的总体设计，又称概要设计，根据系统分析报告确定的系统目标、功能和逻辑模型，为系统设计一个基本结构，从总体上解决如何在计算机系统上实现新系统问题。总体设计不涉及物理设计细节，而是把着眼点放在系统结构和业务流程上。总体设计包括：

①确定系统的输出内容、输出方式以及介质等；

②根据系统输出内容，确定系统的数据的发生、采集、介质和输入形式；

③根据系统的规模、数据量、性能要求和技术条件等，确定数据组织和存储形式、存储介质；

④运用结构化的设计方法，对新系统进行划分，即按功能划分子系统，明确子系统的子目标和子功能，按层次结构划分功能模块，画出系统结构图；

⑤根据系统的要求和资源条件，为信息选择计算机系统的硬件和软件；

⑥制定新系统的引进计划，用以确保系统详细设计和系统实施能按计划有条不紊地进行。

(2)详细设计。就是在系统总体设计的基础上，对系统的各个组成部分进行详细的、具体的物理设计，使系统总体设计阶段设计的蓝图逐步具体化，以便付诸实施。详细设计包括的内容是：

①代码设计：对被处理的各种数据进行统一的分类编码，确定代码对象及编码方式，并为代码化对象设置具体代码，编制代码表以及规定代码管理方法等。

②输入、输出详细设计：进一步研究和设计输入数据以什么样的形式记录在介质上，以及输入数据的校验，输出信息的输出方式、内容和输出格式的设计。另外，还有人机对话的设计等。

③数据存储详细设计：数据存储的设计，就是对文件(或数据库)的设计。对文件的设计，就是文件记录的格式、文件容量计算、物理空间的分配、文件的生成、维护以及管理等的设计。

④处理过程设计：就是对系统中各功能模块进行具体的物理设计。包括处理过程的描述，绘制处理流程图，与处理流程图相对应的输入、输出、文件的设计。

⑤编制程序设计说明书：程序设计说明书是程序员编写程序的依据，应当简明扼要、准确、规范化地表达处理过程的内容和要求。

程序设计说明书的内容包括：

①程序说明：程序名称、所属系统名称、干系统名称、计算机硬件和软件配置、使用计算机语言、程序的功能、处理过程、处理方法等；

②输入、输出数据和文件的定义：文件名称、数据项目规定、文件介质、输入输出设备、输入输出项目名称以及条件和要求、模块间的接口关系等；

③处理概要:绘制概要流程图、编号处理的概要说明等。

2. 现代物流管理信息系统的系统实施

物流管理信息系统的系统实施包括程序调试、系统转换、系统维护和系统评价等内容。

(1)程序调试。主要包括程序的语法检查和程序的逻辑检查。常规调试方法有以下几种:

①用正常数据调试,主要目的是检查系统能否完成用户要求的各种功能。

②用异常数据调试,方法是选择系统输入数据属于极端的情况,用此来检验功能是否全面。

③用错误的数据调试,用以检查系统能否检查出错误,并给出错误信息,主要是指系统能对输入的错误信息做出反应。

④功能调试,即将一个功能模块内所有程序按次序串联起来调试,目的主要是为了保证模块内部控制关系正确和数据内容正确,同时测试模块的运行效率。

(2)系统转换。就是用新系统直接取代旧系统,系统转换通常有直接转换、平行转换和逐步转换三种方式。

①直接转换:就是用新系统直接取代旧系统,中间没有过渡阶段;

②平行转换:就是新、旧系统同时并行工作一段时间,先以旧系统为作业系统,新系统的处理用以进行校核;过一定时间后,再以新系统作为作业系统,而以旧系统的处理作校核;最后用新系统取代旧系统;

③逐步转换:就是分阶段,一部分一部分地以新系统取代旧系统。三种转换方式各有利弊,在实际地转换工作中往往是配合使用,以便系统的顺利转换。

(3)系统维护。是在开发的新系统交付使用后和运行过程中,保持系统能正常工作并达到预期的目标而采取的一切活动,包括系统功能的改进,以及解决系统运行期间所发生的一切问题和错误。其主要内容包括:

①程序的维护:修改程序,以适应新的要求;数据的维护;

②对数据文件、数据库的修改、删除、更新等;

③代码的维护:包括制定新的和修改旧的代码体系;

④硬件的维护:包括硬件设备的日常管理、维护和检修等。

系统维护工作是延长管理信息系统生命周期、尽量使之保持最佳运行状态的重要因素。据统计,世界上有90%的软件人员是在维护现存系统。因此,管理信息系统是在不断维护活动中得以生存的。

(4)系统评价。在系统投入运行之后,为了弄清楚系统是否能达到预期目的,需要对实际达到的性能和取得的经济效益进行认定,以便对整个系统的性能做出评价。评价工作应主要从以下几个方面考虑:

①达到目标的情况,从小到大诸项检查目标的满足情况,并检查目标分解的合理性,从而为修改目标或系统做好准备;

②系统运用的适应性,主要检查系统是否稳定可靠,使用、维护是否方便,用户和管理人员是否满意等;

③系统的可扩展性,系统具有扩展能力,以保证在业务扩大时,能方便地扩展系统的功能;

系统的经济效益、开发费用和运行费用，包括系统投资回收期的估计，系统经济效益（直接的经济效益和间接的经济效益）的评价。

五、现代物流管理信息系统发展展望

1. 现代物流管理信息系统应用范围日益广阔

现代物流管理信息系统应向信息来源的在线化、信息存储的大型化、信息传输的网络化、信息处理的智能化以及信息输出的图形化、社会系统化的方向发展。其中，向社会系统化方向的发展，今后将越来越具有战略意义。

（1）目前在企业日益重视经营战略的情况下，建立物流信息是必要的、不可缺少的。具体地说，为确保物流竞争优势，建立将企业内部的销售信息系统、物流信息系统、生产、供应系统综合起来的信息系统势在必行；

（2）由于信息化的发展，各企业之间的关系日益紧密。如何与企业外销售渠道的信息情报系统、采购系统中的信息情报系统以及与运输信息系统连接起来将成为今后重点研究解决的课题。亦即建立不仅限于本企业还包括社会上多个企业之间的信息情报系统的重要性将日趋增加；

（3）企业的物流已经不只是一个企业的问题，进入社会系统的部分将日益增多。在这种形势下，物流信息情报系统将日益成为社会信息情报系统的一个组成部分。

总之，上述数据关系在信息系统中非常广泛。它们之间的关联总是通过一定的数据项来实现的，这些可以说是它们的共性。因此，利用这些共性，可以将这些有类似关系的数据维护抽象成一个类型，从而降低了软件的费用，方便了系统的维护。

2. 计算机辅助采购及物流支持日益普及

"计算机辅助采购及物流支持"（computer—aided acquisition and logistic support，CALS）是一种利用 Internet 技术、现代化管理方法、生产技术、自动控制和系统工程技术将整个社会经济运行中的各经济要素有机地结合起来，实现资源优化配置、降低成本、提高效益的综合管理系统。CALS 是在 CIMS（计算机集成制造系统）的基础上，结合了电子商务而发展起来的。

随着 20 世纪 90 年代初在全球范围掀起的信息革命浪潮，CALS 不仅推向美国全社会，而且迅速地推向全世界，影响着全球的信息化，各国在国防领域与民用领域都广泛应用 CALS，CALS 与电子数据交换（EDI）一起成为整个信息化的基础工程。1990 年，欧洲、澳大利亚、日本成立了 CALS 协会，随后韩国、新加坡等国家与中国台湾地区也相继成立了 CALS 协会。1994 年成立了"CALS 国际"，1996 年国际标准化组织（ISO）成立了 CALS 高级指导组，将 CALS 标准纳入国际标准。目前，国际上年年都举行 CALS 年会与展览会，CALS 成为世界各国信息技术应用与研究领域的热点课题。

CALS 的技术基础是 Internet 和统一数据格式。它的优点是其对象超越单个企业，面向整个社会经济。CALS 利用网络技术把企业内部的 CIMS 系统与企业间的电子商务系统结合起来。这样，它就能立足于服务全社会的经济运行，将社会经济的各个环节连成一体，为克服市场机制的盲目性和滞后性提供了一种很好的管理和调控方式。CALS 的信息流还可以通过信息的集成化、标准化和信息共享，联系了产需双方，实现对商品流通过程的主动调控，并在一定程度上促进了专业化生产。例如，一个生产、流通一体化的企业即使流通业务是盈利的。如果

生产方面占很大优势,根据比较利益原则,也有可能放弃流通业务,而把人力、物力和财力投入生产过程。

它还能调动各个环节协调动作,完成材料采购、商品生产、运输、仓储、包装、装卸以及流通加工等一系列物流活动。这样,不仅提高了物流设备利用率,还可以达到即时生产、即时流通(JIT)以及零库存,企业将节省大量的流通费用。而且,由于 CALS 是电脑控制的,因而出错率极低,物流质量也会大幅提高。由于 CALS 既是管理系统又是生产系统,它还可以在流通过程中根据内外部环境的变化,利用弹性生产系统(FMS)对包装和流通加工进行辅助设计,有利于流通服务的发展。

另外,在流通过程中,CALS 还有辅助决策的功能。它从社会各个方面收到信息后,自动地加以分析和处理数据,并能提供决策建议,使物流企业能比较方便地从 CALS 中找出适应市场需求变化的最终决策方案。

从社会角度看,CALS 加速了整个社会经济的运行速度,提高了运营质量以及系统内的整体竞争能力。如果能形成国际统一的技术标准,则 CALS 将成为国际化物流的基础,为世界经济一体化做出重大贡献。

案例 10-1　迅捷物流:用集成平台简化物流信息对接流程

安徽迅捷物流有限责任公司(以下简称迅捷物流公司)成立于 2000 年 6 月,是隶属于安徽省交通控股集团有限公司的国有独资 4A 级物流企业。自成立以来,迅捷物流公司始终坚持走专业化现代物流发展道路,已经从成立之初单一的仓储物流,逐步发展成为融合仓储装卸、整车运输、零担配送为一体,国内国际物流兼容,物流基地建设与物流实务运作并重,是目前安徽省内国有规模最大、硬件设施最完备、服务领域最全面的现代综合型物流企业。

21 世纪已经过去十多年,得益于基础设施建设和国家政策扶持及信息技术的进步,最近几年内电子商务取得了迅猛发展,电子商务需要整合资金流、信息流和物流,谁在这领域做得出色谁将占得先机。迅捷物流公司作为国有独资物流企业,其信息化建设有哪些亮点?

1. 物流信息化的五大短板

随着我国经济的持续高速发展,降低全社会的物流成本,成为日益迫切的问题,因此应用先进的信息技术服务,以信息促进物流发展,具有广阔的市场需求和良好的经济、社会意义。国内物流信息化建设普遍存在如下问题:①小型物流企业的信息化程度非常低,基本空白;②物流信息系统的标准较为混乱,不成体系,难以互联互通、信息共享;③物流软件需求的个性化和生产的批量化难以统一,造成开发成本极高;④物流系统功能较为单一,综合应用能力低下;⑤各个业务系统之间独立性太强无法实现信息共享造成信息冗余,降低信息化工程的效率,无法满足甚至阻碍快速发展的物流行业发展。

迅捷物流所在的安徽省,辖区内物流企业的发展普遍面临如下问题:①全省物流体系尚未形成;②物流意识特别是以信息化为支撑的现代物流意识有待增强;③物流产业各业务部门之间的衔接不够紧密;④全省物流企业规模小,服务功能单一。目前主要还是停留在运输,仓储,搬运和货物代理等方面,服务内容单一,综合化程度低,利用现代技术和信

息化水平较低。难以适应中高端物流消费者需求和企业供应链一体化的要求。

2. 迅捷物流实现门户与业务系统的无缝连接

迅捷物流实施了物流信息集成系统，建立了一套完整的面向企业的网络化管理解决方案，可以实现从企业网站建设、到企业内部协同办公、客户关系、进销存、分销、物流运输等整合式管理，着力解决企业在人、财、物、信息四方面的细节问题，从而使企业层层主管能够在及时掌握全面而准确的信息（特别是数据信息）情况下做出正确的决策，进而为企业创造盈利价值。

物流信息集成系统能让中小型企业以“低投入、低技术、低维护”等三低的方式享有跨国企业耗资百万才能建立的电子化系统，快速有效地提升广大中小企业的执行力和竞争力（省时、省钱、增益其所不能）。

迅捷物流实施了具有自身特色的物流信息集成平台。该平台包括实时交流协作的即时消息协同系统、异步交流协作的邮件消息协同系统、统一办公环境的信息门户协同系统和统一公文处理的公文协同系统。该协同办公平台实现了电子邮件、物流信息管理、客户关系管理、对外文件上报接受、后勤业务和内部业务门户等功能。此外，迅捷物流采用微软 Share-point Portal Server 建设全公司各部门信息化的统一工作平台，这就是内部业务门户（以下简称为门户）。门户是各项业务处理的统一入口，即要求将公司内部各类业务集成到统一的门户中，经过统一的用户认证，对相关业务的使用权限进行处理，加快业务信息的流动和响应，提高业务的处理效率，处理过程透明化，达到提高业务处理效能的目的。

迅捷物流将各类业务集成到内部业务门户中，要求实现内部业务门户与各业务系统之间的无缝连接，进行数据交换、数据共享和资源整合。在内部业务门户中可即时查看各类业务的状态，并根据角色和权限快速进入业务系统。

3. 系统既可协同，也可个性化定制

迅捷物流信息集成系统的建设由于涉及多种系统的整合，在技术上是存在一定的风险，对于建成后的系统网络安全尤为重要，如果其中一个系统出现问题，可能连带出现其他的问题。为了解决可能的系统风险问题，迅捷物流对每一个系统都要作好应急措施，这些系统既能成为独立的子系统，也能成为集成系统中的一部分。

迅捷物流的信息集成系统包含网站建设、OA 办公管理、客户关系管理、进销存管理、分销管理、物流运输管理六大系统，各系统既可独立使用，亦可联合运行，最大限度的发挥信息化的总体效益，并可根据企业的个性化需求而进行量身定制。

目前项目已经开始实施，对于集成系统中的物流信息系统的对接存在一定的政策支持，集成后的物流信息系统能够简化物流行业的信息对接，对于第三方物流与服务企业之间的信息连接起到积极作用。

（来源：全国物流信息网，http://www.56888.net/news/2011811/412258452.html）

思考题：

1. 迅捷物流公司的信息化建设的关键是什么？
2. 物流信息集成系统为迅捷物流公司带来了怎样的优势？

第二节 物流与电子商务

一、电子商务

电子商务是20世纪信息化、网络化的产物,由于其自身特点已引起了人们的广泛注意。对于电子商务的确切定义,时至今日也没有标准定论。有些专家在定义电子商务时,将国外的定义与中国的现状相结合,扩大了国外原始电子商务定义的范围,提出了包括电子化过程的电子商务概念。如:

(1)电子商务是实施整个贸易活动的电子化;

(2)电子商务是一组电子工具在商务活动中的应用;

(3)电子商务是电子化的购物市场;

(4)电子商务是从售前到售后支持的各个环节都实现电子化、自动化。

在上述电子商务定义中,电子化的对象是整个交易过程,不仅包括信息流、商流和资金流,而且还包括物流;电子化的工具也不仅仅是指计算机和网络通信技术,还包括叉车、自动导向车以及机械手臂等自动化工具。由此可见,从根本上说,物流电子化应是电子商务概念的组成部分,是电子商务概念模型的基本要素,缺少了现代化的物流过程,电子商务过程就不完整。

为了进一步明晰物流对电子商务的影响,我们不妨从电子商务的概念模型入手加以分析阐述。电子商务概念模型是对现实世界中电子商务活动的一般抽象描述,它由电子商务实体、电子市场、交易事务和信息流、商流、资金流与物流等基本要素构成(图10-1)。

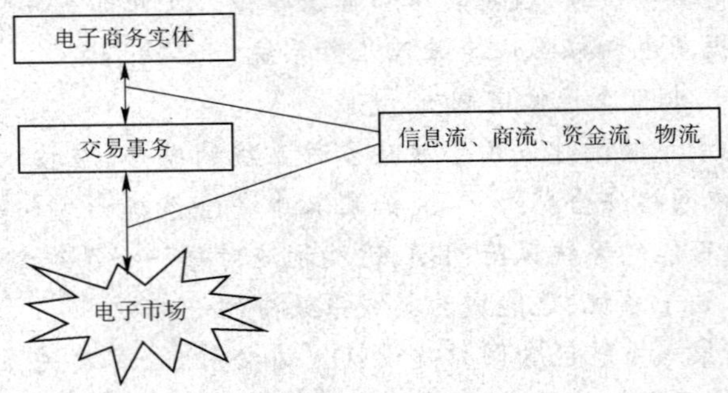

图10-1 电子商务的概念模型

电子市场是指电子商务实体从事商品和服务交换的场所。它由各种各样的商务活动参与者利用各种通信装置,通过网络连接成一个统一的整体。

交易事务是指在电子商务实体之间从事的具体商务活动的内容,如价格咨询、报价、转账、支付、广告宣传以及商品运输等。

电子商务中的每笔交易都包含着几种基本的"流",即信息流、商流、资金流和物流。其中信息流既包括商品信息的提供、促销行销、技术支持以及售后服务等内容,也包括诸如询价单、报价单、付款通知单以及转账通知单等商业贸易单证,还包括交易方的支付能力和交付信誉等。商流是指商品在购、销之间进行交易的系列活动。资金流主要是指资金的转移过程,包括付款、转账等过程。

在电子商务下，信息流、商流和资金流的处理都可以通过计算机和网络通信设备实现，而物流则是较为特殊的一种，它是物质实体(商品或服务)的流动过程，具体指运输、储存、配送、装卸、保管以及物流信息管理等各种活动。对于少数商品和服务来说，可以直接通过网络传输的方式进行配送，如电子出版物、信息咨询服务以及有价信息软件等。而对于大多数商品和服务来说，物流仍要通过物理方式传输。一系列机械化和自动化工具的应用，准确及时的物流信息对物流过程的监控，将使物流的流动速度加快、准确率提高，能有效地减少库存，缩短生产周期。

在电子商务概念模型的分析过程中，强调信息流、商流、资金流和物流的整合，其中，信息流最为重要，它在一个更高的层次上实现对流通过程的监控。

专栏 10-1 现代电子商务模式

B2B(Business to Business)：公司对公司性质的销售方式，比如阿里巴巴、敦煌网、中国化工网等。

B2C(Business to Consumer)：公司对个人性质的销售方式，比如天猫、京东商城、当当网等。

B2F(Business to Family)：商业机构对家庭消费的营销商务，比如联合一百等。

B2G(Business to Government)：政府电子通关、电子报税、招投标采购。

B2M(Business to Marketing)：面向市场营销的电子商务企业，即网络营销托管服务商。以企业客户需求为核心建立营销型电子商务平台，并通过线上线下多种渠道进行推广和导购管理。

B2S(Business to Share)：分享体验式商务，即有共同兴趣爱好的一群人通过平台，选择自己喜欢的商品并网上支付费用，提供商品者再从付费者里挑选一个幸运者拥有并体验这款商品。

BAB(Business Agent Business)：企业联盟企业，即企业之间依靠电子技术手段，达到资源以电子数据化交换整合的目的，把产品带入流通领域的一种电子商业模式。

B2B2C：服务供应商对电子商务企业对消费者，一种商务类型的网络购物商业模式，比如亚马逊等。

C2B2B：由消费者提出需求后，由电子商务企业整合信息，向生产商定制高标准商品和服务。

C2B(Consumer to Business)：个人对商家的销售方式，即消费者根据自身需求定制产品和价格，生产企业进行定制化生产。

C2C(Consumer to Consumer)：个人对个人的销售方式，比如淘宝网、拍拍网、易趣网等。

O2O(Online to Offline)：在线支付购买线下商务或服务，再到线下享受服务，让互联网成为线下交易的前台，一种预购服务的电子商务模式，比如网易线上游戏充值等。

Groupon：俗称团购，即一种消费者、商家、网站运营商共赢的电子商务和线下消费模式，比如美团、糯米、拉手等。

ABC(Agents Business Consumer):由代理商、商家和消费者共同搭建的集生产、经营、消费为一体的电子商务平台。

BMC(Business Medium Consumer):结合网站与消费者、机构与终端、企业与渠道代理商打造共赢平台,集量贩式经营、连锁经营、人际网络、金融、传统电子商务有点于一体。

M2C(Manufacturers to Consumer):生产厂商对消费者,一种生产厂家直接对消费者提供自己生产的产品或服务的商业模式,流通环节减少至一对一,销售成本降低。

M-B(SoLoMo Social Local Mobile):移动电子商务,即社交+本地化+移动,比如招商银行人人信用卡等。

SaaS(Software as a Service):软件即服务,一种基于互联网提供软件服务的软件应用模式。软件提供商为企业搭建信息化所需要的所有网络基础设施及软件、硬件运作平台,并负责所有前期的设施、后期的维护等一系列服务,企业无须购买软硬件、建设机房、招聘IT人员等。

IaaS(Infrastructure as a Service):基础设施即服务,消费者通过网络可以从完善的计算机基础设施获得服务。

PaaS(Platform as a Service):平台即服务,把服务器平台作为一种服务提供的商业模式。

P2P(Peer to Peer):点对点、渠道对渠道,纯点对点网络没有客户端或服务器的概念,只有平等的同级节点。

来源:天下网商,物流指闻整理发布

二、物流在电子商务中的地位和作用

如果说电子商务能成为21世纪的商务工具,而且能像杠杆一样撬起传统产业和新兴产业的话,那么,在这一过程中,现代物流产业将成为这个杠杆的支点。

随着现代物流在国民经济中重要作用的体现,人们花了差不多一个世纪的时间来探索开发物流这个利润源泉的办法,目前已积累了不少经验。但由于电子商务的发展还处于成长期,电子商务中物流的认识尚处于起步阶段。但有一点可以明确的是,物流在电子商务中具有不可替代的重要地位,它的成功与否直接关系到电子商务的成败,它的实施与运作效率将直接影响网络所带来的经济价值。

世界上最大的网上商店——亚马逊网站可谓是电子商务领域的先锋,然而它的竞争对手零售业巨头沃尔玛也开始涉足网上销售,虽然目前沃尔玛只是把它的网站当作信息浏览的窗口,尚未大规模开展网上销售,但亚马逊已看到最大的挑战来自于沃尔玛拥有遍布全球的由卫星通信连接起来的商品配送体系。尽管沃尔玛网上业务开展的时间比亚马逊晚了3年,然而沃尔玛网上商店的送货时间却比亚马逊早了许多。亚马逊一旦意识到这个对手的可怕时,便立刻一改以零库存著称的商业作风,也开始兴建大规模的储物仓库,并在全球分设配送中心,用物流体系的完善来为自己的网上销售锦上添花。商家们之所以更加意识到物流体系的重要,并把发展现代物流提上日程,归根结底是物流在电子商务过程中能够发挥不可替代的重要作用。

1. 物流化电子商务中的作用

具体地说，电子商务中的物流将起到如下作用：

(1)物流保障生产。无论在传统的贸易方式下，还是在电子商务下，生产都是商品流通之本，而生产的顺利进行需要各类物流活动支持。生产的全过程从原材料的采购开始，便要求有相应的供应物流活动，将所采购的材料到位，否则，生产就难以进行；在生产的各工艺流程之间，也需要原材料、半成品的物流过程，即所谓的生产物流，以实现生产的流动性；部分余料、可重复利用物资的回收，就需要所谓的回收物流；废弃物的处理则需要废弃物物流。可见，整个生产过程实际上就是系列化的物流活动。企业合理化、现代化的物流，通过降低费用从而降低成本、优化库存结构、减少资金积压、缩短生产周期，保障了生产的顺利高效进行。相反，缺少现代化的物流，生产将难以顺利进行。

(2)物流服务于商流。在商流活动中，商品所有权在购销合同签订的那一刻起，便由供方转移到需方，而商品实体并没有因此而移动。在传统的交易过程中，除了非实物交割的期货交易，一般的商流都必须伴随相应的物流活动，即按照需方(购方)的需求将商品实体由供方(卖方)以适当的方式、途径向需方(购方)转移。在电子商务环境下，消费者通过上网点击购物，完成了商品所有权的交割过程，即商流过程，但电子商务的活动并未结束，只有商品和服务真正转移到消费者手中，商务活动才算终结。在整个电子商务的交易过程中，物流实际上是以商流的后续者和服务者的姿态出现的。没有现代化的物流，任何商流活动都只能是一纸空文。

(3)物流是实现“以客户为中心”理念的根本保证。电子商务的出现，在最大程度上方便了最终消费者。他们不必再跑到拥挤的商业街，一家又一家地挑选自己所需的商品，而只要坐在家里，在 Internet 上搜索、查看、挑选，就可以完成他们的购物过程。物流是电子商务中实现“以客户为中心”服务理念的最终保证，缺少了现代化的物流技术，电子商务给消费者带来的购物便捷等于零，消费者必然会转向他们认为更安全可靠的传统购物方式上，那网上购物就失去了存在的必要。

2. 我国电子商务物流存在的问题

目前，我国电子商务物流企业在数量上已具有一定的规模。但是总体水平滞后，存在以下问题：

(1)物流观念陈旧，缺乏现代物流理念，对现代物流在提升运输产业水平、推动经济发展和增加经济效益方面作用认识不足。

(2)物流布局不合理，专业化服务低，自营物流比例过大，专业物流代理服务得不到充分利用；同时条块分割的管理体制也制约着物流管理的发展。

(3)我国物流信息服务体系和网络体系的落后也制约着物流业的发展，制约着物流产业向专业化、一体化方面的发展。

(4)物流产业目前发展的制度有待完善。物流发展要跨地区和部门的限制，需要统一化、标准化。我国目前还没有一部完备的物流法规，因而制约了物流以产业集约化经营优势的发挥。

(5)物流方面人才缺乏，我国物流管理人员的总体水平较低制约了我国物流业的发展。

因此，我国的电子商务发展目前仍处于成长阶段，尤其是物流、配送体系的完善是电子商务发展必须解决的问题。

综上所述,电子商务作为一种新的数字化生存方式,代表未来的贸易、消费和服务方式,因此,要完善整体生态环境,就需要打破原有行业的传统格局,发展建设以商品代理和配送为主要特征,物流、商流、信息流有机结合的社会化物流配送体系。

实际上,电子商务与物流都是伴随社会经济的发展而出现的,其中物流是辅之与电子商务真正的经济价值实现不可或缺的重要组成部分。而电子商务所独具的电子化、信息化、自动化等特点,以及高速、廉价、灵活等诸多好处,为物流在其运作特点和需求方面赋予了新的意义。可以预见,随着电子商务发展日趋成熟,跨国、跨区域的物流将日益重要,没有物流网络、物流设施和物流技术的支持,电子商务将受到极大抑制,没有完善的物流系统,电子商务能够降低交易费用,却无法降低物流成本,电子商务所产生的效益将大打折扣。只有找到适合的电子商务物流模式,才能有力发展电子商务,促进经济的繁荣。

第三节　电子商务中的物流运作模式

电子商务的优势之一就是能大大简化业务流程,降低企业运作成本。而电子商务下企业成本优势的建立和保持必须以可靠和高效的物流运作作为保证。现代运输企业要在竞争中取胜,不仅需要提供适应市场的运输服务、采取正确的营销策略以及强有力的资金支持,更需要加强“品质经营”,即强调“时效性”,其核心在于服务的及时性、信息的及时性和决策反馈的及时性。这些都必须以强有力的物流能力作为保证。因此研究电子商务中的物流系统模式就成为一个重要的课题。电子商务中的物流模式与一般企业物流系统模式并无本质的区别,下面介绍几种组建模式。

一、企业自营物流

由于国内的物流公司大多是由传统的储运公司转变过来的,还不能真正满足电子商务中物流的需求,因此,很多企业借助于它们开展电子商务的先进经验也开始涉足物流业务,即电子商务企业自身经营物流,简称为自营物流。

如果企业有很高的顾客服务需求标准,物流成本占总成本的比重极大,而企业自身的物流管理能力很强时,企业一般不应该选择外购物流服务,而应采用自营的方式。

目前,电子商务企业采用自营物流形式通常是由其发展方式所决定的,一般包括两类:

1. 电子商务与普通商务活动共用一套物流系统

一方面,这部分企业往往已经具有一定规模并正在进行普通商务活动,它们可以通过建立基于 Internet 的电子商务系统,同时可以利用原有的物流资源承担电子商务的物流业务,同拥有完善流通渠道的制造商或经销商开展电子商务业务,比 ISP(网络服务提供商)、ICP(网络内容提供商)或 Internet 网站经营者更加方便。国内从事普通销售业务的公司主要包括制造商、批发商和零售商等。制造商进行销售的倾向在 20 世纪 90 年代表现得比较明显,从专业分工的角度看,制造商的核心业务是商品开发、设计和制造,但越来越多的制造商不仅有庞大的销售网络,而且还有覆盖整个销售区域的物流、配送网,国内大型制造商的生产人员可能只有 3000～4000 人,但营销人员却有 1 万多人,制造企业的物流设施普遍要比专业流通企业的物流设施先进,这些制造企业完全可能利用原有的物流网络和设施支持电子商务业务,开展电子

商务不需新增物流、配送投资。对这些企业来讲，比投资更为重要的是物流系统的设计和物流资源的合理规划。而另一方面，批发商和零售商显然比制造商更具有组织物流的优势，因为它们的主业就是流通，在美国，如 Wal—Mart（沃尔玛）（http://www.wal—mart.com）、Kmart（凯玛特）（http://www.Kmart.com）、Sears（西尔斯）（http://www.Sears.com）等，在国内像北京的翠微大厦、西单商场等为了顺应时代的发展趋势，保持市场地位，都开展了电子商务业务，其物流业务都与其一般销售的物流业务一起安排。

2. 第三方物流企业提供电子商务服务

电子商务任何一笔交易，都含着信息流、商流、资金流和物流，而第三方物流就其现代功能来说也集四流于一身。因此，第三方物流完全有能力向更广阔的领域延伸，自行组建电子商务网站，突破时间、空间、地域限制，向供应商采购商品，向用户销售和配送商品。电子商务的迅速发展为武铁物流的发展提供了契机。武铁物流在 2001 年开始建立了公司的商务网站，网站的开发标志着公司开始向电子商务发展，通过电子商务来放大商务运作的效益，努力发展第三方物流服务。公司借助互联网覆盖面广的优势，在 2005 年开发了专业的物流信息系统平台，它是基于国际互联网技术、融入国际先进的现代物流理念、包括计划、采购、仓储、运输、配送及搬运、包装、流通加工、信息交换、供应链管理等功能的现代第三方物流信息系统平台。通过搭建物流信息平台，为客户提供了最优质的服务，实现了供需双方的高效交流。电子商务实现了商品交易以及交易管理等活动的全过程无纸化，减少了商业中的中间环节，缩短周期，降低成本，提高经营效率。武铁物流利用电子商务旨在把公司建设成为一家大型的现代物流企业，能够发挥综合物流能力，为客户提供采购、仓储、流通加工、配送、信息各种功能集成的第三方物流服务。第三方物流企业建立自己的电子商务系统是新形势下的客观要求，是市场竞争的必然结果。

二、物流企业联盟

简单地说，物流企业联盟是指在物流方面通过签署合同形成优势互补、要素双向或多向流动、相互信任、共担风险、共享收益的物流伙伴关系。企业之间不完全采取导致自身利益最大化的行为，也不完全采取导致共同利益最大化的行为。绝大多数物流服务利益产生于规模经济。因此，专业物流企业的要求是物流方面的规模经济。为了追求这种规模经济，就导致了物流联盟的产生。物流联盟的效益在于物流联盟内的成员可以从其他成员那里得到过剩的物流能力或处于战略意义的市场地理位置以及卓越的管理能力等。

物流联盟一般具有以下基本特征：

（1）相互依赖。组成物流联盟的企业之间具有很强的依赖性。信息技术不断承担着物流作业的实时衡量。

（2）分工明晰。无论对于何种企业来说，物流需求都产生于市场的需求。物流服务的供应商即物流联盟的各个组成企业应该明确自身在整个物流联盟中的优势所在以及所应当担当的角色，这样物流联盟内部的对抗和冲突就会大大减少。这种明晰的分工使供应商把注意力集中在提供用户指定的服务上。

（3）强调合作。既然是联盟，当然就要强调合作。高度成功的物流联盟的营销战略是建立一个合作平台。“不管要什么，随处可得”这一口号就代表了典型的物流联盟对出色和合作的双重承诺。

根据中国目前的物流发展状况,结合物流联盟的特征,我们可以看到,对于中国当前的企业来说,物流联盟可以较好地满足它的跨地区配送的特性,通过它可获得如下收益:降低成本,减少投资;获得技术和管理技巧;提高为顾客服务的水平;取得竞争优势;降低风险和不确定性。

一般来说,如果企业自身物流管理水平比较低,组建物流联盟将会在物流设施、运输能力以及专业管理技巧上收益极大。另外,如果物流在企业战略中不占关键地位,但其物流水平却很高,就应该寻找其他企业共享物流资源,通过增大物流量获得规模效益,降低成本。

另外,许多物流企业自身也利用联盟来改善其竞争能力。在物流企业之间形成战略联盟,普遍提高了它们的竞争能力和竞争效率。许多物流联盟致力于把专门承担特定服务的厂商的内在优势汇集在一起。许多不同地区的物流企业正在通过联盟共同为某一客户服务,满足企业跨地区、全方位的物流服务要求。

案例 10-2　京东送货物流为什么这么快?

京东是一家专业的综合网上购物商城,销售超数万品牌、千万种商品,囊括家电、手机、电脑、母婴、服装等多类大品类。京东是中国自营式电商企业的领军者,是中国第一个成功赴美上市的大型综合型电商平台。在电商时代,物流速度是整个服务体系中尤为重要的一个环节,它直接影响了用户的购物体验,甚至是购物决策。京东凭借自建物流实现极速配送服务,推出了“211 限时达”、“次日达”、“极速达”、“夜间配”、“自提柜”多项配送服务。2014 年 3 月 17 日,京东在北京召开 O2O 战略发布会,宣布与快客、好邻居、良友等多家知名连锁便利店品牌的上万家便利店达成合作,正式进军 O2O 领域,布局京东到家 O2O 物流服务。今后用户在网上下单后,将由距离家最近的便利店负责进行配送,最快可在 15 分钟内送达用户,而在 24 小时内,消费者可以任意选择商品送达的时间等,这样的物流速度在国内电商行业中堪称“最快物流”。

负责 O2O 战略的京东副总裁邓天卓曾透露“京东到家会让京东和京东物流产生颠覆性的改变”,这种颠覆性的变化是让京东传统的物流升级到快物流服务,而这快物流后台的核心就是京东物流的内核——青龙系统。邓天卓给了这样的场景体验:京东根据用户的大数据分析,能够预测核心城市各片区的主流单品的销量需求,提前在各个地区物流分站预先发货,客户下单后会在 2 小时左右的时间享受到惊喜的物流服务,这远远超出了原来的 211 限时达、次日达等服务。这背后是用户大数据 + 青龙系统 + O2O 的运营体系的有效支撑。

1. 青龙系统作业流程

物流无疑是京东的核心竞争力之一,在每一个用户的订单处理背后,如何实现看似简单的发货与收货,实际上在这背后隐藏着一套复杂的物流系统,京东称之为“青龙”。青龙系统的核心要素包括:仓库、分拣中心、配送站、配送员。

(1)仓库负责根据客户订单安排生产,包括免单打印、拣货、发票打印、打包等。它是订单包裹生成的地方。

(2)仓库生产完毕后,将订单包裹交接给分拣中心,分拣中心收到订单包裹后进行分拣、装箱、发货、发车,最终将包裹发往对应的配送站。

(3)配送站进行收货、验货交接后，将包裹分配到不同的配送员，再由配送员负责配送到客户手中。

在整个配送网络中，物流、信息流与资金流的快速流转，实现了货物的及时送达、货款的及时收回、信息的准确传递。

2. 青龙系统的模块构成

青龙的模块结构主要由：整体系统架构 + 核心子系统组成。

(1)整体系统架构：整个青龙系统成为京东物流的内核，前段接口开放给所有平台，下面直接开放到内部的物流运营机构和第三方物流企业。

(2)核心子系统模块：由 6 大核心结构组成，涉及对外拓展、终端服务、运输管理、分拣中心、运营支撑、基础服务组成。在这 6 个核心模块当中，实现快速配送的核心要归功于预分拣子系统。预分拣是承接用户下单到仓储生产之间的重要一环，可以说没有预分拣系统，用户的订单就无法完成仓储的生产，而预分拣的准确性对运送效率的提升至关重要。

3. 青龙支撑快物流

青龙配送系统在预分拣中采用了深度神经网络、机器学习、搜索引擎技术、地图区域划分、信息抽取与知识挖掘，并利用大数据对地址库、关键字库、特殊配置库、GIS 地图库等数据进行分析并使用，使订单能够自动分拣，且保证 7 × 24 小时的服务，能够满足各类型订单的接入，提供稳定准确的预分拣接口。服务于京东自营和开放平台(POP)的服务。

4. 青龙的龙骨：核心子系统

如果说预分拣系统是京东物流快的心脏，那青龙的核心子系统，则扮演着龙骨的角色。整个的青龙配送系统是由一套复杂的核心子系统搭建而成。在各个环节当中有相应的技术进行配合。

(1)终端系统：通常你会看到，京东的快递员手中持有一台 PDA 一体机，这台一体机实际上是青龙终端系统的组成部分。在分拣中心、配送站都能看到它的身影。目前京东已经在测试可穿戴的分拣设备，推行可穿戴式的数据采集器，解放分拣人员双手，提高工作效率。此外像配送员 APP、自提柜系统也在逐步覆盖，用来完成“最后一公里”物流配送业务的操作、记录、校验、指导、监控等内容。极大地提高了配送员的作业效率。

(2)运单系统：这套系统是保证你能够查看到货物运送状态的系统，它既能记录运单的收货地址等基本信息，又能接收来自接货系统、PDA 系统的操作记录，实现订单全程跟踪。同时，运单系统对外提供状态、支付方式等查询功能，供结算系统等外部系统调用。

(3)质控平台：京东对于物品的品质有着严格的要求，为了避免因为运输造成的损坏，质控平台针对业务系统操作过程中发生的物流损坏等异常信息进行现场汇报收集，由质控人员进行定责。质控系统保证了对配送异常的及时跟踪，同时为降低损耗提供质量保证。

(4)监控和报表：为管理层和领导层提供决策支持，青龙系统采用集中部署方案，为全局监控的实现提供了可能。集团可以及时监控各个区域的作业情况，根据各环节顺畅度及时做出统筹安排。

(5)GIS 系统：也叫作地理信息系统。基于这套系统，青龙将其分为企业应用和个人

应用两个部分,企业方面利用GIS系统可以进行站点规划、车辆调度、GIS预分拣、北斗应用、配送员路径优化、配送监控、GIS单量统计等功能,而对于个人来说能够获得LBS服务、订单全程可视化、预测送货时间、用户自提、基于GIS的O2O服务、物联网等诸多有价值的物流服务,通过对GIS系统的深度挖掘,使物流的价值进一步的得到扩展。

5. 青龙配送系统的蜕变

青龙系统从诞生以来,经历了从1.0到3.0的蜕变。1.0完成了对海量信息处理,满足日常海量数据处理的能力,对原有系统进行了重构,使得分拣系统与配送系统达到了全方位的提升。而在2.0阶段,京东推出了自提柜系统,用以解决“最后一公里”的难题。经过不断地更新,自提柜的功能也在不断地丰富,水电缴费、一卡通充值、社区O2O、冷藏/冷冻,生鲜自提、WIFI热点等诸多功能将会逐步实现。2014年青龙迈向了3.0时代,这一阶段“对外开放,构建生态系统”成为了重要的战略方向。完成了SOP订单对接和ISV对接的重要项目,至此青龙的业务模式也开始从京东内部物流系统转变为社会化物流。这种开放,使得京东的物流平台具备了更多的功能,例如跨境的电商,O2O的配送。而京东也在进一步地将渠道下沉,青龙乡村管家系统,将物流配送的深度扩展到了农村,使村里人和城里人享受同等的消费服务。

(来源:站长之家,http://www.chinaz.com/biz/2015/0714/422725.shtml)

思考题:

1. 京东“青龙系统”的运营内涵是什么?
2. 结合案例,分析电商与传统零售的物流区别在哪里?未来趋势是什么?

案例10-3 亚马逊中国的电商物流

2004年亚马逊进入中国,并且并购了卓越网,到了2011年,整个公司正式命名为亚马逊中国,目前在国内提供了32大类产品,包括消费电子类产品、女装、男装、鞋子、珠宝、首饰,家居、服饰、小家电、图书、化妆品等等产品。亚马逊拥有全球最先进的电商运营系统及物流仓储运营体系,亚马逊物流可为卖家提供全套的物流及电商运营解决方案,让卖家拥有优质的服务,提高商品竞争力,从而进一步提升销量,帮助卖家全面发展电子商务。目前亚马逊物流在中国可以实现全国123个城市当日到达,1400多个城市和区县次日到达。

1. 亚马逊中国的电商物流服务流程

(1)卖家发送商品至亚马逊运营中心:

①查看亚马逊物流商品限制,确保商品可入仓;

②在卖家后台上传商品并转换为亚马逊物流配送;

③在卖家后台创建发货/补货订单;

④打印标签并为商品和货件贴签;

⑤选择配送公司或者自己配送至库房。

(2)亚马逊存储顾客的商品：

①运营中心接收顾客的商品并扫描入库；

②为顾客的商品提供安全的仓储环境；

③卖家仅需就近入仓，亚马逊自动将库存智能分配到全国各仓库；

④卖家按商品实际体积及存储天数支付仓储费用。

(3)客户订购需要的商品：

①亚马逊物流全方位提升商品优势，助于客户选择需要的商品；

②使用亚马逊物流的商品将参与 99 元免运费活动；

③提供多种支付和配送方式；

④提供多渠道配送服务，满足跨平台运营。

(4)亚马逊对商品进行拣货包装：

①利用先进的联网仓储、高速拣货和分类系统，快速定位顾客的商品；

②从取件到发货均按照亚马逊标准化流程，防止错误发件；

③包装采用亚马逊标准包装箱，专利技术气泡垫、气泡枕；

④特殊产品包装处理及特殊产品跟踪(例如易碎高价品)；

⑤亚马逊物流按件收取基础服务费。

(5)亚马逊快捷配送商品并提供客户服务：

①全国快速到达，确保商品及时快速地配送到顾客手中；

②按订单收取配送费；

③为客户提供订单的跟踪信息；

④为顾客提供 7 天 24 小时的客户服务，让顾客售后无忧。

2. 亚马逊中国电商物流的优势

(1)提升销售转换率 3～4 倍：

①产品展示提升：使用亚马逊物流的商品在全站的各类页面都将提高展示，包括搜索页，浏览页，亚马逊自动推荐，产品详细页等；

②赢取购买按钮：提升顾客赢得“购买按钮”的几率；

③支持货到付款：支持包括货到付款在内的 7 种支付方式；

④促销活动：“亚马逊物流”商品将有机会参加亚马逊的 Z 秒杀，瞬间提升销量；

⑤提升转化率：使用“亚马逊物流”商品订单的转化率是自配送订单的 3～4 倍。

(2)提供 7×24 小时全方位服务：

①商品全国覆盖：卖家仅需就近入仓，亚马逊物流自动将库存智能分配到全国各仓库；

②商品快速送达：全国 123 个城市当日达，1400 多个城市和区县次日达；

③不间断客服：为顾客提供 7 天 24 小时的专业客服支持，让顾客售后无忧；

④跨平台运营：顾客其他电商平台的订单，可以使用多渠道配送服务来完成配送；

⑤不再为促销季苦恼：“亚马逊物流”365 天全年无休。

(3)具备“省心＋低价”特点：

①免去基础设施投入：智能化运营中心覆盖全国，先进的运营系统动态管理顾客的库存；

②节省人力成本:无须花钱雇人处理订单、拣货、包装、发货;

③配送成本合理:全国统一价,偏远地区不加价。

据2014年的初步统计,目前亚马逊在中国拥有13个运营中心,配送区域覆盖全国近3000个城市区县,300多条运输线路每天的运输总里程近10万公里。而在过去短短一年间,亚马逊中国更将其当日达及次日达的服务扩张了近5倍,覆盖了近1400个城市区县。此外亚马逊中国还通过各地的便利店、校园和第三方物流伙伴将自提点数量提升了10倍以上,达到5000多个自提点。

物流问题一直是用户所诟病的焦点,亚马逊中国在这方面提出了较好的解决方案:首先,覆盖全国的一体化网络和独有的全国调拨模式,让全国无论几线城市县直至乡村享受同样的购物和配送体验。其次,先进的后台系统还确保了最优的库房管理、最快交付时间以及最佳运输线路。最后,亚马逊特有的大数据优势还可预测消费需求,在优化效率的同时保证准确。2013年11.11期间亚马逊中国送货准时率高达98%以上。2014年,亚马逊中国除了提供给消费者海量高品质的国际商品以及创新性的海外产品直接购买之外,还特别在物流方面推出了需求预估、配货规划、运力调配、最后一公里这四项保障。

(来源:好酷网,http://www.haokoo.com/elect/1542258.html)

思考题:

1. 亚马逊中国的电商物流的运作模式是什么?
2. 亚马逊中国的电商物流发展中是否存在问题?说明理由。

第四节　信息技术在电子商务物流中的应用

一、条形码技术及应用

1. 条形码技术的概念与作用

条形码技术是在计算机的应用实践中产生和发展起来的一种自动识别技术。它是为实现对信息的自动扫描而设计的。它是实现快速、准确而可靠地采集数据的有效手段。条形码技术的应用解决了数据录入和数据采集的“瓶颈”问题,为供应链管理提供了有力的技术支持。

条形码技术为我们提供了一种对物流中的物品进行标识和描述的方法,借助自动识别技术、POS系统、EDI等现代技术手段,企业可以随时了解有关产品在供应链上的位置,并及时做出反应。当今在欧美等发达国家兴起的ECR、QR、自动连续补货(ACEP)等供应链管理策略,都离不开条形码技术的应用。条形码是实现POS系统、EDI、电子商务和供应链管理的技术基础,是物流管理现代化、提高企业管理水平和竞争能力的重要技术手段。

条形码技术是实现自动化管理的有力武器,有利于进货、销售和仓储管理一体化;是实现EDI、节约资源的基础;是及时沟通产、供、销的纽带和桥梁;是提高市场竞争力的工具;可以节省消费者的购物时间,扩大商品的销售额。

物流条形码是条形码中的一个重要组成部分。它的出现,不仅在国际范围内提供了一套

可靠的代码标识体系，而且为贸易环节提供了通用语言，为EDI和电子商务奠定了基础。因此，物流条形码标准化在推动各行业信息化、现代化建设进程和供应链管理的过程中将起到不可估量的作用。

2. 物流条形码标准体系的内容

物流条形码标准体系的内容主要包括码制标准和应用标准：

(1)码制标准。主要有通用商品条形码(EAN－13)GB/T 12904－91、交插二五条形码GB/T 16829－97和贸易单元128条形码(EAN/UCC－128)GB/T 15429－94等。

这三种条形码是物流条形码中常用的码制，它们的具体应用在实际中又有所不同。一般说来，通用商品条形码用在单个大件商品的包装箱上；交插二五条形码可用于定量储运单元的包装箱，ITF－14和ITF－6附加代码共同使用也可以用于变量储运单元；贸易单元128条形码的使用是物流条形码实施的关键，它能够标识贸易单元的信息，如产品批号、数量、规格、生产日期、有效期和交货地等。

(2)应用标准。物流条形码的标准体系的应用标准主要包括位置码、储运单元条形码和条形码应用标识。

《EAN位置码》主要提供了国际共同认可的标识团体和位置的标准，也正在逐渐用于标识交货地点和起运地点，成为EDI实施的关键。

《储运单元条形码》国家标准起到了对货物储运过程中物流条形码的规范作用及实际应用中具有标识货运单元的功能，是物流条形码标准体系中一个重要的应用标准。

《条形码应用标识》是商品统一条形码有益和必要的补充，填补了其他EAN/UCC标准遗留的空白，它将物流和信息流有机地结合起来，成为连接条形码与EDI的纽带。

3. 条形码技术在仓储配送业中的应用

仓储配送是产品流通的重要环节。以美国最大的百货公司Wal—Mart为例。在全美有25个规模很大的配送中心，一个配送中心要为100多家零售店服务，日处理量约为20多万个纸箱。每个配送中心分三个区域：收货区、拣货区和发货区。在收货区，一般用叉车卸货。先把货堆放到暂存区，工人用手持式扫描器分别识别运单上和货物上的条形码，确认匹配无误才能进一步处理，有的要入库，有的则要直接送到发货区，称作直通作业以节省时间和空间；在拣货区，计算机在夜班打印出隔天需要向零售店发运的纸箱的条形码标签。白天，拣货员拿一叠标签打开一只只空箱。在空箱上贴上条形码标签。然后用手持式扫描器识读。根据标签上的信息，计算机随即发出拣货指令。在货架的每个货位上都有指示灯，表示那里需要拣货以及拣货的数量。当拣货员完成该货位的拣货作业后，按一下"完成"按钮，计算机就可以更新其数据库；装满货品的纸箱经封箱后运到自动分拣机，在全方位扫描器识别纸箱上的条形码后，计算机指令拨叉机器把纸箱拨入相应的装车线，以便集中装车运往指定的零售店。

在国内，条形码在加工制造和仓储配送业中的应用也已有了良好的开端。红河烟厂就是一例。成箱的纸烟从生产线下来，汇总到一条运输线。在送往仓库之前，先要用扫描器识别其条形码，登记完成生产的情况，纸箱随即进入仓库，运到自动分拣机。另一台扫描器识读纸箱上的条形码。如果这种品牌的烟正要发运，则该纸箱被拨入相应的装车线。如果需要入库，则由第三台扫描器识别其品牌。然后拨入相应的自动码托盘机，码成整托盘后通过运输机系统入库储存。条形码的功能在于极大地提高了成品流通的效率，而且提高了库存管理的及时性和准确性。

二、EDI 技术及应用

1. EDI 技术

EDI 即电子数据交换,是指按照同一规定的一套通用标准格式,通过通信网络传输,将标准的经济信息在贸易伙伴的电子计算机系统之间进行数据交换和自动处理,俗称“无纸化贸易”。以往世界每年用于制作文件的费用达 3000 亿美元,所以,“无纸化贸易”被誉为一场“结构性的商业革命”。

构成 EDI 系统的三个要素是 EDI 软件、硬件、通信网络以及数据标准化。一个部门或企业若要实现 EDI,首先必须有一套计算机数据处理系统;其次,为使本企业内部数据能比较容易地转换为 EDI 标准格式,必须采用 EDI 标准;另外,通信环境的优劣也是关系到 EDI 成败的重要因素之一。

EDI 标准是整个 EDI 中最关键的部分,由于 EDI 是以事先商定的报文格式进行数据传输和信息交换。因此,制定统一的 EDI 标准至关重要。世界各国开发 EDI 得出一条重要经验,就是必须把 EDI 标准放在首要位置。EDI 标准主要分为以下几个方面:基础标准、代码标准、报文标准、单证标准、管理标准、应用标准、通信标准和安全保密标准。

在这些标准中最首要的是实现单证标准化,包括单证格式的标准化、所记载信息标准化以及信息描述的标准化。单证格式的标准化是指按照国际贸易基本单证格式设计各种商务往来的单证样式。在单证上利用代码表示信息时,代码应处位置的标准化。目前,我国已制定的单证标准有中华人民共和国进、出口许可证、原产地证书、装箱单和装运声明。

信息内容的标准化涉及单证上哪些内容是必需的,哪些不一定是必须内容。例如在不同的业务领域,同样的单证上所记载的内容项目不完全一致。

信息格式的标准化指在单证上所记载的信息的表示必须符合国际或国家标准,否则将无法与外界交换信息。

2. EDI 在物流过程中的应用

EDI 是一种信息管理或处理的有效手段,它可以对物流供应链上物流信息流进行有效的运作,比如传输物流单证等。EDI 在物流运作的目的是充分利用现有计算机及通信网络资源,提高交易双方信息的传输效率,降低物流的运作成本。具体来说,主要包括以下几个方面:

(1)对于制造业来说,利用 EDI 可以有效地减少库存量及生产线待料时间,降低生产成本。

(2)对于运输业来说,利用 EDI 可以快速通关报检、科学合理地利用运输资源、缩短运输距离、降低运输成本费用和节约运输时间。

(3)对于零售业来说,利用 EDI 可以建立快速响应系统,减少商场库存量与空架率,加速资金周转,降低物流成本。同时也可以建立起物流配送体系,完成产、存、运、销一体化的供应链管理。

三、射频技术及应用

1. 射频技术

射频技术的基本原理是电磁理论。射频系统的优点是不局限于视线,识别距离比光学系统远，射频识别卡具有读写能力，可携带大量数据，难以伪造，且有智能。

射频识别系统的传送距离由许多因素决定，如传送频率和天线设计等；对于应用 RF 识别的特定情况应考虑传送距离、工作频率、标签的数据容量、尺寸、重量、定位、响应速度及选择能力等。

RF 适用于物料跟踪、运载工具和货架识别等要求非接触数据采集和交换的场合，由于 RF 标签具有可读写能力，对于需要频繁改变数据内容的场合尤为适用。

近年来，便携式数据终端（PDT）的应用多了起来，PDT 可把那些采集到的有用数据存储起来或传送至一个管理信息系统。便携式数据终端一般包括一个扫描器、一个体积小但功能很强并带有存储器的计算机、一个显示器和供人工输入的键盘。在只读存储器中装有常驻内存的操作系统，用于控制数据的采集和传送。

PDT 存储器中的数据可随时通过射频通信技术传送到主计算机。操作时先扫描位置标签，货架号码和产品数量就都输入到 PDT，再通过 RF 技术把这些数据传送到计算机管理系统，可以得到客户产品清单、发票、发运标签、该地所存产品代码和数量等。

2. 射频技术在物流中的应用

射频技术在物流中的应用主要表现在：①射频技术可用于物流过程中货物的库存管理；②射频技术可用于物流过程中货物的运输管理；③射频技术可用于物流过程中货物的分拣管理。

无论货物是在订购还是在运途中，各级物流管理人员和物流的作业人员都可通过射频技术以及由其所组成的系统实时掌握所有的信息，避免货物的重复运输。该系统的运输功能就是靠贴在集装箱和装备上的射频识别标签实现的。RF 接收转发装置通常安装在运输线的一些检查点上（如门柱上、桥墩旁等）以及仓库、车站、码头和机场等关键地点。接收装置收到 RF 标签信息后，连同接收地的位置信息上传至通信卫星，再由卫星传送给运输调度中心，送入中心信息数据库中。对于库存管理来说，也可以通过射频技术以及由其所组成的系统，及时掌握和了解各种货物的库存数量，通过网络系统传输给管理中心，以便及时进行决策。由此可见，射频技术在物流过程中的应用不但可以大大提高物流的效率，而且也可以大大地降低物流的作业成本。

四、GPS、GIS、GSM 技术及应用

1. GPS 技术及其应用

（1）GPS 技术。GPS（Global Positioning System）即全球定位系统，该系统具有在海、陆、空进行全方位实时三维导航与定位能力。该 GPS 系统由 21 颗工作卫星和 3 颗在轨备用卫星组成 GPS 卫星星座，记作（21 + 3）GPS 星座。24 颗卫星均匀分布在 6 个轨道平面内，轨道倾角为 55 度，各个轨道平面之间相距 60 度，即轨道的升交点赤经各相差 60 度。每个轨道平面内各颗卫星之间的升交角距相差 90 度，轨道平面上的卫星比西边相邻轨道平面上的相应卫星超前 30 度。这种结构与设备配置使 GPS 具有全天候、高精度、自动化、高效益等显著特点，能在全球绝大多数地方进行全天候、高精度、连续实时的导航定位测量。

（2）GPS 技术在物流中的应用。GPS 在物流领域可以应用于汽车自动定位、跟踪调度以及铁路运输等方面的管理，也可用于军事物流。

①在汽车自动定位、跟踪调度方面的应用。利用 GPS 的计算机管理信息系统,可以通过 GPS 和计算机网络实时收集全路汽车所运货物的动态信息,可实现汽车、货物追踪管理,并及时地进行汽车的调度管理。据丰田汽车公司的统计和预测,日本公司在利用全球卫星定位系统开发车载导航系统,使日本车载导航系统的市场在 1995 年至 2000 年间将平均每年增长 35% 以上,全世界在车辆导航上的投资将平均每年增长 60.8%,因此,车辆导航将成为未来全球卫星定位系统应用的主要领域之一。我国已有数十家公司在开发和销售车载导航系统。

②在铁路运输方面的管理。利用 GPS 的计算机管理信息系统,可以通过 GPS 和计算机网络实时收集全路列车、机车、车辆、集装箱及所运货物的动态信息,可实现列车及货物的追踪管理。只要知道货车的车种、车型和车号,就可以立即从近 10 万公里的铁路网上流动着的几十万辆货车中找到该货车,还能得知这辆货车现在何处运行或停在何处,以及所有的车载货物发货信息。铁路部门运用这项技术可大大提高其路网及其运营的透明度,为货主提供更高质量的服务。

③用于军事物流。全球卫星定位系统首先是因为军事目的而建立的,在军事物流中应用相当普遍,如后勤装备的保障等方面。通过 GPS 技术及系统,可以准确地掌握和了解各地驻军的数量和要求,无论在战时还是在平时都能及时地进行准确的后勤补给。

2. GIS 技术及其应用

(1)GIS 技术。GIS 即地理信息系统,是 20 世纪 60 年代开始迅速发展起来的地理学研究新成果,是多种学科交叉的产物,它以地理空间数据为基础,采用地理模型分析方法,适时地提供多种空间的和动态的地理信息,是一种为地理研究和地理决策服务的计算机系统。其基本功能是将表格型数据(无论它来自数据库、电子表格文件或直接在程序中输入)转换为地理图形显示,然后对显示结果浏览、操作和分析。其显示范围可以从洲际地图到非常详细的街区地图,显示对象包括人口、销售情况、运输线路以及其他内容。

(2)GIS 技术在物流中的应用。GIS 技术主要应用于物流分析,是指利用 GIS 强大的地理数据功能来完善物流分析技术。目前一些国外公司已经开发出利用 GIS 为物流分析提供专门分析的工具软件。完整的 GIS 物流分析软件集成了车辆路线模型、最短路径模型、网络物流模型、分配集合模型和设施定位模型等。具体表现如下:

①车辆路线模型。主要用于解决一个起始点、多个终点的货物运输中,如何降低物流作业费用并保证服务质量的问题。包括决定使用多少辆车以及每辆车的路线等。

②网络物流模型。主要用于解决最有效地分配货物路径问题,也就是物流网点布局问题。如将货物从 N 个仓库运往 M 个商店,每个商店都有固定的需求量,因此,需要确定由哪个仓库提货送给那个商店,所耗的运输代价最小。

③分配集合模型。是根据各个要素的相似点把同一层上的所有或部分要素分为几个组,主要用以解决和确定服务范围、销售市场范围等问题。如某一公司要设立 x 个分销点,要求这些分销点要覆盖某一地区,而且要使每个分销点的顾客数目大致相等。

④设施定位模型。主要用于确定一个或多个物流设施的位置。在物流系统中,物流中心、仓库和运输线共同组成了物流网络,物流中心和仓库处于网络的节点上,节点决定着线路,如何根据供求的实际需要并结合经济效益等原则,在既定区域内设立多少个物流中心和仓库,每个物流中心和仓库的位置、规模以及物流中心和仓库之间的物流关系等,运用此模型均能很容

易地得到解决。

3. GSM 技术及其应用

(1)GSM 技术。基于定位的服务(Location Based Service,LBS)是通过全球移动通信系统(Global System for Mobile Communication,GSM)获取移动用户的位置信息(经纬度),然后提供相应服务的一种增值业务。由于其在紧急救援、亲友定位、汽车导航、智能交通、团队管理等方面有出色作用,近几年发展非常快。

GSM 数字蜂窝通信系统主要组成部分可分为移动台、基站子系统和网络子系统。基站子系统(简称基站 BS)由基站收发台(BTS)和基站控制器(BSC)组成;网络子系统由移动交换中心(MSC)和系统维护中心(OMC)以及原地位置寄存器(HLR)、访问位置寄存器(VLR)、鉴权中心(AUC)和设备标志寄存器(EIR)等组成。

(2)GSM 定位在物流管理中的应用。

①车辆实时监控调度。通过构建基于 GSM 的物流车辆实时调度管理系统可以实现车辆监控与调度,其工作过程为系统向网内所有 GSM 车载定位终端发出移动目标定位请求后,车载终端自动计算出自身所处的地理位置坐标,后经 GSM 通信机回传到 GSM 公用数字移动通信网,调度中心系统透过移动通信网络,将车辆坐标数据及其他数据还原后,与 GIS 系统的电子地图相匹配,即可在电子地图上直观地显示车辆实时坐标的准确位置。调度指挥中心自动间隔式地做移动目标定位,即可实时地监控到车辆运行轨迹。在任意时间,调度中心都能查看到准确真实的区域内运力分布,以及车辆的运行状态,为物流企业做出高效能运力调度决策提供坚实的保障。

②实时货运派单。每家物流企业都希望缩短货物的处理周期,客户要求的运输时限也越来越短。如何在最短的时间内用最经济的车辆将货物起运。通过系统可实现强大的车辆查询调度功能,车辆调度指挥中心通过终端位置定位,准确查询到车辆当前所在地区位置,然后把当前位置区域内的货运需求信息,实时地发到正处在该位置区域,或离该位置最近的货运车辆 GSM 车载终端上。让司机无论跑到哪里,哪里就有货运需求。最大化程度提升整个车队的客户响应能力,降低车辆营运成本,从而提升客户满意度。

③货运订单跟踪。通过 GSM 车载终端,利用车辆调度指挥中心强大的移动目标位置定位查询功能,可为企业客服或直接客户提供该单货物真实客观的地理位置信息,以及跟此单货物相关联的其他更为详细的货物资料信息。高效快捷地响应客户多样化查询及货物管理请求,从而提升客户的满意度与忠诚度。

④运输线路优化。在向司机下达货运调度信息的同时,系统通过 GIS 地理分析功能,在电子地图上测量出任意两点或多点的间距,即可帮助调度指挥中心在地图上找寻到车辆运输的最短路线。并实时向此货运司机反馈这一路径优化信息。不但让司机知道上哪能最快拉到货,而且能够让他们知道走什么路可最快到达目的地,最大化程度缩小车队的客户响应时间,提高生产率。

⑤车辆反劫防盗,远程遥控。车载定位终端可具有 GSM 网络汽车防盗报警功能。GSM 汽车防盗反劫系统是利用 GSM 通信网络的手机远程遥控的汽车智能高科技防盗报警系统。具有防盗反劫、远程报警、实时监控、防盗设定、防盗解除、碰撞报警、非法开门报警、非法启动报警、手机短信遥控、车辆区域定位等多种功能。

⑥物流信息管理。信息管理分为信息服务和车辆(人员)管理两部分:在信息服务中,调度指挥中心可以实时向车辆司机提供城市或地区交通信息、线路咨询信息以及位置区域内的如银行、酒店、停车场等位置咨询服务信息;车辆资料管理内容除应涵盖车辆的基本信息(如车牌号、车辆类型、吨位、颜色、安全纪录、维修维护记录等)外,运用CRM(客户关系管理)思想模式对货运车辆的客户服务行为(如客户的投诉管理、运输服务水平等)做出相应的系统管理,并可以此为各货运司机的绩效考评提供理论依据。

4. 网络GPS在物流业中的运用

从第一颗试验卫星于1978年2月发射以来,GPS定位系统已经有30多年的发展历程。随着互联网的蓬勃发展,GPS也进入了网络时代。GPS、GIS、GSM等各项先进技术的强强联合造就了现在的网络GPS,它的出现将大大促进物流产业的发展。

(1)网络GPS的概念和特点。网络GPS就是指在互联网上建立起来的一个公共GPS监控平台,它同时融合了卫星定位技术、GSM数字移动通信技术以及国际互联网技术等多种先进的科技成果。网络GPS综合了Internet与GPS的优势与特色,取长补短,它解决了原来使用GPS所无法克服的障碍,降低了投资费用。概括起来,网络GPS具有如下的特点:

①功能多、精度高、覆盖面广,在全球任何位置均可进行车辆的位置监控工作,充分保障网络GPS所有用户的要求都能够得到满足;

②定位速度快,有力地保障了物流运输企业能够在业务运作上提高反应速度,降低车辆空驶率,降低运作成本,满足客户需要;

③信息传输采用GSM公用数字移动通信网,具有保密性高、系统容量大、抗干扰能力强,漫游性能好、移动业务数据可靠等优点;

④构筑在国际互联网上,具有开放度高、资源共享程度高等优点。

(2)网络GPS的工作流程。车载单元即GPS接收机在接收到GPS卫星定位数据后,自动计算出自身所处的地理位置的坐标,后经GSM通信机发送到GSM公用数字移动通信网,并通过与物流信息系统连接的DDN专线将数据送到物流信息系统监控平台上,中心处理器将收到的坐标数据及其他数据还原后,与GIS系统的电子地图相匹配,并在电子地图上直观地显示车辆实时坐标的准确位置。各网络GPS用户可用自己的权限上网进行自有车辆信息的收发、查询等工作,在电子地图上清楚而直观地掌握车辆的动态信息(位置、状态、行驶速度等)。同时还可以在车辆遇险或出现意外事故时进行种种必要的遥控操作。

(3)网络GPS对物流产业所起的作用:

①实时监控功能。在任意时刻通过发出指令查询运输工具所在的地理位置(经度、纬度、速度等信息)并在电子地图上直观地显示出来。

②双向通讯功能。网络GPS的用户可使用GSM的语音功能与司机进行通话或使用本系统安装在运输工具上的移动设备的汉字液晶显示终端进行汉字消息收发对话。驾驶员通过按下相应的服务、动作键,将该信息反馈到网络GPS,质量监督员可在网络GPS工作站的显示屏上确认其工作的正确性,了解并控制整个运输作业的准确性(发车时间、到货时间、卸货时间、返回时间等)。

③动态调度功能。调度人员能在任意时刻通过调度中心发出文字调度指令,并得到确认信息。可进行运输工具待命计划管理,操作人员通过在途信息的反馈,运输工具在返回车队前

即做好待命计划，可提前下达运输任务，减少等待时间，加快运输工具周转速度。

④车辆管理功能。将运输工具的运能信息、维修记录信息、车辆运行状况登记信息、司机人员信息、运输工具的在途信息等多种信息提供给调度部门决策，以提高车辆利用率，尽量减少空车时间和空车距离，充分利用运输工具的运能。

⑤数据存储、分析功能。实现路线规划及路线优化，事先规划车辆的运行路线、运行区域，何时应该到达什么地方等，并将该信息记录在数据库中，以备以后查询、分析使用；汇报运输工具的运行状态，了解运输工具是否需要较大的修理，预先做好修理计划，计算运输工具平均无差错时间，动态衡量该型号车辆的性能价格比。

⑥服务质量跟踪。在中心设立服务器记录车辆的相关信息（运行状况、在途信息、运能信息、位置信息等用户关心的信息），让有该权限的用户能在网上进行查询。同时还可对客户所需的位置信息用相对应的地图传送过去，并将运输工具的历史轨迹印在上面，使该信息更加形象化。

五、计算机网络技术及应用

计算机的迅速普及、网络通信技术及社会经济发展的相互作用，支持着企业网络体系结构的普及与发展。Internet/Intranet 网络体系已成为当今企业网络的基本构架和趋势物流信息网络建设和使用的主要主体是物流企业，因此，可以说物流信息网络的体系结构主要是物流企业的 Internet/Intranet 体系结构。

物流企业利用 Internet 技术建立的物流企业信息网络，是物流企业信息管理和交换的基础设施和平台。根据物流企业的特性，在物流企业的 Intranet（企业内部网）建设中，又可按不同部门和结构来构建物流企业特有的 Intranet。

Intranet 的所有服务是基于客户机/服务器模型的，Intranet 计算模式是客户机/服务器模式的高度扩展，是由客户机/服务器模型发展而来的，在该结构中，客户端的任何计算机只要安装了浏览器就可以访问应用程序。

在物流企业的 Internet 和 Intranet 之间采用防火墙或路由器连接，这与一般企业的 Internet/Intranet 基本相同。而在物流企业的 Intranet 内，则依不同的部门划分为运输配送部门、订货采购部门、库存控制部门，而分别配备 web 数据服务器和网络浏览器，构建相应的信息子系统。

企业管理信息系统可以简便地实现信息共享、协调作业及网络处理和计算。Intranet 革命性地解决了传统 MIS 开发中不可避免的缺陷，打破了信息共享的障碍，实现了大范围的协作，形成了一个开放、分布、动态的双向多媒体信息交流环境，是对现有网络平台应用技术和信息资源的重组与集成。同时，用户端在一定的工作平台通过 NT 系统网络集成实现对整个网络的透明操作与控制，用户网络协议可以应答用户对整个网络的管理请求和服务请求，通过不同协议与不同的 Server 实现用户的操作请求和数据库信息流的调用。

案例 10-4　美国 UPS 公司的信息技术运用

美国 UPS 联合包裹运送服务公司成立于 1907 年，现为最大的包裹运送服务公司，世界第 11 大航空公司、世界最大的货运航空机队，拥有 238 架飞机、租用 384 架飞机，拥有近16万辆各种运送包裹的车辆,在全球200多个国家和地区服务。2000年公司运送了350亿份包裹及文件,营业收入总额298亿美元。

UPS公司的全球业务能取得成功扩展,主要得益于先进网络与信息技术。早在20世纪80年代,UPS就决定创立一个强有力的信息技术系统。在最近10多年中,该公司在技术方面投入110亿美元,配置主机、PC、手提电脑、无线调制解调器、蜂窝通信系统等,并网罗了4000名程序工程师及技术人员。这种投入,不仅UPS实现了与99%的美国公司和96%的美国居民之间的电子联系,也实现了对每件货物运输即时状况的掌握。

同时,UPS建立了一套电脑化的清关系统。该系统率先与美国的自动化代理接口实现链接,并将资料预先传送到目的地海关,以加速清关过程。公司UPS一个环球通信网络,通过它可以与1200个投递点保持联系。通过条形码及扫描技术,UPS能够根据其全球信息网络对每日来往于世界各地的1360万个邮包进行实时电子跟踪。例如,一个出差在外的销售员在某地等待某些样品的送达,他只要在通过UPS安排的网络系统中输入UPS运单跟踪号码,即可知道货物在哪里。当需要将货物送达另一个目的UPS可再次通过网络以及附近的蜂窝式塔台,找出货物的位置,并指引到最近的投递点。UPS的司机携带一块电子操作板(运送信息获取装置DLAD),凭它可同时取得和发送运货信息,甚至获知行驶路线的交通状况。一旦用户签收包裹,信息将会在网络中传播,寄件人可以登录UPS网站了解货物情况。现在,UPS给每位送货司机均配备了一台第二代速递资料收集器(DLADII),它可以替代原先的送过记录本,并接受收货人的电子签名。公司与世界各地的政府机关及监管部门紧密合作,引入贸易单证的电子数据交换技术,借以实现无纸贸易。

(来源:申纲领主编. 物流案例与实训. 北京:北京大学出版社,2014.6.)

思考题:

1. UPS的核心竞争力是什么?又是如何发挥其竞争优势的?
2. UPS采用了哪些信息技术?
3. 结合案例,试分析我国快递业信息技术的使用现状。

思考与练习

一、名词解释

1. 物流管理信息系统
2. 电子商务
3. EDI

二、简答题

1. 简述电子商务的内涵及其发展趋势。
2. 试述物流信息管理系统的基本结构与功能。
3. 阐述现代信息技术在物流系统管理中的应用及作用。

三、讨论题

试结合当前电子商务的发展阐述其与物流的相互关系。

第十一章　物联网与智能物流

引导案例　国内最智能物流平台在武汉投入使用

通过物联网技术、传感、摄像头、一卡通，打通园区内个体细胞，让每一个人，每一个物体，每一台车，每一次交易都拥有了身份。2015 年 3 月 8 日，上海卡行天下供应链管理有限公司建成的覆盖华中地区的武汉智能物流园区投入使用，这也是国内最先进的智能物流平台。

卡行天下武汉智能园区，地处国家级功能区“武汉临空港经济技术开发区”。园区内无盲点免费网络覆盖，实现进入园区的每个人，每台车，每件货都能信息互通。其中，运行速度为 25 米/分钟的地链运输系统，使其最高日处理吞吐量可达 4000 吨，这也是国内首个拥有地链输送系统的园区。

卡行天下总经理钱钰表示，按计划，武汉智能园区将是一个集医药物流、冷链物流、航空物流、公路货运和物流金融等于一体的超级物流枢纽平台，通过智能化网络体系，打造国内公路运输最高标准的园区。

卡行天下是一家创新型供应链管理公司，以公路枢纽港为基础，通过将全国各地的物流信息进行整合，让货运方和需求方形成有效对接，以其高效快捷被誉为“小菜鸟”。

智能物流园区不仅紧邻国内最大民营企业九州通集团的物流基地。九州通集团作为卡行天下的股东方，也将受益于该智能物流平台。九州通集团与阿里巴巴集团共同参股卡行天下，旨在引领物流标准化的发展方向，使国内公路枢纽提高到一个新的高度。

九州通集团董事局主席刘宝林表示卡行天下是国内顶尖的公路物流专家，双方合作后，将可有效降低九州通部分药品的运输成本。

（来源：长江网，http://e. cjn. cn/cjrb/html/2015 - 03/10/content_5423227. htm）

问题

1. 有哪些物联网技术应用于现代物流领域？
2. 智能物流的内涵是什么？

本章知识点

物联网引发了继计算机、互联网与通信网络之后世界信息产业的第三次浪潮。伴随着物联网的核心技术应用于物流领域，物流已进入智能物流时代，使得信息化在整合物流网络和管控物流运作流程中达到了动态的、实时进行选择和控制的管理水平。

本章介绍了物联网的起源、发展和内涵，物联网技术发展及其在物流领域的应用，分析了物联网的基本技术架构，重点阐述了基于物联网而发展形成的智能物流技术、智能物流系统及其构成，概述了智能物流应用发展。

本章应重点掌握的内容:物联网的起源和内涵;物联网的基本技术架构;智能物流的相关技术;物联网核心技术在智能物流领域的应用。

第一节　物联网的内涵

一、物联网的起源和发展

物联网的理念最早可以追溯到1991年英国剑桥大学的"特洛伊"咖啡壶事件。

1991年,英国剑桥大学特洛伊计算机实验室的科学家们在工作时,要下两层楼梯到楼下看咖啡煮好没有,但常常空手而归,这让工作人员很烦恼。为了解决这个问题,他们编写了一套程序,并在咖啡壶旁边安装了一个便携式摄像机,镜头对准咖啡壶,利用计算机图像捕捉技术,以3帧/秒的速率传递到实验室的计算机上,以方便工作人员随时查看咖啡是否煮好,省去了上上下下的麻烦。

1993年,这套简单的本地"咖啡观测"系统经过其他同事的更新,以1帧/秒的速率通过实验室网站连接到了因特网上。没想到的事,仅仅为了窥探"咖啡煮好没有",全世界因特网用户蜂拥而至,近240万人次点击过这个名噪一时的"咖啡壶"网站。就网络数字摄像机而言,确切地说:其市场开发、技术应用以及日后的种种网络扩展都是源于这个世界上最负盛名的"特洛伊咖啡壶"。

1995年,比尔·盖茨在《未来之路》一书中首次提出了"物物"相联的物联网雏形。而"物联网"(Internet of Things,IoT)作为一个正式的概念,是在2005年11月国际电信联盟(ICU)发布的《ICU互联网报告2005:物联网》提出的。该报告全面、透彻地分析了物联网,包括其关键技术、市场机遇与挑战,指出无线射频技术、传感器技术、纳米技术、智能嵌入技术将得到更加广泛地应用,展望了物联网将会带来社会运转方式的变化和人们生活的远景。2008年3月在苏黎世举行了全球首个国际物联网会议"物联网2008",探讨了"物联网"的新理念和技术,以及如何推进"物联网"的发展。2009年1月,IBM首席执行官彭明盛首次提出"智慧地球"的构想,核心是以一种更智慧的方法,通过利用新一代信息技术,改变政府、企业和人们的交互方式,达到更透彻的感知、更广泛的互联互通和更深入的智能化。

2009年8月7日,原国务院总理温家宝在无锡微纳传感网工程技术研发中心视察,指出"在传感网发展中,要早一点谋划未来,早一点攻破核心技术",提出了"感知中国"的理念,标志着我国"物联网"的研究上升到了国家战略层面。2009年11月,中国移动与无锡人民政府签署"共同推进TD-SCDMA与物联网融合"的战略合作协议。2010年8月,在无锡成立中国移动物联网研究院,并由国际标准化组织(ISO)正式发布了集装箱货运标签系统:《ISO/PAS 18186:集装箱-RFID货运标签系统》,这是在物流和物联网领域,首个由我国提出并推动制定,由ISO正式发布的可公开提供的规范。这套集装箱货运标签系统可为货主、港口、船舶运营公司、海关和商检等单位提供集装箱实时货运状态信息,对提高集装箱的安全水平和运输效率具有重要意义。

2009年11月,中关村物联网产业联盟成立,成员包括北京移动、清华同方股份有限公司、北京邮电大学、中科院软件所等12家单位,以智慧城市为突破口,主要在智能交通、城市管理、公共服务等领域拓展研究和应用,实现"智慧城市、物联世界"的目标。2010年年初,我国正式

成立传感(物联)网技术产业联盟。2011 年 11 月 28 日,工业与信息化部正式发布了我国“物联网‘十二五’发展规划”。该规划要求在核心技术研究与产业化、关键技术研究与制定、产业链条建立与完善、重大应用示范与推广等方面取得显著成效,初步形成创新驱动、应用牵引、协同发展、安全可控的物联网发展格局。

目前,我国的物联网产业发展和全球同处于起步阶段,初步具备了一定的技术、产业和应用基础,呈现出良好的发展势头。其中尤以物联网的关键技术之一的 RFID 技术相关的产业链已初步形成。

我国 2012 年 RFID 的产业规模为 181.1 亿元,主要在身份识别、交通管理、军事与安全、资产管理、防盗与防伪、金融、物流、工业控制等领域的应用中取得了突破性的进展。RFID 产业链已经基本搭建起来,形成了从芯片设计、封装、设备、系统集成、行业应用为一体的产业链格局。从产业链的分布结构来看,阅读器和电子标签企业以深圳企业数量最多。在产业集群发展上,则呈现出了以北京为代表的环渤海地区、以上海为代表的长三角地区和以深圳为代表的珠三角地区遥相呼应且快速发展的态势。此外,西南地区的 RFID 企业发展与应用,也出现了高速发展的势头。

根据国际物联网贸易与应用促进协会(简称国际物促会,IIPA)的预测,2015 年中国 RFID 行业市场规模将达 373 亿元,2017 年更将高达 621 亿元。从 2013—2017 年,中国 RFID 行业市场规模将增长约 2.4 倍,年均增长率约为 27.88%。

从整个物联网市场来看,2013 年,我国物联网市场规模实现 4896 亿元。《2013—2017 年中国物联网行业应用领域市场需求与投资预测分析报告》指出,至 2015 年,中国物联网整体市场规模将达到 7500 亿元,年复合增长率超过 30.0%。

我国在物联网的标准化进程也走在世界的前列,相关标准的制定领先于国际水平。2006 年我国就开始着手执行传感网的标准工作,2007 年国标委正式批准成立传感网工作组,2008 年在上海首次举行国际标准化组织的传感网研究小组首届大会,2009 年,中国传感网标准工作组正式成立,2011 年由我国提交给 ISO/IECJTC1(ISO/IEC 信息技术委员会)的一项关于“传感器网络信息处理服务和接口规范”的国际标准提案已通过新工作项目(NP)投票。2014 年 9 月,国际标准组织已正式通过由中国技术专家牵头提交的“物联网参考体系结构”国际标准项目,标志着中国正式掌握了物联网这一新兴领域的国际最高话语权,是物联网和顶层架构国际标准领域的一次重大突破。同年 10 月,ISO/IEC 信息技术委员会正式批准“传感器网络测试框架”国际标准项目。2014 年,工业和信息化部电信研究院与欧洲物联网研究总体协调组联合牵头发表《中欧物联网架构共同声明》,也称为《中欧物联网标识白皮书(2014 年)》。中欧双方就涉及物联网架构设计方法、水平化能力、标识解析、语义、安全这五个方面在进行物联网架构设计达成了一些共同看法。

二、物联网的内涵

物联网的定义有多种,普遍被认可的一种是 1999 年由美国的 Auto - ID 提出的建立在物品编码、RFID 技术和互联网基础上的定义:通过各种信息传感设备,如射频识别技术、红外感应器、全球定位系统、激光扫描器等,按规定协议,将物与物、物与人、人与人通过接入网、互联网进行信息交换,以实现智能化识别、定位、跟踪、监控和管理的一种信息网络。(图 11-1)

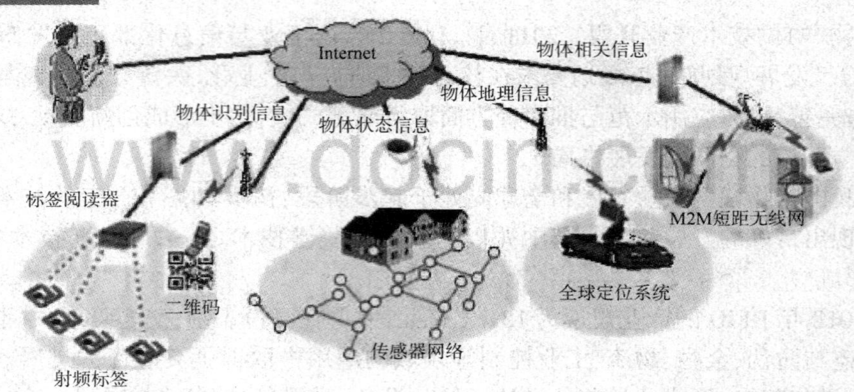

图 11-1 “物联网”示意图

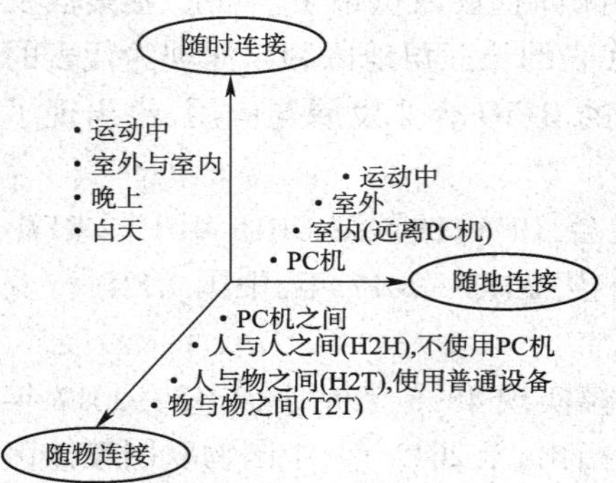

图 11-2 基于 Internet 的物联网信息交换与服务

来源:郎为民编著,大话物联网,北京:人民邮电出版社,2011 年。

2005 年,国际电信联盟(ITU)发布的《ITU 互联网报告 2005:物联网》,指出:无所不在的“物联网”通信时代即将来临,世界上所有的物体都可以通过 Internet 主动进行信息交换。如图 11-2 所示,“物联网”可以在任何时间、任何地点,对任何物品,采取任何通信方式,以满足所提供的任何服务要求。物联网解决的是物到物(Thing to Thing,T2T)、人到物(Human to Thing,H2T)、人到人(Human to Human,H2H)之间的互联。

2008 年 5 月 27 日,欧洲智能系统集成技术平台(EPoSS)在发布的“Internet of Things in 2020”报告中对物联网的定义是:“物联网是由具有标识、虚拟个性的物体/对象所组成的网络,这些标识和个性等信息在智能空间使用指挥的接口与用户、社会和环境进行通信”。

The network formed by things/objects having identities, virtual personalities operating in smart spaces using intelligent interfaces to connect and communicate with the users, social and environmental contexts.

2009 年,欧盟第七框架下 RFID 和物联网研究项目簇(Cluster of European Research Projects on the Internet of Things, CERP - IoT 2009)发布了《物联网战略研究路线图》的研究报告,其中提出了新的物联网的概念,认为物联网是未来互联网的一个组成部分,可以定义为“基于标准的和可互操作的通信协议块具有自配置能力的动态的全球网络基础构架,在物联网内物理和虚拟的‘物件’具有身份、物理特性。”

“Internet of Things (IoT) is an intergrated part of Future Internet and could be defined as a dynamic global network infrastructure with self configuration capabilities based on standard and interoperable communication protocols where physical and virtual personalities and use intelligent interfaces, and are seamlessly intergrated into the information network.”

2010 年,我国的政府工作报告所附的注释中对物联网做如下说明:“物联网是通过传感设备按照约定的协议,把各种网络连接起来,进行信息交换和通信,以实现智能化识别、定位跟

踪、监控和管理的一种网络。”

三、国内外物联网技术发展及其在物流领域的应用

国际上已展开对物联网技术、标准规范的制定和研究，扩大其在不同领域的应用，尤其是在物流领域。其中：

(1)美国。在政府层次上，总统奥巴马已经把“物联网技术”定位为振兴经济、确立美国全球竞争优势的关键战略。在物联网产业层次上，既有以TI，Intel等公司为主导的RFID关键芯片制造商，又有以IBM、微软和HP等公司为主导的物联网应用软件开发商。特别是在物流领域，已经有包括沃尔玛、宝洁和联邦快递等公司承诺的在今后的5～10年内全部推进物联网技术在各自公司的应用。

(2)欧盟。在政策层次上，在2008年10月召开的欧洲物联网大会上就EPC Global网络架构在经济、安全、隐私和管理等方面问题进行了广泛交流，为建立一套公平的和分布管理的唯一标识符达成了共识。在物联网产业层次上，以Philips公司为主打正积极开发廉价的RFID芯片，Nokia也在开发基于物联网的移动电话购物系统，SAP则积极开发支持物联网的企业应用软件。

(3)日本。MPHPT(日本公共管理暨内务、有点与电信通讯部)在2004年3月发布了针对RFID的“关于传感网时代运用先进的RFID技术的最终研究草案报告”。2004年7月，日本经济产业省选择了七大产业作为物联网的应用试验，包括消费电子、书籍、服装、音乐CD、建筑机械、制药和物流。从近年来日本物联网领域的动态来看，与行业应用相结合的基于物联网技术的产品和解决方案开始集中出现，这为物联网在日本应用的推广，特别是在物流等非制造领域的应用，奠定了坚实的基础。

(4)中国。在政策层次上，物联网的技术研发和推广使用已经上升到国家战略层面，产业规模基本形成。2004年4月22日，EPC Global China——全球产品电子代码(EPC)中国中心正式成立；2005年9月，成立了上海电子标签与物联网产学研联盟；2008年上半年，无锡市与中科院上海微系统研究所合作成立中科院无锡微纳传感网工程技术研发中心；2009年11月1日，中关村物联网产业联盟成立；2010年3月2日，上海物联网中心成立。

尽管近年来物联网技术在不同领域的应用，尤其是在物流领域的应用受到普遍关注，取得了较快发展，但物联网技术的广泛应用依然面临较多的问题，其中包括：

(1)应用成本较高。目前的物联网应用几乎全部是上游投资、下游受益。零售商希望借助于物联网降低自身成本、提高效率，而建设物联网的成本往往是由商品制造商和物流商承担。如果解决不好商业利益的共享问题，物联网的大规模应用会面临许多阻力，而如果规模不够，物联网将无法降低成本。

(2)需求不明确。目前物联网目标用户实时跟踪商品信息的需求并不明确。埃森哲调查显示，中国企业应用物联网不积极的重要原因是看不到投资——收益。

(3)安全隐私方面。与其他无线通信方式比较，顾客和商家还不能毫无顾忌地将关键信息存储在RFID电子标签中。

(4)技术层方面。目前在物流领域使用物联网中的RFID时需同时读取多个标签，RFID必须同时满足几种约束条件才能实现应用收益的最大化。比如，同时读取标签的数量、通过速度、标签相对的摆放位置、标签与读写天线间的关系等。

第二节　物联网的基本技术架构

一、物联网的特性

从本质上看,物联网是现代信息技术发展到一定阶段后出现的一种聚合应用与技术提升。它能够实现各种感知技术、现代网络技术和人工智能与自动化技术的聚合与集成应用,从而使人能够和物智慧对话,物与物之间能够智慧对话,创造出一个智慧的世界。因此,物联网具有以下特性。

1. 全面感知

利用RFID、传感器、二维码,甚至包括各种可用的声、光、电感知手段,实现随时即时采集物体动态,联网在一起的"物"可以实现互联互通。

2. 可靠传递

通过各种信息网络与互联网的融合,纳入物联网的"物"具备自动识别与物物通信(M2M)的功能,将感知的信息实时、准确、可靠的传递出去。

3. 智能处理

利用云计算等智能计算技术对海量的数据和信息进行分析和处理,通过网络系统所具有的自动化、自我反馈与智能控制等特点,对物体实施智能化控制。

二、物联网的基本技术架构

物联网实现了物理世界与IT世界的融合,通过物联网技术实现物与物、物与人、人与人之间的信息交换,以达到智能化识别、定位、跟踪、监控和管理的目标。因此,首先需感知物体属性信息,通过网络传输到信息中心,集中处理有效信息,将处理过的有效信息实现两个应用方向:一是经过集中处理反映给"人",通过"人"的高级处理后根据需求进一步控制物;另一个方向是直接对"物"进行智能控制。所以,物联网的基本结构包括感知层、网络层和应用层(图11-3)。

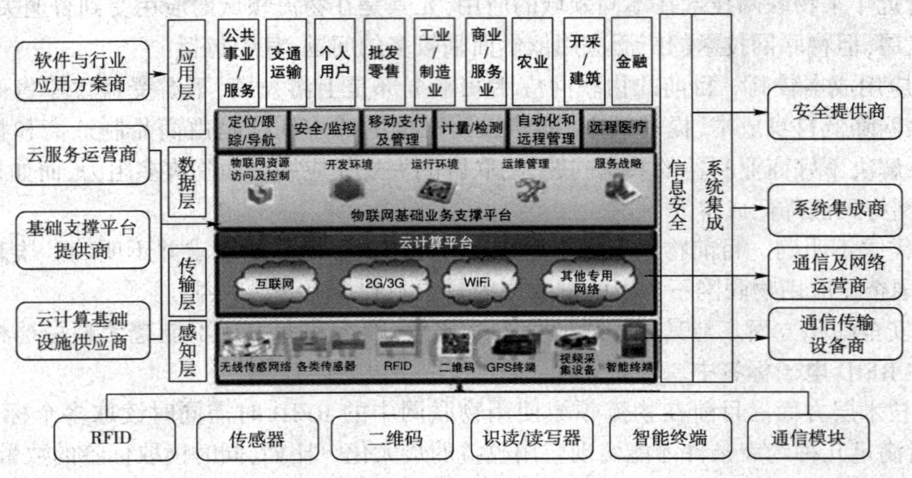

图11-3　"物联网"的基本技术架构图

1. 感知层

感知层是物联网的基础，也是物联网区别于传统信息系统的所在。感知层的主要功能是实现对物体的感知、识别、检测或采集数据，以及反应与控制等，包括物体本身的“身份”的静态属性，可以直接存储在标签中，也包括物体在生产、加工、物流过程中的动态信息，需要由传感器实时追溯。在感知层常采用的感知技术有 RFID 技术、产品电子代码(EPC)、激光技术、红外技术、GPS 卫星定位技术、GIS 地理信息系统高技术、车载视频技术等。例如，保证内河船舶航行安全，可以将物联网技术应用到内河航运信息系统的建设方面。包括船舶电子身份认证中心、船载终端、传感器网络和视频图像检测识别系统，通过对船舶定位数据、运营数据、水路交通状况数据、突发事件图像等信息的采集，为上层应用提供重要的数据支撑。其中船舶电子身份认证中心的作用是对内河运营船舶“入网”的认证，基于 RFID 技术对船舶的身份进行标识和解析。船载终端是数据采集层终端核心设备，采用模块式设计，主要包括 RFID 模块、GPS/北斗模块、传感器模块，作用在于提供船舶服务与业务监管，实现感知数据采集的功能，具体包括实现船舶状况及货物信息的智能采集和实时查询，与岸基设施和服务器的信息交互，服务信息的显示和互动等。

2. 网络层

网络层主要承担数据的传输，实现物与物、物与人、人与人之间的数据传递和交互。网络层主要包括通信基础网络(传输层)和数据处理平台(数据层)。数据传输层是以互联网、无线通信网和专用网络等为基础，利用系统中间件保证整个网络层数据链路的安全和通畅。数据处理平台是实现各类服务的基础，它负责将来源于各种采集方式、分布于各相关“物”的数据资源进行异构数据的一致性和标准化处理，包括数据发布、加工、处理、交换、有效存储和订阅等，以注重数据来源的原始性和唯一性为原则。就目前物流网技术发展基础而言，物联网的数据传输和数据处理网络应至少包括：基于 TCP/IP 的网络技术的互联网、传输模拟量的裸光纤、传输技术和传输网路等，其中 ZigBee、Wi-Fi、2G、3G 等是已有的传输技术，未来将会出现新的传输技术。

3. 应用层

应用层是将物联网技术与各类行业应用相结合，实现无所不在的智能化应用，如物联网环境下的物流配送、自动化立体仓库和智能仓储、智能交通运输系统、物联港口岸与集装箱码头信息化管理、医药物流等。应用层是物联网社会价值实现的推手，也是物联网实现产业化、带来经济效益的原动力。

第三节　物联网与智能物流

电商网购业务的蓬勃发展，对我国物流业服务效率和服务质量提出了更高的标准、更严的要求，然而物流业相对的落后状态已成为我国电子商务发展的主要瓶颈之一。据统计，2013 年我国全社会物流总额为 197.8 万亿元，同比增长 9.5%；2014 年，全社会物流总额为 213.5 万亿元，物流总费用为 10.6 万亿元，其中，运输费用为 5.6 万亿元，保管费用为 3.7 万亿元，管理费用为 1.3 万亿元。从统计看，我国每年物流费用约为物流总额的 4% ~5%，究其原因主要是我国的物流企业多数是从传统的运输企业、仓储企业转型而来，普遍存在信息化水平偏低导致的物流持有成本偏高,和网络化水平较低导致的物流资源整合优化程度较差的问题。根据世界银行的估计,我国社会物流成本相当于 GDP 的 17%,美国 20 世纪就已低于 10%。而该比例每降低 1 个百分点,我国每年就可降低物流成本 1000 亿元以上。市场研究公司 Yankee Group 在一份研究报告中指出,全球消费品和零售行业由于供应链效率低下而造成的损失每年约为 400 亿美元。

同时,低效的物流供应链消耗了更多的油料,造成大量的碳排放,从而污染环境,降低了产品竞争力。为发展绿色产业,时下英国的零售商会在产品包装上粘贴一条标签,标明碳排放量,当产品价格相同时,顾客通常会选择碳排放量较低的产品。

随着物流业的快速发展,整合物流业资源,提高物流业的服务效率和质量,降低物流业成本,降低碳排放和保护环境,传统物流向现代物流迅速转型是必然趋势。在物联网技术日益成熟的今天,智能技术和信息技术应用于现代物流业,物流业已进入智能化时代。智能物流(Intelligent logistics system,ILS)是指货物从供应者向需求者的智能移动过程,包括智能运输、智能仓储、智能配送、智能包装、智能装卸以及智能信息的获取、加工和处理等多项基本活动,为供方提供最大利润,为需方提供最佳服务,同时也应消耗最少的自然资源和社会资源。

因此,利用物联网技术发展智能物流的作用主要体现在:

(1)从技术层面来讲,物联网能够促进物品在物流过程中的透明管理,使得可视化程度更高。物流领域运用物联网技术,使运输过程中数据的传输更加正确、及时,便于交互,推动和提升物流行业整体管理水平。

(2)利用物联网技术能提高物流的信息化和智能化水平。信息化和智能化是物流发展的必然趋势。物联网技术在物流领域的应用,对确定库存水平、选择和优化运输路径、自动跟踪和定位载运工具、自动分拣货物,以及大型物流配送中心的管理等方面起着关键的作用,而且根据存储在特定数据库中的货物信息,做出智能化的决策和建议。

(3)利用物联网技术能降低物流成本和提高物流效率。利用物联网技术使信息采集更加高效,降低物流成本,提高物流效率。如在集装箱上使用共同标准的电子标签,装卸时可自动收集货物信息,从而缩短作业时间,并实时掌握货物位置,提高运营效率,最终减少货物装卸、仓储等物流成本。

(4)利用物联网技术能提高物流活动的一体化。智能物流的一体化是指智能物流活动的整体化和系统化,它是以智能物流管理为核心,将物流过程中运输、存储、包装、装卸等诸环节集合成一体化系统,以高效率向客户提供满意的物流服务。

一、智能物流技术

1. 无线射频识别 FRID

RFID(Radio Frequency Identification),即无线射频识别,起源于 20 世纪 50 年代的一项自动识别技术。它通过射频信号自动识别目标对象并获取相关数据,识别工作无须人工干预,可工作于各种恶劣环境。RFID 技术可识别高速运动物体并可同时识别多个标签,操作快捷方便。电子标签可以采用特殊的封装方式,有效抵御油渍、灰尘污染等恶劣环境的腐蚀和侵袭。基本的 RFID 系统由标签(Tag)、阅读器(Reader)、天线(Antenna)。RFID 技术有着广阔的应用前景,物流仓储、零售、制造业、医疗等领域都是 RFID 的潜在应用领域,另外,RFID 由于其

快速读取与难以伪造的特性，一些国家正在开展的电子护照项目都采用了 RFID 技术。

射频识别系统按电子标签的供电方式可分为有源和无源两类。无源标签所需工作能量需要从读写器发出的射频波束中获取，经过整流、存储后提供，成本较低，但射频功率较大。有源标签本身带有微型电池，由于不需要射频供电，其识别距离更远，读写器需要的功率较小，具有读写稳定、防冲突性能佳、携带物品信息量大等优点，这在船舶识别应用中都是关键的性能要求。

按照能量供给形式，RFID 电子标签可分为主动式、被动式和半被动式：

(1)被动式标签利用读写器发射的电磁场来提供标签芯片和通信的工作能量，读写器电磁场提供的有用能量不仅随着距离的增加急速降低，而且受严格的管制，因此即使使用超高频波段时也只有 4～5m 的识读距离。

(2)半被动式标签内部带有电池，因此不需要靠读写器的电磁场来给芯片提供能量。这样系统就可以以更低的功率运行，识读距离可以达 100m。距离受限是因为标签并不主动发射信号，还是需要依靠读写器的电磁场提供通信的工作能量。

(3)主动式标签依靠电池供电并且带有发射器。不像被动式标签，主动式标签可以自发性的发射射频信号，因此其识读距离甚至可达几公里。

RFID 具有通信、自动识别、定位、远距离监控等功能，在移动物体的识别和管理方面有着非常广泛的应用。

2. 自动导引系统 AGV

自动导引车(Automated Guided Vehicle，AGV，见图 11-4)，是指具有磁条，轨道或者激光等自动导引设备，沿规定的导引路径行驶，以蓄电池为动力，并且装备安全保护以及各种辅助机构(例如移载，装配机构)，可以和其他物流设备自动接口，实现物料装卸和搬运全过程自动化的无人驾驶车辆。通常多台 AGV 与控制计算机(控制台)，导航设备，充电设备以及周边附属设备组成 AGV 系统，其主要工作原理表现为在控制计算机的监控及任务调度下，AGV 可以准确地按照规定的路径行走，到达任务指定位置后，完成一系列的作业任务。AGV 是集智能、信息处理和图像处理为一体，涉及计算机、自动控制、信息通信、机械设计、电子技术等多个学科的物流自动化设备，是自动化搬运系统、物流仓储系统、柔性制造系统和柔性装备系统的重要装备。

图 11-4　自动导引车(AGV)

装卸搬运时物流的主要功能要素之一。据统计，美国工业生产过程中装卸搬运费用占物流成本的 20%～30%，我国物流生产中，装卸费用约占物流成本的 15%。自 20 世纪 80 年代中期以来，世界平均约 57% 的 AGV 用于汽车制造业，而在德国这一比例高达 64%。从国外公司物料搬运系统装配类型的统计可以看出，采用 AGV 的高达 41%。

从用途和结构形式来分，AGV 系统主要分为承载型 AGV、牵引型 AGV 和自动叉车 AGV。在目前的技术水平条件下，AGV 系统具备以下主要特点：便于和各种工业机器设备、数控加工中心配合作业；实现对物流的一体化控制；使生产线的设备具有很大的灵活性，便于重新布置

和调整;可方便地跨越故障工位或离线待命,保证生产线的连续运转;相对于固定的物料输送线,在占地最小的情况下,具有最大的交叉能力;灵活、及时的物料运输提高了设备的利用率;便于构成高精度的信息动态跟踪系统;低噪声、无污染且改善作业环境。

除去物料辅助装卸装置外,AGV 系统都具有以下几个子系统:AGV 车载控制系统、地面导航系统、无线通信系统、在线充电系统以及 AGV 管理调度系统。AGV 系统具有如下的主要技术特点:动态跟踪定位,控制器模块化结构,高速无线通信网络,基于高速无线通信和行驶路线的避碰调度、任务调度,高速、高效的智能充电设备。

目前,AGV 主要应用于自动化立体仓库;柔性加工系统;柔性装配系统;机械、电子、纺织、卷烟、医疗、造纸、食品等行业的物料运输;车站、机场、邮局的物品分拣中作为运输工具等。如在中国石油天然气股份有限公司冀东油田分公司岩芯自动化立体仓库中,AGV 可以完成岩芯的自动出入库功能;空托盘的自动出入库功能;自动充电功能以及自动调度系统。AGV 的引入大大减低了仓库工作人员的劳动强度,也提高的货物进出仓库的准确率和效率。

3. 产品电子代码(EPC)

随着无线射频技术趋于成熟,可以为供应链提供前所未有的、近乎完美的解决方案。RFID 与每一个商品唯一的号码——“牌照”——产品电子码(EPC)的结合,可以实现及时识别和跟踪每个商品在它们供应链上任何时点的位置信息,保证供应链的效率和安全。EPC 是在 21 世纪初由美国 MIT 的 AUTO－ID 中心提出的,它是一个非常先进的、综合性的和复杂的系统。产品电子代码(EPC)是国际条码组织推出的新一代产品编码体系,原来的产品条码仅是对产品分类的编码,EPC 码是对每个单品都赋予一个全球唯一的编码,采用 96 位(二进制)方式的编码体系。96 位的 EPC 编码,可以为 2.68 亿个公司编码,每个公司可以为 1600 万种产品分类,每类产品有 680 亿的独立产品编码。

EPC 代码包含:①标头:识别 EPC 的长度、类型、结构和版本号;②厂商识别代码:识别公司或企业;③实体对象分类代码:类似于库存单位(SKU);④序列号:加标签的对象类的特例。参见表 11-1。

EPC 编码结构 表 11-1

EPC 编码结构	标头	厂商识别代码	对象分类代码	序列号
EPC－96	8	28	24	36

4. 全球定位系统 GPS 与北斗系统 BDS

uGPS(Global Positioning System,全球定位系统)是 20 世纪 70 年代由美国陆海空三军联合研制的新一代空间卫星导航定位系统,其主要目的是为陆、海、空三大领域提供实时、全天候和全球性的导航服务,并用于搜集情报等一系列其他军事目的。到 1994 年 3 月,全球覆盖率高达 98% 的 24 颗 GPS 卫星已布设完成。GPS 的原始思维理念是将定位坐标系至于天际空间里,提供全球范围内的三维位置、三维速度和时间信息服务。GPS 的使用,可以实时监控物流在整个运送过程中的运行情况,实现物流调度的即时接单和即时排单,以及物流运送载运工具的动态实时调度管理,做到资源配置最优。

中国北斗卫星导航系统(BeiDou Navigation Satellite System,BDS)是中国自行研制的全球卫星导航系统。也是继美国全球定位系统(GPS)、俄罗斯格洛纳斯卫星导航系统(GLONASS)

之后第三个成熟的卫星导航系统。北斗卫星导航系统可在全球范围内全天候、全天时为各类用户提供高精度、高可靠定位、导航、授时服务，并具短报文通信能力。

2012 年 12 月 27 日，北斗系统空间信号接口控制文件正式版 1.0 正式公布，北斗导航业务正式对亚太地区提供无源定位、导航、授时服务。2014 年 11 月 23 日，国际海事组织（IMO）海上安全委员会审议通过了对北斗卫星导航系统认可的航行安全通函，这标志着北斗卫星导航系统已获得国际海事组织的认可。2012 年覆盖亚太，计划 2020 年左右，建成覆盖全球的北斗卫星导航系统。该系统已成功应用于测绘、电信、水利、渔业、交通运输、森林防火、减灾救灾和公共安全等诸多领域，产生显著的经济效益和社会效益。特别是在 2008 年北京奥运会、汶川抗震救灾中发挥了重要作用。

目前，在长三角正在建设中的内河"船联网"项目，采用的是基于北斗 GPS 双系统可以组建航运监控管理系统，系统利用北斗 GPS 双模接收机实现船只的定位和通信。船只的定位可以利用 GPS 实现，也可采用北斗实现。由于北斗定位为有源方式，需要地面中心站进行测量，定位过程消耗系统资源。而船只运行过程中需要不断定位，因此采用双系统，而以 GPS 为主进行定位可降低对北斗系统资源的需求，使北斗系统可为更多用户服务。信息传输则通过北斗系统的特有短消息功能实现，这样可克服无地面通信网络时船只与监管中心的通信问题。监管部门通过接收多个船只的信息，可以获得航道的实时情况，并通过显示设备显示。监管部门也可将控制指令通过北斗系统发送给特定船只或特定区域的所有船只。通过利用北斗 GPS 双系统功能，监管部门可以随时掌握全航道的船只运行状况，安排协调重要港口的作业，提高关键航道的通行效率，实现航道的数字实时监管。

5. 地理信息系统 GIS

地理信息系统（GIS）是一种具有信息系统空间专业形式的数据管理系统。在严格的意义上，这是一个以计算机为工具，对具有地理特征的空间数据进行集中、存储、操作、和显示地理参考信息的计算机系统。它改变了传统的信息处理方式，使信息处理由数值领域步入空间领域。目前，地理信息系统（GIS）技术能够应用于交通、能源、测绘、地矿、航空、环境、救灾、国土资源综合利用等领域。例如，一个地理信息系统（GIS）能使应急计划者在自然灾害的情况下较易地计算出应急反应时间。

把 GIS 技术融入到现代物流管理中，可以实现物流配送中①载运工具和货物追踪：利用 GPS 和电子地图可以实时显示出车辆或货物的实际位置，并能查询出车辆和货物的状态，以便进行合理调度和管理。②运输线路规划和导航：规划出运输线路，使显示器能够在电子地图上显示设计线路，并同时显示载运工具的运行路径和运行方法。③信息查询：对具体物流服务范围内的主要建筑、载运工具、客户等进行查询，查询资料可以文字、语言及图像的形式显示，并在电子地图上显示其位置。④模拟与决策：布局模拟物流网络，建立决策支持系统，以提供更有效而直观的决策依据。

6. 智能交通系统 ITS

智能交通系统（Intelligent Traffic Systems，ITS）的前身是智能车辆道路系统（Intelligent Vehicle Highway System，IVHS）。智能交通系统将先进的信息技术、数据通信技术、传感器技术、电子控制技术以及计算机技术等有效地综合运用于整个交通运输管理体系，从而建立起一种大范围内、全方位发挥作用的，实时、准确、高效的综合运输和管理系统。

智能运输系统 ITS(Intelligent Transportation Systems)的核心是应用现代通信、信息、网络、控制、电子等技术,建立一个高效运输系统。它包括:先进的交通信息服务系统,先进的交通管理系统,先进的车辆控制系统,营运货车管理系统,电子收费系统,紧急救援系统等。这些技术的成功应用能够使人和物以更快、更安全的方式完成空间移动,显著地减少交通事故,缓解交通拥挤。ITS 通过技术平台可向物流企业管理提供的服务主要集中在物流配送管理和车货集中动态控制方面。如通过先进的交通信息服务系统提供的当前道路交通信息和线路诱导信息,为物流企业的优化运输方案制定提供决策依据;通过车辆控制系统对车辆位置状态进行实时跟踪,可向物流企业或用户提供车辆的预计抵达时间,为物流中心的配送计划、仓储存货战略的确定提供依据。ITS 在物流方面的应用,可以降低货物运输成本,缩短货物送达时间,随时掌握货物的在途状态,是提高整个物流运输管理效率重要支撑。

7. EDI 技术

EDI(Electronic Data Interchange):电子数据交换。以计算机应用、通信网络和数据标准化为基础的 EDI 的诞生和发展,一经出现便显示出了强大的生命力,迅速地在世界各主要工业发达国家和地区得到广泛的应用,它加快了全球贸易商业文件传递速度和处理速度,降低了纸质文件的消耗和不同计算机型号不兼容情况下的信息录入的出错率。

国际标准化组织(ISO)推出使用的国际标准,它是指"一种为商业或行政事务处理,按照一个公认的标准,形成结构化的事务处理或消息报文格式,从计算机到计算机的电子传输方法"。联合国欧洲经济委员会贸易程序简化工作组从技术上定义"EDI 是一种用商用的标准来处理信息所涉及交易式电子数据的结构,商业或行政交易事项从计算机到计算机的电子传递"。联合国国际贸易法委员会工作组从法律上给出的定义是"EDI 是计算机之间信息的电子传递,并且使用某种商定的标准来处理信息结构"。

EDI 的定义至今没有一个统一的标准,但在资料使用统一的标准、利用电信号传递信息,以及计算机系统之间的连接 3 个方面是相同的。EDI 的基本工作流程为:①用户首先将原始的纸面商业或行政文件,经计算机处理,形成符合 EDI 标准的,具有标准格式的 EDI 数据文件;②用户使用本地计算机系统将形成的标准数据文件,经 EDI 数据通信和交换网,传送到登录的 EDI 服务中心,继而转发到对方用户的计算机系统;③对方计算机系统受到发来的报文之后,安好特定的程序自动处理。

EDI 在物流配送方面应用的主要流程如图 11-5 所示。

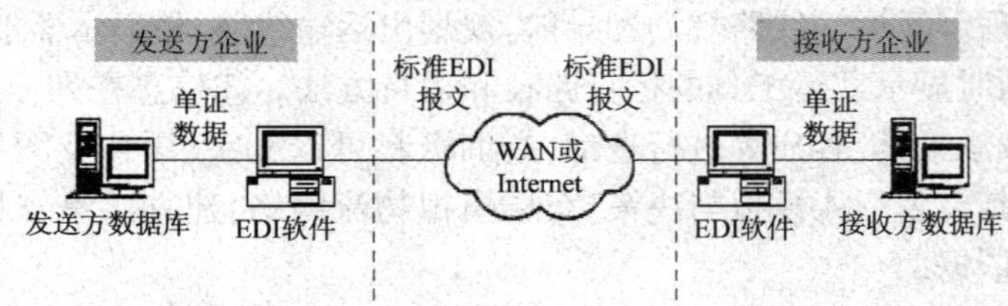

图 11-5 EDI 在物流配送过程中的应用流程

发送方在接到订货后制定货物运送计划,并把运送货物的清单及运送时间安排等信息通过 EDI 发送给物流服务商和收货方。物流服务商在物流中心对货物进行整理、集装,做成送货清单并通过 EDI 向收货方发送发货信息。在货物运送的同时进行货物跟踪管理,并在货物交纳给收货方之后,通过 EDI 向发货方发送完成运送业务信息和运费请示信息。收货方在货物到达时,利用扫描读数仪读取货物标签,并与先前收到的货物运输数据进行核对确认,开出收货发票,货物入库。同时通过 EDI 向物流运输业主和发送货物业主发送收货确认信息。

物流 EDI 的优点在于供应链组成各方基于标准化的信息格式和处理方法通过 EDI 共同分享信息、提高流通效率、降低物流成本。

目前,EDI 应用最普遍的领域是进出口贸易,所涉及的部门有港口、海关、货代、船代、集装箱堆场等。此外还有银行电子汇兑系统、超市的订货信息系统等。我国已建立的港口 EDI 中心主要有宁波港 EDI 中心、上海市 EDI 中心、日照港 EDI 中心、青岛港 EDI 中心等。

8. 自动分拣系统(Automated Sorting System)

自动分拣系统(Automated Sorting System,如图 11-6 所示)是第二次世界大战后在美国、日本的物流中心广泛采用的一种货物自动分拣系统,是从货物进入分拣系统到被送到指定分配位置为止,按照人们的指令依靠自动分拣装置完成的。自动分拣系统是由接受分拣指示信息的控制装置和计算机网络、将货物从分拣位置送至指定地点的搬运装置、在分拣位置将货物送至不同输送机构的分支装置,以及在分拣位置存储货物的存储装置等构成。因此,除了向控制装置输入分拣指示信息的作业外,其他作业全部由机械自动完成。

图 11-6　自动分拣系统

自动分拣技术在物流方面的广泛应用,得益于自动分拣技术独特的优势:

(1)能连续、大批量地分拣货物:大型物流中心或流水作业线,常常需要分拣的商品或部件的数量较大,自动分拣系统可以不受气候、时间、人力等限制,连续运行。自动分拣系统可以连续运行 100 小时以上,每小时的分拣数量可以达到 7000 件以上,大大提高了货物的分拣效率。

(2)分拣误差率低:自动分拣系统的分拣误差率的大小主要取决于输入分拣信息的准确性。人工输入或语音识别方式输入,则误差率在 3% 左右;采用的是条形码或 EPC 技术,则误差率为零,除非条形码本身印刷有误。

(3)分拣作业基本实现无人化:建立自动分拣系统的目的就是提高拣货效率、减低误差率和降低工作人员的劳动强度。人员在自动分拣系统中的作用主要体现在人工控制自动分拣系统的运行、经营、维护与管理。

二、智能物流系统

经济的快速发展和物联网技术的诞生,使传统物流的运作方式和效率发生了革命性地改变。在系统工程思想的指导下,以信息技术为核心、整合物流全过程优化是现代物流的本质特征。随着物流管理的自动化、智能化和供应链企业之间物流协作的紧密性进一步的提高,物流管理已经进入提高物流全过程效率和效益的智能化物流管理阶段,依靠物流各环节信息的采集、传递、处理和应用,将物流运作过程中涉及的各环节功能要素整合,完成各种形式的物流服务。

1. 智能物流系统的含义及特征

智能物流系统是在智能交通系统(ITS,Intelligent transportation system)等相关信息技术的基础上,以电子商务(EC,Electronic Commerce)方式运作的现代物流服务体系。它通过ITS和相关信息技术解决物流作业的实时信息采集,并在一个集成的环境下对采集的信息进行分析和处理。通过在各个物流环节中的信息传输,为物流服务提供商和客户提供详尽的信息和咨询服务的系统。

从智能物流系统的含义可以看出,智能物流系统是一个建立在智能交通系统等相关信息技术上的集成系统,它不仅包括物流运作的各环节以及供应链上所有节点的整合,依靠信息技术和现代管理技术,将采购商、制造商和供应商的每一个环节的信息共享,以最快的速度和效率提供物流服务和捕捉市场的变化;而且,智能物流系统集成了物流各种相关信息技术,实时提供物流的全程跟踪和控制、物流智能仓储、物流运输系统的调度和优化等相关物流服务。因此,智能物流系统具有以下特征:

(1)集成化。智能物流系统综合运用了物流信息感知、传递、处理和应用等相关物联网技术、物流自动化设备及人工智能技术等,是一个集成技术的有机体。智能技术与管理技术的有机结合,可以依托信息共享和集成,将物流管理过程中的运输、存储、包装、装卸、配送等各物流环节,以及供应链上的各节点集合成一体化系统,满足智能物流系统合理运作,各种技术之间彼此相互作用、相互交融、相互协调、相互配合,共同实现费用最低、速度最快、质量最高的智能物流服务体系。

(2)智能化。智能化是智能物流系统的核心要素,是区别于传统物流的重要标志。智能物流系统的智能化首先表现在管理的智能化,借助于物联网技术为智能物流的智能处理提供了多层面的支持。如借助GPS及无线定位系统,方便货物运输途中时间及地点的跟踪和监控。还可以和其他系统衔接,用于控制物流运作过程中的运输、转运和存储活动;也可根据物流的配送清单和目的地信息,智能物流系统可以对配送车辆的集货、货物配装和送货过程的优化调度和车辆路径的选择,提高物流配送效率。

(3)自动化。智能物流系统的自动化是指物流作业过程中的设备和设施自动化,如AGV、高速堆垛机、工业机器人、输送机械系统、计算机仿真联调中心监控系统等,主要运用于运输、仓储、包装、分拣、识别等物流作业过程,其基础是物流信息化。如激光AGV则利用激光扫描头发出的激光,通过周边反射条反馈回的信息来确定小车的位置。通过计算机来控制小车行走的路线和小车的功能动作;高性能立体仓库通过计算机系统的统一管理,利用条形码自动识别技术,根据事先输入计算机的不同货物代码就可以利用高速升降机准确迅速地从立体仓库中定位存取货物,并可以自动按照货物的入出库时间等特定因素完成不同的工作。自动分拣技术则把输送线上流向终端的物件,整齐地码放,以便完成货物的进出、分拣等工作,整个过程顺序流畅、完全自动化。

(4)信息化。传统物流的信息流转主要在采购、生产和销售环节的商品订货、库存和发货,在诸如装卸、加工、包装和配送环节的信息不能实现实时流转。而智能物流系统中信息是核心要素,物流各环节所应用的关键技术是建立在物流信息的实时流转所带来的相互协作,进而实现物流的各种形式的服务。物流信息化主要表现在物流商品本身的信息化、物流信息收集的数据库化和代码化、物流信息处理的电子化、物流信息传递的网络化、标准化和实时化以

及物流信息存储的数字化等方面。

2. 智能物流系统的构成

智能物流系统按不同的分类要素，其系统构成有不同的构成模块。按照构成智能物流系统的物流功能要素可以分为运输子系统、仓储子系统、配送子系统、包装子系统、流通加工子系统、物流信息子系统等。这些子系统相互关联、相互协作构成最佳的物流功能体系。

按照物流系统的服务模块划分，智能物流系统由以下几部分组成：

(1)为客户提供服务的智能服务系统：客户结构分析模块、订单处理模块、市场前景预测模块；

(2)物流设备监控和管理的智能系统：实时监控模块、双向通信模块、车辆动态调度模块、货物实时查询模块；

(3)物流信息资源处理的智能系统：仓储管理模块、库存动态分析模块、其他信息资源管理；

(4)物流配送智能化管理调度系统：配送货物分析模块、配送路径规划及优化模块。

专栏 11-1　建设“互联网＋”高效物流

为加快推动互联网与各领域深入融合和创新发展，充分发挥“互联网＋”重要作用，2015 年 7 月初，国务院印发了《关于积极推进“互联网＋”行动的指导意见》。其中，针对物流行业提出建设“互联网＋”高效物流，加快建设跨行业、跨区域的物流信息服务平台，提高物流供需信息对接和使用效率。鼓励大数据、云计算在物流领域的应用，建设智能仓储体系，优化物流运作流程，提升物流仓储的自动化、智能化水平和运转效率，降低物流成本。

(1)构建物流信息共享互通体系。发挥互联网信息集聚优势，聚合各类物流信息资源，鼓励骨干物流企业和第三方机构搭建面向社会的物流信息服务平台，整合仓储、运输和配送信息，开展物流全程监测、预警，提高物流安全、环保和诚信水平，统筹优化社会物流资源配置。构建互通省际、下达市县、兼顾乡村的物流信息互联网络，建立各类可开放数据的对接机制，加快完善物流信息交换开放标准体系，在更广范围促进物流信息充分共享与互联互通。

(2)建设深度感知智能仓储系统。在各级仓储单元积极推广应用二维码、无线射频识别等物联网感知技术和大数据技术，实现仓储设施与货物的实时跟踪、网络化管理以及库存信息的高度共享，提高货物调度效率。鼓励应用智能化物流装备提升仓储、运输、分拣、包装等作业效率，提高各类复杂订单的出货处理能力，缓解货物囤积停滞瓶颈制约，提升仓储运管水平和效率。

(3)完善智能物流配送调配体系。加快推进货运车联网与物流园区、仓储设施、配送网点等信息互联，促进人员、货源、车源等信息高效匹配，有效降低货车空驶率，提高配送效率。鼓励发展社区自提柜、冷链储藏柜、代收服务点等新型社区化配送模式，结合构建物流信息互联网络，加快推进县到村的物流配送网络和村级配送网点建设，解决物流配送“最后一公里”问题。

来源：《关于积极推进“互联网＋”行动的指导意见》(国发〔2015〕40 号)

第四节 基于物联网的智能物流应用发展

目前,物联网技术尤其是RFID技术在物流领域的应用,使物流领域全过程的可视化管理成为可能。如基于RFID等技术建立的产品的智能可追溯网络系统,如食品的可追溯系统、药品的可追溯系统等,为保障食品安全、药品安全提供了坚实的物流保障;基于GPS卫星导航定位技术、RFID技术、传感技术等多种技术融合的物流配送的可视化管理网络,实现物流过程中的车辆定位、运输物品监控、在线调度与管理为物流作业的透明化、可视化管理提供便利;基于声、光、机、电、移动计算等各项先进技术,建立全自动化的物流配送中心,实现局域内的物流作业的智能控制、自动化操作的网络。如货物拆卸与码垛是码垛机器人,搬运车是激光或电磁到人的无人搬运小车,分拣与输送是自动化的输送分拣线作业、入库与出库作业是自动化的堆垛机自动化的操作,整个物流作业系统与环境实现了全自动与智能化;基于智能配货的物流网络化公共信息平台。此外,企业的智慧供应链等也都属于物联网的应用。

一、智能运输管理系统

运输是物流的核心功能要素,是改变物品空间状态的主要手段,智能物流管理系统提供的运输服务是利用物联网的关键技术,依靠全覆盖的运输网络平台为基础,提供准时、安全、可靠、优质的标准化服务。系统的主要功能是向用户提供必要的实时信息与便捷的服务,同时也为管理机构提供实时监管信息,提高行政管理的效率。

以集装箱内支线智能运输为例,见图11-7。

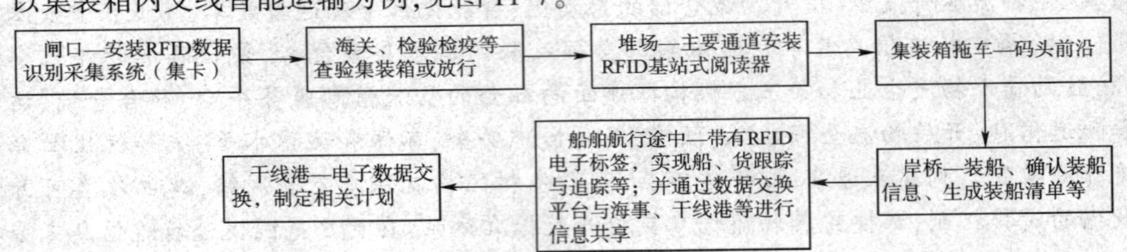

图11-7 基于RFID的集装箱内支线智能运输基本流程

(1)在货物源头,货主的工厂对小件货物进行条形码管理,然后装入集装箱,封上RFID电子标签,通过阅读RFID电子标签,将集装箱货物状态信息输入货代信息管理系统。货代信息系统与相关运输船舶管理信息系统实现关联货物信息共享。货物状态信息主要包括集装箱信息(如集装箱号、种类、所属公司等)和货物运输过程中的特定信息(如货物的名称、货主、收货人、种类、到达地、出发地、货代及船公司、运输船舶班次等)。

(2)闸口安装RFID数据识别采集系统,集卡车到港时数据采集系统自动连接货代信息系统和船舶管理信息系统自动调取到港集装箱中货物信息,后台港口管理系统把自动采集的数据与系统中的预约信息进行核对,确认正常后放行并分配场位,同时将数据传送到码头、海关、商检、船舶代理、货代、货主、船公司等单位。

(3)海关和商检根据预录入的报关信息,通过自己的风险评估机制,立即下达检验箱指令通过电子数据交换传送给码头,码头根据海关指令立即下达给无线终端,自动根据有源RFID

电子标签识别所需检验集装箱的装载车辆，装载车辆将所载集装箱放到查验台上，等待海关查验，其他放行的集装箱均跟其载重车辆进入堆场。

(4)堆场主要运输通道安装 RFID 基站式阅读器，用来监控车辆在堆场内移动路线是否合理，动态监控集装箱所处的位置；堆场桥吊等工作站安装 RFID 阅读器及车载无线终端系统，堆场桥吊接到中控室发来的调度指令后，开始起吊集装箱，安装在堆场桥吊上的 RFID 阅读器读取电子标签，并确认无误后，再堆放到指定场位，完成操作后通过车载无线终端系统确认场位纪录。

(5)集装箱拖车接到中控指令前往指定场位接收箱子，堆场桥吊从堆场指定场位起吊集装箱，装上拖车运送到码头前沿。

(6)岸桥根据配载信息将指定拖车上的集装箱装入船舶指定舱位，完成操作，确认装船信息，自动形成装船清单，理货单位将装船舱单通过电子数据交换传送给码头、船舶代理、船公司。

(7)船长携带舱单航行后，通过数据收集信息平台，不断地收集信息，并通过电子数据交换平台报告给边防、海事局、船公司、船舶代理、干线港等。

(8)干线港的船舶代理、码头、堆场接到电子数据交换传送过来的舱单数据和船舶航行情况，制订和调整中转计划、装卸船计划和堆场计划。

(9)在系统内，安装在航道上的 RFID 读卡器、船载 RFID 电子标签等，可以实时采集船舶信息采集和数据处理。

因此，物联网关键技术在运输方面的应用，使运输过程的实时信息采集、实时数据处理、载运工具自动化监管，以及船舶、车辆的不停航检查和收费等方面更灵活、便利，具有广泛地应用前景。

除此以外，物联网在智能航运信息服务方面的应用，即船联网技术也得到广泛关注，如图 11-8 所示。

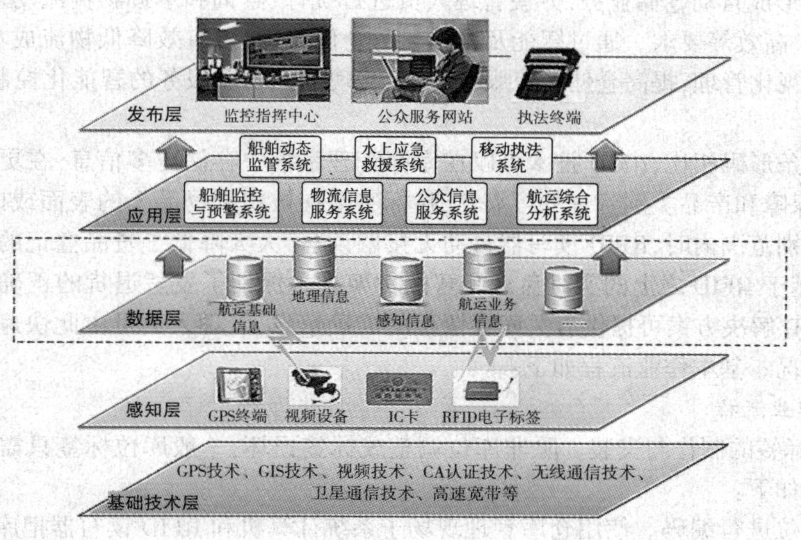

图 11-8　智能航运信息服务系统(船联网)总体架构

根据国家物联网产业发展政策，围绕畅通、高效、平安、绿色的内河航运发展要求，为提高我国内河航运信息服务水平，2012 年国家发改委和财政部批准了国家物联网应用示范工程——交通运输部组织申报的《长三角航道网及京杭运河水系智能航运信息服务（船联网）应用示范工程》，目前主要集中力量选择在长三角航道及京杭运河作为船联网的示范区域。该项目的建设规模是 200 总吨以上示范地籍的船舶上安装智能船载终端 30000 多套，其他船舶安装船用 RFID 电子标签 75000 套，安装 1737 个 RFID 基站，700 个视频图像采集点。

其中：

（1）感知层实现基于物联网技术实现信息的现场船舶状态的自动采集功能，通过 RFID 标签实现船舶身份的识别。

（2）网络层实现船载终端、岸基终端、省级服务管理中心之间的网络通信，根据不同通信需要、不同的环境特点采用不同的网络传输方式。

（3）支撑层提供智能航运信息服务运行所需要的基础软件服务和数据服务，可以细分为数据服务子层和应用支撑子层。

（4）应用层分为信息服务子层、业务服务子层、统计分析子层三个不同的应用层次，信息服务子层基于已有的各类基础数据、运行数据、出行数据和空间数据以及感知数据提供不同的信息服务；业务服务子层基于各个业务局已有的业务管理系统，在业务管理规则和流程优化的基础上，提供更好的水路管理服务；统计分析子层在全面的水路交通数据基础上，提供综合的统计服务，为水路运输安全管理、水路基础设施规划建设、水运市场政策制定提供辅助决策支持。

二、基于 RFID 智能仓储管理系统

物流企业仓储业务以提供库存管理为基础，将服务作为其标准化产品。基于 RFID 技术的仓储系统设计的目的是实现货物自动分拣、智能化出入库管理、货物自动盘点及“虚拟仓库”管理，从而形成自动仓储业务，方便管理人员进行统计、查询和掌握物资流动情况，达到方便、快捷、安全、高效等要求。通过智能及自动化的仓储管理，可有效降低物流成本，实现仓储物流作业的可视化管理，提高仓储物流服务水平，实现仓储物流服务的智能化控制与管理（见图 11-9）。

与传统的条形码相比，RFID 技术可以在库存管理系统中存储更多信息，在更大范围内保证存储、质量保障和产品类别管理的可靠性，将标签附在被识别物品上的表面或内部，当被识别物品进入识别范围内时，RFID 读写器自动无接触读写，大大降低了货品登记的工作量和错误率。此外，基于 RFID 之上的实时盘点和智能货架技术保证了发货退货的正确性以及补货的及时性；RFID 解决方案可提供有关库存情况的准确信息，管理人员可由此快速识别并纠正低效率运作情况。基本作业流程如下：

1. 入库作业流程

（1）库位标签的制作与安装。除非库位调整或标签损坏，一般库位标签只需制作安装一次。操作步骤如下：

①先对库位进行编码。使用仓库管理现场子系统计算机和 RFID 读写器把库位编码等信息写入电子标签。

②使用标签打印机，在纸标签上打印库位编码文字和条码信息。

③把纸标签贴在电子标签上生成库位标签。

图 11-9 基于 RFID 智能仓储管理系统

④把库位标签安装到库位上。要求安装牢固，以防脱落。

(2)入库作业流程具体做法主要由以下几点：

①收货检验。重点检查送货单与订货单是否一致，实到货物与送货单是否一致。

②制作和粘贴标签。采用选定的物品编码方案对入库物品进行编码；制作货物标签，把编码信息写入电子标签，同时打印纸质标签（方便人工核对），再把纸质标签和电子标签黏合在一起就成为货物标签。

③在库存品上固定标签。考虑到目前标签成本较高，为了方便电子标签的回收，一般采用悬挂的方式把标签固定到物品上。如果不回收则可以采用粘贴方式固定。

(3)库位分配。现场计算机自动分配库位，并逐步把每次操作的库位好和对应物品编号下载到无线数据终端（或手持终端或叉车终端）上。

(4)指令发出。作业人员向 AGV 发出指令，AGV 根据指令将货物送到指定库位，无线数据终端将入库实况发送给现场计算机，实时更新库存数据。

2. 出库作业流程

(1)中心计算机下达出库计划。

(2)现场计算机编制出库指令，并下载到数据终端。

(3)作业人员根据数据终端提示，向 AGV 发出指令；AGV 根据指令到达指定的库位取出货物，工作人员改写库位标签内容；货物运送到出口处，向现场计算机发回完成出库作业信息。

(4)更新中心数据库。

3. 移库作业流程

(1)根据需要,现场计算机编制移库指令,并下载到数据终端。

(2)作业人员根据数据终端提示,下达指令给 AGV,到指定库位取出指定数量的货物,工作人员改写库位标签内容。

(3)货物运送到目的库位,货物送入库位,改写库位标签内容。

(4)向现场计算机发回移库作业信息。

4. 盘库作业流程

(1)机场计算机根据盘库计划,向盘库机器人(装备有 RFID 识读设备的 AGV)发出盘库指令。

(2)盘库机器人按照事先设定的路线和行驶速度行进,在行进过程中读取库位标签和物品标签编码,如发现两者不能互相匹配,则向现场计算机发出报警提示。

(3)盘库机器人按照指定路线行驶一遍后,向现场计算机发出盘库结束信息。

三、智能配送管理系统

智能配送是指采用网络化的射频识别、无线传感和计算机技术、现代化的各种硬件设备和软件系统及先进的管理手段,对物品或服务的流动过程,包括物品的存储、配送、运输、信息管理等活动进行智能化管理的过程。物流配送过程的智能化管理,可以有效降低物流配送的管理成本,提高配送质量,保障配送物品及载运工具的安全,实现物流配送过程的可视化管理(图 11-10)。智能配送分为物流规划、线路优化两个阶段。物流规划主要包括配送中心及中转站选址、物流配送模式规划、送货线路规划、车辆人员规划及合理装载量的规划等方面的内容。其目标是商品通过物流节点的汇集、中转、分发,直至输送到需求点的全过程的效益最优。线路优化的目标是经济合理地组织配送线路,实现配送的高效和低成本运作。

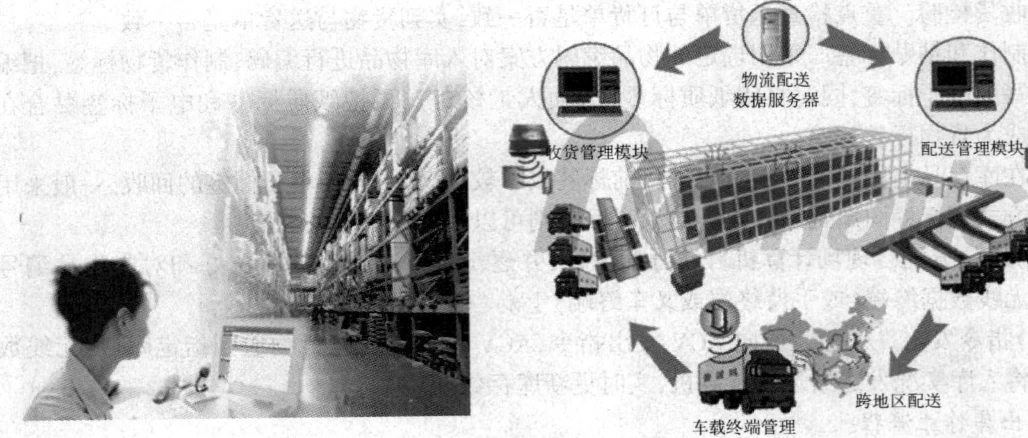

图 11-10 智能配送管理系统

智能配送的关键是构建基于 GIS、GPS 和无线网络通信技术平台之上的线路优化系统,通过对空间地理数据、路网交通信息、配送路由数据、客户位置分布、配送中心及中转站等的维护,形成线路优化的保障。以此为基础,通过对客户订货量、车辆满载率、送货时间要求的动态分析,在满足满载率的前提下产生配载时间满足、送货量均衡的线路顺序,达到服务、成本及效率之间的平衡。

智能配送的基本流程如下：

(1)配送车辆的配备。每辆配送车辆不仅贴有 RFID 电子标签，还配备有 GPS 接收机和 GSM 信息终端。

(2)配送车辆司机信息的录入。司机持中华人民共和国第二代居民身份证(带有持证人照片图像和身份内容的非接触式 IC 芯片，应用了无线射频技术)，通过终端读卡器，识别司机的个人信息，存入运输调度中心的信息数据库中。

(3)货物信息。每件货物都有一个独一无二的 RFID 电子标签。

(4)下达配送计划，规划配送路径。以 GIS、GPS 和无线网络通信技术为基础，结合订货量、交通信息、客户服务要求等因素，利用优化算法计算合理的配送路线。

(5)配送车辆和货物离开配送中心。在离开配送中心时，通过 RFID 阅读器对车辆和整车的货物进行自动化扫描，基本信息存入运输调度中心信息数据库中。

(6)配送车辆和货物在途实时查询。配送车辆按照规划路径运行。RFID 阅读器全部部署在配送车辆上，在运输途中，阅读器每隔一段固定的时间以一定的频率自动无线扫描车辆和货物的电子标签，并将扫描的信息存入车载 GSM 信息终端。同时，通过 GPS 技术获得的车辆位置信息也存入车载 GSM 信息终端；司机的身份信息也将通过车载读卡器存入车载 GSM 信息终端。GSM 通信系统将所有采集的信息传回运输调度中心的信息数据库中。以 GIS 为基础的信息系统平台统一管理中心信息数据库。

(7)配送车辆与货物的安全控制。实时信息(车辆、货物和司机的信息)传输到中心信息数据库，与发货时的原始信息进行比较是否匹配。如果匹配，则新的车辆位置信息存入中心数据库，以作货物跟踪之用。如果不匹配，说明该车货出现问题，需采取紧急应对措施。

通过不断的扫描和修正，运输调度中心可以掌握货物和运输车辆的实时信息。而且，在配送过程中如遇紧急情况，可以和调度中心实现双向通讯，重新规划配送路径或进行车辆调度。

(8)客户收货。

四、基于 RFID 物流运输安全监控系统

据世界航运理事会(WSC)的报告，2011—2013 年，平均每年有 733 个集装箱丢失，不包括灾难性事件。如果包括灾难性事件损失的话，这一阶段平均每年损失将接近于 2683 个集装箱。物流运输的安全监控已经成为物流运作的稳定和可靠性的关键要素。

RFID 电子标签作为物流运输安全监控系统的依托，依靠互联网等无线数据通信技术，与车辆的 GPS 的车载台进行实时无线通信，提供了调度中心对车辆的控制、监控、远程设置等功能，并可以读取车辆的各种参数，记录运输过程的全部轨迹，实时或事后进行分析和判断通过自动化的流程处理，大幅度提高的运作效率，降低劳动强度；使监管部门的工作流程更趋向于流程化和标准化；同时，可以提供准确直观运营趋势分析，为领导决策层提供了准确的第一手数据。

目前，采用的较先进的智能集装箱物流安全系统是基于创新 RFID 统一技术平台的 i－SealControl 智能集装箱物流安全系统，其核心是一套适合我国国情的、基于 RFID 技术的、替代

铅封和塑封的集装箱电子封条系统,它不仅具有传统封条系统的安全功能,而且更具有可以支持电子记录的功能,可以实现自动识别与跟踪等应用。基本流程如下:

(1)当集装箱货物装箱完毕,即可将箱门关闭,将电子封条施封。之后由运行于计算机上的软件通过阅读器将当前的时间等信息下载给电子封条,由于电子封条中具有 RTC 功能,所以可以完成时间同步工作。

(2)下载目的地的认证信息和到达目的地的有效时间段。

(3)货物离开发货地,运往目的地。在运输过程中,锁住箱门的电子封条可以将电子封条信息和感知的信息(如恶意破坏等),实时传输到集装箱安全保障及实时追踪系统的信息平台。

(4)到达目的地后,对方的计算机软件通过阅读器收到电子封条的响应信息,获得所有相关资料。确认后,电子封条可以开启,完成货物交接。当货柜收到损坏、运输线路变更或延迟等意外情况发生时,集装箱管理者可通过电脑、手机或 PPA 迅速接收系统的自动报警,第一时间了解相关情况。

现在已经得到运用的是宁波—舟山港二期、三期、四期、五期、招商国际、梅山等 6 个集装箱码头的安全智能锁系统,集卡车、集装箱运行轨迹得以实现可视化监控,国际中转箱施验封业务告别“人工作业”时代。此安全智能锁系统是利用 GPS、RFID 等新兴物联网技术的集成,以实现对集装箱运输途中的监控,具备查询、信息预警、途中监控、轨迹回放等功能,并可实现自动报警。GPS 定位 RFID 让集装箱实现可视化监控。

以上仅是物联网技术应用的几个方面。随着物联网核心技术的不断发展,未来物联网将在我们的日常生活中、工业生产中等各方面得到广泛的应用。

案例 11-1　基于 RFID 的天津港智能闸口系统—“从 2 分钟到 30 秒”

天津港码头公司以往收箱使用的是纸质单证。装箱单是从堆场到码头的一个业务单据,单据上面信息不全,码头拒绝收箱且不给安排场位。一方面,由于管理缺位,会出现集装箱从堆场出来时,装箱单没有填写完全,甚至船名、航次这些重要信息都是空白。在这种情况下,为避免码头公司拒收,卡车司机会把其他车装箱单上信息抄过来,以保证其集装箱能够入场。但这就可能导致集装箱放到错误位置,甚至错误的船上。当码头公司发现错误时,就需要倒箱,进而影响了码头公司堆场的工作效率。另一方面,是收箱速度问题。传统工作方式是在码头公司的闸口处安排两个工作人员,一个人在外面验集装箱残损,并把箱号通过手持式 PDA 录入;另一个人在检查桥里面,把司机交过来的装箱单录入系统中,然后打出一张安排车辆上集装箱位置的小票,司机按照上面指示,把货柜拉到指定位置。这样一个进门过程需要 2 分钟才能完成。

天津港智能闸口系统的关键技术是 RFID。

当集装箱卡车从堆场出发时,堆场就会将原有纸质装箱单上的数据写入 RFID 卡中,当卡车到达闸口停下后,视频、射频、传感器等设备,自动对车辆、集装箱进行识别、验残损,读取 RFID 卡内信息,并自动打出场站小票,司机取票后即可直接进场(图 11-11、图 11-12),整个过程只需 30 秒钟左右。

图 11-11　港口码头采用 RFID 技术后的无人道口

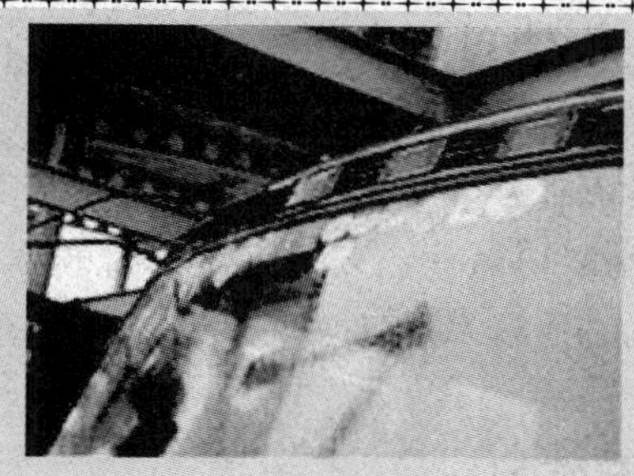

图 11-12　粘贴于车辆前挡风玻璃的 RFID 标签

从 2 分钟到 30 秒钟，这便是智能闸口系统——基于 RFID 的集装箱陆运作业项目所带来的改变。天津港太平洋码头公司的闸口是 7 进 6 出，按照原先一个车道 2 人配置，每班就需要 20 个人，现在仅需要在中控室安排 3 个人。港口是 4 班 3 运转，现在 12 个人就能完成过去上百人的工作量，效率大大提升。根据最新的数据，天津港 2012 年完成货物吞吐量 4.76 亿吨，集装箱吞吐量 1230 万标准箱，同比分别增长 5.3% 和 6.2%，两项主要指标均创历史最好水平，信息技术功不可没。

（来源：新华网，http://news.xinhuanet.com/info/2014－05/26/c_133362089.htm）

案例 11-2　深圳海关车辆自动识别系统工程应用

深圳海关是中国主要口岸海关之一。所有在海关的备案车辆，均按规定安装固定的写有车辆身份信息的电子车牌，所有备案司机都领用一张写有司机身份信息的司机卡。车辆在到达进（出）境地海关时，系统通过微波读写器（Reader）自动获取电子车牌、司机卡信息，通过电子地磅获取车辆重量信息（如果载货，则同时通过条码阅读器获取载货清单的条形码信息），然后数据加密传至海关主机，与海关主机中数据库资料核对确认后，再返回查验信息。如果通关车辆为合法车辆，系统自动放行，同时向电子车牌实时写入车辆通关信息。如果通关车辆为异常车辆，系统报警并拦截，等待关员处理，关员处理完毕后，向系统发出车辆放行指令或到车检场进行查验。使用电子车牌通关系统后，车辆可不停车过关，通过带称重地磅的通道验放地段只需要 20 秒，验放通道每道最大通关速度可达到 150 辆次/小时，验放速度提高了八倍，通道数量减少 75%，大大提高了效益，节约了人力，排除了人工漏读、误读、不读等人为因素的干扰，解除了口岸车辆堵塞日趋严重的现象，有效克服了海关“严密监管”与“快速通关”的矛盾。

该应用的主要特点：电子车牌（RFID 标签）使用 UHF（902～928MHz）频段的无源卡，可免维护长期、多次反复使用。电子车牌采用防拆动技术安装在车辆前风挡玻璃，与车形成了唯一对应关系，成为该车唯一的电子身份标志，车辆的身份信息被严格固联在车上。使用双卡微波耦合技术，使安装在车辆上的玻璃介质的电子车牌和空气介质的司机卡能在同一个微波环境下同步工作，即实现对车辆的监管，同时也实现对司机的监管，并实现了人、车对应的合法性对比验证。

(来源:中国物流与采购网,http://www.chinawuliu.com.cn/information/201307/04/237536.shtml)

思考题:

1. 物联网与智能物流发展的瓶颈是什么?如何解决?

2. RFID 技术在远洋集装箱运输方面的应用前景如何?阐述你的观点。

思考与练习

一、名词解释

1. 智能交通系统
2. 智能物流

二、简答题

1. 简述物联网的内涵及其技术特性。
2. 分析物联网的基本技术架构。
3. 试析智能物流技术及其应用。
4. 阐述智能物流系统特性及其结构。

三、讨论题

结合实际,阐述物联网核心技术如何在智能物流领域进行应用。

第十二章　物流经济效用分析

引导案例　美国布鲁克林酿酒厂物流成本管理

布鲁克林酿酒厂在美国分销布鲁克林拉格和布郎淡色啤酒，虽然在美国还没有成为国家名牌，但在日本市场却已创建了一个每年200亿美元的市面，这靠的是物流成本管理。

(1)布鲁克林酿酒厂对运输成本的控制。布鲁克林酿酒厂于1987年11月将它的第一箱布鲁克林拉格运到日本，并在最初的几个月里使用了各种航运承运人。最后，日本金刚砂航运公司被选为布鲁克林酿酒厂唯一的航运承运人。金刚砂公司之所以被选中，是因为它向布鲁克林酿酒厂提供了增值服务。金刚砂公司在其国际机场的终点站交付啤酒，并在飞往东京的商航班上安排运输，金刚砂公司通过其日本报关办理清关手续。这些服务有利于保证产品完全符合保鲜要求。

(2)布鲁克林酿酒厂对物流时间与价格进行控制。啤酒之所以能达到新鲜的要求，是因为这样的物流作业可以在啤酒酿造后的1周内将啤酒从酿酒厂直接运送到顾客手中。新鲜啤酒能超过一般的价值定价，高于海运装运的啤酒价格的5倍。虽然布鲁克林拉格在美国是一种平均价位的啤酒，但在日本，它是一种溢价产品，获得了极高的利润。

(3)布鲁克林酿酒厂对包装成本进行控制。布鲁克林酿酒厂将改变包装，通过装运小桶装啤酒而不是瓶装啤酒来降低运输成本。虽然小桶重量与瓶的重量相等，但减少了玻璃破碎而使啤酒损毁的机会。此外，小桶啤酒对保护性包装的要求也比较低，这将进一步降低装运成本。

(来源：道客巴巴，http://www.doc88.com/p-669138741609.html)

问题

1. 物流成本由哪几部分构成？
2. 结合美国布鲁克林酿酒厂的物流成本管理现状，谈谈降低物流成本的对策。

本章知识点

在明确企业的物流战略目标以后，物流管理的任务在于对物流的运作方向、计划和物流活动过程进行有效的控制，以确保战略目标的实现。

本章介绍了制定物流运营计划的原则、步骤和绩效分析，概述了物流成本的构成、合算及其控制方法，重点阐述了物流定价原理和定价方法，讨论了物流绩效评价的主要内容和指标体系的构建。

本章应重点掌握的内容：物流运营计划的绩效分析；物流成本的构成、核算和控制方法；六种物流定价理论和常用的定价方法；物流企业的绩效评价与分析。

第一节 物流运营计划

计划包括定义组织的目标,制定全局战略以实现这些目标,开发一个全面的分层计划体系以综合和协调各种活动。计划既涉及目标,也涉及达到目标的方法。

物流计划即预先对物流运营行动进行安排,是对物流活动的一种预测和构想。现代物流作为社会化大生产的一个重要组成部分,必须有统一的计划来指挥、协调各部门各企业的所有物流活动。一个科学、合理的物流运营计划可以给管理者和非管理者指明方向,明确它们要达到的目标,可以促使管理者展望未来,预见变化,减小不确定性。

一、物流运营计划的类型

根据未来一定时期内的物流活动制定目标和任务,物流运营计划可以分为以下四种:

1. 战略性计划

也称物流远期计划、物流远景规划或发展战略规划,主要包括未来若干年内物流量的预测,企业发展规模,物流活动构成,未来运输、储存、装卸搬运、配送、物流信息及流动加工等物流活动的规模,未来的物流绩效等。战略计划的时间间隔较长,通常为五年甚至更长。

2. 策略性计划

一般为2~3年内的经营策略规划,如市场开拓、顾客服务、战略伙伴的选择等,也称为中期计划。

3. 战术性计划

在短期内,如一年内要达到的物流目标,包括对物流量的分析,设备和设施的更新、维修、改革的计划及预算,物流成本分析,物流绩效的目标及达到这一目标的措施等。也称年度计划或运营计划。

4. 作业计划

规定总体目标如何实现的细节的计划称为作业计划。作业计划如月度计划、周计划、日计划。

二、制定物流运营计划的基本原则和步骤

1. 制定运营物流计划应遵循的基本原则

(1)承诺性。计划要做到对顾客的保证,对未来的承诺。

(2)弹性。由于组织环境的不确定性愈来愈大,计划必须是灵活的、弹性的,以适应未来的不确定因素。

(3)流动性。计划做出来后不是一成不变的,而要根据计划执行情况和环境变化定期修订,各个层次的计划要相互协调配合。

2. 制定物流计划的步骤

(1)对行业的发展趋势进行调研,预测未来的环境变化,分析在市场竞争中的优势和劣势;

(2)对预期内、外部环境条件的制约有明确的对策及措施;

(3)初步制定多套方案,在充分评价分析后择优选用;

(4)在主计划的基础上制定其他计划;

(5)尽可能将计划数据化,并进行概、预算。

三、物流运营计划的绩效分析

一个科学的、切合实际的运营计划应该是不断向长期发展战略靠近的短期行为的组合,物流目标的实现很大程度上依赖于健全的运营计划。这种长期战略目标与短期行为的结合情形好坏往往反映在物流运营计划的绩效中,因而把握物流运营计划的性质,及时且不断地对物流系统进行调整,对物流运营计划进行修改等问题显得比较重要。

1. 物流运营计划的性质

运营计划在整个物流系统中起着协调各个物流活动的作用。运营计划通常是短期的,详细的运营计划一般不超过一年。长期的战略计划通常代表物流系统的修改、绩效和预算的目标,战略计划制定好以后,运营计划制定的是每一个特定期间的具体目标,并用来指导日常的工作。

随着信息系统的发展,计划向更深层次发展。预测被引入作为总的物流计划和协调的不可缺少的组成部分。精确且及时的信息可以很好地指导战略以及运营计划的形成,反过来,运营计划的绩效分析可以提供精确可靠的信息。运营计划是保证物流活动良好运作的一个至关重要的活动。

2. 运营计划对物流系统的调整

运营中一般要对物流系统的设计进行不断地调整,因为一个物流系统的形成通常要跨越多个连续的运营计划。比如,企业有一个物流系统调整的战略计划,这个计划的完全实施需要好几年而且包括多个运营计划,这样的计划不可能一步到位,那样企业投入的人力、物力、财力会给企业带来巨大的负担,因而必须将其分解为若干运营计划,这些运营计划中后一个都比前一个向战略目标靠近了一步,物流系统的调整是一个循序渐进的过程。

一个运营计划在特定的运营时期对物流系统调整时,原有的和调整后的系统要素同时存在,这就意味着增加了运营成本。因而,在制定运营计划时,要考虑两个因素:①在预算分配时,注意与新的运营计划有着密切关系的所增加的运营成本,将其从运营费用中分离出来,不能作为正常的运营预算;②防止因物流系统的调整而中断顾客服务,为了满足顾客的需求可能会增加运营费用。

3. 运营计划的绩效目标

绩效目标通常是根据未来的经营活动,综合战略计划预测、管理投入而制定的。为了达到目标和实现绩效计划,要求相当多的跨功能的协调。没有有效的协调,将不会取得一体化物流绩效的潜在利益。

典型的运营计划被分隔成与企业会计年度一致的期间。许多企业计划和绩效报告的间隔是 12 个月,其他计划和运作则是以每 4 周为一个运作周期,全年 13 个运作周期。计划活动可以跨越所有的或者部分的连续期或连续日。

新产品的引入、促销活动及物流绩效通常包括在物流运作计划中。例如在一个特定的运营期间,一个制造商计划推出两件新产品,并在一个选择的地理区域中指导三个现存产品的促销。那么在这个运营期间前的时期,物流运营计划应该包括所需要的库存建设,以及一个完成产品配置和定位,以支持新产品和促销要求的分步计划。

只有将绩效目标与其相关的活动计划结合起来,才能建立实现特定目的的需求结构。因此,用于资源配置和确定每日行动重点的短期运营计划在一定程度上与战略计划是一致的。在实际运作中,大多数的企业都重视灵活性,经常会对运营计划进行调整和更新,以适应不断改变的外部环境。

4. 运营计划的预算

运营计划的预算,就是确定运营计划的费用。要想得到一个公正的、合理的预算,通常要经受反复的争论。实际上预算是一个管理程序,即高层管理者、部门管理者或一线对费用支出水平与时间进行协商的过程和程序。当然,高层经理希望低的预算,而部门经理希望得到宽松的预算。

预算的提出和批准对物流管理来说是至关重要的。部门经理细化将要完成的工作,进而得到计划所需资金。这样的预算是经理为实现特定目标而对所需资源的估计,因为部门经理不可能从整个物流系统进行预算,这种预算一般比较高。高层经理关心的是总的物流系统绩效,而不是个别的特定功能的预算,这也会造成对实际运营作业的忽视。显然,通过预算进行物流管理方面的交流和沟通,对于制定运营计划是非常重要的。

5. 运营计划的修改

运营计划在一个运营期间内不断调整是必要的,因为计划的不足或未能预测到的变化出现都要求及时做出调整。调整运营计划要注意两个问题,一是任何偏离原计划的调整之前,需正式报告所要调整内容,并得到批准;二是要从总的物流系统绩效定位,全盘考虑,对所做调整进行评价,调整报告批准后,应让所有相关部门得到正式书面报告,以便给以配合和支持。

第二节　物流成本效益分析

物流总成本是指包括实现物流需求所必需的全部开支。总成本概念明确了物流功能和物流成本的关系,但是长期存在的会计核算方法仍然是解决物流总成本问题的障碍。

一、物流成本的构成

物流成本是指物流活动中所消耗的物化劳动和活劳动的货币表现。

物流活动贯穿于企业活动的全过程,因此,从原材料采购到生产,到配送中心再到用户的各个活动中的费用都记作物流成本。可见的物流成本只是一部分,相当数量的物流费用是不可见的,这就是物流冰山所揭示的现象。

1. 按费用项目分类

(1)材料费:由物资材料费、燃料费、消耗性工具、低值易耗品摊销及其他物料消耗费用组成。

(2)人工费:包括工资、奖金、福利费、医药费、劳动保护费以及职工教育培训费和其他一切用于职工的费用。

(3)公益费:指给公益事业所提供的公益服务支付的费用,包括水费、电费、煤气费、冬季

取暖费、绿化费及其他费用。

(4)维护费:包括维修保养费、折旧费、房产税、土地、车船使用税、租赁费、保险费等。

(5)一般经费:指差旅费、交通费、会议费、书报资料费、文具费、邮电费、零星购进费、城市建设税、能源建设税及其他税款,还包括物资及商品损耗费、物流事故处理及其他杂费等。

2. 按职能范围分类

(1)供应物流费:是指从商品(包括容器、包装材料)采购直到批发、零售业者进货为止的物流过程中所需的费用;

(2)企业内物流费:是指从购进的商品到货或由本企业提货时开始,直到最终确定销售对象的时刻为止的物流过程中所需要的费用,包括运输、包装、商品保管、配货等费用;

(3)销售物流费:是指从确定销售对象时开始,至商品送交到顾客为止的物流过程中所需要的费用,包括包装、商品出库、配送等方面的费用;

(4)回收物流费:包括材料、容器等由销售对象回收到本企业的物流过程中所需的费用;

(5)废弃物料费:是指在商品、包装材料、运输容器、货材的废弃过程中产生的物流费用;

(6)特别经费:是指采用不同于财务会计的计算方法所计算出来的物流费用,包括按实际使用年限计算的折旧费和企业内利息等;

(7)委托物流费:是指将物流业务委托给物流业者时向企业外支付的费用,包括向企业外支付的包装费、运费、保管费、出入库手续费、装卸费等;

(8)其他企业支付物流费:比如商品购进采用送货制时包括在购买价格中的运费和商品销售采用提货制时因顾客自己取货而扣除的运费,在这些情况下,虽然实际上本企业内并未发生物流活动,但却发生了物流费用,这笔费用也应该作为物流成本而计算在内。

3. 按物流活动的构成分类

以物流活动的基本环节为依据,将物流成本分为物流活动成本、信息处理成本和物流管理成本三部分,这种方法便于评价物流构成的各环节成本状况,分析各物流活动的绩效,适用于综合性物流部门进行物流成本控制。

(1)物流活动成本:包括包装费、运输费、保管费、装卸搬运费、流通加工费。

(2)信息处理成本:支付外部信息处理费、本企业内部信息处理费。

(3)物流管理成本:现场物流管理费、其他物流管理费。

二、物流成本的核算方法

1. 基于物流管理基本功能活动的核算方法

学术界普遍认同的企业物流成本计算的概念性公式为:

企业物流总成本 = 运输成本 + 存货持有成本 + 物流行政管理成本

由于物流管理运作具有跨边界(由普遍的协同运作要求所决定)和开放性(由客户服务要求所决定)的特点,使得由一系列相互关联的物流活动产生的物流总成本既分布在企业内部的不同职能部门中,又分布在企业外部的不同合作伙伴那里。从企业产品的价值实现过程来看,物流成本既与企业的生产和营销管理有关——实现产品的场所和时间效用,又与客户的物流服务要求直接相关——作为与客户互动的界面要让客户满意。所以,即使有了这样一个看起来简单明了的概念性公式,但企业对物流总成本的准确把握实际上的难度很大。

2. 作业成本分析法

(1)作业成本分析法的理论基础。产品消耗作业,作业消耗资源并导致成本的发生。作业成本法突破了产品这个界限,而把成本核算深入到作业层次;它以作业为单位收集成本,并把作业成本按作业动因分配到产品。

(2)作业成本法分析法核算的步骤:

①界定企业物流系统中涉及的各个作业。作业是工作的各个单位,作业的类型和数量会随着企业的不同而不同。例如,在一个顾客服务部门,作业包括处理顾客订单、解决产品问题以及提供顾客报告三项作业。

②确认企业物流系统中涉及的资源。资源是成本的源泉,一个企业的资源包括有直接人工、直接材料、生产维持成本(如采购人员的工资成本)、间接制造费用以及生产过程以外的成本(如广告费用)。资源的界定是在作业界定的基础上进行的,每项作业必涉及相关的资源,与作业无关的资源应从物流核算中剔除。

③确认资源动因,将资源分配到作业。作业决定着资源的耗用量,这种关系称作资源动因。资源动因联系着资源和作业,它把总分类账上的资源成本分配到作业。

④确认成本动因,将作业成本分配到产品或服务中。作业动因反映了成本对象对作业消耗的逻辑关系。例如,问题最多的产品会产生最多顾客服务的电话,故按照电话数的多少(此处的作业动因)把解决顾客问题的作业成本分配到相应的产品中去。

三、物流成本的控制

1. 各类企业的物流成本控制

对生产厂商而言,提高物流绩效的主要方法之一是通过削减包括原材料和零配件供应成本等费用进而削减物流成本。降低供应成本不仅仅是指降低进货价格,而是要在保证质量的基础上建立合理的采购机制,使生产物流成本达到合理化。与生产相关的劳务费及其他经营费用都是成本控制的内容。

对运输企业而言,应提高产品运输配送的效率。其控制物流成本的方法有:

(1)运输企业之间合作降低成本。

(2)运输业间的共同配送。

(3)向货主建议通过共同配送削减运输成本。

(4)接受货主的全权委托。

对货主而言,通常采取招标方式削减运费。

2. 成本控制的原则和方法

在实际的运营中,降低物流成本的方法多种多样,但都基本上遵循以下原则:

(1)加快物流周转速度,扩大物流量。周转速度越快,物流量越大,在其他条件不变的情况下,所需流动资金越少,从而减少资金占用,减少利息支出,最终使得物流成本降低。

(2)减少物流周转环节。尽可能采用直达运输,减少物资集中和分散,这样可以减少流通环节和节约物流时间,加快物流速度,降低物流成本。

(3)采用先进的物流技术。采用先进的信息技术、计算机技术和其他物流技术是降低物流成本的根本措施。它可以提高作业效率、还可以减少物流运作过程中的损失。

(4)强化物流管理,完善经济核算。科学的管理是降低物流成本的最直接有效的方法。在具体实施过程中,岗位责任制、目标管理、加强经济核算都是行之有效的措施。

企业为降低物流费用,实施的方法有以下几种:

(1)降低运输费用措施:通过商流和物流的分离,使物流途径简短化;扩大工厂直接运送;减少运输次数;提高车辆的装载效率;设定最低的接受订货量;实行计划运输;开展共同运输;选择最佳运送手段。

(2)降低保管费(库存费)措施:减少库存点;切实管理好库存物资,维持合理的库存量;提高保管效率。

(3)降低包装费用措施:采用价格便宜的包装材料;包装简易、朴素化;包装作业机械化。

(4)降低装卸费用措施:减少装卸次数;引进集装箱和托盘,利用机械化达到省力化。

3. 物流成本与效益的分析

常用的物流成本效益分析方法有盈亏平衡分析法、线性规划法、边际分析法。

(1)盈亏平衡分析。盈亏平衡分析是根据作业量、成本、利润三者之间的关系综合分析物流的效益,是一种预测利润、控制成本的数学分析法。先找出营业收入与总成本相等时的作业量,即盈亏平衡点,进而在物流计划中进行科学决策,最大限度地扩大获取利润的作业量,实现利润最大化。盈亏平衡点可以用计算公式求得,也可绘制盈亏平衡图。计算公式如下:

$$P_{利} = S - C = S - V_{孔} - F = (P - v) \cdot Q - F$$

式中:$P_{利}$——利润;

F——固定成本;

S——营业额;

P——营业价格;

C——总成本;

v——单位变动成本;

$V_{孔}$——总成本费用;

Q——作业总量。

盈亏平衡点时的作业量为 Q_0,利润 $P_{利}=0$,其公式为:

$$(P - v) \cdot Q_0 - F = 0$$

$$Q_0 = \frac{F}{P - v}$$

图 12-1 是以作业量为横坐标,费用为纵坐标绘制的营业额与总成本费用曲线,两条曲线的交叉点便为盈亏平衡点,进行物流评价分析时,绘制盈亏平衡点示意图,更为直观、便于理解。实际在做盈亏平衡图时营业税及其他附加支出通常可视为固定支出,考虑到这个因素,盈亏平衡需向上稍微移动。

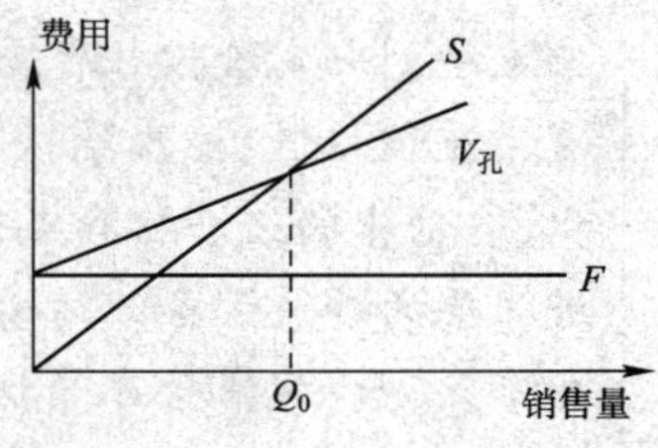

图 12-1　盈亏平衡分析示意图

(2)线性规划法。线性规划用于两方面的分析,一是如何有效合理利用人力、物力、财力等企业资源,为组织获得最优的绩效;二是在一定的条件下,怎样规划,以尽可能少的资源消耗、最低的成本达到目标。线性规划在配送路线等方面都得到很好应用。

(3)边际分析法。边际分析,也即增量分析,有助于决策者优化收益和使成本减至最小。边际分析涉及的是某项决策的附加成本,而不是平均成本。例如,某个公司要决定它是否应当接受新订单,它考虑的不是在接受新订单后对全部收入和全部成本有什么影响,而是新订单将会产生的附加收入和附加成本,只要增量收入超过增量成本,接受新订单就会使利润增加。

案例12-1 斯美特物流成本的控制

河南斯美特食品有限公司,创立于1991年,是以生产和销售方便面为主的大型企业。斯美特作为制面行业的一颗新星,已走过了她漫长的岁月。如今,物流成本的控制已使其快速的向前发展。

在实际工作中,物流成本的控制可以按照不同的对象进行。其一就是以物流成本的形成过程为控制对象:即从物流系统(或企业)投资建立、产品设计(包括包装设计)、物资采购存储和销售,直到售后服务。凡是发生物流成本费用的环节,都要通过各种物流技术和物流管理方法,实施有效的成本控制。这种成本控制就是物流成本的纵向控制。

1. 投资阶段的物流成本控制

投资阶段的物流成本控制主要是指企业在厂址选择、物流系统布局规划、设备购置等过程中对物流成本进行的控制。其内容包括:

合理选择厂址。厂址选择合理与否,往往从很大程度上决定了以后物流成本的高低。长春斯美特把廉价的土地使用费、廉价的劳动力和良好的外部环境作为选择厂址的第一要素,在远离原料(面粉、纸箱、棕榈油、蔬菜食品等)地点选点建厂(德惠),这造成物流(配送、运输、采购、设备维护等)成本的上升。同时其竞争对手(榆树的锦丰、四平的白象、双城的华丰及未来长春的康师傅)同一竞争要素的存在,使长春斯美特在此方面物流成本上的优势就显得很黯淡。

合理设计物流系统格局。如何选择物流中心和配送中心(分公司)的位置、如何规划运输和配送系统、如何设计物流运营流程等,对于整个系统投入运营后的成本耗费有着决定性的影响。长春斯美特公司的物流中心又是配送中心,配送运输辐射东北三省及内蒙古,公司设计出了较完备的运营流程。公司已走出了过去的投资性怪圈,逐渐形成了自己独特的以资本为纽带的第三方运输配送和以业务推进为基础的流程机制。

优化物流设备的购置。物流设备投资是为了提高物流工作效率和降低物流成本。企业发展到一定阶段往往需要购置一些物流设备,采用一些机械化、自动化的措施(叉车、自动流程传送、托盘等)。但在进行设备投资时,一定要注意投资的经济性,要研究机械化、自动化的经济临界点。长春斯美特在成立初期,因其规模和生产能力的限制,没有购进必要的物流设备。随着企业的进一步发展,公司配置了与其规模和生产能力相匹配的叉车、托盘、网络仓库等物流设备,这避免了设备的持有成本,降低了物流成本。

2. 产品设计阶段的物流成本控制

物流过程中发生的成本大小,与物流系统中所服务产品的形状、体积和重量等密切相关,同时还与这些产品的组合、包装形式、重量及大小有关。特别是对于制造业来说,产品设计对物流成本的重要性尤为明显。具体地说，产品设计阶段的物流成本控制主要包括如下几方面的内容：

产品体积和形态的优化组合。产品体积和形态对物流成本有着直接的影响，如方便面规格和包数的不同，直接影响了纸箱成本的核算，改变了生产的批量，同时对运输工具也提出了较大的要求，进而影响到物流成本控制。因此，我们在设计产品的形态和体积的时候，还必须考虑如何降低纸箱的成本，如何扩大生产批量，如何减小运输成本等后续影响。

产品批量的合理化。当把数个产品集合成一个批量保管或发货时，就要考虑到物流过程中比较优化的容器容量，例如长春斯美特根据产品的批量化要求，设计出适合公司要求的托盘（1.2m×1.2m），组织了适合公司要求的集装货车（7.2m、9.6m 的高栏车和 12m 集装箱车等）。

成品损耗率。企业在设计产品时，还必须考虑产品的包装材料、耐压力、搬运、装卸、运输途中的损耗对产品设计的影响。

3. 供应阶段的成本控制

供应与销售阶段是物流费用发生的直接阶段，这也是物流成本控制的重要环节。供应阶段的物流成本控制主要包括以下内容：

优化供应商。企业进货和采购的对象很多，每个供应商的供货价格、服务水平、供货地点、运输距离等都会有所区别，其物流成本也就会受到影响。企业应该在多个供应商中考虑供货质量、服务水平和供货价格的基础上，充分考虑其供货方式、运输距离等对企业物流成本的综合影响。从多个供货对象中选取综合成本较低的供货厂家，以有效地降低企业的物流成本。

运营现代化的采购管理方式。JIT（及时制）采购和供应是一种有效地降低物流成本的物流管理方式，它可以减少供应库存量，降低库存的持有成本，而库存持有成本是供应物流成本的一个重要组成部分。另外，MRP 采购、供应链采购、招标采购、全球采购等采购管理方式的运用，也可以有效地加强采购供应管理工作。对于斯美特来说，集中采购也是一种有效的采购管理模式。例如：有些体积小、重量小的物品可以通过总公司的规模化的批量采购来降低成本，进而实现分公司的批量低成本调拨。

控制采购批量和再订货点。每次采购批量的大小，对订货成本与库存持有成本有着重要的影响。采购批量大，则采购次数减少，总的订货成本就可以降低，但会引起库存持有成本的增加，反之亦然。因此，在采购管理中，对订货批量的控制是很重要的。我们可以通过相关数据分析，计算其主要采购物资的最佳经济订货批量点和再订货点，从而使得订货成本与库存持有成本之和最小。

供应物流作业的效率化。企业进货采购对象及其品种很多，接货设施和业务处理讲求效率。例如，斯美特公司的各分公司需购多种不同物料时，可以分别购买、各自订货，也可由总公司根据各分公司进货要求，由总公司统一负责进行采购和仓储的集中管理。在各分公司有用料需要时，由总公司仓储部门按照固定的线路，把货物集中配送到各分公司。这种有组织的采购、库存管理和配送管理，可使公司物流批量化，减少繁杂的采购流程,提高配送车辆和各分公司进货工作效率。

采购损耗的最小化。供应采购过程中往往会发生一些途中损耗,运输途耗也是构成企业供应物流成本的一个组成部分。运输中应采取严格的预防保护措施尽量减少途耗,避免损失、浪费,降低物流成本。销售、供应物流互补化。销售和供应物流经常发生交叉,这样可以采取共同装货、集中发货的方式。把销售商品的运输与外地采购的物流结合起来,利用回程车辆运输的方法,提高货物运输车辆的使用效率,降低运输成本。同时,还有利于解决交通混乱,促使发货、订货业务集中化、简单化,促进搬运工具、物流设施和物流业务的效率化。

4. 生产时的物流成本控制

生产物流的组织与企业生产的产品类型、生产业务流程以及生产组织方式等密切相关,因此生产物流成本的控制是与企业的生产管理方式不可分割的。在生产过程中有效控制物流成本的方法主要包括:

生产工艺流程的合理布局。企业生产工艺流程的合理布局对生产起着非常重要的作用,布局的合理与否直接关系着产品成本的高低,同时对减少工作环节、提高工作效率、增强员工的责任心等方面有重要的作用。对于斯美特公司制面来说,就必须按照制面的工艺流程来工作。

合理安排生产进度。企业的生产进度与采购、销售、仓库、消费、成品率等息息相关。生产进度的加快,原材料的采购进度就要提速,成品率就会降低,仓库持有成本就会上升,同时预示着销售周期的缩短,消费数量的增加。减少半成品和产品库存。产品库存量的大小直接影响着库存持有成本的高低,同时影响产品的销售风险。

实施物料领用控制。对于斯美特制面来说,必须严格的实施物料领用的控制,生产的批量与领用物料的批量相对称。多领用的原材料必须在第一时间内回归仓库,这样降低了原料的损耗,使生产与采购、调拨、销售的信息对称,减少了库存,盘活了公司的流动资金。

节约物料使用。勤俭节约是中华民族的传统美德,也是我们每一个人的优良作风。勤俭节约不仅是斯美特公司的企业文化,更是斯美特人的立家之本。

5. 销售物流阶段的成本控制

销售物流活动作为企业市场销售战略的重要组成部分,不仅要考虑提高物流效率、降低物流成本,而且还要考虑企业销售政策和服务水平。在保证客户服务质量的前提下,通过有效的措施,推行销售物流的合理化,以降低销售阶段的物流成本,主要的措施包括:

加强订单管理,与物流相协调。订单的重要特征表现在订单的大小、订单的完成效率等要素上。订单的大小和完成效率往往会有很大的区别。在有的企业中,很多小批量多次数订单(自提订单)往往会在数量上占了订单总数的大部分,它们对物流和整个物流系统的影响有时会很大。因此,为了提高物流效率、降低物流成本,在订单上必须充分考虑商品的特征和订单周期及其他经营管理要素的需要。

销售物流的大量化。这主要通过延长备货时间,以增加运输量,提高运输效率,减少运输总成本。例如,公司把产品销售配送从“一日配送”改为“三日配送”或“周指定配送”

就属于这一类。这样可以更好地掌握货物配送数量，大幅度提高配货满载率。为了鼓励运输大量化，在满足可续货物需求的前提下，我们可以采取一种增大一次订购批量折扣或给予更多地促销的办法，促进销售，降低小批量手续费，节约的成本由双方分享。

商流与物流相分离。现在，商流与物流分离的做法已经被越来越多的企业所采纳。其具体做法是订货活动与配送活动相分离，由销售系统负责订单的签约，而由物流系统负责货物的运输和配送。运输和配送的具体作业，可以由自备车队完成，也可以通过委托运输的方式来实现，这样可以提高运输效率，节省运输费用。此外，还可以把销售设施与物流设施分离开来，如把企业所属的各销售网点(分公司)的库存实行集中统一管理，在最理想的物流地点设立仓库，集中发货，以压缩物流库存，解决交叉运输，减少中转环节。这种“商物分流”的做法，把企业的商品交易从大量的物流活动中分离出来，有利于销售部门集中精力搞销售。而物流部门也可以实现专业化的物流管理，甚至面向社会提供物流服务，以提高物流的整体效率。

增强销售物流的计划性。以销售计划为基础，通过一定的渠道把一定量的货物送到指定地点。方便面属季节性消费品，随着季节的变化可能会出现运输车辆过剩或不足，或装载效率下降等因素。为了调整这种波动性，可事先同客户商定时间和数量，制定出运输和配送计划，使公司按计划供货。

物流共同化。物流已是一个社会化的行业，它的规模效应已初见端倪，企业的单个物流必须融入到社会物流之中，从而享受社会物流带来的规模效益。

(来源：九九物流网，http://www.9956.cn/college/44927.html)

思考题：

1. 斯美特是怎样对自己的物流成本进行划分的？这样划分有什么好处？

2. 综观斯美特物流成本控制的整个过程，斯美特对物流成本的控制体现了哪些经济原理？

第三节　物流定价理论与方法

一、物流价格的定义及其影响因素

物流价格是指物流企业对特定的业务所提供的物流服务的价格。它是物流产品价值的货币表现。物流价格的特征变现为：物流价格是一种劳务价格；物流价格是商品销售价格的组成部分。

影响物流价格的主要因素包括：

1. 物流成本

在正常情况下，物流报价应不低于物流成本，物流成本是成为物流价格的重要因素和最低界限。

2. 物流供求关系

物流价格调节物流供给和需求，并且供需变化会调节市场价格。

3. 物流市场竞争程度

企业所处的竞争环境不一样其定价也有很大的不同,例如,我国的铁路运输市场属于完全垄断市场,实行的是"垄断价格",而公路运输市场中的价格基本是自由竞争的结果。

4. 国家经济政策

国家对物流业实行的税收政策、信贷政策、投资政策等均会直接或间接的影响物流价格水平。我国现阶段对物流业的扶持,有利于物流价格的稳定并促进发展。

二、物流定价理论

1. 劳动价值定价论

劳动价值论认为,物流劳动价值是凝结在物流产品中的一般人类劳动,是物流劳动者在实现商品位移过程中所耗费的物化劳动和活劳动的总和。

因此,物流服务产品价值一共有以下三部分组成:①物流生产过程中转移的物化劳动价值C;②物流生产者为自己所创造的劳动价值V;③物流生产者为社会所创造的劳动价值M。价格构成就包括:C+V+M。其中C为转移价值,也就是设备的磨耗,材料、燃料、油脂等方面的支出;V表现为劳动报酬支出;M为利润,是为社会劳动所创造价值的货币表现。

2. 平均成本定价论

平均成本定价理论是指在物流服务量一定的情况下,物流服务总收入必须能够补偿物流生产厂商的平均物流服务成本费用,平均物流生产成本是定价的最底界限。

物流服务收入在补偿平均成本后,还需要保留必要的利润以维持和促进物流企业的发展,因此,以平均成本定价应是物流部门的平均成本加上一定比例的利润,它是根据单位产品平均成本的变化,确定在不同物流服务产量条件下产品价格的方法。用公式表示即为:

$$P=\frac{F}{Q}+C+r$$

式中:P——物流服务价格;

F——固定成本;

Q——物流服务量;

C——单位变动成本;

r——单位物流服务的利润。

3. 负担能力定价论

负担能力定价论又称为物流服务价值定价论,其一般意义是按照物流服务对物流服务接受方的价值来确定价格。它是以物流服务需求,而不是以物流服务成本为基础定价。

按照这一定价理论,对高价值的商品应制定较高的物流服务价格,而对低价值商品则制定较低的物流服务价格。理由是价值高的商品对物流服务价格收费的承受能力大,另外,物流服务企业对它承担的责任也大。

4. 边际成本定价论

边际成本是指增加单位物流服务量而引起的总成本的增加量。在生产规模不变的情况下,边际成本实际上就是增加的可变成本,它随物流服务产品产量的变化而变化。

以货运物流服务为例,边际成本就是总成本对运输周转量的导数,即:

$$MC = \frac{\mathrm{d}TC}{\mathrm{d}Q}$$

式中：MC——边际成本；

TC——运输成本；

Q——运输周转量。

但按边际成本定价，有时会使物流运营厂商的固定成本无法收回，从而失去持续发展能力，最终只能够会损害整个产业。尤其是当存在规模经济时，由于边际成本低于平均成本，无法解决固定成本的弥补和反弹的问题，此时若按边际成本定价，收入并不能补偿成本，从而造成物流服务经厂商的亏损。

因此，在实际的应用边际成本定价论时，有时需要在变动成本的基础上加上预期的边际贡献，边际贡献是指物流服务生产厂商增加一个产品的销售，所获得的收入减去边际成本的数目。

即：

$$边际贡献 = 价格 - 单位可变成本$$

则物流服务价格公式为：

$$价格 = 单位可变成本 + 边际贡献$$

5. 供求关系定价论

供求关系定价论认为，平均成本定价、边际成本定价实际上是一种供给价格，它只根据物流服务供给方单方面的成本水平进行定价，而负担能力定价则是一种需求价格。

这种理论强调市场供求关系对制定物流服务价格的影响，它强调在其他条件不变的情况下，物流服务价格应随着物流服务供给的增加而下降，随着物流服务供给的减少而上升；同样在其他条件不变的情况下，物流服务价格随着物流需求的增加而上升，随着物流需求的而减少而下降。按供求关系定价不仅要考虑物流需求的情况，更要考虑物流服务供给情况，包括其他竞争性替代品的供给情况。

6. 差别定价

又称歧视价格理论，通常意义上的价格歧视实质上是将市场根据消费者的类型细分为不同的细分市场，在各个细分市场上收取的价格不同，但在同一个细分市场上收取的价格仍然不变。

差别定价也可以说是根据需求的差异，对同种物流服务产品制定不同的价格的方法。它主要包括以下几种形式：

(1)对不同的顾客采取不同的价格，如同种物流服务产品对购买量大和购买量小的采取不同的价格，又如航空票价对国内、国外乘客分别定价等。

(2)相同的产品在不同的地区销售，其价格可以不同。

(3)相同的产品在不同时间销售其价格可以不同，如需求旺季的价格要明显地高于需求淡季的价格，春运期间的公路运输价格高于平常时期。

差别定价的前提条件是：

(1)市场可以细分，各细分市场具有不同的需求弹性，或者说企业在不同时期不同市场所面临的需求曲线存在很大不同；

(2)价格歧视不会引起顾客的反感;

(3)低价格细分市场的顾客没有机会将产品转卖给高价格细分市场顾客;

(4)竞争者没有可能在物流服务生产厂商以较高价格销售产品的市场上以低价竞争。

三、常用定价方法

定价的条款和条件决定了各方对完成物流活动应负的责任,定价直接影响着物流运作的各个方面,尤其对物流运作的时间和稳定性具有直接影响。

定价决定了交易中各方对物流活动的绩效、权利的转移和义务负有的责任。离岸价格和交货价格是常用的两种方法。

1. 离岸价格 F. O. B.

离岸价格也称为“船上交货价”。实际应用中有许多变化形式。产地交货价(F. O. B. origin)是最简单的定价方法。卖方将货物送到指定装运点,便不再承担进一步的责任。买方负责以后使用的运输方式,选择承运人,支付运输费用,办理保险手续,负责在途中的风险。

2. 交货价格

交货价格与离岸价格的主要区别在于:安排交货时,卖方给出的是包括产品送到买方的价格,运输成本并不是作为单独的项目与货物分离。

(1)单一区域定价。采用单一区域定价,无论买方在何地,都只按一个价格支付。这种定价反映的是平均运输成本,因而一些顾客将支付多的费用,另一些顾客却能得到补贴。通常在运输成本占销售价格的比例相对较小时才被采用。对于卖方,单一区域定价能较好地控制物流,对于买方,这种定价系统具有简单的好处,对小的零售商特别有吸引力。

(2)多区域定价。多个区域定价是为特定的地理区域制定不同的价格。按多个区域制定交货价,比较充分地考虑了物流成本的差异。这种定价是建立在距离基础上的。

(3)基点定价。基点定价是最复杂最有争议的交货价格形式。最终的交货价格是由产品的价格加上从一个指定的基点到客户的运输成本。产品的制造地点通常作为基点。不管产品是否从该基点装运,交货价格都从这个基点起算。同样,一些顾客会支付多于实际运输成本的运费,而一些顾客支付的运费却不能补偿实际的费用。

基点定价简化了价格的制定,但对顾客具有消极影响,因为当顾客知道他们支付的费用比实际运输费用多时,会产生不满。

四、几个定价问题

定价和物流运作密切相关,且直接关系到物流活动的绩效,定价过程中应注意潜在的歧视、数量折扣、提货折扣和促销定价等问题。

1. 潜在的歧视

基点定价应考虑的一个问题就是必须仔细地审视和管理以防止潜在的歧视。区域定价也具有歧视的潜在可能性,因为一些客户支付的费用超过了实际的费用,而其他客户支付的却较少。其合法性也是一个重要的考虑因素。

为了避免可能带来的法律问题,多数企业采用基本的 F. O. B. 或统一的交货定价政策。总体上这种定价策略比区域定价和基点定价要好一些。

2. 数量折扣

作为对增加订货量或总交易量的诱导，厂商通常提供数量折扣。考虑非歧视原则，所有客户应享受同一的折扣。如国外的“Robinson-Patman 条例”规定，卖方有责任证明，同一的、非累进的折扣对所有合格的买方都适用。折扣必须在节约直接成本的基础上合理制定。

3. 提货折扣

提货折扣建立在 F. O. B. 产地价格的基础上，买方或其代理在卖方所在地提货并承担运输的责任，买方可获得折扣。同样卖方应向所有的直接购买者提供相同的折扣。

提货折扣对交易双方都提供了潜在的利益。卖方少了一些责任和义务；买方较早地获得了货物的控制权，便可以灵活地选择运输设备和运输方式。

4. 促销定价

厂商常常采用促销策略刺激购买者，势必对产品量产生影响，从物流角度看，短间隔期增加的货运量成为首要的关注点，物流运作不得不对付由促销引起的各种变化情况，有可能增加物流成本。

虽然价格的制定通常不属于物流管理的范围，但它对物流运作提出了相应的要求，定价至少在两个方面影响物流运作：第一，定价方法规定了谁负责物流的过程以及如何管理所有权的转移；第二，诸如折扣、时间的改变和促销量等因素都会对物流运作效率产生深远的影响。因而，理解涉及定价的规定和条款，对物流绩效的提高是很有必要的。

第四节　物流绩效评价

一、物流绩效评价的内涵与特点

企业物流绩效评价是指为达到降低企业物流成本的目的，运用特定的企业物流绩效评价指标、比照统一的物流评价标准，采取相应的评价模型和评价计算方法，对企业对物流系统的投入和产效（产出和效益）所做出的客观、公正和准确的评判。

在经济发达国家，大多数物流企业都有一套较完善的、科学的、绩效评价体系。对物流活动、物流企业及供应链进行绩效评价与分析，能够正确判断企业的实际经营水平，提高经营能力，进而增加企业及供应链的整体效益。

物流绩效评价具有以下特点：

（1）静态性和动态性相结合。物流绩效既可以是一个静态的评价结果，也可以是产生该结果的动态的活动过程。两者既可以单独地评价，也可以同时作为考核指标，这样充分体现了应用灵活的特点。

（2）可组合性和可分解性。

（3）物流系统应该具有完整性、开放性等特点。

二、运输绩效评价与分析

运输是一项非常重要的物流活动，完成的是货物从供应地到需求地的空间位移。为了提高运输效率和运输的经济效益，有必要进行运输绩效分析和评价。

1. 选择评价标准

根据运输活动的特性,在对运输活动进行绩效评价时,可以从以下几个方面选择评价标准:

(1)运输成本。这是评价标准应首先考虑的问题。但是运费并不是唯一的成本构成,还要考虑装载情况、索赔、设备条件等因素。

(2)中转时间。受中转时间直接影响的是库存水平,如果承运人的运输服务不能保证及时将货物送达,那么就必须有较多的库存来弥补。

(3)可靠性。可以通过以订货交付的完成为基础来评估可靠性。订货完成并交付装运,仓库记录到达时间和日期,一个承运人的绩效记录随后提交给采购部门和运输部门,这样分析承运人的可靠程度就比较容易。

(4)运输和服务的能力。运输能力包括提供运输工具和设备以及专用车船的能力,装卸车船的能力。服务能力包括信息技术、通信技术,如 EDI、GPS 等先进技术的应用,实现在线跟踪及门到门服务。

(5)可达性。多式联运的广泛采用,使可达性基本不成为问题。

(6)安全运输能力。承运人预先防止运输事故发生的能力以及事故发生后能否及时处理有关索赔事宜的能力。

2. 运输活动绩效评价的指标体系

(1)运输量:

$$货物运输量(吨)=\frac{货物件数\times 每件货物毛重(公斤)}{1000}$$

(2)运输损失:

$$损失率=\frac{经济损失总和}{运输业务收入}\times 100\%$$

(3)正点运输率:

$$正点运速率=\frac{正点运输次数}{运输总次数}\times 100\%$$

(4)满载率:

$$满载率=\frac{车辆实际装载量}{车辆装载能力}\times 100\%$$

(5)运力利用率:

$$运力利用率=\frac{实际吨公里数}{运力往返运输总能力(t\cdot km)}\times 100\%$$

(6)安全指标:

$$事故频率(次)万公里=\frac{报告期内事故次数}{报告期内总行使公里/10000}$$

三、存货绩效评价与分析

这里的存货指一切闲置用于未来的资源,区别与传统意义上的存货,传统的存货仅指存放在仓库中的物品。

存货一方面占用大量流动资金，影响企业的资本运作，另一方面又有效地缓解供需矛盾，保证生产连续稳定的进行。因而要不断改善经营过程及水平，维持合理的库存水平。

1. 存货主要费用

存货费用发生在诸如订货、采购、储存、缺货等经济活动中。保持库存水平与存货成本相互协调，有利于总的存货费用最小化。

(1)订货费用：订货是发生的各种费用，如手续费、装卸费、差旅费、检验费等。

(2)采购费：采购货物的货款。

(3)储存费用：货物储存是发生的费用。按存货价值的百分率计算。

(4)缺货费用：包括延期交货费用、销售额损失和因缺货引起的商业信誉损失。

2. 存货的绩效评价指标体系

对存货的绩效评价是存货管理过程中的一个关键部分，既要反映服务水平又要反映存货水平，偏重于任何一方都会导致另一方的忽视。

(1)仓库资源的利用：

$$地产利用率 = \frac{仓库建筑面积}{地产面积} \times 100\%$$

$$仓库面积利用率 = \frac{仓库可利用面积}{仓库建筑面积} \times 100\%$$

$$投资费用比 = \frac{投资费用}{单位库存/单位时间} \times 100\%$$

$$设备完好率 = \frac{期内设备完好台数}{同期设备台数} \times 100\%$$

$$设备利用率 = \frac{全部设备实际工作时数}{设备工作总能力(时数)} \times 100\%$$

(2)服务水平：

$$缺货率 = \frac{缺货次数}{顾客订货次数} \times 100\%$$

$$顾客满意程度 = \frac{满足顾客要求数量}{顾客要求数量} \times 100\%$$

$$准时交货率 = \frac{准时交货次数}{总交货次数} \times 100\%$$

$$货损货差赔偿率 = \frac{货损货差赔偿费总额}{同期业务收入总额} \times 100\%$$

(3)储存能力与质量：

$$仓库吞吐能力实现率 = \frac{期内实际吞吐量}{仓库设计吞吐量} \times 100\%$$

$$进、发货准确率 = \frac{期内吞吐量 - 出现差错总量}{期内吞吐量} \times 100\%$$

$$仓储吨成本 = \frac{仓储费用}{库存量}$$

$$商品缺损率 = \frac{期内商品缺损量}{期内商品总数} \times 100\%$$

3. 库存周转率

库存绩效评价与分析中,库存周转率是着重评价的内容。计算库存周转率的公式:

$$库存周转率=\frac{该期间的出库总金额}{该期间的平均库存金额}=\frac{该期间出库总金额\times 2}{期初库存金额+期末库存金额}\times 100\%$$

对库存周转率的分析不能一概而论,要仔细分析其中的隐含情况:

(1)销售的增加远远超过存货资产,企业获得较好的利润,这时库存周转率高,经济效益也较好。

(2)销售额超过标准库存拥有量,缺货率远远超过了允许范围,企业由此失去销售机会,经济损失不可避免。

(3)准确预测有涨价趋势的商品,提高库存量,对有缺货潜在性的商品进行适当的库存,此时库存周转率较低,但经济效益好。

(4)销售额减少,库存调整不及时,滞销品、积压品等长期不做处理,不减少反而增加,占压流动资金,导致的结果就是库存周转率低,经济效益也差。

四、顾客服务的绩效评价与分析

顾客服务是物流活动或供应链过程的产物,顾客服务水平是衡量物流系统为顾客创造时间和空间效应能力的尺度。顾客服务水平决定了企业吸引顾客的能力,并最终影响其盈利。

1. 顾客服务的一般评价指标

(1)顾客的忠诚度。留住顾客是所有企业共同的希望,在顾客服务绩效评价中,通过评价同现有客户进行的交易量来评价顾客的忠诚度。

(2)顾客的满意程度。对顾客的满意程度要引起相当的重视,因为只有在顾客完全满意或极为满意的情况下,企业才有可能与之进行再次交易。

(3)新增顾客。为了获得更大的市场份额,就应努力获得更多的顾客,通过新增顾客的数量或新增顾客的采购总额来评价获得绩效。

(4)市场份额。优质的顾客服务对扩大市场份额起着很大作用,因而也可直接评价市场占有率。

2. 满足顾客需要的评价指标

(1)时间。对顾客的要求做出迅速的而可靠的反映是争取和留住顾客的关键,所以在尽可能短的时间内满足顾客的需要是非常重要的。

(2)质量。在发达国家质量已经成为最基本的硬指标,但是对我国物流行业来说,质量仍是必要的战略性竞争优势,服务质量往往和时间概念联系在一起,如按时交货就是评价服务质量的一个指标。

(3)价格。价格在很多情况下是影响交易的主要因素,打折和优惠价都是企业采取的竞争手段。

3. 提高顾客服务绩效

企业一般可采用以下方法提高顾客服务绩效:

(1)充分研讨顾客的需求。

(2)认真分析成本与收益,并在此基础上确定最优的顾客服务水平。

(3)在订货处理系统中采用最先进的技术手段。

(4)考核和评价物流管理各个环节的绩效。

五、物流企业的绩效评价评价与分析

1. 评价指标

衡量物流企业绩效尺度就是物流企业绩效评价指标,该指标分三种,即基本指标、修正指标和评议指标。其中,基本指标是评价物流企业绩效的核心指标,也是主要定量指标,用于完成物流企业绩效的初步评价;修正指标是对基本指标评价后得到的初步评价结果进行修正,以形成较为全面的物流企业绩效评价结果,也属定量指标;评议指标是用于评价资产经营及管理现状等方面的定性因素,是对定量指标的补充,通过对基本评价结果进行全面的检验、修正和完善,形成物流企业绩效评价的综合结论,此指标以我国财政部下发的"国有资本金绩效评价评议指标参考标准"为准。这里只解释基本指标和修正指标。

(1)基本指标。

①净资产收益率:

$$净资产收益率=\frac{净利润}{平均净资产}\times 100\%$$

$$平均净资产=\frac{所有者权益年初数+所有者权益年末数}{2}$$

②总资产报酬率:

$$总资产报酬率=\frac{利润总额+利息支出}{平均资产总额}$$

$$平均资产总额=\frac{资产总额年初数+资产总额年末数}{2}$$

③总资产周转率:

$$总资产周转率=\frac{营业收入净额}{平均资产总额}\times 100\%$$

④流动资产周转率:

$$流动资产周转率=\frac{营业收入净额}{平均流动资产总额}\times 100\%$$

⑤资产负债率:

$$资产负债率=\frac{负债总额}{资产总额}\times 100\%$$

⑥已获利息倍数:

$$已获利息倍数=\frac{息税前利润}{利息支出}$$

⑦营业增长率:

$$营业增长率=\frac{本年营业增长额}{上年营业收入总额}\times 100\%$$

⑧资本积累率:

$$资本积累率 = \frac{本年所有者权益增长额}{年初所有者权益} \times 100\%$$

$$本年所有者权益增长额 = 所有者权益年末数 - 所有者权益年初数$$

(2)修正指标:

①资本保值增值率:

$$资本保值增值率 = \frac{扣除客观因素后的年末所有者权益}{年初所有者权益} \times 100\%$$

②营业利润率:

$$营业利润率 = \frac{营业利润}{营业收入净额} \times 100\%$$

$$资产负债率 = \frac{负债总额}{资产总额} \times 100\%$$

式中:营业利润是指从物流企业营业收入中扣除营业成本、营业费用、营业税金及其他后的利润,不含非主营业务利润、长期投资收益、营业外收支等因素。

③成本费用利用率:

$$成本费用利用率 = \frac{利润总额}{成本费用总额} \times 100\%$$

式中:成本费用总额是指物流企业营业成本、营业费用、管理费用、财务费用之和。

④库存周转率:

$$库存周转率(次) = \frac{年销售成本}{年平均库存}$$

$$库存周转天数 = \frac{360}{库存周转率}$$

$$平均库存 = \frac{库存年初数 + 库存年末数}{2}$$

⑤应收账款周转率:

$$应收账款周转率 = \frac{营业收入净额}{平均应收账款余额} \times 100\%$$

式中:应收账款是指物流企业因赊账提供商品或服务而应收取的各种款项。

$$平均应收账款 = \frac{应收账款年初数 + 应收账款年末数}{2}$$

⑥不良资产比率:

$$不良资产比率 = \frac{年末不良资产总额}{年末资产总额} \times 100\%$$

式中:年末不良资产总额是指难以参加正常经营运转的部分,包括3年以上应收账款、积压商品物资和不良投资等。

⑦资产损失比率:

$$资产损失比率 = \frac{待处理资产损失净额}{年末资产总额} \times 100\%$$

⑧流动比率:

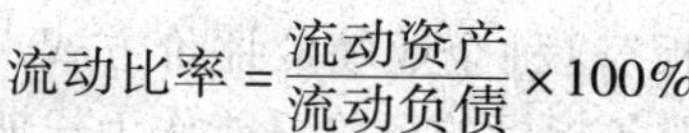

$$流动比率 = \frac{流动资产}{流动负债} \times 100\%$$

⑨速动比率：

$$速动比率 = \frac{速动资产}{流动负债} \times 100\%$$

式中：速动资产是指扣除库存后流动资产的数额。

⑩现金流动负债比率：

$$现金流动负债比率 = \frac{年经营现金净流入}{年末流动负债} \times 100\%$$

⑪长期资产适合率：

$$长期资产适合率 = \frac{所有者权益 + 长期负债}{固定资产 + 长期投资} \times 100\%$$

式中：所有者权益是指所有者权益总额的年末数，长期是指在一年或一年以上期限。

⑫经营亏损挂账比率：

$$经营亏损挂账比率 = \frac{经营亏损挂账}{年末所有权益总额} \times 100\%$$

⑬总资产增长率：

$$总资产增长率 = \frac{本年总资产增长额}{年初资产总额} \times 100\%$$

⑭固定资产成新率：

$$固定资产成新率 = \frac{平均固定资产净值}{平均固定资产原值} \times 100\%$$

⑮三年利润平均增长率：

$$三年利润平均增长率 = \left[\left(\frac{年末利润总额}{三年前年末利润总额}\right)^{\frac{1}{3}} - 1\right] \times 100\%$$

⑯三年资本平均增长率：

$$三年资本平均增长率 = \left[\left(\frac{年末所有者权益总额}{三年前年末所有者权益总额}\right)^{\frac{1}{3}} - 1\right] \times 100\%$$

2. 评价方法

(1)企业绩效评价的一般方法。

①排列法：也称排队法，以评价对象的综合绩效为基础，采用评价对象的相互比较，进行最优到最差的排列；

②等级法：首先确定物流企业的评价项目及影响因素，然后对每个评价项目制定出具体的评价标准及要求，对每一项设立评分等级，一般为 5 级，最优为 5 分，最后得到总评分，以此评价每一个评价对象的绩效；

③因素比较法：将评价对象分为若干要素或项目，每一个要素的评分又分为若干等级，以 5 级较好。

(2)一种新的企业绩效评价。传统的财务性绩效评价太注重净利率，忽视其他因素对物流企业正常运营和长远获利能力的重大影响，如顾客、职员、运营风险、作业程序与控制等因素。由此出现了“全方位绩效看板”这种企业绩效评价方式。它是以公司整体目标产生长期经济价值为观念的出发点,短期财务指标的评价只能作为长期绩效的补充,最终目的仍在于长期获利能力的持续改善。“全方位绩效看板”整合了传统财务性绩效的评价,兼顾到对企业长期竞争能力与成长具有重大影响的其他因素。

物流企业由于市场状况、整体目标、发展战略、竞争环境的不同而需要不同的绩效评价方法和内容,也就是说,绩效分析和评价的内容和方法是因企业的不同环境和需求而进行弹性调整,并非是一成不变的。

六、企业供应链的绩效评价与分析

1. 应遵循的原则

随着供应链管理理论的不断发展和供应链实践的不断深入,为了科学、客观地反映供应链的运营情况,应该考虑建立与之相适应的供应链绩效评价方法,并确定相应的评价指标体系,在实际操作中,应遵循如下原则:

(1)应突出重点,要对关键绩效指标进行重点分析。

(2)采用能反映供应链业务流程的绩效指标体系。

(3)评价指标要能反映整个供应链的运营情况,而不是仅仅反映单个节点的运营情况。

(4)采用实时分析与评价的方法,要把绩效度量范围扩大到能反映供应链实时运营的信息上去,因为这要比仅做事后分析有价值得多。

(5)采用能反映供应商、制造商及用户之间关系的绩效评价指标,把评价的对象扩大到供应链上的相关企业。

2. 评价指标

(1)绩效评价指标的作用。为了科学地评价供应链的实施给企业群体带来的效益,就需对供应链的运行状况进行必要的度量,并根据度量结果对供应链的运行绩效进行评价。绩效评价应具有三个方面作用。

①用于对整个供应链的运行效果做出评价:主要考虑供应链之间的竞争,为供应链的组建及在市场中的生存、运行和撤销决策提供必要的客观依据;

②用于对供应链上各个成员企业做出评价:主要考虑对其成员企业的激励,吸引企业加盟,剔去不良企业;

③用于对供应链内企业与企业之间的合作关系做出评价:主要考察供应链的上游企业对下游企业提供的产品和服务的质量,从用户满意的角度评价上、下游企业之间的合作关系的好坏。

为了达到这些目的,供应链的绩效评价一般从三方面考虑。

①内部绩效度量:主要对供应链上的企业内部绩效进行评价,通常有成本、客户服务、生产率、良好的管理、质量等;

②外部绩效度量;主要对供应链上企业之间运行状况的评价,主要指标有用户满意度、最佳实施基准等;

③综合供应链绩效度量:是总体上观察透视供应链运作的绩效度量方法,主要指标有用户满意度、时间、成本、资产等。

(2)一般统计指标。供应链绩效评价的一般统计指标较多,详见表12-1。

供应链绩效评价的一般统计指标　　表12-1

客户服务	生产与质量	资产管理	成　本
饱和率	人均发运系统	库存周转	全部成本/单位成本
脱销率	人工费系统	负担成本	销售百分比成本
准时交货率	生产指数	废弃的库存	进出货运输费
补充订单	破损率	库存水平	仓库成本
循环时间	退货数	供应天数	管理成本
发运错误	信用要求数	净资产回报	直接人工费
订单准确率	破损物价值	投资回报	退货成本

除了以上一般统计指标外,供应链的绩效还辅以一些综合性的指标如供应链生产效率来度量,也可同结合用户满意度、企业核心竞争能力等定性指标来反映。

(3)反映整个供应链业务流程的绩效评价指标。整个供应链是指从最初供应商开始至最终用户为止的整条供应链。综合考虑指标评价的客观性和实际可操作性,给出如下几种整个供应链绩效评价指标:

①产销率指标:

$$产销率=\frac{一定时间内已销售出去的产品数量}{一定时间内生产的产品数量}$$

产销率指标还可分为供应链节点企业的产销率、供应链核心企业的产销率和供应链产销率。该指标反映供应链在一定时间内的产销经营状况,时间单位可以是年、月、日。该指标主要评价供应链资源的有效利用程度,产销率接近"1",说明资源利用程度高,同时也反映供应链成品库存趋于"0"、产品质量好。

②平均产销绝对偏差指标:

$$平均产销绝对偏差=\frac{\sum_{i=1}^{n}|P_i-S_i|}{n}$$

式中:n——供应链节点企业的个数;

P_i——第i节点企业在一定时间内生产产品的数量;

S_i——第i节点企业在一定时间内已生产的产品中销售出去的数量。

③产需率指标。产需率指标有两个即:

$$供应链节点企业产需率=\frac{一定时间内节点企业已生产的产品数量}{一定时间内上层节点企业对该产品的需求量}$$

$$供应链核心企业产需率=\frac{一定时间内核心企业生产产品数}{一定时间内用户对该产品的需求量}$$

前一指标反映上下层节点企业之间的供需关系,产需率越接近"1",说明上下层企业之间的供需关系协调,准时交货率高;后一指标反映供应链整体生产能力和快速响应市场能力,若该指标数值大于或等于"1",说明供应链整体生产能力较强,能快速响应市场需求,具有较强的市场竞争能力。

④供应链产品出产(或投产)循环期指标。当供应链节点企业生产单一品种产品时,供应链产品出产循环期是指产品的出产节拍;当供应链节点企业生产的产品品种较多时,供应链产品出产循环期是指混流生产线上同一产品的出产间隔期。由于供应链管理是在市场需求多样化经营环境中产生的一种新管理模式,其节点企业生产的产品较多,因此,供应链产品出产循环期是指混流生产线上同一产品的出产间隔期。供应链产品出产循环期有两个具体指标。

供应链节点企业(或供应商)零部件出产循环期:该指标反映了节点企业库存水平以及对其上层节点企业需求的响应程度。

供应链核心企业产品出产循环期:该指标反映整个供应链的在制品库存水平和成品库存水平,同时也反映了整个供应链对市场或用户需求的快速响应能力。

⑤供应链总运营成本指标:供应链总运营成本包括供应链通讯成本、供应链库存费用及各节点企业外部运输总费用,它反映供应链运营的效率。

⑥供应链核心企业产品成本指标;供应链核心企业产品成本是供应链管理水平的综合体现。

⑦供应链产品质量指标:包括合格率、废品率、退货率、破损率、破损价值等。

(4)反映供应链上下节点企业之关系的绩效评价指标。在供应链层次结构模型中,供应链可看成是由不同层次供应商组成的递阶层次结构,下层供应商可看成是其上层供应商的用户。因此通过上层供应商来评价和选择与其相关的下层供应商更直接、更客观,如此递推,即可对整个供应链的绩效进行有效评价。最能反映相邻两企业关系的评价指标是满意度程度。

$$\text{满意度程度}(C_{ij}) = \alpha_j \times \text{供应商}(j)\text{准时交货率} + \beta_j \times \text{供应商}(j)\text{成本利润率} + \lambda_j \times \text{供应商}(j)\text{产品质量合格率}$$

式中:C_{ij}——在一定时间内下游供应商(i)对其相邻的上游供应商(j)的综合满意程度;

α_j、β_j、λ_j——权数,且其和为“1”。

供应链最后一层为最终用户层,其满意度指标是供应链绩效评价的一个最终标准。可按如下公式计算:

$$\text{满意度} = \alpha \times \text{零售商准时交货率} + \beta \times \text{产品质量合格率}\ \lambda \times \frac{\text{实际的产品价格}}{\text{用户期望的产品价格}}$$

3. 建立绩效标杆

在供应链管理环境下,一个节点企业运行绩效的高低,不仅关系到该企业自身的生存与发展,而且影响到整个供应链的其他企业的利益,建立绩效度量指标和方法只是手段,目的是激励各个企业创造一流绩效。通过树立标杆可以促使其他企业采取措施迎头赶上。标杆法是美国施乐公司确立的经营分析方法,以定量分析自己公司现状与其他公司现状,并加以比较,将那些出类拔萃的企业作为企业测定基准,以它们为榜样,赶超它们。

有三种基本绩效标杆法:①战略标杆,一个企业将自己的市场战略与其他企业的市场战略进行比较,得以获得占领先地位企业的市场战略;②操作性标杆,一般选择对标杆职能有重要影响的有关职能和活动,以便使企业获得最大的收益;③支持活动性标杆,企业内支持功能应该显示出比竞争对手更好的成本效益,通过该标杆控制内部间接费用。

绩效标杆能否发挥作用,其实施过程很重要,按计划、分析、整合、行动和正常运作五个阶

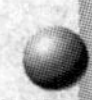

段实施是一种有效的实施方法，值得我们在供应链管理中学习和借鉴。

案例 12-2　铁风物流公司绩效管理分析

铁风物流公司是一家现代综合型物流公司，公司经营以铁路干线货物运输为主兼及道路货物运输。主要从事铁路行包快运专列、特货冷藏快运班列、整车、集装箱、零担、内河航运及大型汽车运输、仓储、配送等经营。公司目前日货运、装卸总量超过 3000 吨，年货运、装卸总量约 100 万吨。公司经铁道部批准，开行了往返于昆明、重庆、成都三地的铁路行包快运专列；往返于昆明、兰州、成都三地的铁路特货冷藏快运班列，在重庆、四川、云南、甘肃一市三省间建立起了方便、安全、快捷的物流通道和服务体系，能在渝、蓉、昆、兰及周边市县实行"门到门"的一体化物流服务。公司建立有自己的汽车队，能满足客户需要，实施全国各地的道路货物运输。公司总部位于重庆市，公司旗下有四家全资子公司，即：重庆铁风快运有限公司、成都铁风快运有限公司、昆明铁风快运有限公司、兰州新干线快运有限公司。公司现有员工总人数 600 余人。股东即为总经理，实行了直线管理模式。

1. 铁风物流公司绩效管理存在的问题

(1)绩效管理体系不健全。铁风物流公司的绩效管理工作主要注重了绩效考核阶段。公司管理人员将绩效考核等同于绩效管理。表面上看制定了绩效管理制度，而实际上真正去做的却只有绩效考核这个环节。各分公司行政、人事部花很多时间和精力做完绩效考核以后，并没有看到企业和员工的绩效水平有什么提高。就 2006 年底来看，并没有完成拟定的公司目标，员工对绩效管理的有效性感到怀疑。

(2)绩效管理运行阻力大。铁风物流公司由于没有完整的管理信息系统，信息收集处理能力有限。而且信息的收集主要是行政、人事部的责任，在绩效的检查过程中，行政、人事部、直接主管对员工都存在检查情况，员工职责存在不明确，多头指挥、越级管理的现象比较多。

(3)绩效管理措施难以落实。在铁风物流公司，由于物流公司的管理在制度上强调严格的职能分工(作业层、管理层、决策层)，在思想上强调规范化、标准化和程序化，在行动上强调"上传下达"，严格按指令运营。因此，十分容易造成公司内部职能部门之间、管理层级之间的沟通乏力，员工和上级管理者对平时的工作情况都没有记录，员工也习惯了"命令—服从"的传统管理方式，上下级之间很少进行绩效沟通。到正式考核的时候，很多的上级管理者就仅凭主观印象进行评定。而使绩效成绩不好的员工容易对考核的公正性表示怀疑，而上级也没有采取与他们沟通以及拿出有效证据的做法，如此一来就很容易产生绩效争端。

2. 采用 KPI 进行绩效考核

铁风物流公司采用 KPI 法(关键绩效指标)把公司的最高目标——年利润额同员工个人的利益联系起来，从而把个人的小目标同公司的大目标更有效地结合起来，再设置各部门、各员工实现目标的主要关键指标，来进行定量、定性指标的衡量，评选出各部门、各员工的业绩成果。

从铁风物流公司的管理体系来看,由于年初各分公司与总公司签订目标责任书,各分公司再将本年度分公司的目标值分解到各部门,最后经过层层分解到各员工,让各员工最后与上级主管签订了目标责任。因此,就分公司而言,可从铁风物流公司的组织结构入手,建KPI体系,来完善铁风物流公司的考核体系。

如表12-2所示,铁风物流公司某分公司年度组织目标为:2007年收入扭亏为盈。

铁风物流公司部门KPI分类结构 表12-2

公司年度组织目标;2007年收入扭亏为盈		
部　门	关键绩效指标	关键指标名称
商务部	财务指标	货源量、货款收入量、货款回收率、业务费用控制率
	管理指标	客户服务、客户管理
	市场指标	业务目标、市场拓展
财务部	财务指标	应收账款、成本控制、资金回笼
	管理指标	计划执行情况、财务管理制度执行情况、报表准确性
	市场指标	其他部门满意度
行政/人事部	财务指标	费用控制
	管理指标	文字材料完成情况、人事、设备管理
	市场指标	其他部门满意度
物流操作部	财务指标	生产完成量、成本费用控制情况、生产赔付情况
	管理指标	生产的计划执行情况、安全事故情况
	市场指标	客户、其他部门的满意度
物流配送部	财务指标	配送货物完成率、资金回款率、赔付情况
	管理指标	配送计划、执行情况、安全事故情况
	市场指标	客户、其他部门的满意度
安全室	财务指标	处理赔付金额、费用控制
	管理指标	装卸质量监导、安全问题处理情况
	市场指标	客户、其他部门的满意度

在一个部门里,绩效管理不是主管的单向行为,也不是暗箱操作,而是主管和员工的共同利益,是双方双向沟通不断进步的过程。所以,在开始制定关键绩效指标管理表的时候,就要让员工参与进来,不断与员工沟通,倾听员工的感受与想法,征求员工的意见,将各项关键绩效指标以及标准的确定告知员工,听取员工的意见,在多次的沟通中,双方逐渐达成共识,直至最后双方签字确认,各执一份。

为了年终考核,直接主管要在平时注意收集事实,注意观察和记录必要的信息。包括:①收集与绩效有关的信息;②记录好的和不好的行为,收集信息应该全面,好的和不好的都要记录,而且要形成书面文字,必要时要经主管与员工签字认可。

部门年底考核时,主管对员工的考核主要包括以下四个方面:①做好准备工作(员工自我考核);②对员工的绩效达成共识,根据事实而不是印象;③评出绩效的级别;④不仅

是考核员工,更重要的是解决问题。形成书面的讨论结果,并以面谈的形式将结果告知员工。

主管的绩效考核会议一般是集中一个时间(如年终总结会),由分公司经理先随机抽查各部门下属对主管的评定,再把所有的主管集中在一起进行全年的绩效考核。

由于铁风物流公司工作性质注重作业层、管理层、决策层的分工,在思想上强调规范化、标准化,行动上强调"上传下达",各司其职,管理层与下属员工之间沟通较少,逐步形成了以下的一些绩效管理特点:

(1)生产工作遵从规范化、流程化,强调安全性。对员工的要求是责任心强、细致,不能有差错,任劳任怨,服务态度好。这使绩效管理工作中,通过工作记录、业务数据、客户调查,可供参考的数据较多,制定绩效计划、目标的难度不大。

(2)动态调整绩效管理体系。物流行业经验性的知识多,业务、技术难度不大,员工的学历不高,素质不高,可替代性大,公司经营者经常会随生产业务的情况不定期地招聘、裁员,导致员工流动性较大。这对绩效管理体系的建立、实施带来了多方面的阻力和不确定性,使绩效管理体系必须根据企业的内外环境、员工的具体情况进行动态性的调整。

(3)端正员工对绩效考核的态度。由于员工的可替代性大,面临的竞争压力也大,员工害怕变革,害怕优胜劣汰,使绩效管理在具体实施的过程中难度较大。因此,加强员工培训和绩效管理的宣传教育,使员工能力、素质在绩效管理中得到提升是绩效管理不容忽视的问题。

(4)充分体现绩效考核的作用。由于工作中强调各司其职,使企业内工作学习气氛不浓,沟通不畅。因此,绩效管理实施中强调员工的信息沟通、相互协作和建立学习的文化氛围,通过绩效管理来引导良好的企业文化。

(5)建立基于绩效成绩的奖惩制度。员工普遍薪水不高,不同层级管理者的收入差距较大,绩效管理实施中,可将绩效评估结果有效地利用,将考核成绩与薪水挂钩并形成一种有竞争性的、激励性的薪酬体制,并采取多种激励方法,促进员工的发展、对绩效管理的接受,实现绩效目标。

(来源:张的. 铁风物流公司绩效管理的研究. 重庆大学,2007.)

思考题:

1. 在绩效评价指标的选取上,我们应注意哪些问题?
2. 在绩效评价中,除了定量的分析外,针对公司具体情况,管理人员还应做哪方面的工作?

思考与练习

一、名词解释

1. 盈亏平衡分析
2. 差别定价

3. 绩效标杆法
4. 物流绩效评价

二、简答题

1. 试析计划在物流运营中应具有的作用。
2. 阐述物流成本控制的原则和方法。
3. 阐述物流绩效评价与分析的内容。
4. 分析物流企业绩效评价主要考虑的指标。

三、讨论题

1. 结合实际,阐述如何根据具体情况采取合理的定价策略。
2. 试析物流成本效益分析过程中应如何考虑不可见成本?

参考文献

[1] 魏修建,严建援,王焰.电子商务物流[M].北京:人民邮电出版社,2001.9.

[2] 唐纳德 J. 鲍尔索克斯,戴维 J. 克劳斯著.物流管理——供应链过程的一体化[M].北京:机械工业出版社,1999.

[3] 邵振一,董千里.道路运输组织学[M].北京:人民交通出版社,1998.

[4] 薛华成.管理信息系统[M].北京:清华大学出版社,1988.

[5] 张蕾丽.物资系统工程[M].北京:中国物资出版社,1993.

[6] 许庆斌,等.运输经济学导论[M].北京:中国铁道出版社,2000.

[7] 胡思继.交通运输学[M].北京:人民交通出版社,2001.

[8] 刘志学.现代物流手册[M].北京:中国物资出版社,2001.

[9] 王焰.一体化的供应链:战略、设计与管理[M].北京:中国物资出版社,2002.

[10] http://www.china-logisticsnet.com/.

[11] http://logisticswin.myrice.com/.

[12] http://www.chinawuliu.com.cn/.

[13] http://www.56888.net/

[14] http://www.docin.com/

[15] http://www.9956.cn/

[16] http://www.jctrans.com/

[17] http://www.iliyu.com

[18] http://tech.163.com

[19] http://it.sohu.com

[20] http://finance.ifeng.com

[21] http://tech.hexun.com/

[22] http://www.chinaz.com

[23] http://e.cjn.cn/

[24] http://i.wshang.com/

[25] 王成.现代物流管理实务与案例[M].北京:企业管理出版社,2001.98~107.

[26] 孙宏岭,戚世钧.现代物流活动绩效分析[M].北京:中国物资出版社,2001.34~46,92~100.

[27] 马士华,林勇,陈志祥.供应链管理[M].北京:机械工业出版社,2000.344~360.

[28] 王岚.运输企业物流发展模式研究[D].武汉理工大学,2002.

[29] 张军杰.中远物流发展的前景分析[D].武汉理工大学,2001.

[30] 姚亚平.全球化下的中远物流经营理念[D].武汉理工大学,2000.

[31] 张的.铁风物流公司绩效管理的研究[D].重庆大学,2007.

[32] 索沪生.物流的发展与公路运输业的战略转变[J].集装箱化,1999.1~4.

[33] 宋柏.综合物流——交通运输业知识经济转型的切入点[J].集装箱化,1999.5.

[34] 王岚. 第四方物流——运输企业发展的新思路[M]. 北京:人民交通出版社,2001.
[35] 王成. 现代物流管理实务与案例[M]. 北京:企业管理出版社,2001.
[36] 张庆英. 物流案例分析与实践[M]. 北京:电子工业出版社,2013.5.
[37] 申纲领. 物流案例与实训[M]. 北京:北京大学出版社,2014.6.
[38] 罗纳德. H. 巴罗. 企业物流管理——供应链的规划、组织与控制[M]. 北京:机械工业出版社,2002.
[39] Sunil chopra, Peter Merindl. Supply Chain Management-Strategy, Planning andOperation. 北京:清华大学出版社,2001.
[40] Sunnil Chopr, Peter Merindl 著. 供应链管理——战略、规划与运作[M]. 北京:社会科学文献出版社,2003.
[41] James R. Stock, Douglas M. Lambert. Strategic Logistics Management (4th Edition). New York: McGraw-Hill/Irwin, 2000.
[42] 陆华. 物流系统战略规划理论与方法研究[D]. 武汉理工大学,2003.
[43] 王之泰. 现代物流学[M]. 北京:中国物资出版社,1997.
[44] 吴润涛,靳伟,王之泰等译. 物流手册[M]. 北京:中国物资出版社,1995.
[45] 何景华. 共同配送一配送物流的新趋势[J]. 综合运输,2001.6.
[46] 刘昌祺. 物流配送中心设计[M]. 北京:机械工业出版社,2001.9.
[47] 骆温平. 物流与供应链管理[M]. 北京:电子工业出版社,2002.10.
[48] 文岗. 电子商务时期的第三方物流管理[M]. 北京:中国商业出版社,2000.
[49] 张铎. 电子商务与物流[M]. 北京:清华大学出版社. 2000.
[50] 朱道立,龚国华,罗齐. 物流和供应链管理[M]. 上海:复旦大学出版社,2001.4
[51] 孙宏岭. 高效率配送中心的设计与经营[M]. 北京:中国物资出版社,2002.1.
[52] 俞仲文,陈代芬. 物流配送技术与实务[M]. 北京:人民交通出版社,2001.10
[53] 宋华,等. 现代物流与供应链管理[M]. 北京:经济管理出版社,2000.
[54] 日通综合研究所. 现代物流学[M]. 北京:中国物资出版社,1995.
[55] 周启蕾,等. 我国物流理论研究的现状与未来[J]. 中国流通经济. 2000. No. 2.
[56] 邬跃. 中国物流研究的现状及展望[J]. 现代物流专题. Vol. 18 No4, 2000.
[57] 何明珂. 物流系统要素冲突分析[J]. 中国流通经济. 2001. No. 5.
[58] 陈祥锋. 大众物流板块向 3PL 发展思路探讨[J]. 中国流通经济. 2001. No. 1.
[59] 张国伍. 运输系统分析[M]. 人民交通出版社,1995.
[60] 任宪鲁,李勤锋. 物流是实现客户服务的管理活动[J]. 现代企业经营与管理. Vol. 28.
[61] 陈姝妮. 企业逆向物流系统分析与设计[D]. 上海复旦大学,2003.
[62] 王长琼. 逆向物流[M]. 中国物资出版社,2007.1.
[63] 陈姝妮. 企业逆向物流系统分析与设计[D]. 上海复旦大学,2003.6.
[64] 郎为民. 大话物联网[M]. 北京:人民邮电出版社,2011.